核武器辐射防护技术基础

（第 2 版）

尚爱国　过惠平　秦　晋　吕　宁　编著

U0382130

西北工业大学出版社

【内容简介】 核辐射防护及环境保护作为核科学技术学科领域的重要分支,近年来有了快速发展,新的思想和技术不断涌现。本书是基于适应学科发展和人才培养的需要而编写的。全书共 9 章,介绍了电离辐射剂量学和辐射防护的基本物理量、电离辐射致生物效应的基本原理、电离辐射防护与辐射源安全法规标准等内容。

本书可作为"核武器辐射防护技术基础"的教材,也可作为从事核武器辐射防护、核安全、环境放射性监测、放射卫生防护等工作人员的参考书。

图书在版编目(CIP)数据

核武器辐射防护技术基础/尚爱国等编著 . —2 版 . —西安:西北工业大学出版社,2016.3
(2020.1重印)
ISBN 978 - 7 - 5612 - 4745 - 7

Ⅰ.①核… Ⅱ.①尚… Ⅲ.①核武器—辐射防护 Ⅳ.①TJ91②R827.31

中国版本图书馆 CIP 数据核字(2016)第 043152 号

出版发行:西北工业大学出版社
通信地址:西安市友谊西路 127 号   邮编:710072
电　　话:(029)88493844　　88491757
网　　址:www.nwpup.com
印　刷　者:北京虎彩文化传播有限公司
开　　本:787 mm×1 092 mm   1/16
印　　张:20.375
字　　数:499 千字
版　　次:2016 年 3 月第 1 版　　2020 年 1 月第 3 次印刷
定　　价:55.00 元

第 2 版前言

核辐射防护及环境保护是核科学技术学科领域的重要分支。辐射防护是人类在利用电离辐射、放射性物质以及核能的过程中产生和发展起来的。辐射防护的任务是保护环境、保障从事放射性工作人员的健康和安全，保护广大公众的健康和安全，促进核科学技术的发展。辐射防护的目的是防止有害的确定性效应，限制随机性效应发生率并使之达到被认为可以接受的水平。

核科学技术的军事应用领域，包括了核武器和核潜艇等高新技术和装备；在核武器的管理使用中，为保护工作人员、保护环境，促进核武器管理发展，核武器的辐射防护就成为核武器管理工作中的一项重要内容。

编者长期从事核武器辐射防护领域的教学工作，深深感到，一方面核辐射防护作为一门多学科综合的前沿学科，近年来随着核科学技术的快速发展而取得了大量成果，新的思想、出版物和新的技术装备不断出现；另一方面，在教学实践中又缺乏新的教材以适应学科发展和人才培养需要。基于此考虑，在学习总结前人成果的基础上，2009 年根据需要编著本书。根据近年核安全管理和核辐射防护技术的发展，2015 年对第 1 版教材内容进行修订补充，形成第 2 版。教材主要供院校进行核武器辐射防护技术基础教学工作，也可供从事核武器辐射防护、核安全、环境放射性监测、放射卫生防护等工作的人员参考。

本书内容共分九章，第 1 章电离辐射剂量学和辐射防护的基本物理量，第 2 章电离辐射致生物效应的基本原理，第 3 章电离辐射防护与辐射源安全法规标准，第 4 章铀、钍、氚的基本特性，第 5 章外照射剂量计算和防护方法，第 6 章内照射剂量计算和防护方法，第 7 章辐射剂量测量原理和方法，第 8 章辐射监测要求与辐射安全管理，第 9 章放射性三废处理与处置概述。

本书第 2 版修订由火箭军工程大学尚爱国教授主编，参加人员有火箭军工程大学过惠平教授、秦晋讲师、吕宁讲师和宋久江硕士研究生。编写过程中得到火箭军工程大学各级首长机关大力支持和关心，他们对本书第 2 版出版的热情支持，在此表示最诚挚致谢！同时，本书也是在总结参考本领域前辈编著教材及其他文献资料的基础上进行的工作，因此对本书参考文献列出的所有原作者和单位表示衷心的感谢！

限于水平，书中定存种种错误与不妥之处，敬请读者提出宝贵批评和建议。

编著者

2016 年 1 月于西安

目　　录

第1章 电离辐射剂量学和辐射防护的基本物理量

电离辐射是一种具有可使受作用介质发生电离、激发的高速微观粒子。在研究电离辐射本身的性质或研究电离辐射与物质相互作用问题的过程中,要解决的问题之一便是如何度量电离辐射。由于电离辐射通过与物质的相互作用,把动量、能量传递给受照射物质并在受照物质内部导致物理变化、化学变化和生物变化等,因而受照射物质内部的各种变化及程度就构成了度量辐射和辐射效应的基础。

电离辐射剂量学和辐射防护领域的物理量(也称辐射量,以下不作区别)是描述辐射场、辐射与物质相互作用以及度量受照物内部变化程度和变化规律的物理量。目前,国际上辐射量及其单位主要由国际辐射单位与测量委员会(ICRU)和国际放射防护委员会(ICRP)定义和阐述,并应用于相关领域。我国国家标准《量和单位——核反应和电离辐射的量和单位》(GB3102.10—1993)对在我国电离辐射领域适用的量和单位做了明确规定。

本章主要介绍电离辐射剂量学和辐射防护领域应用的基本物理量。基本物理量按其特性分为描述辐射场的物理量、相互作用系数、电离辐射剂量学的物理量和辐射防护的物理量等4类。需要注意的是,由于电离辐射本身特性以及与物质相互作用的复杂性,用于描述电离辐射的量在历史上经历了许多变化。今后随着科学技术的发展、测量技术的提高以及实际应用的要求,这些量的概念及定义也会进一步完善和发展,因此,在学习掌握这些基本物理量的同时,可以学习有关 ICRP 和 ICRU 的报告,以便了解基本辐射量的发展历史,更好地理解基本辐射量的本质含义。

1.1 描述辐射场的物理量

辐射场是指电离辐射所存在的空间。辐射场可以根据不同的分类方法进行分类,如按照构成辐射场的辐射种类进行分类等。本节主要介绍粒子注量、粒子注量率、能注量、能注量率这4个用于描述辐射场特性的物理量及它们的关系。

1.1.1 粒子注量 Φ

定义:辐射场中在空间一给定点处的粒子注量(Particle Fluence)是射入以该点为中心的小球体的粒子数 dN 除以该球体截面积 da 的商(见图 1.1),即

$$\Phi = \frac{dN}{da} \tag{1.1}$$

式中,da 为所定义小球体的截面积,m^2;dN 为进入截面积为 da 的小球体内的粒子数,无量纲;Φ 为粒子注量,m^{-2}。

说明:

(1) 定义的小球体内的截面积方向可任意选取,其实际是通过球心的最大截面积。对于

无论从任何方向入射到小球内的粒子,都可以取出相应的截面积,因此,粒子注量的特性之一是注量与粒子的入射方向无关。之所以定义一个小球体并使注量与粒子的入射方向无关的主要原因是在电离辐射剂量学和辐射防护领域关心的是辐射作用于某一点所产生的效应,而不管粒子的入射方向。

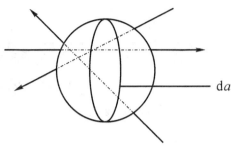

图1.1 粒子注量定义示意图

(2)上述定义的粒子注量所关心的是进入截面积为 da 的小球体内的粒子数,而实际上辐射场空间某点的粒子注量,也可定义为多个自变量参数的函数。如将辐射场空间某点的粒子注量定义为空间位置 (x,y,z)、粒子能量 (E)、入射方向 (θ,φ)、时间 (t) 的函数,即 $\Phi = \Phi(x,y,z,E,\theta,\varphi,t)$。在某些特定情况下可建立上述定量的函数关系,但大多数情况下是无法建立直接定量的函数关系。

(3)粒子注量的数学定义采用了微分的形式,这是为了定义的严谨性以确保辐射场空间某点的粒子注量数值的唯一性和确定性。但在实际中,如利用测量仪器测量空间某点的粒子注量其测量结果是测量仪器有效探测体积内各点粒子注量的平均值,这一平均值与所要求测量点的粒子注量的真值的差别,取决于辐射场的均匀程度和测量仪器的大小等特性。

(4)粒子注量的微分分布和积分分布。如果辐射场由各种能量的粒子组成,即粒子是非单能的且按能量具有谱分布,根据上述说明则可以定义一个粒子注量的能量微分分布,以全面了解辐射场中各点粒子注量随粒子能量的分布情况。

1)粒子注量的微分分布:若用 $\Phi(E)$ 表示能量为 $0 \sim E$ 之间的粒子注量,则粒子注量对粒子能量 E 的微分分布为 $\Phi(E)$ 对 E 的导数,即

$$\Phi_E = \frac{\mathrm{d}\Phi(E)}{\mathrm{d}E} \tag{1.2}$$

能量为 $E \sim E + \mathrm{d}E$ 之间的粒子注量,可表示为

$$\Phi_{E,\Delta E} = \Phi_E \mathrm{d}E = \frac{\mathrm{d}\Phi(E)}{\mathrm{d}E} \mathrm{d}E \tag{1.3}$$

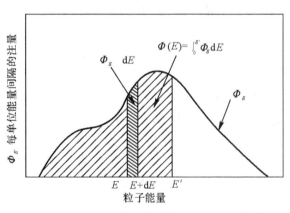

图1.2 粒子注量的微分分布和积分分布关系

2)粒子注量的积分分布:利用粒子注量的微分分布,对粒子注量微分分布进行能量从 $0 \sim E'$ 的积分,可得辐射场中某点能量从 $0 \sim E'$ 的粒子注量(见图1.2),其关系式为

$$\Phi(E) = \int_0^{E'} \Phi_E \, dE \qquad (1.4)$$

1.1.2　粒子注量率 φ

定义：粒子注量率（Particle Fluence Rate）为 $d\Phi$ 除以 dt 而得的商。它表示单位时间内进入单位截面积的小球体内的粒子数,即

$$\varphi = \frac{d\Phi}{dt} = \frac{d^2 N}{da \, dt} \qquad (1.5)$$

式中,$d\Phi$ 为时间间隔 dt 内,进入单位截面积的小球体内的粒子数,m^{-2};da 为所定义小球体的截面积,m^2;dt 为时间间隔,s;φ 为粒子注量率,$m^{-2} \cdot s^{-1}$。

说明:

(1) 粒子注量率的时间积分等于粒子注量。定义的粒子注量率,对于被考察的实体而言,粒子一词可用更明确的术语代替,例如中子注量率、质子注量率等。粒子注量率又称为粒子通量密度（Particle Flux Density）。

(2) 对于辐射场由各种能量的粒子组成,即粒子是非单能的且按能量具有谱分布的情况下,可以定义一个粒子注量率的微分分布,以全面了解辐射场中各点粒子注量率随粒子能量的分布情况。若用 φ_E 表示粒子注量率的微分分布,则粒子注量率与粒子注量率微分分布的关系为

$$\varphi = \int_0^\infty \varphi_E \, dE \qquad (1.6)$$

1.1.3　能注量 Ψ

定义：在辐射场中空间一给定点处的能注量（Energy Fluence）是射入以该点为中心的小球体的所有粒子的能量 dE_R（不包括粒子的静止能量）总和除以该球体的截面积 da 的商,即

$$\Psi = \frac{dE_R}{da} \qquad (1.7)$$

式中,dE_R 为进入截面积 da 小球体内所有粒子的能量总和(不包括粒子的静止能量),J;da 为所定义小球体的截面积,m^2;Ψ 为能注量,$J \cdot m^{-2}$。

说明:

(1) 能注量也存在按空间位置 (x, y, z)、粒子能量 (E)、入射方向 (θ, φ)、时间 (t) 的分布,是一个非随机量,其他的特性类似于粒子注量。如对于具有谱分布的辐射场,可定义一个描述能注量的微分分布 (Ψ_E),则能注量 (Ψ) 与能注量微分分布 (Ψ_E) 的关系为

$$\Psi = \int_0^\infty \Psi_E \, dE \qquad (1.8)$$

(2) 能注量是通过辐射场中某点的粒子的能量来表征辐射场的性质,这个量对于计算间接致电离粒子在物质中发生的能量传递以及物质对辐射能量的吸收是非常有用的一个量。特别注意所定义的 dE_R 是进入截面积 da 小球体内所有粒子的能量总和,实际是粒子的动能之和,不包括粒子的静止能量。

1.1.4　粒子能注量率 ψ

定义：粒子能注量率（Particle Fluence Rate）为 $d\Psi$ 除以 dt,即

$$\psi = \frac{\mathrm{d}\Psi}{\mathrm{d}t} = \frac{\mathrm{d}^2 E_\mathrm{R}}{\mathrm{d}a\,\mathrm{d}t} \tag{1.9}$$

式中，$\mathrm{d}\Psi$ 为在时间间隔 $\mathrm{d}t$ 内，进入单位截面积（$\mathrm{d}a$）的小球体内的所有粒子能量之和（不包括粒子静止能量），即在时间间隔 $\mathrm{d}t$ 内能注量的增量，$\mathrm{J \cdot m^{-2}}$；$\mathrm{d}a$ 为所定义小球体的截面积，$\mathrm{m^2}$；$\mathrm{d}t$ 为时间间隔，s；ψ 为粒子注量率，$\mathrm{W \cdot m^{-2}}$，$1\ \mathrm{W \cdot m^{-2}} = 1\ \mathrm{J \cdot s^{-1} \cdot m^{-2}}$。

说明：

（1）能注量率的时间积分等于能注量。定义的能注量率，对于被考察的实体而言，粒子一词可用更明确的术语代替，例如中子能注量率，质子能注量率等。能注量率又称为能通量密度。

（2）对于辐射场由各种能量的粒子组成，即粒子是非单能的且按能量具有谱分布的情况下，可以定义一个能注量率的微分分布，以全面了解辐射场中各点能注量率随粒子能量的分布情况。若用 ψ_E 表示粒子能注量率的微分分布，则能注量率与能注量率微分分布的关系为

$$\psi = \int_0^\infty \psi_E\,\mathrm{d}E \tag{1.10}$$

1.1.5 粒子注量与能注量、粒子注量率与粒子能注量率的关系

对于辐射场中粒子能量为 E 时，粒子注量与能注量、粒子注量率与粒子能注量率的关系分别为

$$\Psi = \Phi E \tag{1.11}$$
$$\psi = \varphi E \tag{1.12}$$

当粒子能量具有谱分布时，粒子注量与能注量、粒子注量率与粒子能注量率的关系分别为

$$\Psi = \int_0^\infty \Phi_E E\,\mathrm{d}E \tag{1.13}$$

$$\psi = \int_0^\infty \varphi_E E\,\mathrm{d}E \tag{1.14}$$

式（1.11）和式（1.12）或式（1.13）和式（1.14）说明，粒子注量与能注量、粒子注量率与粒子能注量率都是描述辐射场性质的物理量，只是一个着眼于到达辐射场某点的粒子数，一个着眼于到达辐射场某点的粒子总能量，但只要知道辐射场粒子的能量或能量谱分布，即可通过上式将两者联系起来。积分上限的无穷大符号只代表辐射场粒子能量谱分布中的能量上限。

1.2　相互作用系数

描述辐射场的粒子注量、能注量等量描述了进入辐射场空间某一点的全部粒子数目或全部能量。但这些粒子如何与物质相互作用以及相互作用的程度，则需要引入本节介绍的相互作用系数进行定量描述。相互作用系数可以定量描述辐射与物质之间相互作用的类型和能量转移的特性。

相互作用系数按辐射与物质之间相互作用性质的不同分为两类系数：一类是针对间接致电离粒子（如中子，γ，X 射线）而言，如质量衰减系数、质能转移系数和质能吸收系数等；另一类是针对带电粒子（如 α 射线、β 射线）而言，如总质量阻止本领、质量碰撞阻止本领、质量辐射阻止本领、定限线碰撞阻止本领等。

这些系数通常是对指定的辐射、辐射能量、物质以及相互作用类型而言的。一般在定义中无需这一类的说明,但在应用相互作用系数数值时,这一类的说明是非常重要的。在核数据手册中通常会给出不同能量的射线对不同物质的各类相互作用系数值。

1.2.1 质量衰减系数 μ_m

定义:某一物质对特定能量的间接致电离粒子的质量衰减系数(Mass Attenuation Coefficient)μ_m 是 dN/N 除以 ρdl 所得的商,即

$$\mu_m = \frac{\mu}{\rho} = \frac{dN/N}{\rho dl} \tag{1.15}$$

式中,ρ 为辐射所作用物质的密度,$kg \cdot m^{-3}$;N 为射线穿行 dl 距离前的初始粒子数,无量纲;dN/N 为初始粒子数为 N 的辐射在密度为 ρ 的物质中穿行 dl 距离时经受相互作用的分数,无量纲;dl 为辐射在物质中穿行的距离,m;μ 为线衰减系数,m^{-1};μ_m 为质量衰减系数,$m^2 \cdot kg^{-1}$。

说明:

(1)质量衰减系数的物理意义。下面以光子与物质相互作用为例来说明质量衰减系数的物理意义。光子在物质中穿行一段距离时,由于相互作用机制的原因,有的与物质发生了相互作用,有的则没有发生相互作用,这里所谓相互作用是指能使光子的能量或方向发生改变的过程。经受相互作用的光子数可用发生相互作用的概率来表示。线衰减系数就是入射光子在物质中穿过单位距离物质时平均发生总的相互作用的概率。而线衰减系数(linear attenuation coefficient)除以物质的密度则为质量衰减系数,它表示入射光子在物质中穿过单位质量厚度物质时平均发生总的相互作用的概率。由于线衰减系数数值受物质的密度影响变化较大不便于应用,因而引入质量衰减系数以消除密度的影响。研究光子在物质中减弱时经常应用质量衰减系数。

(2)上述中总的相互作用是指所发生的一切相互作用。因此,线衰减系数应等于各相互作用过程的线衰减系数之和,质量衰减系数应等于各相互作用过程的质量衰减系数之和。

$$\mu = \tau + \sigma_c + \sigma_{col} + \kappa \tag{1.16}$$

$$\mu_m = \frac{\mu}{\rho} = \frac{\tau}{\rho} + \frac{\sigma_c}{\rho} + \frac{\sigma_{col}}{\rho} + \frac{\kappa}{\rho} \tag{1.17}$$

对于光子,线衰减系数可用式(1.16)表示,质量衰减系数可用式(1.17)表示,公式应用的范围是在核的相互作用不重要的情况下,如果光子的能量超过几兆电子伏时可能还要增加与其他相互作用项。式(1.16)中的 τ 为光电效应线衰减系数,σ_c 为康普顿效应线衰减系数,σ_{col} 为相干散射效应线衰减系数,κ 为电子对效应线衰减系数。

(3)混合物和化合物中的质量衰减系数的计算。上面讨论的是单一元素组成物质而言,如果物质是混合物,其密度为 ρ,所含元素的质量衰减系数分别为 $(\mu/\rho)_1, (\mu/\rho)_2, \cdots, (\mu/\rho)_i$,混合物组成元素的质量分数分别为 $\omega_1, \omega_2, \cdots, \omega_i$,则混合物的质量衰减系数为

$$\mu_m = \frac{\mu}{\rho} = \left(\frac{\mu}{\rho}\right)_1 \omega_1 + \left(\frac{\mu}{\rho}\right)_2 \omega_2 + \cdots + \left(\frac{\mu}{\rho}\right)_i \omega_i \tag{1.18}$$

对于化合物,由于在分子中原子之间的化学结合能是非常小的,通常均将化合物看做是独立原子的混合物,可以按式(1.18)处理原则进行,但偶尔也会出现错误,如对于低能光子的情况。

(4)在原子核物理中,辐射与物质相互作用通常采用的是微观截面(σ)的概念,而在电离辐射剂量学相互作用采用的是线衰减系数(μ)的概念。它们一个是微观量,一个是宏观量,它

们之间的关系为

$$\frac{\mu}{\rho} = \frac{N_A}{M} \sigma \tag{1.19}$$

发生联系并相互转换。公式建立的前提是在给定的原子类型的靶中,各个靶体之间的相互作用可以忽略不计。式中 N_A 是阿伏伽德罗常数,σ 是总的微观截面。

1.2.2 质能转移系数 μ_{tr}/ρ

定义:某物质对间接致电离粒子的质能转移系数(Mass Energy Transfer Coefficient)μ_{tr}/ρ 是 dE_{tr}/EN 除以 ρdl 所得的商,即

$$\frac{\mu_{tr}}{\rho} = \frac{dE_{tr}/NE}{\rho dl} \tag{1.20}$$

式中,ρ 为辐射所作用物质的密度,$kg \cdot m^{-3}$;N 为射线穿行 dl 距离前的初始粒子数,无量纲;E 为穿行 dl 距离前的初始粒子的能量(不包括粒子本身的静止能),J;dE_{tr} 为由间接致电离粒子与作用物质相互作用产生的全部带电粒子的初始动能之和,J;dl 为辐射在物质中穿行的距离,m;dE_{tr}/EN 为初始粒子数为 N 的辐射在密度为 ρ 的物质中穿行 dl 距离时,其能量由于相互作用而转变成带电粒子能量的分数,无量纲;μ_{tr} 为线能量转移系数,m^{-1};μ_{tr}/ρ 为质能转移系数,$m^2 \cdot kg^{-1}$。

说明:

(1)质能转移系数的物理意义。质能转移系数定量描述了入射的间接致电离粒子在物质中穿过一定距离的过程中,其总能量中有多少能量转移为带电粒子的动能,这些带电粒子是入射的间接致电离粒子与物质相互作用时所产生的。

(2)对于 X 射线和 γ 射线,由于射线与物质作用有不同的作用机制,因而对 X 射线和 γ 射线,质能转移系数 μ_{tr}/ρ 应等于各相互作用过程的分质能转移系数总和,即

$$\frac{\mu_{tr}}{\rho} = \frac{\tau_a}{\rho} + \frac{\sigma_{ca}}{\rho} + \frac{\kappa_a}{\rho} \tag{1.21}$$

式中,τ_a/ρ 为光电效应质能转移系数,σ_{ca}/ρ 为康普顿效应质能转移系数,κ_a/ρ 为电子对效应质能转移系数。若光子能量超过几兆电子伏,可能还要外加一些其他相互作用的项。这些系数与其相应的质量衰减系数的关系可分别由式

$$\frac{\tau_a}{\rho} = \frac{\tau}{\rho}\left(1 - \frac{\delta}{h\nu}\right) \tag{1.22}$$

$$\frac{\sigma_{ea}}{\rho} = \frac{\sigma_e}{\rho}\frac{\overline{E_e}}{h\nu} \tag{1.23}$$

$$\frac{\kappa_a}{\rho} = \frac{\kappa}{\rho}\left(1 - \frac{2m_ec^2}{h\nu}\right) \tag{1.24}$$

进行计算。式(1.22)中,δ 表示每个被吸收光子(能量为 $h\nu$)以荧光辐射形式放出的平均能量。式(1.23)中的 $\overline{E_e}$ 为康普顿效应反冲电子的平均能量。式(1.24)中的 m_ec^2 是电子的静止能量。

(3)对于中子而言,质能转移系数可以写成如下形式:

$$\frac{\mu_{tr}}{\rho} = \frac{1}{E}\sum_L N_L \sum_J \varepsilon_{LJ}(E)\sigma_{LJ}(E) \tag{1.25}$$

式中,符号 L 表示核素,符号 J 表示核反应类型(如弹性散射,(n,α),非弹性散射等)。N_L 为某一体积元中第 L 种核素的数目除以该体积元中物质的质量所得的商。$\varepsilon_{LJ}(E)$ 是在一次截面为 $\sigma_{LJ}(E)$ 的相互作用中,转变成带电粒子动能的平均能量。

(4) 混合物和化合物中的质能转移系数的计算。上面讨论的是单一元素组成的物质,如果物质是混合物,其密度为 ρ,所含元素的质能转移系数分别为 $(\mu_{tr}/\rho)_1$,$(\mu_{tr}/\rho)_2$,$\cdots$,$(\mu_{tr}/\rho)_i$,混合物组成元素的质量分数分别为 ω_1,ω_2,$\cdots$,ω_i,则混合物的质能转移系数的计算式为

$$\frac{\mu_{tr}}{\rho} = \left(\frac{\mu_{ur}}{\rho}\right)_1 \omega_1 + \left(\frac{\mu_{tr}}{\rho}\right)_2 \omega_2 + \cdots + \left(\frac{\mu_{ur}}{\rho}\right)_i \omega_i \qquad (1.26)$$

对于化合物,由于在分子中原子之间的化学结合能是非常小的,通常均将化合物看做是独立原子的混合物,可以按式(1.26)处理原则进行,但偶尔也会出现错误,如对于低能光子的情况。

1.2.3 质能吸收系数 μ_{en}/ρ

定义:某物质对间接致电离粒子的质能吸收系数(Mass Energy Absorption Coefficient)μ_{en}/ρ 是质能转移系数 μ_{tr}/ρ 和 $(1-g)$ 的乘积,即

$$\frac{\mu_{en}}{\rho} = \frac{\mu_{tr}}{\rho}(1-g) \qquad (1.27)$$

式中,g 为在该物质中次级带电粒子的能量以轫致辐射形式损失的分数,无量纲;μ_{en} 为线质能吸收系数,m^{-1};μ_{en}/ρ 为质能吸收系数,$m^2 \cdot kg^{-1}$。

说明:

(1) 间接致电离粒子转移给次级带电粒子的动能有一部分可以转移为次级带电粒子所产生的可以离开研究区域的轫致辐射的能量,扣除这一轫致辐射能量之后,剩余的能量消耗在所考虑的物质中,这是真正被物质吸收的能量,质能吸收系数就是对这一概念的定量描述。

(2) 质能吸收系数(μ_{en}/ρ)和质能转移系数(μ_{tr}/ρ)的数值关系,与次级带电粒子的动能和辐射所作用物质等有关。当次级带电粒子的动能可与其静止能相比拟或大于其静止能时,或与高原子序数物质相互作用时,两者可能会有显著差异。

(3) 对于混合物和化合物的质能吸收系数可按照前述的形式进行计算。

1.2.4 总质量阻止本领 S_m

定义:某物质对带电粒子的总质量阻止本领(Total Mass Stopping Power)S_m 是 dE 除以 ρdl 所得的商,其中 dE 是带电粒子在密度为 ρ 的物质中穿行 dl 距离时所损失的能量,即

$$S_m = \frac{S}{\rho} = \frac{1}{\rho}\frac{dE}{dl} \qquad (1.28)$$

式中,ρ 为辐射所作用物质的密度,$kg \cdot m^{-3}$;dl 为辐射在物质中穿行的距离,m;S 为总线阻止本领,$J \cdot m^{-1}$;S_m 为总质量阻止本领,$J \cdot m^2 \cdot kg^{-1}$。

说明:

(1) 在辐射与物质相互作用时,带电粒子在物质中的行为是一个基本过程,这个过程可概括描述为带电粒子在行进的路程中通过与物质的原子核、电子相互作用而发生的能量损失。用能量损失与穿过的路程之比来定量描述带电粒子损失能量的过程就是阻止本领的概念。显

然它是就某种物质对某特定能量的带电粒子(如 α 射线,β 射线)而言的。

(2) 阻止本领定义中所指的能量损失,包括各种类型的全部能量损失。粒子的行程以线长度表示为线阻止本领,即 $S = dE/dl$;粒子的行程以单位面积内的质量 ρdl 表示时为质量阻止本领,即 $S_m = dE/\rho dl$。对于核反应可以忽略不计的能量范围内(一般在 10 MeV 以下),碰撞电离损失和轫致辐射损失是带电粒子主要的能量损失类型,这时总质量阻止本领可写为

$$S_m = \frac{S}{\rho} = \frac{1}{\rho}\left(\frac{dE}{dl}\right)_{col} + \frac{1}{\rho}\left(\frac{dE}{dl}\right)_{rad} = \left(\frac{S}{\rho}\right)_{col} + \left(\frac{S}{\rho}\right)_{rad} \quad (1.29)$$

式中,$(dE/dl)_{col} = S_{col}$ 为线碰撞阻止本领,$(dE/dl)_{rad} = S_{rad}$ 为线辐射阻止本领。

1.2.5 定限线碰撞阻止本领 L_Δ

定义:某物质对带电粒子的定限线碰撞阻止本领(Restricted Linear Collision Stopping Power)L_Δ 是 dE 除以 dl 所得的商,其中 dE 是带电粒子在物质中穿行 dl 距离时由于与电子碰撞而损失的能量,在这类碰撞中其能量损失小于 Δ,即

$$L_\Delta = \left(\frac{dE}{dl}\right)_\Delta \quad (1.30)$$

式中,dl 为粒子穿行的距离,m;dE 为由能量转移小于某一特定值的碰撞所造成的能量损失,J;L_Δ 为定限线碰撞阻止本领,J·m^{-1}。

定限线碰撞阻止本领又称为传能线密度(Linear Energy Transfer,LET)。定义中规定的是能量截止而不是射程截止,有时将这种能量称作"局部转移能量"。同时,为了简化表示方法,Δ 的单位可用 eV 表示。例如,L_{100} 就应理解为能量截止值为 100 eV 的线能量转移。包括一切可能的能量损失在内的线碰撞阻止本领与总碰撞阻止本领关系为

$$L_\infty = S_{col} \quad (1.31)$$

1.3　电离辐射剂量学常用的物理量

电离辐射剂量学量的目的是为了对电离辐射所致真实效应或潜在效应提供一种物理学上的量度。由于电离辐射与物质的相互作用从本质上是一种能量的传递,导致了电离辐射的能量被物质吸收,而物质吸收射线能量发生各种变化。物质吸收的能量越多,则由辐射引起的各种变化或效应越明显,因而,可用物质吸收辐射能量的多少来作为一种物理量度。

电离辐射剂量学的量本质上可由 1.1 节描述的辐射场的量和 1.2 节介绍的相互作用系数的乘积进行度量。但是由于历史的原因,实际中由于电离辐射剂量学的量通常可以被直接测量,因而不用上述方式定义,而采用直接定义的方式确定电离辐射剂量学量。本节主要介绍电离辐射剂量学领域常用的吸收剂量、比释动能和照射量,同时对这些量之间的关系,以及它们与描述辐射场的量和相互作用系数的关系进行介绍。

1.3.1 吸收剂量 D

第二次世界大战以后,随着加速器和各种同位素在医疗及其他部门的广泛应用,产生了对中子及其他电离辐射准确测量物质中的能量吸收的要求。1948 年帕克(H. K. Parker)曾建议用物理伦琴当量(rep)为单位表示物质吸收辐射的能量,1 个物理伦琴当量是在 1 伦琴 X 射线

照射下,每克空气中所吸收的能量,但这个单位并没有作为一个正式的剂量单位被 ICRU 采用和普遍接受。1953 年 ICRU 正式建议引入吸收剂量,并规定其单位为拉德。1962 年 ICRU 在其第 10 号报告正式定义吸收剂量,用来表示电离辐射给予 1 个体积元物质的能量。1975 年第 15 届国际计量大会决定把吸收剂量的国际制单位专门名称定为戈瑞(Gy)。目前,这个量已被广泛应用于放射生物学、辐射化学、辐射防护等学科领域。下面介绍随机量、吸收剂量、授予能、吸收剂量率、线能量等有关概念。

1. 随机量和非随机量的概念

在客观世界中有许多现象的发生是服从统计分布规律的。在电离辐射领域,电离辐射与物质的原子核或核外电子发生的相互作用是单个的、不连续的、随机的。为了观察它们的统计规律必须进行大量的观察分析。服从统计规律的量称为随机量。例如观察辐射作用于细胞核线度(几微米)大小的物质时,致电离粒子击中这个小体积内的物质是一个随机的事件,而辐射将能量沉积在其中的数值也是服从统计涨落的,因此描述这种能量沉积的量是随机量。随机量具有下述特性:一是它只能在有限范围内定义,其数值变化在空间和时间上是不连续的,因而通常不提它的变化率。二是它的数值不能预测,但任何一个特定值的概率都可由其概率分布确定。三是量的随机性对确定该量单次值的精度并无影响。不服从统计分布的量称为非随机量。上节介绍的粒子注量、能注量等都是非随机量。统计量的均值也是非随机量。非随机量具有下述特性:一是它定义为点函数,一般来说是空间和时间的连续可微函数,可以论述它的梯度和变化率;二是对于给定条件,原则上可以计算出它的数值;三是它可以用有关联的随机量的平均观察值进行估计。

2. 吸收剂量 D

定义:吸收剂量(Absorption Dose)为任何电离辐射授予质量为 dm 的物质的平均能量 $d\bar{\varepsilon}$ 除以 dm 的商,即

$$D = \frac{d\bar{\varepsilon}}{dm} \tag{1.32}$$

式中,$\bar{\varepsilon}$ 为平均授予能,它是随机量授予能(ε)的期望值,J;dm 为物质的质量,kg;D 为吸收剂量,$J \cdot kg^{-1}$。

说明:

(1) 吸收剂量 SI 单位有一个专门名称戈[瑞](Gy,gray),1 Gy=1 $J \cdot kg^{-1}$。历史上吸收剂量的单位还使用过专用单位拉德(rad),1 rad $= 10^{-2} J \cdot kg^{-1} = 10^{-2} Gy$。

(2) 从定义可以看出,吸收剂量是当电离辐射与物质相互作用时,用来表示单位质量的物质吸收电离辐射能量多少的一个物理量。吸收剂量是一个非常重要的辐射量。同时,由于吸收剂量总是指某一介质中某一点而言,因此在说到吸收剂量具体数值时应说明介质的种类和所在的位置。

(3) 定义吸收剂量的意图是想提供一种与电离辐射效应相关联的物理学度量。在辐射防护领域,当应用吸收剂量的概念进一步定义辐射防护领域的防护量时,则进一步引入器官吸收剂量的定义,它是对组织或器官求平均的一个量;当应用吸收剂量的概念定义辐射防护领域的实用量时,则它是对人体组织或器官、或者体模(数学体模)中某点定义的量。

(4) 吸收剂量的数学定义同样采用了微分的形式,这是为了定义的严谨性以确保辐射作用物质后物质吸收能量数值的唯一性和确定性,也就是讲吸收剂量是一个非随机量。但在实

际中,如利用测量仪器测量物质中某点的吸收剂量时可能要求严格按照定义进行测量。

3. 授予能 ε

定义:授予能(Energy Imparted)ε 是进入介质中某一体积的全部带电电离粒子和间接致电离粒子能量的总和,与离开该体积的全部带电电离粒子和间接致电离粒子能量总和之差,再减去在该体积内发生任何核反应或基本粒子反应所增加的静止质量的等效能量,其表示式为

$$\varepsilon = \sum \varepsilon_{in} - \sum \varepsilon_{out} - \sum Q \tag{1.33}$$

式中,$\sum \varepsilon_{in}$ 为进入这一体积的全部带电电离粒子和间接致电离粒子能量(不包括静止能量)总和,J;$\sum \varepsilon_{out}$ 为离开这一体积的全部带电电离粒子和间接致电离粒子能量(不包括静止能量)的总和,J;$\sum Q$ 为在该体积内发生任何核反应或基本粒子反应所增加的静止质量的等效能量,J;ε 为 授予能,J。

说明:

(1)由于授予能 ε 描述的是电离辐射通过电离、激发等相互作用将能量传递给某一体积中物质的能量,而电离辐射与物质发生相互作用是一个随机过程,在作用过程中能量转移的多少也存在随机性,这是讲每一次相互作用无论其发生的时间、地点还是能量转移的数量大小,均具有很大的随机性。因此,电离辐射授予某一体积内的能量,必然存在统计涨落,特别是当观察体积较小或粒子注量较低时,这种统计涨落可能达到很大程度。因此,授予能 ε 是一个随机量,它遵从统计学规律。

(2)授予能 ε 是一个随机量,无法预测它的数值,只能根据几率分布确定其取任一特定数值的几率。根据统计学知识,授予能具有几率分布函数 $F(\varepsilon)$ 和几率密度 $f(\varepsilon)$。随机量授予能的期望值就是吸收剂量定义用到的平均授予能(有时也称为积分吸收剂量)。平均授予能则是一个非随机量,在实际上可用授予能的实验均值作为平均授予能的估计值。平均授予能与授予能的关系为

$$\bar{\varepsilon} = \int_0^\infty \varepsilon f(\varepsilon) \mathrm{d}\varepsilon \Big/ \int_0^\infty f(\varepsilon) \mathrm{d}\varepsilon \tag{1.34}$$

(3)授予能 ε 数值的大小与相互作用过程密切相关。例如通过理论分析可以得出,电离过程对授予能的贡献在数值上等于一个电子的平均结合能(或称平均电离能);激发过程对授予能的贡献在数值上等于激发前、后电子结合能的差;光电效应并发射特征 X 射线过程对授予能的贡献在数值上等于一个 L 层电子的结合能,而光电效应并伴随俄歇电子发射过程对授予能的贡献在数值上等于二个 L 层电子的结合能。

4. 吸收剂量率 $\dot{D}$

定义:吸收剂量率(Absorption Dose Rate)$\dot{D}$ 为在 $\mathrm{d}t$ 时间内吸收剂量的增量 $\mathrm{d}D$ 除以 $\mathrm{d}t$ 的商,即

$$\dot{D} = \frac{\mathrm{d}D}{\mathrm{d}t} \tag{1.35}$$

式中,$\dot{D}$ 为吸收剂量率,$Gy \cdot s^{-1}$。

吸收剂量率的单位为戈[瑞]·秒$^{-1}$($Gy \cdot s^{-1}$),$1\ Gy \cdot s^{-1} = 1\ J \cdot kg^{-1} \cdot s^{-1}$。历史上吸收剂量率的单位还使用过专用单位拉德·秒$^{-1}$($rad \cdot s^{-1}$)。

5. 线能量 y

定义:

$$y = \frac{\varepsilon}{l} \tag{1.36}$$

式中,ε 为授予能,J;$\bar{l}$ 为研究体积内的平均弦长,m;y 为线能量(Linear Energy),J·m^{-1}。

说明:

(1) 线能量是代表单个事件的能量沉积,所以作为用于描述辐射品质的物理量,从原理上讲它比前述定义的传能线密度(即定限线碰撞阻止本领)在微剂量学领域更有意义。虽然线能量有可能直接测量的特性,但是在辐射防护领域采用的仍然是传能线密度(L)。

(2) 线能量是一个随机量,线能量的分布与吸收剂量或吸收剂量率无关。$\bar{l}$ 是研究体积内的平均弦长,某一体积内的平均弦长是该体积内随机排列的弦的平均长度,对于凸面体来说,$\bar{l} = 4V/S$,其中 V 是体积,S 为表面积。

1.3.2　比释动能 K(Kerma Kinetic energy released in matertal)

对于间接致电离粒子(如中子、X 射线、γ 射线)在物质中的能量沉积过程可分为两个步骤:一是间接致电离粒子通过与物质相互作用把能量转移给可直接产生电离等作用的次级带电粒子;二是次级带电粒子再通过电离、激发等作用把能量沉积在物质中。吸收剂量仅表示了间接致电离粒子与物质相互作用能量传递过程中的第二个步骤。对于第一个步骤,需要采用引入的比释动能进行度量,即用比释动能度量间接致电离粒子与物质相互作用时,把多少能量传递给次级带电粒子。

1. 比释动能 K

定义:比释动能 K 为间接致电离粒子在质量为 dm 的某种物质中释放出来的全部带电粒子的初始动能总和 dE_{tr} 除以 dm 的商,即

$$K = \frac{dE_{tr}}{dm} \tag{1.37}$$

式中,dE_{tr} 为间接致电离粒子在质量为 dm 的某种物质中释放出来的全部带电粒子的初始动能总和(包括这些带电粒子在轫致辐射过程中放出的能量,以及在这一质量元中发生的次级过程中产生的任何带电粒子的能量,因而也包括俄歇电子的能量在内),J;dm 为所考虑的体积元内物质的质量,kg;K 为比释动能,J·kg^{-1}。

说明:

(1) 比释动能 SI 单位有一个专门名称为戈[瑞](Gy),1 Gy = 1 J·kg^{-1}。历史上比释动能单位还使用过专用单位拉德(rad)。比释动能和吸收剂量具有相同的量纲和单位,但它们在概念上是完全不同的两个物理量,这一点需要注意区别。比释动能度量了间接致电离粒子与物质相互作用时,把多少能量传递给了次级带电粒子。

(2) 对辐射场而言,可以用能注量等描述辐射场的基本特征。但就剂量学目的而言,更方便的是某种适当物质中的比释动能方便地描述间接致电离粒子场。对中等能量的电离辐射来讲,这种物质可以是空气;对医学或生物学中应用的所有间接致电离粒子而言,可以是适当的生物组织成份;对于辐射效应的研究工作,可以是任何有关的物质。另外在提到比释动能时,也必须指明介质种类和所在位置。

2. 比释动能率 $\dot{K}$

定义:比释动能率(Kerma Rate)$\dot{K}$ 为在 dt 时间内比释动能的增量 dK 除以 dt 的商,即

$$\dot{K} = \frac{dK}{dt} \tag{1.38}$$

式中,$\dot{K}$ 为比释动能率,$J \cdot kg^{-1} \cdot s^{-1}$。

比释动能率的单位有一个专门名称为戈[瑞]·秒$^{-1}$($Gy \cdot s^{-1}$)。$1 \ Gy \cdot s^{-1} = 1 \ J \cdot kg^{-1} \cdot s^{-1}$。历史上比动能率的单位还使用过专用单位拉德秒$^{-1}$($rad \cdot s^{-1}$)。

3. 比释动能与能注量、粒子注量的关系

对于一定的单能辐射,比释动能与粒子注量、能注量的关系为

$$K = \Psi \frac{\mu_{tr}}{\rho} = \Phi E \frac{\mu_{tr}}{\rho} \tag{1.39}$$

对于具有谱分布的入射粒子来说,比释动能与粒子注量、能注量的关系为

$$K = \int_0^\infty \Psi_E \left(\frac{\mu_{tr}}{\rho}\right)_E dE = \int_0^\infty \Phi_E \left(\frac{\mu_{tr}}{\rho}\right)_E E dE \tag{1.40}$$

说明:

(1) 式(1.39)和式(1.40)是计算单能辐射、具有谱分布的间接致电离粒子比释动能的通用式。在电离辐射剂量学和辐射防护等实际应用中,指出某特定物质在自由空间中或在另一种物质内部某一点的比释动能或比释动能率值是非常有用的。在这种情况下,该值就是假定在被研究的某一点处置入少量该特定物质所获得的值。这样利用式(1.39)从已知的粒子注量或能注量值以及设想的"少量特定物质"计算比释动能。因此,可以讲,水体模内某一点的空气比释动能。

(2) 为了测量比释动能,要求其质量元必须小到一定的程度,以致于其引入后不明显地扰动间接致电离粒子场。如果测量比释动能的物质不同于周围物质,这一条件就非常重要。要是扰动很明显,就必须加以适当的修正。

(3) 在比释动能计算中,为了使用方便,通常将式(1.39)中的 $E\mu_{tr}/\rho$ 称为比释动能因子,并将其计算列表。

4. 比释动能与吸收剂量的关系

(1) 对于间接致电离粒子(如 X 射线、γ 射线、中子)而言,比释动能描述了间接致电离粒子通过与物质相互作用把能量转移给可直接产生电离等作用的次级带电粒子的全部能量;吸收剂量描述了次级带电粒子通过电离、激发等作用沉积在物质中的能量。由于这两个量描述了间接致电离粒子与物质作用整个过程中能量转移的两个不同阶段,因而,它们既有明显区别,又有必然联系。为了说明两者的关系,需要引入带电粒子平衡(Charged-Particle Equilibrium)的概念。

在辐射剂量学中,带电粒子平衡是一个重要的概念。为了叙述方便,下面以电子平衡为例进行讨论,其他带电粒子的平衡则可依此类推。先考察一下如图 1.3 所示的情况。设间接致电离粒子照射体积为 V 的物质,在其中任取一点 P,围绕着 P 点取一小体积元 ΔV。间接致电离粒子传递给小体积元 ΔV 内的能量,等于它在 ΔV 内产生的次级带电粒子动能的总和。但实际上,间接致电离粒子传递给小体积元 ΔV 内的能量并没有全部被该体积内的介质所吸收,这是由于次级带电粒子有相当的射程,有一部分能量被部分次级带电粒子带出 ΔV 外去了,如 a 粒子。而同样,有些产生于 ΔV 外的带电粒子也可能进入该 ΔV 体积元,如 b 粒子,将能量沉积在该小体积内。如果达到这样一种情况,当进入该体积元的带电粒子和离开该体积元的带电粒子的总能量和谱分布达到平衡时,则称 P 点存在着带电粒子平衡。在带电粒子平衡条件下某点存在的带电粒子能谱称为平衡谱。如果涉及的带电粒子是电子,则称为电子平衡。如果某一区域内各点都存在带电粒子平衡,则称该区域内存在带电粒子平衡。

用数学语言描述的话,在体积 ΔV 的介质所吸收的能量 $d\varepsilon$ 为

$$d\varepsilon = d\varepsilon_{tr} - d\varepsilon_{out} + d\varepsilon_{in} \tag{1.41}$$

式中,$d\varepsilon_{tr}$ 为间接致电离粒子交给 ΔV 体积内的次级带电粒子动能的总和。$d\varepsilon_{out}$ 为在 ΔV 内产生的次级带电粒子从 ΔV 内带出的能量。$d\varepsilon_{in}$ 为在 ΔV 外产生的次级带电粒子从 ΔV 外带入的的能量。在带电粒子平衡条件下,应有

$$d\varepsilon_{out} = d\varepsilon_{in} \tag{1.42}$$

从而

$$d\varepsilon = d\varepsilon_{tr} \tag{1.43}$$

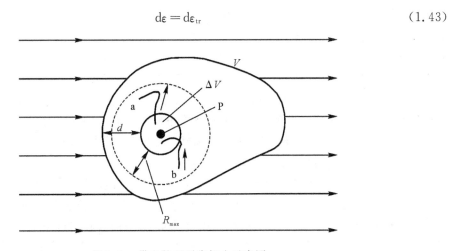

图 1.3　带电粒子平衡概念示意图

在物质中 P 点达到带电平衡的条件是:① 小体积 ΔV 周围的介质厚度(即体积 ΔV 的边界到体积 V 的边界间距离 d)等于或大于由初级辐射所产生的次级带电粒子在该介质中的最大射程 R_{max},即在 $d \geqslant R_{max}$ 的区域内;② 在小体积 ΔV 周围的辐射场是均匀的,辐射的强度和能谱恒定不变,介质对次级带电粒子的阻止本领及对初级辐射的质能吸收系数恒定不变。

在下述情况下一定不存在带电粒子平衡情况:① 辐射源附近。这时的辐射场极不均匀,且随离源距离的增加而急剧变化。② 两种物质相邻的界面附近。这时的辐射场不但不均匀,介质对次级带电粒子的阻止本领及对初级辐射的质能吸收系数不同,且 $d < R_{max}$。③ 高能辐射。这种辐射产生的次级带电粒子的动能很大,当初级辐射穿过等于次级带电粒子的平均射程的物质厚度时有明显的减弱。

(2)比释动能与吸收剂量的关系。从上面讨论可以得出,在带电粒子平衡条件下,如果进一步将次级带电粒子产生轫致辐射损失的能量忽略不计时,间接致电离粒子在体积 ΔV 所包含的物质中传递给次级带电粒子的能量就等于该物质所吸收的能量,即

$$d\bar{\varepsilon} = d\varepsilon_{tr} \tag{1.44}$$

若 ΔV 体积内物质的质量为 dm,则

$$D = \frac{d\bar{\varepsilon}}{dm} = \frac{dE_{tr}}{dm} = K \tag{1.45}$$

对于高能的次级带电粒子,由于其与高原子序数的物质相互作用时,实际上可能有一部分能量的辐射在物质中转变为轫致辐射而离开体积元 ΔV,在这种情况下,比释动能与吸收剂量的关系为

$$D = \frac{d\bar{\epsilon}}{dm} = \frac{dE_{tr}}{dm}(1-g) = K(1-g) \tag{1.46}$$

式中,g 为直接电离粒子的能量转化为韧致辐射能量的份额。对于高能电子,它的值与电子能量和原子序数有关,近似为 $g \approx EZ/(EZ+800)$,此值一般在 $10^{-3} \sim 10^{-2}$ 之间,故一般可以忽略。

(3)比释动能与吸收剂量随物质深度的变化。上面讨论带电粒子平衡时,要求所关心点处的质量小体积 ΔV 周围的介质厚度(即体积 ΔV 的边界到体积 V 的边界间距离 d)等于或大于由初级辐射所产生的次级带电粒子在该介质中的最大射程 R_{max},从而得出在带电粒子平衡并将次级带电粒子产生韧致辐射损失能量忽略时吸收剂量等于比释动能的结论。但实际上,对一个外照射情况而言,比释动能与吸收剂量的数值都会随物质深度发生变化,在这种情况下比释动能与吸收剂量是如何变化的,两者的关系如何则是下面要介绍的内容。

设有间接致电离粒子,如 X 射线或中子,均匀垂直入射到类似人体组织的物质板上,物质板的厚度大于 X 射线或中子作用产生的次级带电粒子在其中的最大射程。假定从该物质板中取一小质量元,使其由表面不断地向深处移动,同时观察其中吸收剂量和比释动能的变化情况。下面分两种情况进行讨论:

第一种情况是只有间接致电离粒子入射且入射辐射在物质中的衰减可以忽略情况。在这种情况下比释动能为恒值。在距表面浅层处,由于不存在带电粒子平衡,间接致电离粒子在质量元物质中释出的能量,没有全部沉积在该质量元中,因而吸收剂量小于比释动能。随着物质元不断深入,起源于浅层的次级带电粒子越来越多地进入所关心的质量元内,使得在质量元内沉积的能量越来越接近间接致电离粒子在其中释放的能量。一直到与次级带电粒子最大射程相当的深度上,带电粒子平衡所要求的条件得到满足,吸收剂量就等于比释动能。由于不考虑入射辐射在物质中的衰减,吸收剂量和比释动能的这种平衡在更深的深度上保持下去,如图 1.4 所示,这种情况多数是一种理想的情况。

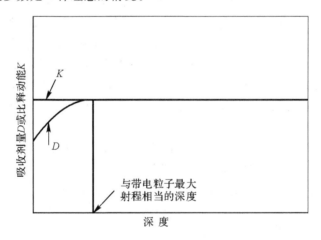

图 1.4　入射辐射在物质中不衰减且存在带电粒子平衡的情况

第二种情况是只有间接致电离粒子入射但入射辐射在物质中的衰减较为明显不能忽略的情况。在这种情况下比释动能不为恒值,比释动能随物质深度不断增加而减小,如图 1.5 中曲线 GH 所示。吸收剂量的变化开始随着深度增加而增大,直到略小于带电粒子最大射程的深度处,吸收剂量曲线与比释动能曲线相交于图 1.5 中 Q 点,即吸收剂量等于比释动能,这时的物质厚度称为平衡厚度。在比平衡厚度更深的深度上,比释动能随物质深度不断增加而减小,而另一方面由于具有一定射程的次级带电粒子主要是向前发射的,因而次级带电粒子在某一点(见图 1.5 中 N 点)消耗的能量一般起源于较浅的那个深度处的(见图 1.5 中 M 点)。由于 M 点的比释动能大于 N 点的比释动能,因而次级带电粒子在 N 点沉积的能量比初级的间接致电离粒子在 N 点释入的能量要大。因此,在平衡厚度之后,吸收剂量将比同一点上的比释动能大,但吸收剂量也随物质深度不断增加而减小,遵循比释动能减小同样的规律,随比释动能而成比例减小。吸收剂量的变化如图 1.5 中曲线 AEF 所示,其中的 EF 段也称为间接致电离粒子与带电的次级辐射之间的准平衡。在准平衡情况下,D 与 K 的数值之差,依赖于入射辐射的能量。对于 ^{60}Co 的 γ 射线,D 比 K 约大 0.5%;对于 40 MeV 的 X 射线,这个差值也不大于 10%。因此在防护中,只要组织内达到准平衡,对于 40 MeV 以下的 X 射线,可将 K 的数值近似看做 D 的数值。对于能量低于 30 MeV 的中子也大致如此。由于了解比释动能与吸收剂量随物质深度的变化情况在实际中具有重要作用,因此,表 1.1 和表 1.2 分别给出了不同能量的中子和光子建立带电粒子平衡所要求的水的平衡厚度,图 1.6 和图 1.7 分别给出了归一化的 X 射线和电子在水中的深度剂量曲线。

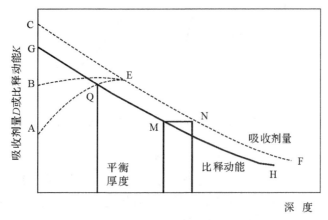

图 1.5　入射辐射在物质中有衰减且出现带电粒子准平衡的情况

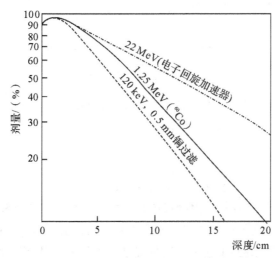

图 1.6　X 或 γ 射线在水中的深度-剂量曲线

(源到水表面距离 80 cm,水表面射线束面积 100 cm^2)

表 1.1   不同能量的中子建立带电粒子平衡所要求的水的平衡厚度

中子能量 /MeV	5	10	20	50	100
平衡厚度 /cm	0.34	1.2	4.2	22	76

表 1.2   不同能量的光子建立带电粒子平衡所要求的水的平衡厚度

光子能量 /MeV	0.02	0.05	0.1	0.2	0.5	1	2	5	10
平衡厚度 /cm	0.008	0.042	0.14	0.44	1.7	4.3	9.6	25	49

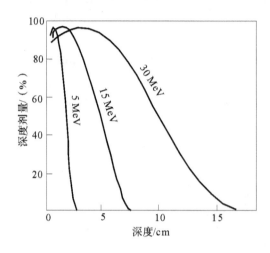

图 1.7   电子在水中的深度-剂量曲线(水表面射线束面积 10 cm × 10 cm)

5. 比释动能概念在 γ 射线吸收剂量计算中的应用

由于比释动能较好地度量了间接致电离粒子与物质相互作用时把多少能量传递给了次级带电粒子,所以就剂量学目的而言可以用比释动能方便地描述间接致电离粒子辐射场。在辐射防护中,常用比释动能的这一特点计算辐射场量,推断生物组织中某点的吸收剂量等。在此重点讨论它在计算 γ 射线吸收剂量中的应用。对于中子等其他间接致电离粒子也可用类拟的方法进行论述。

在带电粒子平衡条件下,对于一定的单能辐射,吸收剂量和粒子注量的关系为

$$D = \Phi \left(\frac{\mu_{tr}}{\rho}\right) E(1-g) = \Phi \left(\frac{\mu_{en}}{\rho}\right) E \tag{1.47}$$

式(1.47)中,当粒子注量 Φ 和能量 E 确定不变时,吸收剂量与物质的质能吸收系数(μ_{tr}/ρ)成正比。因此,可进一步推出在两种不同的介质 1 和介质 2 中,当其中 Φ 和 E 都相同时,两种介质中的吸收剂量有如下关系:

$$\frac{D_1}{D_2} = \frac{(\mu_{en}/\rho)_1}{(\mu_{en}/\rho)_2} \tag{1.48}$$

式(1.47)和式(1.48)是计算 γ 射线吸收剂量的重要公式。如果辐射具有谱分布,则质能吸收系数必须对整个辐射谱平均。在应用该公式时,要特别注意其适用条件。该公式是在带电粒子平衡条件下推导出来的,也就是在满足带电粒子平衡条件下才能应用该公式。通过测

量或计算一种物质中某一点吸收剂量来换算为另外一种物质在同一位置点吸收剂量时,必须要求另外一种物质的体积足够小,不致于扰乱原来的辐射场。但实际上不可能无限小,因此,存在一定的扰乱,只要其扰乱接受的程度在实际误差可接受的程度范围内即可。

在实际工作中,往往需要知道外照射条件下(如医疗照射)生物组织深部的吸收剂量值,但直接测量生物组织深部的吸收剂量是困难或者讲是不可能的。对于 X 和 γ 射线而言,空气是一种近似的组织等效材料,用空腔电离室容易测量空气中任何位置的吸收剂量。因此,通过测量组织表层的空气的吸收剂量来确定组织中某一点的吸收剂量,必须通过利用测量值,用式(1.48)求出组织表层中吸收剂量的值,再通过吸收剂量随深度变化的深度剂量曲线,查出组织内所要求的深度处的吸收剂量。

如果辐射具有谱分布,质能吸收系数应该是对整个辐射谱求平均,在物质表面的空气中和某一深度下小块空气中的辐射谱是不同的。对于能量大约在 0.1～3 MeV 的 X,γ 射线与较低原子序数的物质相互作用时,根据射线与物质相互作用的特点,物质中质能吸收系数和空气中的质能吸收系数之比值可实际上认为是一个常数。

1.3.3　照射量 X

在空气中,X 或 γ 射线造成电离的物理图像是:X 或 γ 射线的光子与空气中原子相互作用,结果释放出高能的次级电子,然后再由这些次级电子导致空气电离。次级电子在空气中产生的任何一种离子(电子或正离子)的总电荷量,反映了 X 或 γ 射线对空气的电离本领。因此,照射量(Exposure)是根据其对空气电离本领的大小来度量 X 或 γ 射线的一个量。

1. 照射量 X

定义:照射量 X 为 X 或 γ 射线在质量为 dm 的空气中释放出来的全部电子(正电子和负电子)被空气阻止时,在空气中产生一种符号的离子的总电荷的绝对值 dQ 除以 dm 的商(见图 1.8),即

$$X = \frac{\mathrm{d}Q}{\mathrm{d}m} \tag{1.49}$$

式中,dm 为所考虑体积元的空气质量,kg;dQ 为 X 或 γ 射线在质量为 dm 的空气中释放出来的全部电子(正电子和负电子)被空气阻止时,空气中产生一种符号的离子的总电荷的绝对值,C;X 为照射量,C·kg^{-1}。

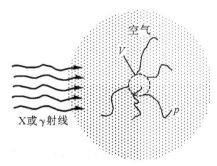

图 1.8　照射量定义示意图

说明：

(1) 照射量及其单位在历史上经历了多次变化。在 1895 年 X 射线被发现并应用于医学等领域后，物理学家根据 X 射线的物理现象及生物效应提出了各种不同的量度方法，如早期提出的红斑量，利用荧光物质在 X 射线照射下发光，某些材料的变色及胶片感光程度，但这些方法都难以稳定重复，逐步被电离法所代替。1928 年第二届国际放射学大会正式通过伦琴作为 X 射线辐射量的国际单位，定义 1 伦琴是当次级电子被全部利用而且室壁效应被免除了的时候，它在 0℃ 和 76 cmHg 柱压强下的 1 cm³ 空气中产生的导电性在饱和电流下测得的电荷量为一个静电单位，这个定义没有说明量度的量是什么，概念不够明确。1937 年第五届国际放射学大会把伦琴推广应用于 γ 辐射，把 X 射线或 γ 辐射的量或剂量的国际单位定为伦琴，这个定义中把伦琴作为一个物理量还是作为这个量的单位还是不明确，而且出现了量和剂量两个不同含意的词的混淆。1956 年 ICRU 正式明确了上述定义的量称为照射剂量，伦琴是这个量的单位，1962 年 ICRU 把照射剂量改为照射量，剂量一词专用于吸收剂量，并再次定义照射量及其单位伦琴。

(2) 历史上伦琴为照射量的单位，是因为早期在测量技术上便于实现，但具有一定的局限性。这主要是因为复现伦琴单位要求在电子平衡条件下才能实现。当 X 射线或 γ 辐射的能量很高时，测量技术上存在很多困难，为此，只能用于几 MeV 以下和几 keV 以上的 X 射线或 γ 辐射，此外照射量仅适用于 X 或 γ 射线和空气介质，不能用于其他类型的辐射和介质，且只表征光子与空气作用的第一阶段。而在实际应用中，人们关心的是受照射物质所吸收的能量以及由此引起的一切效应，所以它是一个适用范围很有限的物理量。目前，国际上对照射量的应用有一定的争议。

(3) 照射量及其单位的应用。照射量单位没有专门名称，历史上照射量单位还使用过专用单位伦琴(R)，$1R = 2.58 \times 10^{-4}$ C·kg⁻¹。定义中的 dQ 并不包括在所考察体积元空气中释放出来的次级电子产生的轫致辐射被吸收后而产生的电离。若无这种差别，上面定义的照射量就是空气比释动能的电离当量。在实际测量中，由此种方式产生的电离对 dQ 的贡献，仅当光子能量(大于 3 MeV)很高时才显得重要。按照定义来测量照射量时，要求满足电子平衡条件。在电子平衡条件下，鉴于目前的测量技术及对准确度的要求，所测量的光子能量在几个 keV 到 3 MeV 左右。在此能量范围内，由次级电子产生的轫致辐射对 dQ 的贡献可以忽略不计。测量照射量，则要求其质量元必须小于一定程度，要求其引入质量元后不明显地扰动原光子场。如果测量周围的介质不是空气，这一条件就非常重要。要是扰动很明显，就必须加以适当的修正。

2. 照射量的另一种定义

对于单能光子：

$$X = \Psi \frac{\mu_{en}}{\rho} \frac{e}{\overline{W}} = K_a \frac{e}{\overline{W}} \qquad (1.50)$$

式中，e 为电子的电荷，$1e = 1.6021 \times 10^{-19}$ C；Ψ 为能注量，J·m⁻²；μ_{en}/ρ 为质能吸收系数，m²·kg⁻¹；$\overline{W}$ 为在空气中形成一对离子对所消耗的平均电离能，$\overline{W} = 33.75$ eV；X 为照射量，C·kg⁻¹。

对于具有谱分布的光子：

$$X = \int_0^E \Psi_E \left(\frac{\mu_{en}}{\rho} \right)_E \frac{e}{W} \mathrm{d}E \tag{1.51}$$

3. 照射量率 $\dot{X}$

定义：

$$\dot{X} = \frac{\mathrm{d}X}{\mathrm{d}t} \tag{1.52}$$

式中，$\dot{X}$ 为照射量率(Exposure Rate)，$\mathrm{C} \cdot \mathrm{kg}^{-1} \cdot \mathrm{s}^{-1}$。

照射量率单位没有专门名称。历史上照射量率还使用过专用单位：伦琴·秒$^{-1}$（$\mathrm{R} \cdot \mathrm{s}^{-1}$），$1\mathrm{R} \cdot \mathrm{s}^{-1} = 2.58 \times 10^{-4} \mathrm{C} \cdot \mathrm{kg}^{-1} \cdot \mathrm{s}^{-1}$。

4. 照射量与吸收剂量的关系

在电子平衡条件下，根据照射量旧的专用单位伦琴的定义[在 1 R X 射线照射下，0.001 293 g 空气(标准状况下，$1~\mathrm{cm}^3$ 空气的质量)中释放出来的次能电子，在空气中总共产生电量各为 1 静电单位的正离子和负离子]，可以推出 1 R X 射线或 γ 射线传递给 1 kg 标准状况下的干燥空气中次级电子的总能量为 8.69×10^{-3} J。因此，在空气同样条件下，照射量与空气吸收剂量的关系为

$$D_a = [(8.69 \times 10^{-3})/(2.58 \times 10^{-4})]X = 33.68X \tag{1.53}$$

$$\dot{D}_a = [(8.69 \times 10^{-3})/(2.58 \times 10^{-4})]\dot{X} = 33.68\dot{X} \tag{1.54}$$

式中，数值 8.69×10^{-3} 和 2.58×10^{-4} 分别为换算系数，在数值上存在 $1\mathrm{R} = 2.58 \times 10^{-4} \mathrm{C} \cdot \mathrm{kg}^{-1} = 8.69 \times 10^{-3} \mathrm{J} \cdot \mathrm{kg}^{-1}$。$X$ 和 $\dot{X}$ 分别为照射量和照射量率，单位为 $\mathrm{C} \cdot \mathrm{kg}^{-1}$ 和 $\mathrm{C} \cdot \mathrm{kg}^{-1} \cdot \mathrm{s}^{-1}$。$D_a$ 和 $\dot{D}_a$ 分别为空气介质的吸收剂量和吸收剂量率，单位为 Gy 和 $\mathrm{Gy} \cdot \mathrm{s}^{-1}$。

对于 X 射线或 γ 射线，容易测量的量是照射量，且可按式(1.53)方便算出空气的吸收剂量。但在实际工作中常常是通过测量空气中的吸收剂量来确定其他物质的吸收剂量。如在放射生物学中是确定生物组织中的吸收剂量，而直接测量生物组织中某点处的吸收剂量是有困难的，因此往往借助于人体或动物模型进行测量，此时，在要确定剂量的点上留个小腔，然后把测量探头放入小腔，测定小腔内空气的吸收剂量，再通过关系式求出相同位置处小腔内其他物质的吸收剂量，其转换关系为

$$D_m = 33.68 \frac{(\mu_{en}/\rho)_m}{(\mu_{en}/\rho)_a} X = f X \tag{1.55}$$

式中，X 为同一点空气中的照射量，$\mathrm{C} \cdot \mathrm{kg}^{-1}$；$f$ 为转换系数，$f = 33.68(\mu_{en}/\rho)_m/(\mu_{en}/\rho)_a$，$\mathrm{Gy} \cdot (\mathrm{C} \cdot \mathrm{kg}^{-1})^{-1}$；$D_m$ 为处于空气中同一点所求的其他物质(用下标 m 表示)的吸收剂量，Gy。

在应用该公式时，要注意其适用条件。该公式是在带电粒子平衡条件下推导出来的，也就是在满足带电粒子平衡条件下才能应用该公式。这就要求通过测量空气中某一点的照射量来换算为某一物质中在同一点的吸收剂量时，必须要求小块物质的体积足够小，不致于扰乱原来的辐射场。表 1.3 列出了不同能量的光子在水、骨骼、肌肉组织、硫酸亚铁剂量计溶液等物质中的 f 值。从表中 f 值随光子能量变化情况分析，对于低能光子(如 0.1 MeV 以下)，即使照射量相同(同为 $1~\mathrm{Gy} \cdot (\mathrm{C} \cdot \mathrm{kg}^{-1})^{-1}$)，骨骼的吸收剂量比肌肉组织中的吸收剂量高 3～4 倍，而脂肪中的吸收剂量则只有肌肉中吸收剂量的一半左右。而当光子能量大于 0.2 MeV 以上时，对于相同的照射量，各种物质的吸收剂量非常相近。在低能光子情况下通过测量照射量计算吸收剂量时要特别注意这种变化。

表 1.3 不同能量光子在不同物质中的 f 值[表中数值再除以 2.58×10^{-4}]

单位:$Gy \cdot (C \cdot kg^{-1})^{-1}$

光子能量 MeV	水	骨 骼	肌肉组织	硫酸亚铁剂量计溶液 (0.4 mol/L 硫酸)
0.010	0.009 12	0.035 40	0.009 25	0.010 03
0.015	0.008 89	0.030 70	0.009 16	0.010 12
0.020	0.008 81	0.042 30	0.009 16	0.010 10
0.030	0.008 69	0.043 90	0.009 10	0.010 05
0.040	0.008 78	0.041 40	0.009 19	0.010 03
0.050	0.008 92	0.035 80	0.009 26	0.009 91
0.060	0.009 05	0.029 10	0.009 29	0.009 87
0.080	0.009 32	0.019 10	0.009 39	0.009 77
0.100	0.008 48	0.014 50	0.009 48	0.009 72
0.150	0.009 62	0.010 50	0.009 56	0.009 65
0.200	0.009 73	0.009 79	0.009 63	
0.300	0.009 66	0.009 38	0.009 57	
0.400	0.009 66	0.009 28	0.009 54	
0.500	0.009 66	0.009 25	0.009 57	
0.600	0.009 66	0.009 25	0.009 57	
0.800	0.009 65	0.009 20	0.009 56	
1.000	0.009 65	0.009 22	0.009 56	
1.500	0.009 64	0.009 20	0.009 58	
2.000	0.009 66	0.009 21	0.009 54	
3.000	0.009 62	0.009 28	0.009 54	
4.000	0.009 58	0.009 30	0.009 48	
5.000	0.009 54	0.009 34	0.009 44	
6.000	0.009 60	0.009 49	0.009 49	
8.000	0.009 56	0.009 56	0.009 44	
10.00	0.009 35	0.009 60	0.009 29	

1.3.4 吸收剂量、比释动能和照射量的区别

电离辐射剂量学领域常用的吸收剂量、比释动能和照射量都是非常重要的物理量。上面主要介绍了这些量的定义和联系。为了进一步明确吸收剂量、比释动能和照射量的定义,下面以 γ 辐射为例,并以图 1.9 来形象地说明三个量之间的差别。

设在自由空气中划出一个体积为 V 的空气,在空气体积内 γ 辐射的能注量为 Ψ。假定 γ 辐射在所划出的空气体积内释放的能量变成次级电子 A,B 的动能,在该体积外 γ 辐射也能产生次级电子,例如 C,D。这些次级电子(A,B,C,D)在空气中都有一部分能量转变为轫致辐射(b),有的次级电子(例如 C,D)在空气中还能击出 δ 射线。当轫致辐射与空气原子相互作用时

又可能再放出电子(e)。

(1) 吸收剂量。当计算空气体积 V 内的吸收剂量时,必须计及所有沉积在该体积内的辐射能量(即真正为此体积空气所吸收的能量)。在图 1.9(a) 中用实线画出的粒子径迹就表示这部分能量。从图 1.9(a) 中可见,γ 辐射在体积 V 中交给次级电子(A,B)的能量并非全部沉积在体积 V 内,而有部分能量被次级电子、δ 射线及韧致辐射带到体积 V 外了。另一方面,在体积 V 外产生的电子(C,D)或由这些电子形成的 δ 射线以及由其形成的韧致辐射所形成的电子(e),也会有部分能量在体积 V 内沉积下来。在体积内沉积的所有上述有关能量都应列入吸收剂量的计算之中,即吸收剂量涉及的是辐射在体积 V 内沉积的能量,而不管这些能量是来自 V 内还是来自 V 外的。体积 V 内的吸收剂量应为

$$D_V = \Psi(\mu_{en}/\rho)q = \Psi(\mu_{tr}/\rho)(1-g)(E_{沉积}/E_{释放}) \tag{1.56}$$

式中,q 为带电粒子平衡因数。吸收剂量适用于任何电离辐射和受照射物质。

(2) 比释动能。当计算比释动能时,则只须涉及间接致电离粒子在体积 V 内交给带电粒子的能量,而无须过问带电粒子的能量在何处、以何种方式损失的。这部分能量在图 1.9(b) 中也是用实线的粒子径迹表示的。比释动能只适用于间接致电离粒子(中子或光子),但对任何物质都能适用。比释动能为

$$K_V = \Psi(\mu_{tr}/\rho) \tag{1.57}$$

当 $\mu_{en}/\rho = \mu_{tr}/\rho$(即韧致辐射可以忽略)且 $q=1$(即带电粒子平衡)时,则

$$D_V = K_V = \Psi(\mu_{tr}/\rho) \tag{1.58}$$

(3) 照射量。当计算照射量时,涉及的只是 γ 辐射在体积 V 空气内形成的次级电子(A,B)及其 δ 射线在空气中直接产生的离子的总电荷量。这部分离子在图 1.9(c) 中用点线包围的粒子径迹表示,它们可以分布在体积 V 的内、外。次级电子(A,B)的韧致辐射随后在空气中产生的电子(e)虽然也能产生电离,但这些离子的电荷量不在计算照射量的总电荷量之内。照射量不包括起源于体积 V 外的任何粒子在体积 V 内所产生的离子的电荷量。照射量仅用于 X 射线或 γ 辐射,受照射的物质也只限于空气。照射量为

$$X = \Psi\frac{\mu_{en}}{\rho}\frac{e}{W} = K_a\frac{e}{W} \tag{1.59}$$

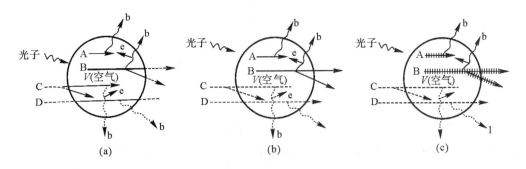

图 1.9 吸收剂量、比释动能和照射量的区别示意图

1.4　辐射防护常用的物理量

电离辐射剂量学量可以对有关辐射生物效应或潜在的生物效应提供一种物理学上的量度。但在实际上发现，辐射作用于生物体时，辐射所致生物损伤是一个复杂的过程，有许多微观和宏观因素影响辐射损伤的进程和程度，如辐射吸收剂量、吸收剂量率、辐射的种类和能量（用辐射权重因子处理）、生物机体辐射敏感性（用组织权重因子处理）、机体的生理状态和照射方式等。为了进一步研究和分析电离辐射生物效应的特点和规律，在辐射防护领域提出了一些专用的物理量，目的是进一步描述辐射所致生物效应的状态和程度。

需要注意的是，辐射防护领域中某些量的使用有一定的限制（由于辐射防护引入所做的限制等原因，如引入的品质因数是在小剂量和小剂量率情况下得出的数据，不能应用于大剂量及高剂量率下的照射情况），因此辐射防护量的使用具有特定的使用范围（如一般可以认为在几百个 mGy 以下的剂量范围，其中重要的剂量范围在几 mGy 至大约几十 mGy），不能用于大剂量及高剂量率下的急性照射（对这种急性照射仍采用吸收剂量进行评价），这是在实际应用中需要特别注意的。

同时，由于辐射防护研究对象的特殊性，针对不同的情况，辐射防护领域引入了不同的量进行描述，因而辐射防护量的种类多且都有不同的使用条件，这一特点在使用中也需要特别注意。本节主要介绍目前常用的基本的辐射防护量、辅助的辐射防护量和用于辐射剂量监测的实用量等3类，其中每一类又由若干具体的量所组成。防护量是指由 ICRP 规定的用于人体中的剂量学量，防护量的例子如有效剂量和当量剂量，防护量是 ICRP 提出的；实用量是这样一种量，使用这个量可以证明是否符合防护体系，实用量的例子有周围剂量当量、定向剂量当量和个人剂量当量等，实用量是 ICRU 提出的。

1.4.1　基本的辐射防护量

1. 器官吸收剂量 D_T

在1.3.1节中介绍的吸收剂量这个物理量，其定义为任何电离辐射授予质量为 dm 的物质的平均能量 $d\bar{\varepsilon}$ 除以 dm 的商，这个定义是对一个小体积元的质量物质而言的。在辐射生物效应中，效应的程度往往与组织或器官内的平均吸收剂量有关。因此，为了辐射防护目的，ICRP 定义了一个在人体某一指定组织或器官 T 中的器官吸收剂量（Organ Absorption Dose）（即为组织或器官内的平均吸收剂量），其定义为

$$D_T = \frac{1}{m_T}\int_{m_T} D\,dm = \frac{1}{m_T}\int_{m_T}\frac{d\bar{\varepsilon}}{dm}dm \tag{1.60}$$

式中，m_T 为组织或器官 T 的质量，g。

2. 当量剂量 H_T

在 ICRP 第 26 号出版物中，ICRP 曾建议用某点的剂量当量（$H = DQN$）表示在正常辐射防护中所遇到的吸收剂量水平下辐射照射的生物学意义。剂量当量是针对组织中的某一点而言的，而辐射防护往往所关心的是某一组织或器官剂量的平均值，为此，国际放射防护委员会（ICRP）在第 60 号出版物中引入了组织或器官的当量剂量（Equivalent Dose）的概念。

辐射（R）在组织或器官（T）中产生的当量剂量（$H_{T,R}$）表示式为

$$H_{T,R} = W_R D_{T,R} \tag{1.61}$$

不同辐射(R)在组织或器官(T)中产生的当量剂量总和(H_T)表达式为

$$H_T = \sum_R W_R D_{T,R} \tag{1.62}$$

式中,$D_{T,R}$ 为组织或器官 T 受辐射 R 照射的平均吸收剂量,Gy;W_R 为辐射权重因子,无量纲;$H_{T,R}$ 为辐射(R)在组织或器官(T)中产生的当量剂量,Sv;H_T 为所有辐射在组织或器官(T)中产生的当量剂量,Sv。

说明:

(1) 当量剂量 SI 单位是 J·kg^{-1},有一个专门名称:希[沃特](Sv,sivert),1 Sv = 1 J·kg^{-1}。与当量剂量相当的剂量当量曾经还使用过专用单位雷姆(rem),1 rem = 10^{-2} J·kg^{-1} = 10^{-2} Sv。

(2) 辐射权重因子(W_R)是一个因数,用此因数乘上组织或器官的吸收剂量以反映中子和 α 粒子等辐射相对于低 LET 辐射有较高的相对生物效能(RBE$_M$,指在所有其他条件保持不变的情况下,某一参考辐射的吸收剂量与某给定试验辐射产生同样水平的响应所需的吸收剂量之比值,下标 M 系指某种随机性效应)。ICRP 第 60 号出版物提供的 W_R 值如表 1.4 所示。为了提供解析计算的方法,表 1.4 数据内的中子数据可用式

$$W_R = 5 + 17\exp\left(-\left[\ln(2E)\right]^{2/6}\right) \tag{1.63}$$

进行拟合,式中 E 为中子能量(单位为 MeV),拟合曲线如图 1.10 所示。需要说明的是辐射权重因子和下述的组织权重因子的数值来自 ICRP 第 60 号出版物以前的放射生物学知识,其数值随着研究的发展可能有所变化。

表 1.4　辐射权重因子

辐射类型	能量范围	W_R 值
光子	所有能量	1
电子和 μ 介子	所有能量	1
中子	能量 < 10keV	5
	10 ~ 100 keV	10
	> 100 keV ~ 2 MeV	20
	> 2 ~ 20 MeV	10
	> 20 MeV	5
质子(反冲质子除外)	能量 > 2 MeV	5
α 粒子,裂变碎片,重核	所有能量	20

(3) 对于在表 1.4 中没有包括的辐射类型和能量,ICRP 建议可以通过 ICRU 球 10 mm(ICRU 球是由 ICRU 定义的,由组织等效材料构成的直径为 30 cm,密度为 1 g·cm^{-3} 的球体。ICRU 球组成和质量分数分别为氧 76.2%、碳 11.0%、氢 10.1%、氮 2.6%)厚度处的 $\bar{Q}$ 得到 W_R 的近似值,计算公式为

$$\bar{Q} = \frac{1}{D}\int_0^a Q(L)D(L)\,\mathrm{d}L = \frac{1}{D}\int_0^a Q(L)\,\frac{\mathrm{d}D}{\mathrm{d}L}\mathrm{d}L \tag{1.64}$$

式中,$D(L)\mathrm{d}L$ 是该球中 10 mm 深度处传能线密度为 L 和 $L + \mathrm{d}L$ 之间的辐射产生的吸收剂量。$Q(L)$ 是 10 mm 深度处传能线密度为 L 的辐射品质因数。$\bar{Q}$ 称为有效品质因数。ICRPT 第 60 号出版物定义的 Q-L 关系如表 1.5 所示。有效品质因数与光子能量和中子能量的关系分别如图 1.11 和图 1.12 所示。

表 1.5 ICRP 第 60 号出版物定义的 Q-L 关系

水中的非定限传能线密度 $L/(\text{keV} \cdot \text{V} \cdot \text{m}^{-1})$	$Q(L)$ 值
< 10	1
$1 - 100$	$0.32L - 2.2$
> 100	$300/\sqrt{L}$

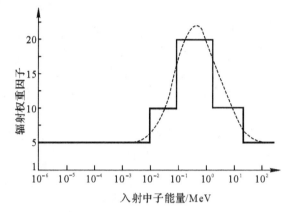

图 1.10　中子辐射权重因子拟合曲线

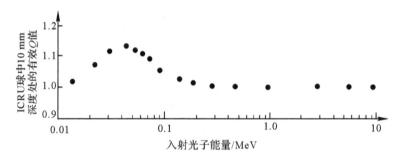

图 1.11　有效品质因数与光子能量的关系

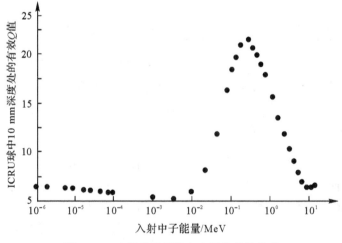

图 1.12　有效品质因数与中子能量的关系

3. 有效剂量 E

由于辐射所致的随机性效应发生的概率和当量剂量之间的关系还随受照射的器官或组织的不同而变化。因此,ICRP 第 60 号出版物建议引入一个由当量剂量导出的量 —— 有效剂量(Effective Dose),以表示几种不同组织受到照射时的综合危害效应。由于有效剂量与这些组织随机性效应程度有较好的相关性,因此有效剂量可用来解决不均匀、局部照射以及内外照射同时存在时危险评价问题。

有效剂量定义为人体所有组织或器官按组织权重因子加权后的当量剂量之和,即

$$E = \sum_{T} W_T H_T = \sum_{T} W_R \sum_{T} W_T D_{T,R} = \sum_{T} W_T \sum_{} W_R D_{T,R} \tag{1.65}$$

式中,$D_{T,R}$ 为组织或器官 T 受辐射 R 照射的平均吸收剂量,Gy;W_R 为辐射权重因子,无量纲;H_T 为不同辐射(R)在组织或器官(T)中产生的当量剂量,Sv;W_T 为组织权重因子,无量纲;E 为有效剂量,Sv。

说明:组织权重因子反映了全身均匀照射条件下人体不同组织或器官受照后对总危害的相对贡献,其值如表 1.6 所示。有效剂量适用于体外源或体内源所致的均匀照射或非均匀照射。

上述的当量剂量与有效剂量是供辐射防护用的,它大致上可以评价辐射所产生的危险。需要说明的是它们只能在远低于辐射所致的确定性效应阈值的吸收剂量下提供估计随机性效应概率的依据。

1.4.2　辅助的辐射防护量

1. 集体当量剂量 S_T

对于群体照射,ICRP 为了定义一个表示一组人某指定的组织或器官所受的总辐射照射的量,定义了组织 T 的集体当量剂量(Collective Equivalent Dose)(S_T)。其定义为

$$S_T = \int_0^\infty H_T \frac{dN}{dH_T} dH_T \tag{1.66}$$

式中,$(dN/dH_T)dH_T$ 是接受当量剂量在 H_T 到 $H_T + dH_T$ 间的人数。

2. 集体有效剂量 S_E

如果要求量度某一群体所受的辐射照射,可以计算其集体有效剂量(Collective Effective Dose),即

$$S_E = \int_0^\infty E \frac{dN}{dE} dE \tag{1.67}$$

S_E 的单位名称为人・希,符号为 man・Sv,它们可用来描述辐射对受照群体可能造成的危害。

不论是集体当量剂量还是集体有效剂量,其定义都没有明确给出剂量所经历的时间。因此,应当指明集体当量剂量求和或积分的时间间隔和什么样的人群。

表 1.6　ICRP 第 60 号(1991 年)出版物建议的组织权重因子

器　官	组织权重因子	器　官	组织权重因子
睾丸	0.20	食道	0.05
红骨髓	0.12	肝	0.05
结肠	0.12	甲状腺	0.05
肺	0.12	皮肤	0.01
胃	0.12	骨表面	0.01
膀胱	0.05	其余组织或器官	0.05
乳腺	0.05		

注:① 数值系按男女人数相等年龄范围的参考人群导出。按有效剂量定义,它们对工作人员、全体人口和男女两性均适用。② 为计算用,其余组织或器官包括肾上腺,脑,上段大肠,小肠,肾,胰,肌肉,脾,胸腺和子宫。③ 在其余组织或器官中有一个单个器官或组织受到超过 12 个规定了权重因子的器官的最高当量剂量的例外情况下,该组织或器官权重因子取 0.025,而剩下的上列其余器官与组织的平均当量剂量亦取权重因子 0.025。

3. 待积当量剂量 $H_T(\tau)$

从有效剂量的定义可知,有效剂量适用于体外源或体内源所致的均匀照射或非均匀照射。式(1.65)后两步表示的辐射系指入射在人体上的或由人体内辐射源发射的辐射,这两种求和方式是等同的。但对于外照射而言,外部贯穿辐射产生的能量沉积是在组织暴露于该辐射场的同时给出的;而对内照射而言,进入体内的放射性核素对组织的照射在时间上是分散开的,能量沉积随放射性核素的衰变而逐渐给出,能量沉积在时间上的分布随放射性核素的理化形态及其后的生物动力学行为而变化。为了计及这种时间分布,ICRP 引入了待积(组织或器官) 当量剂量(Committed Equivalent Dose)的概念。其定义是将个人在单次摄入放射性物质之后,某一特定组织中接受的当量剂量率在时间(τ) 内的积分,即

$$H_T(\tau) = \int_{t_0}^{t_0+\tau} \dot{H}_T(t)\,\mathrm{d}t \tag{1.68}$$

式中,$\dot{H}_T(t)$ 是对于在 t_0 时刻单次摄入一定活度的放射性物质后,对应于器官或组织(T) 在 t 时刻的当量剂量率。τ 是进行积分的时间期限(以年为单位),在没有给出积分的时间期限(τ) 时,对于成年人隐含 50 年时间期限,对儿童隐含 70 年时间期限。

4. 待积有效剂量 $E(\tau)$

将单次摄入放射性物质后产生的待积当量剂量乘以相应的组织权重因子(W_T),然后求和,可以得出待积有效剂量 (Committed Effective Dose) ,即

$$E(\tau) = \sum_T W_T H_T(\tau) \tag{1.69}$$

5. 剂量负担 E_c

为了评估某一伴随辐射的实践对全世界或某一群体产生的辐射剂量,ICRP 引入剂量负担 (Dose Commitment)($E_{c,T}$ 或 E_c) 的概念。其定义为由于某一指定事件,诸如单位实践(如一年的实践) 造成的人均剂量率在无限长时间内的积分,即

$$E_{c,T} = \int_0^\infty \dot{H}_T(t)\mathrm{d}t \quad 或 \quad E_c = \int_0^\infty \dot{E}(t)\mathrm{d}t \tag{1.70}$$

1.4.3　用于辐射剂量监测的实用量

辐射防护剂量限制体系所定义的基本防护量(如有效剂量、当量剂量),在实际上由于各种原因都是不可直接测量的量(如辐射权重因子和组织权重因子难以计入测量仪器中)。在实际工作中,为了使个人剂量监测和环境监测中得到的监测结果能与辐射防护剂量限制体系中规定的防护量相联系,国际辐射单位与测量委员会(ICRU)提出了用于外照射实际直接监测用的实用量,作为基本防护的估计量。需要注意的是这些量是以 ICRU 球中某点处剂量当量概念而不是以当量剂量的概念为依据。

1. 几个实用量定义涉及的基本术语

ICRU 球:ICRU 球是由 ICRU 定义的,由组织等效材料构成的直径为 30 cm、密度为 $1\mathrm{g} \cdot \mathrm{cm}^{-3}$ 的球体。ICRU 球组成和质量分数分别为氧 76.2%,碳 11.0%,氢 10.1%,氮 2.6%,其他忽略不计。

扩展场:扩展场是一种假想的辐射场。它是指在所研究的整体体积内,粒子注量和它的角分布、能量分布与参考点处实际辐射场具有相同数值的辐射场。

齐向扩展场:齐向扩展场也是一种假想的辐射场。在齐向扩展场中,粒子注量和它的能量分布与扩展场相同但粒子注量是单向的。

2. 剂量当量 H

如上述所讲,某一吸收剂量产生的生物效应与射线的种类、能量及照射条件有关。即使受相同数量的吸收剂量照射,因射线种类的不同,其所致的生物效应无论其严重程度还是其发生几率都不相同。为了统一表示各种射线对生物机体的危害程度,1966 年 ICRU 和 ICRP 共同提出在辐射防护中采用剂量当量(Dose Equivalent)的概念,即采用适当的修正因数对吸收剂量进行加权修正,使得修正后的吸收剂量能更好地与辐射所引起的有害效应联系起来。某点处的剂量当量的定义为

$$H = \int_L Q(L) \frac{\mathrm{d}D}{\mathrm{d}L}\mathrm{d}L \tag{1.71}$$

式中,$Q(L)$ 为计算点处具有传能线密度 L 的辐射的品质因数,无量纲;$(\mathrm{d}D/\mathrm{d}L)\mathrm{d}L$ 为计算点传能线密度为 L 到 $L+\mathrm{d}L$ 之间的吸收剂量,Gy;H 为剂量当量,Sv。为了与吸收剂量单位相区别,剂量当量 SI 单位有一个专门名称:希[沃特](Sv),$1 \mathrm{Sv} = 1 \mathrm{J} \cdot \mathrm{kg}^{-1}$。

说明:

品质因数 $Q(L)$ 是传能线密度的函数,是一个无量纲的量。它是在辐射防护领域中为了统一衡量不同辐射引起的有害效应而引进的系数,并作为非定限传能线密度(L)的函数给出的,ICRP 第 26 号出版物定义的 Q-L 关系如表 1.7 所示。传能线密度的大小与电离粒子的初始动能、种类和介质的特性有关。在一定空间范围内其值愈大,表明该种辐射的生物效应也大。在实际应用中,ICRP 为了便于应用,根据照射类型和射线种类,建议的 Q 值如表 1.8 所示。如果在所关心的体积内,不完全知道致电离辐射按传能线密度的分布,ICRP 建议可以按

照初级辐射的类型使用品质因数平均值($\overline{Q}$)的近似值,选取的 $\overline{Q}$ 值如表 1.9 所示。

表 1.7　ICRP26 号出版物定义的 Q-L 关系

水中的非定限传能线密度 $L/(\mathrm{keV} \cdot \mu\mathrm{m}^{-1})$	Q 值
< 3.5	1
7	2
23	5
53	10
≥ 175	20

表 1.8　品质因数与照射类型、射线种类的关系

照射类型	射线种类	品质因数
外照射	X,γ,电子	1
	热中子及能量小于 0.005 MeV 的中能中子	3
	中能中子(0.02 MeV)	5
	中能中子(0.1 MeV)	8
	快中子(0.5 ~ 10 MeV)	10
	重反冲核	20
内照射	β^-,β^+,γ,e^-	1
	α	10
	裂变过程中的碎片;α 发射过程中的反冲核	20

表 1.9　按初级辐射类型选用的 $\overline{Q}$

射线种类	$\overline{Q}$
X,γ 和电子	1
能量未知的中子、质子和静止质量大于 1 个原子质量单位的单电荷粒子	10
能量未知的 α 粒子和多电荷粒子(以及电荷数未知的粒子)	20

3. 个人监测用的实用量

个人监测用的实用量是指通过佩带在人体身上的个人剂量计读数估计人体有效剂量和皮肤当量剂量的量。个人监测用的实用量可用佩戴在人体表面并有相应厚度的组织等效材料覆盖的探测器测得。它包括深部个人剂量当量和浅表个人剂量当量。深部个人剂量当量适用于被强贯穿辐射照射的位于人体深部的器官和组织,浅表个人剂量当量适用于被强、弱两种贯穿辐射照射的位于人体浅层的器官和组织。个人监测用的实用量是以一个点上的剂量当量的概念而不是以当量剂量的概念为依据。

(1) 深部个人剂量当量(Penetrating Individual Dose Equivalent)($H_\mathrm{p}(d)$)是身体上指定点下深度为 d 处按 ICRU 球定义的软组织的剂量当量。对于强贯穿辐射(中子和能量在 15 keV 以上的光子),建议 d 值取 10 mm。它适用于被强贯穿辐射照射的位于人体深处的器官和组织。深部个人剂量当量可用对应体模内深度为 d 处的剂量当量的个人剂量计的读数来求得。个人剂量计刻度时所用体模,ICRU 认为 ICRU 球是一个适当的可选体模。

(2) 浅表个人剂量当量(Superficial Individual Dose Equivalent)($H_s(d)$)是身体上指定点下深度为 d 处的软组织的剂量当量,它适用于弱贯穿辐射。对于弱贯穿辐射(β 辐射和能量在 15 keV 以下的光子),建议 d 值对皮肤取 0.07 mm,对眼晶体取 3 mm。它适用于被强、弱两种贯穿辐射照射的人体的浅层器官和组织。对于佩带在躯干上的剂量计,可用 ICRU 球作为体模进行刻度。

说明:

(1) 个人剂量当量是对人体定义的,由于辐射在身体内的散射以及与人体的相互作用(这取决于物质的组分和照射几何条件),个人剂量当量可能会因人而异,对于给定的任何个人也会因照射位置的不同而变化。因此,个人剂量当量是一个多值的量。

(2) 个人剂量当量要得到单值,首先需要的是规定人身体的某一具体位置,其次为了使计算和剂量计刻度简化希望详细规定出人体各部分的拟人体模。但一般而言,除了人体的躯干一种例外情况外,ICRU 尚未规定出这类体模。

(3) 为了个人监测目的,对于外照射监测而言,最为关注的是要能按照防护量来解释佩戴在人体躯干上的个人剂量计的读数。因此,为了刻度剂量计目的,已经规定出了几种体模,它们常作为人体躯干的代用品。这些体模包括 ICRU 等效球(直径 30 cm)、ICRU 平板(30 cm × 30 cm × 15 cm)。

(4) 个人监测用的实用量的 SI 单位是 J·kg^{-1},专门名称是希[沃特](Sv),1Sv = 1 J·kg^{-1}。

(5) 深部个人剂量当量和浅表个人剂量当量是 ICRU 第 39 号报告中定义的两个量,为了进一步简化,ICRU 在其第 47 号报告和第 51 号报告中推荐统一采用个人剂量当量(Personal Dose Equivalent) 的概念,以取代深部个人剂量当量和浅表个人剂量当量。

4. 区域监测用的实用量

为了对环境和场所监测的目的,引入两个区域监测用的实用量把外部辐射场与有效剂量和皮肤当量剂量联系起来。第一个区域监测用的实用量是适用于强贯穿辐射的周围剂量当量,第二个区域监测用的实用量是适用于弱贯穿辐射的环境监测的定向剂量当量。区域监测用的实用量也是以一个点上的剂量当量的概念而不是以当量剂量的概念为依据。

(1) 辐射场中某点的周围剂量当量(Amvient Dose Equivalent:)($H^*(d)$)是由相应的齐向扩展场在 ICRU 球体内逆向齐向场方向的半径且深度为 d 处产生的剂量当量。一个具有各向同性响应又按 $H^*(d)$ 刻度过的剂量仪表可用来测量任何辐射场中的 $H^*(d)$,只要该辐射场在仪表尺寸范围内是均匀的。

(2) 辐射场某点的定向剂量当量(Directional Dose Equivalent)($H'(d,\Omega)$)是由相应的扩展场在 ICRU 球体内指定 Ω 方向的半径上深度为 d 处产生的剂量当量。对于弱贯穿辐射,若一块组织等效物质平板表面垂直于指定方向,而在仪器入射面上的辐射场是均匀的,则用来测定组织等效物质平板中推荐处剂量当量的仪器将对 $H'(d)$ 给矛适当的测定。

说明:

(1) 区域监测用的实用量中的 d 值,建议对强贯穿辐射 d 值取 10 mm;对弱贯穿辐射,d 值对皮肤取 0.07 mm,对眼晶体取 3 mm。在通常的照射情况下,$H_p(10)$ 和 $H^*(10)$,$H_p(0.07)$ 和 $H'(0.07)$,$H_p(3)$ 和 $H'(3)$ 可作为相应照射条件下人体深度器官当量剂量和有效剂量、皮肤当量剂量以及眼晶体当量剂量的偏安全估计值。

(2) 在提到定向剂量当量时应当详细说明参考深度(d)和方向(Ω)。在实际中可以把这种参考体系与辐射场相联系,在单方向场的特殊情况下,可能用对着入射场的半径与指定半径

间的夹角 α 来规定其方向。定向剂量当量和个人剂量当量定义中夹角 α 的表示如图 1.13 所示。在 $\alpha = 0°$ 时,量 $H'(d, 0°)$ 可以写成 $H'(d)$,因而它就等于 $H^*(d)$。

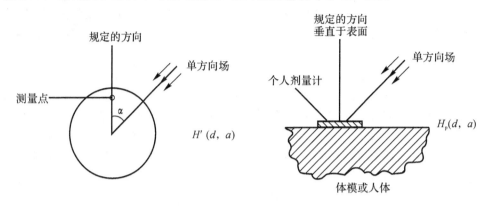

图 1.13　定向剂量当量和个人剂量当量定义中的夹角 α 的表示

(3) 区域监测用的实用量的 SI 单位是 $J \cdot kg^{-1}$,专门名称是希[沃特](Sv)。

5. 实用量的适用性 —— 防护量与实用量的关系分析

(1)研究方法。为了研究采用实用量的适用性,ICRP 第 74 号出版物《外照射放射防护中使用的换算系数》通过研究给出了建立六种典型照射几何条件和典型人体体模下,不同身体器官每单位自由空气中的空气比释动能对应的器官当量剂量和有效剂量(Sv/Gy)随光子能量变化的数据,以及不同身体器官每单位中子注量对应的器官当量剂量和有效剂量(Sv/cm²)随中子能量变化的数据。研究表明,每单位自由空气中的空气比释动能或每单位中子注量对应的器官当量剂量和有效剂量(Sv/Gy)随光子或中子能量、入射角度、人体器官位置、照射条件等因素的影响较大。具体可参考 ICRP 第 74 号出版物有关内容。这些换算系数是在几何条件、典型人体体模固定条件下通过计算确定的,其计算结果可以为分析实用量的适用性提供指南。为此,本小节主要介绍有关结论,为有关监测工作提供指南。

六种典型照射几何条件分别为,前面(AP)照射几何条件(系指致电离辐射由身体前面平行入射到人体,射束与身体长轴成直角)、背后(PA)照射几何条件(系指致电离辐射由身体背后平行入射到人体,射束与身体长轴成直角)、侧面(LAT)照射几何条件(系指致电离辐射由身体两侧中的任一侧平行入射到人体,射束与身体长轴成直角)、旋转(ROT)照射几何条件(系指身体受到平行致电离辐射束的照射,射束与身体长轴成直角,且射束以均匀速率绕其长轴旋转)、各向同性(ISO)照射几何条件(由辐射场来定义,该场中每单位立体角的粒子粒量与方向无关)。上述定义的几何条件是理想化的,但它们可以作为真实照射条件近似。

典型人体体模由于实际情况也有较大的差别。主要有三类:一是参考人。如 ICRP 第 23 号出版物和 ICRU 第 48 号报告中给出了放射防护中用的人体模型和体模的设计导则,这些报告全面评述了人的解剖学、生理学以及代谢特征并推荐了典型值或参考值。二是简单体模。如 ICRU 定义的球体模和平板体模都是近似于人体的简单而又方便的体模,在医用物理学用组织代用品做成的固态均匀体模,医学上制做的可以进行密度可以调整肺密度的体模和骨结构的体模等。三是拟人体模。如医学内照射剂量分委会体模(MIRD),它是一个代表人体的不均匀数学模型。

(2)区域监测条件下防护量与实用量的关系。

γ射线:图 1.14 和图 1.15 分别给出了在前面(AP)、背后(PA)和旋转(ROT)三种典型照射几何条件下,有效剂量(E)和周围剂量当量($H^*(10)$)的换算系数(指特定照射条件下由注量或空气比释动能到有效剂量或周围剂量当量的换算系数,下同)以及 $E/H^*(10)$ 比值随光子能量变化的函数关系。计算分析结论主要如下,对于能量在 60 keV 到 10 MeV 之间的光子,$E/H^*(10)$ 比值对于前面(AP)照射几何条件其值从 0.75 到 0.92;对于旋转(ROT)照射几何条件其值从 0.48 到 0.85。因此,可以认为,对于能量范围很宽的光子和多种照射几何条件,周围剂量当量对有效剂量将高估 15% 以上。对于低能区的光子,高估的程度颇为可观,在 25 keV 时,对于前面(AP)照射几何条件,其 $E/H^*(10)$ 比值约为 1/3(即高估约为 3 倍);对于旋转(ROT)和背后(PA)照射几何条件,其 $E/H^*(10)$ 比值趋近于 0.1(即高估为 1 个量级)。由于辐射防护中低能光子对皮肤和眼晶体的剂量是最重要的,在这种情况下,有效剂量(E)和周围剂量当量($H^*(10)$)的实际应用很有限。因此,在实际应用中了解γ射线能谱特别是低能射线的能量和强度分布对分析测量准确度是重要的。

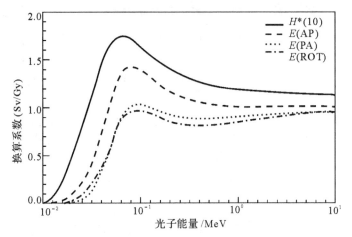

图 1.14　光子以各种不同几何条件下照射时,周围剂量当量和
有效剂量的换算系数随光子能量变化的函数关系

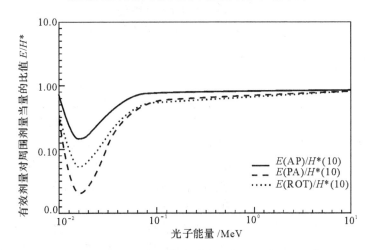

图 1.15　光子以各种不同几何条件下照射时,E 和 $H^*(10)$ 比值
随光子能量变化的函数关系

中子：图 1.16 给出了在前面（AP）、背后（PA）、侧面（LAT）、旋转（ROT）和各向同性（ISO）六种典型照射几何条件下，有效剂量（E）和周围剂量当量（$H^*(10)$）之间关系随中子能量变化的函数关系。计算分析结论主要如下，当入射中子的能量在 40 MeV 以下时，除了前面（AP）和背后（PA）照射几何条件以外，对于所有其作的照射条件，周围剂量当量都高估了有效剂量。当入射中子的能量在 40 MeV 以上时，在所有照射几何条件下，周围剂量当量（$H^*(10)$）都低估了有效剂量（E）。在前面（AP）照射几何条件下，周围剂量当量（$H^*(10)$）低估了有效剂量（E）的能量区间为：从约 1 eV 到 40 keV，从约 3 MeV 到 13 MeV 以及 40 MeV 以上。由于在实际工作中，很少遇到受单能中子照射的情况（见图 1-17）。因此，需要重要考虑的是受到能量分布范围很宽的中子的照射下，周围剂量当量（$H^*(10)$）是否是有效剂量（E）的一种保守偏安全的估计。有研究表明，在核工业的一些设施中，其典型的中子谱在 100 keV 到 1 MeV 间的能区中呈现出一些峰值，这是裂变中子慢化能谱的特征，在这个能区内，在所有照射条件下 $E/H^*(10)$ 比值的变化表明，$H^*(10)$ 的测量结果很可能都高估了 E。因此，要想得到可靠的结果，常常要强调了解进行剂量测量的中子能谱的信息。

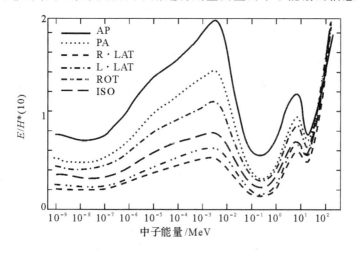

图 1.16　中子以各种不同几何条件下照射时，E 和 $H^*(10)$ 比值
随光子能量变化的函数关系

（3）个人监测条件下防护量与实用量的关系：

γ射线：

1）前面（AP）照射几何条件。图 1.17 给出了在前面（AP）照射几何条件下，有效剂量（E）和 $H_{\mathrm{p,平板}}(10,0°)$ 的换算系数。有效剂量 $E(\mathrm{AP})$ 类似于 $H'(10,0°)$ 和 $H_{\mathrm{p,平板}}(10,0°)$，因为这些量的换算系数分别对应于辐射以与 ICRP 球主轴呈 0° 入射和入射到 ICRU 平板的前表面上。为了比较，图中还给出了 $H^*(10)$ 的值（在 $\alpha=0°$ 时，$H'(10,0°)$ 等于 $H^*(10)$）。分析结果如下，对于能量在 10 MeV 以下的所有光子，$H_{\mathrm{p,平板}}(10,0°)$ 高估 E 的程度与 $H^*(10)$ 的情况大致相同。图 1.18 给出了在这个能量范围内的 $E/H_{\mathrm{p,平板}}(10,0°)$ 的比值变化情况。

2）背后（PA）照射几何条件。图 1.19 给出了在背后（PA）照射几何条件下，有效剂量（E）、$H_{\mathrm{p,平板}}(10,180°)$、$H^*(10)$ 和 $H'(10,180°)$ 的换算系数。图 1.20 给出了 $E(\mathrm{PA})/H_{\mathrm{p,平板}}(10,180°)$ 和 $E(\mathrm{PA})/H'(10,180°)$ 比值变化情况。分析结果如下，对于能量在 1 MeV 以下或稍高一些的光子来说，$H_{\mathrm{p}}(10)$ 可能低估了有效剂量。当光子能量较低时，低估

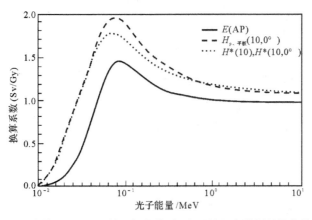

图 1.17　在前面(AP)照射几何条件下,实用量和有效剂量的换算系数
随光子能量变化的函数关系

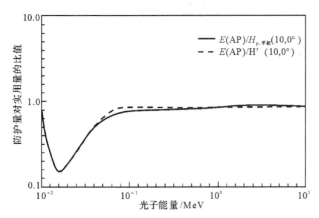

图 1.18　在前面(AP)照射几何条件下,比值 $E/H_{\mathrm{p,平板}}(10,0°)$
和 $E/H'(10,0°)$ 随光子能量变化的函数关系

的幅度可能很大。需要注意的是,这种情况相当于在实际工作中照射主要是从背后入射的,而个人剂量计又经常是佩戴在身体前表面的情况,可以预计在这种情况下的有效剂量是被低估了。

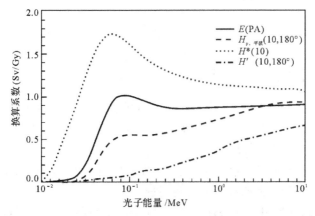

图 1.19　在背后(PA)照射几何条件下,实用量和有效剂量的换算系数
随光子能量变化的函数关系

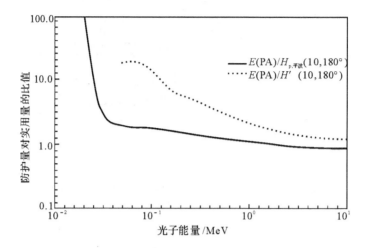

图 1.20　在背后(PA)照射几何条件下,比值 $E/H_{\mathrm{p、平板}}(10,180°)$ 和 $E/H'(10,180°)$
随光子能量变化的函数关系

3) 侧面(LAT)照射几何条件。图 1.21 给出了在侧面(LAT)照射几何条件下,有效剂量 (E)、$H'(10,180°)$ 的换算系数。图 1.22 给出了 $E(\mathrm{LAT})/H'(10,90°)$ 比值变化情况。分析结果如下,对于大多数的光子能量来说,$H'(10,90°)$ 是 $E(\mathrm{LAT})$ 的一种好的度量。

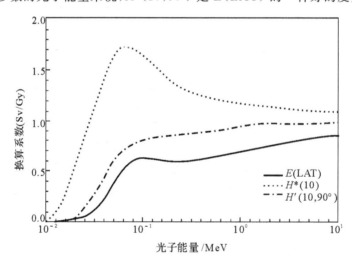

图 1.21　在侧面(LAT)照射几何条件下,实用量和有效剂量的换算系数
随光子能量变化的函数关系

4) 旋转(ROT)照射几何条件。图 1.23 给出了在旋转(ROT)照射几何条件下,有效剂量 $(E(\mathrm{ROT}))$、$H_{\mathrm{p、平板}}(10,\mathrm{ROT})$、$H^*(10)$ 和 $H'(10,\mathrm{ROT})$ 的换算系数随光子能量变化的函数关系,图 1.24 给出了 $E(\mathrm{ROT})/H_{\mathrm{p、平板}}(10,\mathrm{ROT})$ 和 $E(\mathrm{ROT})/H'(10,\mathrm{ROT})$ 比值变化情况。分析结果如下,对于旋转(ROT)照射几何条件,$H_{\mathrm{p}}(d)$ 或许为 $E(\mathrm{ROT})$ 提供一种很好度量。但在 40 keV 以下,实用量较大的高估了有效剂量。

(5) 各向同性(ISO)照射几何条件。图 1.25 给出了在各向同性(ISO)照射几何条件下,有效剂量 $(E(\mathrm{ISO}))$、$H^*(10)$ 和 $H'(10,\mathrm{ISO})$ 的换算系数随光子能量变化的函数关系,图 1.26

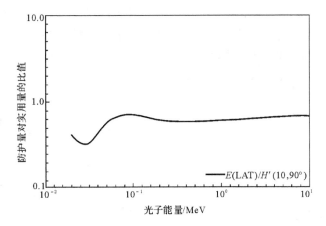

图 1.22　比值 $E(\mathrm{LAT})/H'(10,90°)$ 与光子能量变化的函数关系

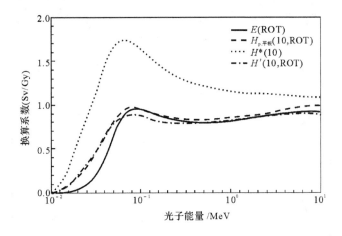

图 1.23　在旋转(ROT)照射几何条件下,实用量和有效剂量的换算系数
随光子能量变化的函数关系

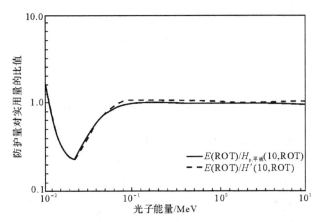

图 1.24　比值 $E/H_{\mathrm{p,平板}}(10,\mathrm{ROT})$ 和 $E/H'(10,\mathrm{ROT})$
随光子能量变化的函数关系

给出了 $E(\text{ISO})/H'(10,\text{ISO})$ 比值变化情况。分析结果如下,对于各向同性(ISO)照射几何条件,在 40 keV 以上,$H_p(d)$ 也可能是 $E(\text{ISO})$ 提供一种很好度量;但在 40 keV 以下,实用量对有效剂量很可能会有某种程度的显著高估。

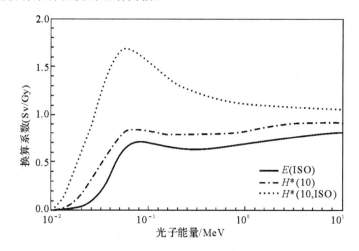

图 1.25　在各向同性(ISO)照射几何条件下,实用量和有效剂量的换算系数
随光子能量变化的函数关系

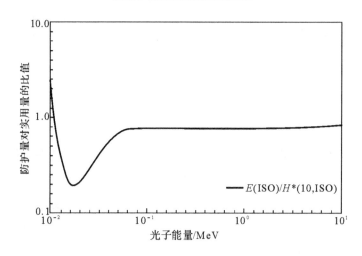

图 1.26　比值 $E(\text{ISO})/H'(10,\text{ISO})$ 随光子能量变化的函数关系

　　中子:在中子照射的情况下,还没有人体内或合适的拟人体模内 $H_p(d)$ 的换算系数的权威数据。但在不同照射条件下对 ICRU 球中和平板体模中的剂量当量有计算的数据。在前面(AP)照射几何条件下,比值的 $E/H_{p,平板}(10)$ 非常类似于 $E/H^*(10)$。在除了前面(AP)照射以外的几何条件下,E 和 $H_{p,平板}(10)$ 之间的类比充满了困难,因而在要求解释数据时要非常谨慎。尽管如此,在实际工作中还是需要知道在前面(AP)照射以外的几何条件下的 $E/H_p(10)$ 值,以便估计由于不正确佩戴个人剂量计或者由于从未料到的方向射来的照射造成的个人剂量测定中的误差大小。但有理由表明,对于能量为 1 eV 到 50 keV 范围内的中子,$H_{p,平板}(10)$ 的确可能低估了有效剂量。

　　总的结论:① 对于光子,在所有照射条件下区域监测用的实用量(周围剂量当量和定向剂量当量)的测量结果仍然可以为防护量提供一种合理的高估(典型值为20%或更大一些)。②

上述结论也适用于在大多数照射几何条件下的中子照射。但不是所有的照射几何条件都适用，一个特别重要的例外就是低能（约 1 eV）中子的前面照射几何条件，此时有可能防护量被低估 25% 的情况。③ 对于光子，为个人监测用的实用量的测量结果，在放射防护最关注的几种照射条件下（如 AP）均可作为有效剂量的一种良好估计。如果想要避免低估，注意把个人监测计放在监测人员身上的合适位置可以达到上述目的。④ 对中子在典型的工作条件下，中子能量分布在一个宽的能谱中（如裂变中子谱或慢化的裂变谱），$H_p(10)$ 的测量结果或许是有效剂量的一种合理的度量（可能提供一种高估 25% 或稍大的度量）。但如果要获得可靠的结果，建议要知道测量的中子能谱。最后，为了进一步总结上述的辐射量，图 1.27 给出本章为辐射防护目的介绍各量之间的关系。

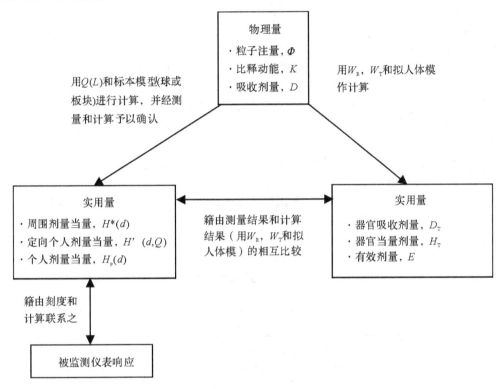

图 1.27　为辐射防护监测目的用的各量之间的关系

1.4.4　国际放射防护委员会基本建议书最新发展简介

1. 国际放射防护委员会基本建议书的发展

国际放射防护委员会（简称 ICRP）是根据第二届国际放射学大会的决议，成立于 1928 年，当时名称是国际 X 射线和镭防护委员会，1950 年进行改组并更名为国际放射防护委员会。它是一个非赢利的国际学术机构，专门致力于电离辐射防护的研究。ICRP 与秭妹团体国际辐射单位与测量委员会（ICRU）保持紧密的合作，并与联合国原子辐射效应科学委员会（UNSCEAR）、世界卫生组织（WHO）、国际原子能机构（IAEA）等公务上有联系。此外，ICRP 还与国际国工组织（ILO）、联合国环境规划署（UNEP）、欧洲共同体委员会（CEC）、经济合作及发展组织核能机构（OECD/NEA）、国际标准化委员会（ISO）、国际电工委员会（IEC）、国际辐射防护协会（IRPA）等机构有重要的联系。

ICRP 于 1928 年发布了它的第一个报告。在现行系列丛书中的第一份报告,后来编号为第 1 号出版物,载有 1958 年通过的关于电离放射防护基本建议书。随后 ICRP 在 1964 年发表了第 6 号出版物,1966 年发表了第 9 号出版物,1977 年发表了第 26 号出版物,1990 年发表了第 60 号出版物,2007 年发表了最近研究成果的关于电离放射防护基本建议书的第 103 号出版物。在这些基本建议书之间,ICRP 通过发表论题性质比较专门化的报告对有关放射防护问题进行专题研究。由于 ICRP 工作的成就和在国际放射防护领域的学术影响,它的基本建议书已经成为有关国际组织和世界各国制定放射防护政策和标准的重要依据。如 1996 年 IAEA 制订的《国际电离辐射和辐射源安全的基本安全标准》(简称 BSS)就是基于 ICRP1990 年发表的第 60 号出版物。我国在 2002 年颁布的国家标准《电离辐射防护与辐射源安全基本标准》也是在学习、采纳 ICRP1990 年第 60 号出版物的基础上并结合了我国国情而制定的。在 2007 年 3 月,国际放射防护委员会主委员会正式批准了第 103 号出版物,并用于替代 ICRP1990 年第 60 号出版物。第 103 号出版物的制定和出版经过了 8 年时间,其中在 2004 年和 2006 年进行了两次国际范围公开协商。相比于 ICRP1990 年第 60 号出版物,其主要变化体现在以下 4 个方面。

2. 低剂量率辐射照射致随机性效应的标称危险系数的变化

根据流行病学、动物实验、分子和基因水平的大量研究,ICRP 计算并提出了对全体人口和成年工作者的癌症和遗传效应标称危险系数的新数据,如表 1.10 所示。表中同时给出 ICRP1990 年第 60 号出版物的相应数据。低剂量率辐射照射致遗传效应对全体人口的标称危险系数从第 60 号出版物的 $1.3\times10^{-2}\mathrm{Sv}^{-1}$ 下降为 $0.2\times10^{-2}\mathrm{Sv}^{-1}$,对成年工作者的标称危险系数从第 60 号出版物的 $0.8\times10^{-2}\mathrm{Sv}^{-1}$ 下降为 $0.1\times10^{-2}\mathrm{Sv}^{-1}$。尽管标称危险系数值有一些变化,但 ICRP 考虑到标称危险系数的变化及其相关的不确定性,认为目前的标称危险系数值与第 60 号出版物提出的标称危险系数值是相容的。因此,以大约 $5\times10^{-2}\mathrm{Sv}^{-1}$ 的致死性危险系数为基础的现存的国际辐射防护标准仍然是合适的。

表 1.10　低剂量率辐射照射致随机性效应的标称危险系数

单位:$10^{-2}\mathrm{Sv}^{-1}$

受照人群	癌　　症		遗传效应		合　　计	
	103 号出版物	60 号出版物	103 号出版物	60 号出版物	103 号出版物	60 号出版物
全体人口	5.5	6.0	0.2	1.3	5.7	7.3
成年工作者	4.1	4.8	0.1	0.8	4.2	5.6

3. 辐射权重因子的变化

由于辐射权重因子反映了各类辐射的相对生物效应,在计算辐射防护量中具有重要地位,ICRP 在对大量新的可利用数据进行评估之后重新提出的一套辐射权重因子值,如表 1.11 所示。对比 ICRP1990 年第 60 号出版物的相应数据,ICRP 第 103 号出版物推荐的辐射权重因子值的主要变化表现在两个方面,一是质子的辐射权重因子值下降为 2;二是中子的辐射权重因子值由原来的阶梯函数变化为连续函数,并且低能中子和高能中子的辐射权重因子值相对于 ICRP1990 年第 60 号出版物的相应数据有一定的下降。中子的辐射权重因子值计算选用连续函数形式主要是考虑了实际照射情况多数是由多种能量的中子照射。中子能量的连续函数为

$$W_R = \begin{cases} 2.5 + 3.25\exp\left(-(\ln(0.04E_n))^{2/6}\right), & E_n < 1\text{ MeV} \\ 5.0 + 17.0\exp\left(-(\ln(2E_n))^{2/6}\right), & 1\text{ MeV} \leqslant E_n \leqslant 50\text{ MeV} \\ 2.5 + 18.2\exp\left(-(\ln(E_n))^{2/6}\right), & E_n > 50\text{ MeV} \end{cases} \quad (1.72)$$

表 1.11　ICRP 第 103 号出版物推荐的辐射权重因子值

辐射类型	辐射权重因子值(W_R)
光子	1
电子，μ 介子	1
质子，带电 π 介子	2
α 粒子，裂变碎片，重离子	20
中子	中子能量的连续函数(见式(1.72))

4. 组织权重因子的变化

在对受照射人群的诱发癌症和流行病学研究和危险评估的基础上，ICRP 在 2007 年第 103 号出版物提出了新的组织权重因子值，如表 1.12 所示。其主要变化体现在以下几个方面，一是性腺组织权重因子值从 0.20 下降到 0.08；乳腺组织权重因子值从 0.05 上升到 0.12；膀胱、肝、甲状腺、甲状腺组织权重因子值变化较小，从 0.05 下降到 0.04；其余组织的组织权重因子值不仅有组织或器官数量的变化，而且其余组织总的组织权重因子值从 0.05 上升到 0.12，计算时也采用算术平均的方法。

表 1.12　ICRP 第 103 号出版物推荐的组织权重因子值(W_T)

组织或器官	第 103 号出版物推荐的组织权重因子值	第 60 号出版物推荐的组织权重因子值
红骨髓	0.12	0.12
结肠	0.12	0.12
肺	0.12	0.12
胃	0.12	0.12
乳腺	0.12	0.05
性腺	0.08	0.20
膀胱	0.04	0.05
食道	0.04	0.05
肝	0.04	0.05
甲状腺	0.04	0.05
骨表面	0.01	0.01
脑	0.01	
唾液腺	0.01	
皮肤	0.01	0.01
其余组织	0.12	0.05

注：第 103 号出版物推荐的组织权重因子中的其余组织包括肾上腺、胸外区、胆囊、心脏、肾、淋巴结、肌肉、口腔粘膜、胰腺、前列腺、小肠、胸腺、子宫。第 60 号出版物推荐的组织权重因子中的其余组织包括肾上腺、脑、上段大肠、小肠、肾、肌肉、胰、脾、胸腺、子宫。

5. 放射防护体系和建议书实施上的变化

ICRP 在第 103 号出版物中对放射防护体系进行了新的定义，将过去以实践和干预为基础的基于过程的辐射防护体系改变以应用辐射实践正当化、辐射防护最优化的基于照射情况的辐射防护体系。

ICRP 继续采纳了 1977 年第 26 号出版物提出的以辐射防护三原则为基础的辐射防护体系。提出辐射实践正当化、辐射防护最优化是源相关的且应用于所有照射情况,剂量限值是个人相关的量且只能应用于有计划的照射情况。

在建议书的实施上将 ICRP 在 1990 年第 60 号出版物提出的照射类型变化为有计划照射、应急照射和已存在照射等三种情况。对不同的照射情况实施不同的剂量约束和参考水平。具体建议如表 1.13 所示。

表 1.13　ICRP 防护体系中对不同类型照射制定剂量约束和参考水平要求

照射类型	职业照射	公众照射	医疗照射
有计划照射	剂量限值 剂量约束	剂量限值 剂量约束	对病人诊断参考水平 对志愿者等人的剂量约束
应急照射	参考水平	参考水平	不适用
已存在照射	不适用	参考水平	不适用

复　习　题

1. 粒子注量、能注量的定义是什么?

2. 吸收剂量、比释动能的定义、适用范围是什么?

3. 简述带电粒子平衡的概念。为何在不同介质的界面处不会有带电粒子平衡?

4. 照射量的定义、适用范围是什么? 照射量与吸收剂量的关系是什么?

5. 器官吸收剂量、当量剂量、有效剂量的定义和相互关系是什么?

6. 集体当量剂量、集体有效剂量、待积当量剂量、待积有效剂量的定义是什么?

7. 对某一中子辐射场,设在 3 min 内测量其中某点能量为 4 MeV 的中子注量为 10^{12} 中子 m^{-2},求该点中子的能注量和能注量率?

8. 设有一个圆柱形空气等效壁电离室,电离室内为标准状态(密度为 0.001293 g·cm^{-3})的空气。电离室的半径为 3 cm,长为 10 cm。若电离室受到 X 射线束照射后产生 1 μC 的总电离电量,求照射量是多少?

9. 为什么一般讲基本辐射防护量(如有效剂量、皮肤或眼晶体的当量剂量)是不可直接测量的量? 国际辐射单位与测量委员会(ICRU)为什么提出用于外照射监测用的两类实用量? 基本辐射防护量和实用量关系是什么?

10. 已知能量为 0.1 MeV 的光子在空气中某一点的产生的照射量率为 $2.58×10^{-5}$ C·kg^{-1},求处于同一位置小块肌肉组织和骨骼中的吸收剂量。

11. 试分别计算在某组织器官中产生吸收剂量为 $5×10^{-2}$ mGy 的 X 射线、γ 射线、β 射线、能量小于 10 keV 的中子、能量在 10～100 keV 的中子、能量在 100 keV～2 MeV 的中子、能量在 2～20 MeV 的中子、能量大于 20 MeV 的中子、能量大于 2 MeV 的质子、α 粒子、裂变碎片、重核等的当量剂量。

12. 已知甲工作人员骨表面接受 0.3 Sv 的照射;而乙工作人员骨表面受到 0.2 Sv 的照射,其肝脏又受到 0.1 Sv 的照射,问从受照剂量大小的角度比较甲乙两人中哪一个人受到照射的危险更大?

第2章 电离辐射致生物效应的基本原理

电离辐射作用于有机体(特别是对人体)后所产生的生物效应是放射生物学和放射医学研究的重要内容,也是辐射防护所关心的重要内容。研究电离辐射作用于人体后所产生的生物效应不仅可以掌握射线对生物机体作用的特点和规律,也是开展辐射损伤诊断、辐射损伤治疗、制订辐射防护标准、开展辐射防护工作等的重要基础。因此,了解辐射与生物效应之间的关系,对于正确认识辐射危害,做好核武器辐射防护和核安全有关工作等均具有重要的理论和实际意义。因此,本章对电离辐射致生物效应的基本原理进行简要介绍。

2.1 电离辐射致生物效应的主要特点

1. 低吸收能量引起高生物效应

电离辐射与物质相互作用的本质是一种能量传递过程,产生生物效应是和生物机体中辐射能量的传递和沉积密切相关。如 X 射线或 γ 射线作用于物质时,通过光电效应、康普顿散射及电子对效应等 3 种主要过程损失能量,而生物物质在作用后吸收了射线的能量,从而引起一系列后续效应。但人们较早注意到,机体受照射时所吸收的能量与机体反应的表现极度地不相适应,其主要表现是低吸收能量引起高生物效应。如一个 70 kg 的人受到 4 Gy 剂量照射时,实际上发生的急性放射病可能导致人员死亡,但是吸收的 280 J 能量如果全部转换为热能,却只能使组织的温度升高 0.002℃。这意味着从局部能量沉积到整体损伤发生、发展之间存在一个极为复杂的特殊过程。为了阐明这个过程,曾经有多种学说被提出,其中重要的是靶学说。靶学说认为在细胞中存在一种特殊的区域或特定的结构或分子称为靶,当它一次或多次被击中时就会危及细胞的正常生物功能,直至死亡。这个学说在一定程度上可以解释低吸收能量与高生物效应的问题。

2. 短暂作用既可以引起短期效应也可引起长期效应

电离辐射致生物效应中存在另一个引入注目的现象,即作用的短暂性与效应的长期性。粒子穿过受照射物质原子的过程是在瞬间(10^{-18}s)完成的,而它所引起的生物效应却可以持续很长时间。人的急性放射病病程约为两个月,晚期的癌症发生和遗传学效应则是在数年、甚至数十年以后才发生。在此慢长过程中变化的每一步骤,至今尚未完全明确,但根据现有研究分析,大致可以分为以下四个阶段:

(1)物理阶段:从 10^{-18}s 延续到 10^{-12}s。此时电离粒子穿过原子,同原子核外电子相互作用,通过电离和激发发生能量沉积。

(2)物理化学阶段:从 10^{-12}s 延续到 10^{-9}s。此时从原子的激发和电离引起分子的激发和电离,分子变得很不稳定,极易发生反应形成自由基。

(3)化学阶段:从 10^{-9}s 延续到 10^{0}s。此时自由基扩散并与关键的生物分子相互作用,形成分子损伤。

(4)生物阶段:从秒延续到年。分子损伤逐渐发展表现为细胞效应,如染色体畸变、细胞死亡、细胞突变等,最终可能造成生物机体死亡、远期癌变以及后代的遗传改变等。

2.2 电离辐射的原初作用

电离辐射的原初作用过程是生物体系中受辐射作用的最早期过程,通常指的是相当于化学阶段及其以前的阶段。在此阶段,发生辐射能量的传递和吸收,分子的激发和电离,自由基的产生及化学键的断裂等。反应从大量存在的水分子开始,累及到生命重要的大分子。这一系列改变构成辐射生物效应的物质基础。

1. 射线与水分子的作用

生物体受辐射作用产生的生物效应主要起源于组成生物系统的各种分子的电离。由于电离是一种非选择性的随机过程,而人体组织中的 $70\%\sim80\%$ 是水,因此水是组织中发生电离作用的主要物质。

水受辐射作用,首先发生电离和激发,生成水离子、电子和激发的水分子:

水电离 $\quad H_2O \rightarrow H_2O^+ + e^-$ $\qquad$ 水激发 $\quad H_2O \rightarrow H_2O^*$

电离与激发的分子是不稳定的,它们一定要转变为稳定分子,或发生重合,或发生结构变化,或将能量传递给另一个分子。

水离子 H_2O^+ 迅速与水分子反应,生成水合质子 H_3O^+ 和羟自由基 ^-OH:

$$H_2O^+ + H_2O \rightarrow H_3O^+ + {}^-OH$$

激发的水分子中有一部分分解为氢离子 H^+ 和 ^-OH:

$$H_2O^* \rightarrow H^+ + {}^-OH$$

电子与其他分子碰撞,失去部分能量,有的与若干分子形成一个暂稳的结合状态,叫做水合电子:

$$e^- + nH_2O \rightarrow e_{aq}^-$$

一部分电子和水合电子又与氢离子或水合质子发生中和反应:

$$e^-(e_{aq}^-) + H_3O^+ \rightarrow H^+ + H_2O$$

H^+,^-OH 及 e_{aq}^- 之间的再结合反应又产生 H_2 及 H_2O_2。

因此,可将水的原初辐射产物概括为

$$H_2O \rightarrow H^+ + {}^-OH + e_{aq}^- + H_2 + H_2O_2 + H_3O^+$$

水的原初辐射产物和数量如表2.1所示。其中羟自由基 ^-OH 和水合电子 e_{aq}^- 是两种重要的水解自由基,前者具有强氧化性质,后者具有强还原性质,它们能进一步与生物分子发生作用。

表 2.1 水的原初辐射产物和形成产物的分子数(pH 值为中性时)

产　物	形成产物的分子数(每吸收 100 eV 的辐射能量)
e_{aq}^-	2.6
H^+	0.6
^-OH	2.6
H_2	0.45
H_2O_2	0.75

2. 射线与生物分子的作用

射线对生物分子的作用,有直接作用和间接作用两种形式。直接作用是指电离辐射直接作用于生物分子上沉积能量并引起这些分子的物理和化学变化;间接作用是指电离辐射在重要生物分子周围环境的其他成分(主要是水分子)上沉积能量而引起生物分子变化。

核酸、蛋白质等生物分子受辐射直接作用后可以被激发成为激发态分子。当激发能高于分子的电离电位时,分子发生电离;当激发能高于化学键能时可导致分子中某一化学键的断裂,形成两个自由基。在高浓度的多种分子的生物体系中,激发能还可能从一个分子向其他分子传递,导致更多的分子受到损伤。

对生物分子的间接作用主要由水辐射产物自由基引起。所谓自由基是指具有一个或多个不配对电子的原子或分子,它能够与其他具有不配对的原子或分子形成化学键。因此,它的性质很活泼、不稳定并具有很高的反应性。在中性稀水溶液中,各种自由基的贡献大致按以下比例:$^-$OH 50%,e_{aq}^- 45%,H$^+$ 5%。水辐射产物自由基与生物分子作用主要引起加成反应、抽氢反应和电子俘获反应。例如,通过加成反应可造成核酸碱基的损伤。$^-$OH 和 H$^+$ 能打开嘧啶碱基的 C_5 和 C_6 之间的双键,并结合上去形成 5(6)羟基嘧啶自由基;通过羟自由基的抽氢反应容易造成直链氨基酸脱氨基、含硫氨基酸的氧化,攻击 DNA 的糖基时可引起 DNA 链断裂和碱基的释放;水合电子可被生物分子俘获,俘获电子后的生物分子又发生分解,如发生在氨基酸中就成为蛋白质和酶纯化及失活的重要原因之一。在一个生物体系中,辐射的直接作用和间接作用是同时存在的。由于生物体内水含量很高,因此间接作用更为重要。

3. 氧效应

由于氧的存在使生物系统的辐射效应显著增强的现象称为氧效应。氧效应的大小用氧增强比(Oxygen Enhancement Ratio,OER)来表示。

氧增强比=缺氧条件下产生一定效应的剂量/有氧条件下产生同样效应的剂量

氧增强比随射线种类不同而变化。对于 X 射线和 γ 射线,OER 为 2.5～3.0;对于高 LET 辐射,OER 要低一些。

关于氧效应,有两种学说。一种是氧固定学说。该学说认为辐射与水分子作用时,如有氧存在,会增加新的自由基的生成,生物分子的自由基还会与分子氧迅速反应,生成稳定的过氧化物,使辐射损伤固定下来。另一种是电子转移学说。该学说认为电离辐射使靶分子电离的同时产生游离电子,氧能与游离电子反应,妨碍其重新回到原位,使靶分子的损伤固定和加重。氧效应不仅表现在分子和细胞水平上,而且在整体水平也有明显的表现。多种实验证明,缺氧以及能引起缺氧状态的物质,对辐射损伤常有一定的防护作用。因此,氧效应理论对解决辐射损伤的防护及肿瘤放射治疗等实际问题具有重要的指导意义。

2.3　电离辐射对 DNA、细胞的作用以及辐射致突致癌的机理

2.3.1　电离辐射对 DNA 的影响

1. DNA 分子重要的生物功能与射线靶分子学说

在哺乳动物细胞核中最重要的生命分子就是 NDA(脱氧核糖核酸)。它是由两条纤长的

多聚链以双螺旋形式缠绕盘旋而成的。每条链中由交替的磷酸和脱氧核糖通过磷酸二酯键相连接构成骨架,在每个脱氧核糖基团的第一位碳原子上连接有有机碱基:腺嘌呤(A)、胸腺嘧啶(T)、鸟嘌呤(G)或胞嘧啶(C)。两条链之间通过互补碱基间的氢键相并联,如图 2.1 所示。DNA 分子具有重要的功能,DNA 链中精确的碱基顺序构成携带遗传信息的密码,按照 DNA 中的遗传信息,通过转录、翻译,编码合成机体生命活动中需要的多种多样的特异蛋白质。在细胞有丝分裂时,DNA 双链解开,每一条母链都作为模板进行复制,互补碱基配对法则使得复制产品能与原来的 DNA 分子完全相同,这就保证了子代细胞具有和亲代细胞完全相同的遗传信息。一旦 DNA 分子结构发生异常,而又未能修复,就有可能通过复制传递给子代。因此 DNA 大分子在细胞的生长、分化、增殖和遗传上起着极为重要的作用。目前,通过细胞内不同区域微电子束照射试验、放射性同位素自杀试验、辐射敏感细胞研究等,以及考虑 DNA 具有重要生物功能,相对分子质量大(人染色体 DNA 的相对分子质量约占$(2.5\sim25)\times10^7\,\mathrm{bp}$),在细胞核内占据的容量大(哺乳类细胞中含量为 6 pg),而不少具有重要功能的基因还是单拷贝基因,这些实验和 DNA 的重要性都支持 DNA 是射线作用的重要靶分子的观点。

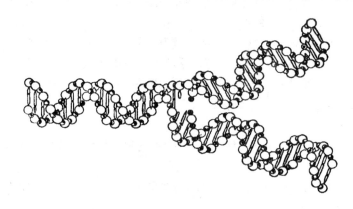

图 2.1　DNA 双螺旋结构及复制方式示意图

(每条链中空心小球代表脱氧核糖,黑色小球代表磷酸根,链间的平面代表碱基对)

2. 射线对 DNA 的损伤

射线对 DNA 的作用主要表现在三个方面:DNA 的结构损伤、DNA 的降解和 DNA 合成的抑制。

(1)DNA 的结构损伤。在放射医学有意义的剂量范围内,辐射引起的 DNA 损伤主要有碱基损伤、DNA 链断裂、DNA 链交联。

DNA 的碱基损伤。溶液状态的 DNA 受辐射作用后,其碱基可生成多种多样的辐解产物,仅胸腺嘧啶碱基的辐解产物就达 20 多种。4 种碱基辐射敏感性的顺序为 T>C>A>G。在细胞内的 DNA 分子的碱基也能发生类似溶液中的变化,但其敏感性低于体外。有的损伤能被修复,有的则被细胞的酶系统切除,成为碱基缺失。碱基的损伤或缺失自然会影响到 DNA 分子中遗传密码的正确性,带来不良后果。由于碱基损伤的种类复杂且不稳定,目前对细胞内各种碱基损伤的分析及其在细胞转归的具体关系研究的还不充分。

DNA 链断裂。DNA 骨架链的断裂称为 DNA 链断裂。双链中有一条链发生断裂者称为单链断裂;两条链于同一处或紧密相邻处同时断裂者称为双链断裂:①DNA 单链断裂是电离辐射最容易引起的一种损伤。这种断裂可因磷酸二酯键的断裂或脱氧核糖环的破坏而引起,也可因碱基损伤被切除或脱落后受核酸内切酶的切割而间接引起。它需要的能量很低,约为数十 eV/断裂,在 1 Gy γ 射线照射下细胞内单链断裂的产额约为(100~1 000)/10^{12}。断裂的数量随剂量而增加,在相当宽的剂量范围内呈线性依赖关系(如对大肠杆菌,为(0.8~6)×10^4 Gy)。断裂的形成在照射后 30 s 即可完成。由于哺乳动物细胞的 DNA 单链断裂绝大部分都能自动被迅速修复,在 37℃下 30~60 min 内修复率可达 90% 左右。因此,即使细胞受到超致死剂量照射也能得到有效修复,所以这种损伤不是直接致死的。②造成 DNA 双链断裂比单链断裂所需要的能量高得多。在哺乳动物细胞中,同一剂量照射下生成 DNA 双链断裂数约为单链断裂的 1/15~1/20。双链断裂可由一次能量沉积引起,也可由 DNA 链上两个靠得很近的能量沉积引起,它的生成量与剂量间大体上也是线性关系。双链断裂造成 DNA 大分子的完全离断,这种损伤是损害 DNA 分子结构及遗传学完整性的最关键性的损伤。已有不少实验研究证明,这是引起细胞死亡的主要原因。双链断裂中也有一部分能够得到修复,但修复率远比单链断裂低,修复机制也比较复杂,容易发生错误,引起染色体畸变和细胞突变。图 2.2 给出了 DNA 分子中诱发双链断裂的能量沉积的两种可能方式。

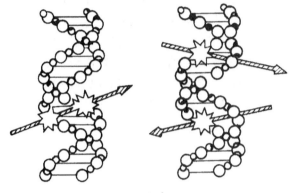

$$N = aD + \beta D^2$$

图 2.2　DNA 分子中诱发双链断裂的能量沉积的两种可能方式

DNA 链交联。DNA 大分子在受到大剂量辐射作用后还可发生交联。同一条链中两个碱基相互作用共价结合,称为 DNA 链内交联;一条链上的碱基与同一分子另一链上的碱基以共价结合,称为 DNA 链间交联。DNA 与蛋白质间形成共价键,称为 DNA -蛋白质交联。交联的形成影响 DNA 的正常功能。

(2)DNA 的降解。DNA 的结构损伤是在照射瞬间或照射后即刻因辐射的直接作用和间接作用造成的。生物体受到整体照射后约 2 h,DNA 会发生另一种变化,即在辐射敏感组织中染色质的 DNA 发生降解。在哺乳动物细胞中,DNA 与组蛋白、非组蛋白及少量 RNA 相结合,构成染色质。正常染色质不溶于生理盐水,而在照射后的淋巴系细胞中(包括胸腺、脾脏、骨髓淋巴结以及肠淋巴结等)生成一种可被生理盐水提取的染色质,叫做可溶性染色质,它的含量随照射剂量的增大而增加(见图 2.3)。这种降解是由于照射后的染色质受内源性核酸酶的攻击而引起。染色质 DNA 降解从本质上也是 DNA 双链分子的离断,但在发生时间、离断部位、产生机理等都与前述的 DNA 双链断裂不同。可溶性染色质的出现意味着细胞死亡已经开始。

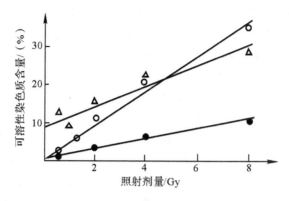

图 2.3　小鼠受照射后各组织中可溶性染色质的含量

(●—●淋巴结,△—△骨髓,o—o胸腺)

(3)DNA 合成的抑制。照射后 DNA 功能的一个突出变化便是复制合成受到抑制。正常情况下哺乳动物细胞在 S 期要进行 DNA 的复制,为 M 期的细胞分裂进行物质准备。但在受照后,DNA 合成受到抑制,受抑制的程度也是与剂量有关。用 ^{3}H—TdR 掺入法,无论在整体动物上或在离体细胞中都很容易测到这种变化。通过对多种细胞的研究,发现抑制曲线通常由两部分组成:在低剂量区域的曲线较陡,而到高剂量区曲线较平坦(见图 2.4)。这反映了辐射敏感性不同的两种过程。在 DNA 合成过程中,需要原有的 DNA 分子做模板,4 种脱氧核糖核苷三磷酸为底物,还需要 DNA 聚合酶等多种酶的催化,照射后 DNA 合成的抑制与这些因素的变化都有关系。

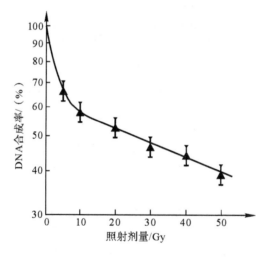

图 2.4　人体纤维细胞受 X 射线照射后 DNA 合成率-照射剂量效应曲线

3.DNA 损伤的修复

各类生物细胞都具有对 DNA 损伤的修复功能,这可能是在长期进化过程中获得的。辐射造成 DNA 损伤后的细胞转归在很大程度上取决于细胞的 DNA 修复能力。通常,如果 DNA 结构能得到正确的修复,细胞功能就可能恢复正常;如果修复不成功、不完全或不正确,细胞可能死亡,或发生遗传信息的改变和丢失。遗传信息的改变会引起遗传性缺陷,并在辐射诱发癌症中起重要作用。DNA 修复是通过细胞内的各种酶系统来实现的。首先由一些损伤识别或结合蛋白质发现损伤,然后启动各种修复机制进行修复。其主要有以下几种修复途径:

(1)回复修复。这是一种最简单的修复方式,可使损伤直接逆转。经典的回复修复是在紫外线照射生成嘧啶二聚体时,细胞内的光复活酶能使之解聚,使 DNA 恢复正常结构。在电离辐射情况下,DNA 链上的嘌呤碱基发生损伤时,有的会被糖基化酶水解脱落,生成无嘌呤位点,DNA 嘌呤插入酶能将嘌呤碱基正确地插入,保证遗传信息的正确修复。单链断裂中有一部分也是通过简单的重接而修复的,只需要一种酶——DNA 连接酶——的参加,催化链中缺口处的 5′磷酸根与相邻的一个 3 羟基形成磷酸二酯键,恢复了单链的完整。

(2)切除修复。切除修复是 DNA 修复的主要方式。需要多种酶参加,先将损伤区域切除,然后利用互补链为模板,合成一段正确配对的、完好的碱基序列来修补。因其切除物的不同又可分为碱基切除修复和核苷酸切除修复。在碱基切除修复途径中,DNA 糖基化酶切除碱基,核酸内切酶切开磷酸二酯键,再由核酸外切酶去除残基,在该链上留下缺损区;然后由 DNA 聚合酶以对侧链的碱基序列为模板填补缺损区,连接酶连接最后的磷酸二酯键。核苷酸切除修复要切除包括损伤部位在内的一整段核苷酸,反应比较复杂,至少有 10 余种酶和蛋白参加,其基本步骤是首先由一个酶系统识别损伤,然后在两侧各水解一个磷酸二酯键,从而释放出一段核苷酸,造成的缺损区重新填补,最后由连接酶完成连接。

(3)重组修复。当 DNA 双链发生严重损伤时,需要另一种机制来完成正确的修复。例如,两条链同时受到损伤,或者单链损伤尚未修复时发生了复制,这样修复进行时便缺少正确的模板;此时细胞内一种重组酶系将另一段受损伤的双链 DNA 移到损伤位置附近,提供正确的模板,进行重组。有的情况下参加重组的两段双链 DNA 在相当长范围内序列相同,重组后生成的新区段就有正确的序列,即修复正确。如果参加重组的两段 DNA 同源性较差,重组修复后的 DNA 链就会有错误序列。不过哺乳动物基因组很大,发生错误的位置可能不在必需基因上,修复对细胞活存还是有利的。DNA 双链断裂的修复主要通过重组。不过不是所有的双链断裂都能得到修复。

(4)除以上各种修复途径外,细胞还具有对 DNA 复制或损伤修复中形成的错配碱基进行修复的功能。细胞中有多种错配修复的酶和蛋白因子能识别错配碱基,并分辨出哪一侧是错误链,将包含错误碱基在内的一段核苷酸链切途,然后进行修复合成。这种修复机制对维持遗传信息的稳定性非常重要。

以上简要介绍了电离辐射对 DNA 的影响。另外,电离辐射对细胞内其他生物大分子如 RNA、酶、蛋白质、细胞膜结构等都有一定的影响。如 RNA 是遗传信息的的传递者,DNA 中的信息首先转录到 RNA 上,然后才指导蛋白质的合成。因此,RNA 的合成是否正常,对基因的正确表达、酶和其他蛋白质的正常代谢有着重要的影响。而辐射对 RNA 的合成在多数情况下起抑制作用,如大鼠受数 Gy 全身照射后,肝、脾、胸腺细胞核的转录活性都明显下降。又如射线对蛋白质合成有一定的影响,其作用因细胞种类、蛋白质种类及照后时期而异。在照射后的一些敏感组织中,可以看到蛋白质分解代谢增强,尿中出现氨基酸代谢的终产物,这些变化属于组织损伤的结果而不是造成损伤的原因。另外细胞膜的各组成部分也都可因射线的直接和间接作用造成损伤,其中最重要的是生成脂类自由基和脂质的过氧化物,包括丙二醛等;由于脂类过氧化,可造成膜的流动性、通透性变化以及膜蛋白结构和功能的损伤;而细胞内各细胞器的膜损伤还影响细胞器的功能,如线粒体膜的脂类过氧造成线粒体肿胀,影响呼吸功能等。对这一方面的内容。在此不一一细述,读者可参考有关专著了解相关内容。

2.3.2 电离辐射对细胞的影响

1. 细胞对电离辐射的敏感性

受辐射作用的生物体经历了最早期的原初反应后,随着生物分子损伤(如电离辐射对DNA、RNA、酶和蛋白质、膜结构的作用等)的发展,表现出细胞学效应。细胞的形态、功能都会发生一系列的变化,直至死亡。研究表明,各种不同细胞的辐射敏感性差异较大。一般情况下,正在分裂的细胞、正常情况要进行多次分裂的细胞以及形态和功能上未分化的细胞易受射线损伤。如小肠上皮细胞、骨髓细胞和生殖细胞都是增生活跃、更新较快的细胞,它们对射线的敏感性较高;而肝脏、血管内皮以至中枢神经系统,则属于分裂指数很低或不分裂的细胞,它们的辐射敏感性就很低。但也有例外,如小淋巴细胞并不分裂,但敏感性很高,其原因可能与淋巴细胞属于间期死亡类型有关。对同一种细胞来说,损伤的程度与剂量、剂量率、照射方式及环境条件等都有关系。辐射对细胞引起损伤种类与照射剂量的关系大致如表2.2所示。

表 2.2　细胞损伤类型与剂量的关系

剂量/Gy	损伤种类	说　明
0.01~0.05	突变(染色体畸变、基因损伤)	有的可修复
1.00	有丝分裂迟延,细胞功能障碍	可逆
3.00	有丝分裂抑制,细胞功能障碍	某些功能可修复,还可能发生一至数次分裂
4.00~10.00	细胞间期死亡	无分裂
500	细胞立即死亡	蛋白质凝固

2. 电离辐射对细胞的影响

电离辐射对细胞的影响主要表现在三个方面:辐射对细胞周期进程的影响、辐射对染色体的影响和辐射引起的细胞死亡。

(1)辐射对细胞周期进程的影响。在指数生长期的培养细胞受致死剂量照射后,第一个显著的变化是有丝分裂指数下降,细胞增殖减慢,甚至停止。数小时后,有丝分裂细胞才重新出现,这个过程称为有丝分裂迟延。如图2.5所示给出了小鼠白血病细胞L4178受γ射线照射后的有丝分裂指数变化情况。深入分析细胞周期各阶段的变化,可以看到整个周期过程受到了扰乱。从不同细胞所得到的数据不完全相同。多数资料说明射线对细胞从M期进入G_1期几乎没有影响,从G_1期进入S期也影响轻微,而对S期的细胞影响极为明显,可使S期延长。如体内艾氏腹水瘤,未照时S期为8.8 h,受0.129 $C \cdot kg^{-1}$的X射线照射后延长为15 h。当从G_1期进入S期的进程正常而S期延时,就会造成S期细胞的堆积,形成S蓄积效应,这与细胞DNA合成的抑制有密切关系。射线对处在G_2期的细胞也有强列的效应,发生G_2阻断使细胞不能进入M期,这是受照细胞后即刻发生有丝分裂迟延的主要原因。G_2阻断的分子机理,可能是由于有丝分裂所需要的蛋白质合成受到了抑制,此外,也和染色体畸变、次级凝缩的染色体不能进行卷曲有关。

(2)辐射对染色体的影响。细胞受辐射作用后的另一显著效应是染色体畸变。虽然大多数体细胞在受照时处于间期,但当它一旦进入M期,核的损伤就以具有明显形态学特征的形式表现在染色体结构上。染色体结构的改变可分为染色体型畸变和染色体单体型畸变两种类型,这是由于细胞受损伤时所处时相不同而引起的。

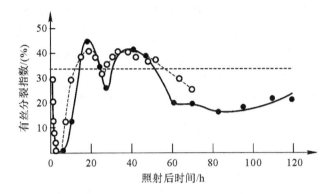

图 2.5　小鼠白血病细胞 L4178 受 γ 射线照射后的有丝分裂指数

(---未照射,o—o0.129 C·kg⁻¹,●—●0.258 C·kg⁻¹)

细胞在 DNA 复制以前(一般是 G_1 期)受照射,在分裂中期可见到两条单体在同一部位发生变化,这种称为染色体型畸变。当细胞在 DNA 复制后(G_2 期)受照射,此时染色体已复制成两个染色单体,单体发生改变称为染色体单体型畸变。若细胞正处在 S 期进行 DNA 复制时受到照射,可在同一细胞中产生染色体型畸变和染色体单体型畸变的混合型。通常用作生物剂量估算的指标是染色体型畸变。

染色体畸变形成的原理,是由于染色体受射线作用后发生断裂,产生游离断片,断裂的染色体断端极不稳定,在重接中可导致互换畸变,通过复制,畸变也同样得到复制。由于这些过程产生多种形式的畸变,表 2.3 描述了畸变形成过程的示意图。

表 2.3　染色体畸变重建模式图

类　别	断裂数	涉及染色体数	重建类型	畸变名称	断　裂	重　建	复　制	后　期
Ⅰ	1	1	无	缺失				
Ⅱ	2	1	对称	倒位				
Ⅲ	2	1	不对称	环				
Ⅳ	2	2	不对称	易位				
Ⅴ	2	2	不对称	双着丝粒				

染色体畸变率与照射剂量间有密切的关系(图 2.6 给出了人淋巴细胞染色体畸变与 ^{60}Co 的 γ 射线照射剂量的关系)。这种关系可用以下方程表示:

$$Y = a + bD \qquad 用于一次击中畸变$$
$$Y = a + bD + cD^2 \qquad 用于两次击中畸变$$

式中,Y 代表畸变率,a 是自发畸变率,b 和 c 分别代表一次和两次击中畸变系数,D 是照射吸收剂量。在辐射事故中,染色体畸变率是一个很有实用价值的生物剂量计。

染色体畸变的分子基础是 DNA 的损伤。根据现代分子生物学的研究,染色体是由 DNA 双螺旋分子和组蛋白构成的染色质纤维经多重盘绕而成的。一个未复制的染色体就是一个 DNA 双螺旋分子为骨架构成的,如图 2.7 所示。因此,染色体单臂断裂的分子基础就是 DNA 的双链断裂,染色体断裂后的重接或互换过程实际就是 DNA 双链断裂的重接及重组修复过程。用限制性内切酶导入细胞,模拟射线造成 DNA 双链断裂,也能产生染色体畸变,这便是对畸变形成的分子机理的一个证明。但 DNA 分子损伤如何转变为可见的染色体畸变的具体步骤目前还不清楚。

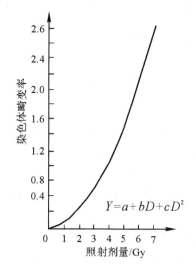

图 2.6　人淋巴细胞染色体畸变与^{60}Co的 γ 射线照射剂量的关系

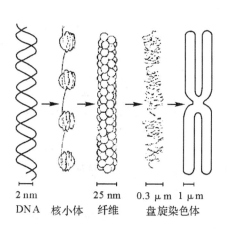

图 2.7　DNA 组成染色体的示意图

3. 辐射引起的细胞死亡

(1)细胞死亡类型。细胞受辐射严重损伤而又未能充分修复的最终结局是细胞死亡。因细胞种类的不同以及受照射剂量的不同,死亡的类型也不同。辐射引起的细胞死亡有两种形式:间期死亡和增殖死亡。间期死亡是指受照射细胞未经分裂就死亡,增殖死亡是指受照射细胞丧失了继续增殖的能力,经过一次或数次有丝分裂后死亡。但从细胞死亡过程的分子机制和形态特征来区分,辐射所致细胞死亡也可分为凋亡和坏死两种性质。图 2.8 给出了淋巴结细胞受 X 射线照射后 24 h 的存活率。

发生间期死亡的细胞可概括为三类:第一类是小淋巴细胞、胸腺细胞、神经细胞、肌肉细胞、肝细胞等非分裂细胞或分裂能力有限的细胞,在受几百毫戈瑞剂量照射后发生间期死亡。第二类是其他如成熟的神经细胞、肌细胞等非分裂的细胞以及分裂缓慢的细胞(如肝细胞)的间期死亡,需要的剂量较大,约为几十到几百戈瑞。第三类是培养中的哺乳动物细胞,在受大剂量照射后也发生间期死亡。间期死亡时间一般在照后数小时就开始,24 h 达到高峰。区别细胞死亡与存活的方法可采用染料排斥试验、固缩细胞核计数、^{51}Cr 摄取、氧耗和细胞核计数等方法。

发生增殖死亡的细胞主要是分裂旺盛的细胞,如肠隐细胞、骨髓细胞及离体培养的哺乳动物细胞。在受一至数戈瑞的中等剂量照射后发生增殖死亡,其特征是细胞受照后丧失(或部分丧失)分裂能力,在进行一次或数次有丝分裂后死去,因而在体外培养中不能长成标准大小的集落。细胞存活曲线可定量地反映这种死亡。

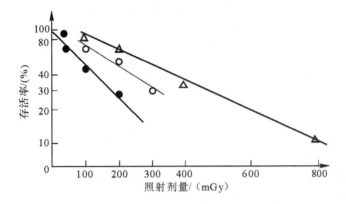

图 2.8 淋巴结细胞受 X 射线照射后 24 h 的活存率

(●—●氧中照射,o—o空气中照射,△—△氮中照射)

(2)细胞存活曲线。用哺乳动物细胞体外成集落培养的方法,将受不同剂量照射的细胞和不受照射的对照组细胞的集落形成效率相比,可以得出细胞存活率。将存活率对应于照射剂量作图,便可得到一条存活曲线。细胞存活率随剂量增加而下降。通常采用半对数坐标图来研究二者之间的关系,如图 2.9 所示。哺乳动物细胞受中子和 α 粒子照射后,剂量响应曲线是一直线,而在 X 射线或 γ 射线照射后,曲线有一起始斜坡,接着是一段肩区,在较高剂量区仍为直线,如图 2.10 所示。为能定量地描述这种曲线提出了多种数学方程以拟合实验数据。

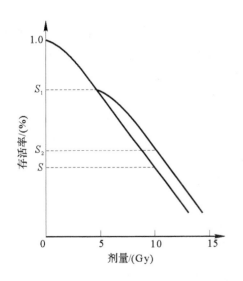

图 2.9 细胞存活率-剂量曲线

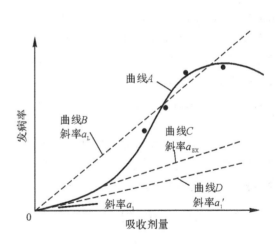

图 2.10 细胞活存曲线

(一次给予 10 Gy 照射后,存活率为 S;

分成两次 5 Gy 照射,则第一次 5 Gy 后存活率为 S_1,

第二次 5 Gy 后存活率为 S_2)

目前常用的表示法如图 2.9 所示。图所描绘以半对数为坐标的细胞存活率-剂量曲线由起始斜坡、肩及最终直线构成。通常由以下几个参数表征存活曲线的特性。D_0 是在最终直线部分使存活率降到原有水平的 0.37(例如从 0.1 降到 0.037)的剂量,这是最常用的表示细胞辐射敏感性的一个参数;N 是一个外推值,它是由曲线直线部分向上延伸与纵轴相交的截距,它表示肩的大小,N 值越大说明存活曲线的肩区越大;D_q 为阈剂量,即细胞存活曲线的直线部分外延与活存率为 1.0 的水平线的交点处的剂量,反映肩的大小,与辐射损伤的修复有关。存活曲线也可用线性二次方程拟合的,剂量为 D 时,存活率 $\exp[-(\alpha D+\beta D^2)]$,它意味着构成细胞杀伤效应的有两个部分,一部分与剂量成正比(αD),一部分与剂量的二次方成正比(βD^2)。这种曲线的特征是连续地向下弯曲,不存在直线部分。只要两个参数就能表示曲线的特征,实际应用很方便。存活曲线的绘制为研究各种细胞的辐射敏感性、损伤与修复的特点以及各种药物和其他理化因素对细胞存活率的影响提供了一个科学的方法。

(3)细胞损伤的修复。细胞受到辐射损伤后在一定条件下可以得到修复,从而使存活率有所提高。一种称为亚致死损伤的修复。它指的是在照射细胞时将预定的剂量分次给予时,生物效应便明显减轻,如图 2.10 所示。这可以认为有一部分细胞在第一次照射后并未被杀死,受到的损伤是亚致死性的。因此在两次剂量之间发生了修复,称为亚致死损伤修复。由于它的存在使存活曲线出现一个肩。在第二次分割照射时,肩再次出现,因而使存活率比一次照射时明显提高。在肿瘤放疗中正是利用这种效应制订合理的分次照射方案,使之有利于健康组织的修复而不利于肿瘤细胞的修复。另一种称为潜在致死损伤的修复。潜在致死损伤是指照射后不进行干预可导致细胞死亡的辐射损伤。如果改变受照细胞所处的状态,例如迟延接种或置于不利于分裂的环境中,包括降低培养温度,加入代谢抑制剂、不给予营养培养基等,即可修复潜在致死损伤,减轻射线的杀伤效应。

辐射引起细胞死亡的分子机理在上面作了简要介绍。但是在什么情况下损伤可修复,什么情况下发展成死亡,什么原因造成间期死亡以及什么原因造成增殖死亡等问题目前尚未有最后结论。但通过对两种死亡细胞类型的生化过程的研究,对细胞死亡的机理已有了一些基本的结论。对间期死亡的机理,目前认为,细胞受照后出现的染色质降解与间期死亡的关系最为密切。对淋巴系细胞来说,这种变化所需要的剂量较低,0.5 Gy 已可出现。出现时间较早,始于照后 2 h。它在组织含量中增加及回降的时间与细胞出现形态学死亡特征的时间完全一致。而在同样剂量照射下增殖死亡的细胞不出现这类变化。对增殖死亡的机理,认为射线引起的细胞增殖死亡与细胞分裂过程密切相关,凡影响分裂的生化过程都可能与这类死亡机制有关,关键还是 DNA 的损伤。DNA 分子中,某些部位的损伤在细胞不分裂时可能不妨碍细胞正常代谢功能的维持;而当进入 DNA 复制时,由于损伤的存在,或影响 DNA 模板功能的发挥,或影响某些必需的酶和蛋白质的生成,使复制不能正常完成,因而发生死亡。在射线引起的各种 DNA 损伤中,目前认为与增殖死亡直接相关的是 DNA 双链断裂。

2.3.3 辐射致突致癌的机理

电离辐射作用于生物体后,除可在原子、分子、细胞、组织器官、人体整体等不同层面产生即刻效应外,还可导致远后效应的发生,主要是引起突变和癌变。

(1)辐射致突变的特点和机理。所谓突变是指由于基因结构的改变所引起的可遗传性的变异。基因顺序中只有单个碱基或少数碱基发生改变的叫点突变。因少数碱基置换、插入或丢失引起的结构改变涉及较大范围的叫做染色体突变,主要形式为染色体片段的重复、缺失、倒位和易位等。电离辐射能诱发细胞突变,使其发生概率明显高于自然突变率,这种突变在整体上观察较困难,但在离体细胞培养中已能较容易地检测出来。表 2.4 所示的结果就是一个例子。人外周血淋巴细胞离体受照射后在含有 6—巯基鸟嘌呤(6—TG)的选择性培养基中培养,正常细胞因 6—TG 的毒性不能生长,而次黄嘌呤、鸟嘌呤、磷酸核糖基转移酶基因位点发生突变的细胞却因不能摄取 6—TG 而存活。实验表明,X 射线照射后明显提高淋巴细胞的突变率,2 Gy 照后的突变率为正常对照的 7 倍。

通过对这类突变细胞的 DNA 进行分析,已知电离辐射引起的突变类型是多样的,大部分是大片段的缺失或重排,小部分为点突变。而自然突变却以点突变为主。辐射引起上述性质突变的机理目前认为与辐射造成的 DNA 双链断裂有关。由于双链断裂破坏了 DNA 分子结构的完整性,修复过程比较复杂,在重接及重组修复过程中容易发生错误,因而造成大片段的缺失、易位以及点突变等变化。少数体细胞的突变往往不易被察觉,但若发生在生殖细胞则会引起遗传效应。同时如果体细胞中的某些基因突变涉及与癌基因活化有关的位点,则有可能成为癌变的原因。

表 2.4　人外周血淋巴细胞离体受 X 射线照射后的突变率

照射剂量/Gy	突变率/($\times 10^{-5}$)	自然突变率的倍数
0	0.83 ±0.325	1.0
0.40	1.09 ±0.372	1.3
0.80	1.81 ±0.558	2.2
1.20	2.77 ±0.789	3.3
1.60	4.21 ±1.135	5.1
2.00	6.05 ±1.516	7.3

(2)辐射致癌的机理。通过对人体辐射效应的长期观察以及广泛的实验研究,已经肯定辐射能诱发癌症,而且发生率的高低与受照剂量的大小有关。癌的发生机理是一个极为复杂的问题,至今尚未完全阐明。但比较一致地认为癌是一种细胞遗传学疾病,因为癌细胞的无限增殖的特性以及其他代谢性质的变化都能通过细胞分裂而传递给后细胞。癌基因和抗癌基因的发现则更加直接地证实了癌变和基因改变的关系。

辐射诱发的癌症从表现上看与其他因素诱发的癌症并无不同,据现有研究结果分析,其发病机理是一致的。用 X 射线照射田鼠胚胎细胞使之发生恶性转化后,提取其 DNA 转染 3T3 细胞,也能使之转化成恶性表型;而用未照射或未转化的细胞的 DNA 去转染就没有这个作用。说明癌变细胞的 DNA 与正常的不同,通过这种 DNA 可以传递细胞的恶性变性质。进一步的研究表明,因照射而诱发恶性转化的细胞中癌基因的激活,这些癌基因的激活可以通过癌基因的点突变、染色体易位及其负调控基因(抗癌基因)的丢失等多种机制引起,而辐射造成的 DNA 损伤(主要是双链断裂)在修复过程中有可能引起染色体突变与点突变,发生在一定位点上时便造成癌基因的激活。上述遗传物质结构的变化是造成细胞恶性变化的一个主要原因。

然而一个或几个恶性转化的细胞并不等于癌，一般认为还要经过促进、发展等阶段才长成癌。而这个过程受许多因素的影响和制约，其控制机理目前还不清楚。但是，电离辐射通过对全身各系统的全面损伤，改变了内环境，对癌的形成过程可能也有一定的促进作用，尤其是辐射对免疫功能有明显的抑制和破坏，可能也是致癌的众多因素之一。

综上所述，电离辐射对生物的损伤作用经历了一系列复杂过程。在照射瞬间发生原初反应，细胞内各种生物分子受到射线的直接作用和间接作用形成各种损伤，并因氧的存在而加重。在各种受损伤的生物分子中，最重要的是 DNA 大分子，它在受射线作用后发生单链断裂、双链断裂以及碱基损伤，这些损伤影响 DNA 分子结构的完整性，影响其正常的复制和转录等功能。细胞的有丝分裂迟延、染色体畸变、存活率改变以及突变、癌变等都与 DNA 的损伤、修复及代谢变化有一定的联系。在一定的生化变化基础上，有些细胞的损伤得到修复，有些可能发展为死亡，发生间期死亡或增殖死亡。机体受照射后各个组织的病理生理变化虽然多种多样，但从分子到细胞的损伤发展过程，却是各系统病变的共同基础。

2.4 电离辐射致生物效应的分类与影响辐射生物效应的因素

2.4.1 电离辐射致生物效应的分类

上述各节对电离辐射的原初作用、电离辐射对 DNA、细胞的作用以及辐射致突致癌的机理进行了简要介绍。但在实际中，为了研究和分析方便，还需要对辐射致生物效应进行分类。由于电离辐射致机体的生物效应是多种多样，因此，可从不同角度作以下分类。

(1)近期效应和远后效应。按照辐射致生物效应出现的时间，可将辐射致生物效应分为近期效应(也可称为早期效应)和远后效应(也可称为晚期效应)。一般将辐射作用于机体后，在照射后数分钟至数周内就出现的效应，称为近期效应。在照后 6 个月以后才表现出来的效应，称为远后效应。远后效应可在照后数月、几年或更长时间后才出现。

(2)躯体效应和遗传效应。辐射致机体生物效应，显现在受照者本人身上的，称为躯体效应。躯体效应发生于体细胞，这类细胞的存活时间不能超过个体的寿命期限，因此，躯体效应一定在受照射者的生存期间显现出来。辐射致生物效应发生在受照者后代的效应，称为遗传效应。遗传效应发生于胚细胞，这类细胞的功能是将遗传信息传递给新的个体，使遗传信息在受照者的第一代或更晚的后代中显现出来，如发生于胎儿的发育异常或其他遗传性疾病。

(3)随机性效应和确定性效应。基于辐射防护目的，辐射作用于人体产生的生物效应可以分为随机性效应和确定性效应。随机性效应定义为辐射致生物效应的发生几率随照射剂量而改变的一类效应，如辐射所致的诱发癌症和遗传效应等。对随机性效应通常假定不存在剂量阈值。确定性效应是指辐射所致生物效应的严重程度随照射剂量而改变的一类效应。确定性效应的特点之一是可能存在剂量阈值，如辐射所致的眼晶体白内障，骨髓内细胞受照所引起的造血障碍以及辐射致皮肤的良性损伤等。随机性效应和确定性效应的定义可用图 2.11 和图 2.12来表示。

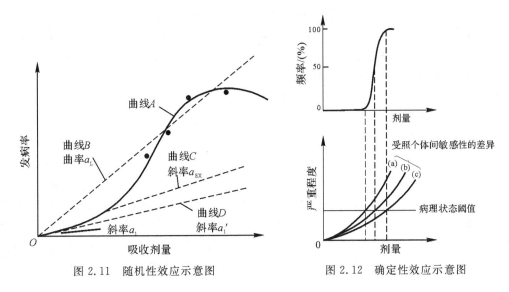

图 2.11　随机性效应示意图　　　　图 2.12　确定性效应示意图

2.4.2　影响辐射致生物效应的因素

生物机体是一个非常复杂的系统,其生命功能依靠许多相互联系、相互协调和相互制约的机理以及大量的生化活动和物质基础来进行保障。辐射引起细胞损伤的原理及损伤效应的分类前已述及,但在同一照射剂量下的所引起的效应的严重程度或发生率却不完全相同。因为,辐射致生物效应与许多外部条件和机体内在因素有关。影响辐射生物效应的因素可分为三类:一是物理因素,包括照射剂量、射线性质、照射剂量时间分布(包括剂量率、分次或间歇照射)和空间分布(包括均匀照射、不均匀照射或微剂量)、照射方式(包括体外、体表、体内照射)等;二是生物因素,主要指细胞、组织器官、个体等辐射敏感性;三是其他因素的影响,如氧效应、冬眠、麻醉、寒冷、精神紧张、疲劳等。

1. 物理因素

照射剂量与生物效应之间存在密切并且非常复杂的关系。如对随机性效应,效应的发生率与剂量的关系可用 $P = aD + bD^2$ 表述,其中在低剂量时线性项 aD 占主要地位,在高剂量(大于 1 Gy)和高剂量率(1 Gy/min)时二次项 bD^2 占主要地位。但根据动物实验研究表明,当受照射剂量高于某一值时,辐射诱发某些肿瘤的发生率将随剂量的增加而下降。对确定性效应,它的发生是有剂量阈值的,效应严重程度和剂量大小有关,如发生白内障的剂量阈值范围为 $2 \sim 10$ Gy。

实验证明,在其他条件相同时不同性质和不同能量的辐射对生物的损伤有较大的差别。例如照射所致放射病中,血相下降较快,胃肠症状重,早期死亡较多。这说明各种辐射每一单位剂量的致伤能力不同。根据现有认识,这主要取决于粒子径迹上能量沉积的微观分布。换言之,射线的致伤能力与其传能线密度(Liner Energy Transfer,LET)有密切关系。LET 的含义是指电离粒子在单位长度径迹上消耗的平均能量,单位是 keV/μm。随着 LET 的增加,辐射效应往往加重。因此,为了表示不同辐射引起的生物效应的差别,在放射生物学中提出了相对生物效应(Relative Biological Effectives,RBE)。RBE 的定义为对于特定的生物体或组织,由基准辐射引起特定生物效应所需的剂量与所研究的辐射在相同条件下引起同等程度生物效应所需剂量的比值。通常以低 LET 的 X 射线(约 200~250 keV)或 ^{60}Co 的 γ 射线作为基准辐射。REB 与辐射的 LET、辐射能量、剂量、剂量率、动物种属、观察效应的生物学终点等有关。如用数百 keV 的 X 射线和 1 MeV 的 γ 射线进行实验,在高剂量时其相对生物效应相同,但在低剂量时 X 射线的 RBE 约为 γ 射线的 RBE 值的 2 倍。RBE 的引入不仅在放射生物学中具有实际意义,而且在辐射防护中也有重要应用。在辐射防护中为了说明不同类型和不同能量辐射的生物效应,引入了辐射权重因子。

照射剂量时间分布(剂量率、分次或间歇照射)和空间分布(均匀照射、不均匀照射或微剂量)以及照射方式(体外、体表、体内照射)等对辐射生物效应也有重要影响。实验表明,产生相同的确定性效应,分次照射所需要的剂量高于单次照射剂量,剂量率效应与分次照射有相似之处。例如若一生 50 年全身均匀照射的累积剂量为 2 Gy 时不会发生急性的辐射损伤;但若一次急性照射的剂量为 2 Gy 时则可能发生在临床表现的急性放射病。因此,在进行剂量控制时应在尽可能低的剂量率水平下分散进行。在相同剂量照射下,受照面积愈大,产生的生物效应也明显。如在几平方厘米的皮肤面积受照 6 Gy 时仅引起皮肤暂时变红,不会出现全身症状;但在同样剂量下受照面积达到全身的 1/3 以上时则有致死的危险。因此在实际工作应尽量避免大剂量全身照射。

辐射效应与受照部位也有较大关系。受照部位不同,产生的效应也不同。在相同剂量和剂量率照射条件下,不同部位的辐射敏感性的高低依次可排列为:腹部、盆腔、头部、胸部、四肢。因此,在防护时要注意对腹部的防护。同时照射方式不同,其辐射生物效应也有较大的差别。在外照射条件下,当人体受穿透能力较强的中子、γ 射线照射一定剂量时,可造成深部组织和器官如造血器官、生殖器官、胃肠道和中枢神经系统等的辐射损伤。而当放射性核素进入人体内造成内照射时,则与核素的性质、进入途径及在关键器官中的沉积量等有关。

2. 生物因素

细胞、组织、器官、系统、机体整体等生命物质对辐射损伤的相对敏感程度称为辐射敏感性。

细胞辐射效应(DNA 和膜的损伤、生化代谢改变、生理功能异常、细胞死亡)是机体辐射损伤(各种效应、症状、体征)的基础。细胞对辐射敏感性与细胞增殖之间存在十分复杂的关系。为了研究和应用,可按辐射敏感性将细胞分为五类:①营养性分裂间期细胞对辐射最敏感,如各类干细胞和生发细胞。②分化中的分裂间期细胞较为敏感,如造血与生殖系统中正在分化但仍能分裂的细胞。③多向性结缔组织细胞具有中等辐射敏感性,如内皮细胞、成纤维细胞及间叶细胞。④回复性分裂后细胞对辐射比较能耐受,如唾液腺、肝、肾、胰、汗腺和内分泌腺的实质细胞与导管细胞、支持细胞等。⑤定型的分裂后细胞对辐射最不敏感,如各种成熟已完全分化的细胞。在实际工作中,常用对辐射敏感的血液中淋巴细胞、白细胞、血小板的变化以及外周血细胞染色体的畸变程度作为受照机体的生物指标。

组织与器官是由多种细胞组成的。其辐射敏感性主要取决于实质细胞的相对敏感性。如果含有一系列不断发展的细胞则取决于其中最敏感的细胞群。各种条件,如局部微血管的数量和部位、血液供应情况、组织液和结缔组织以及实质细胞对这些条件的信赖程度等也能在一定程度上影响组织、器官的辐射敏感性。就整个组织与器官而言,辐射总效应还取决于损伤过程与修复过程之间的相互消长和平衡。组织、器官的血液淋巴系统的结构、微循环以及间质环境等都能影响修复与再生。在辐射防护中为了定量估计各种组织、器官的辐射敏感性引入了组织权重因子。

生物物种、个体及个体不同发育阶段对辐射也有敏感性。个体敏感性主要是指机体受到全身照射后,是否容易发生辐射综合症或死亡。生物体极为复杂,照射后是否出现症状不仅取决于生命重要器官或组织中辐射敏感组织的损伤程度和数量,也取决于一些重要组织、器官和各种调节机制的改变和破坏。不同种属以及不同个体之间虽然同类细胞的辐射敏感性可能较接近,但各组织、器官功能的稳定性和体内各种调节机制的灵活性可能不同,因而在辐射敏感性上表现出个体差异。接受中等剂量照射时,个体差异往往表现更明显。例如,核爆炸时在相近条件下同样接受 1~1.5 Gy 瞬时辐射照射的 26 只狗中,1 只无反应,4 只仅出现放射反应,16 只为轻度,4 只为中度,另 1 只为重度骨髓型急性放射病,其他剂量组波动也较大。对不同生物种属而言,总的趋势是愈高级者愈敏感,但也不是绝对的。例如,绵羊、山羊、猪以及狗的半致死剂量均低于人。在人的个体发育的不同阶段中,辐射敏感性从幼年、少年、青年、成年依次降低,而老年人对辐射又比成年人敏感。胚胎期是一个关键时期,受精后约 38 d 时辐射敏感性最高。因此,在防护中,对妊娠早期的妇女应避免腹部受照射,对年龄未满 18 岁的青少年也不应参与职业性放射工作。性别也有一定影响,一般说来育龄雌性的辐射耐受性稍大于雄性,这可能与体内性激素含量有关。

3. 其他因素的影响

其他因素的影响主要包括氧效应、冬眠、麻醉、寒冷、精神紧张、疲劳等。

细胞所处环境中氧浓度增加时辐射损伤较重。低氧状态下产生一定程度损伤所需要照射剂量与有氧条件下引起相同效应所需要剂量的比值称为氧增比。LET 升高时氧效应缩小,甚至消失。我国研究表明,不但在照射前或照射当时,即使在照后一定时间内改变细胞环境中的氧浓度,仍能影响辐射效应。温度升高时氧增比也下降。

冬眠、麻醉可暂时使辐射损伤表现不明显,但过后照样产生,病程和严重程度未见变化。寒冷、精神紧张、疲劳等均可加重放射病。实验表明,长途汽车跋涉(照射前和/或照射后短期内)所加重的放射病病情大致相当于提高照射剂量 10% 的效应。

上述简要介绍了影响辐射生物效应的三类因素。但在实际中分析和评价辐射效应时,由于存在照射方式多样、受照剂量难以确定、效应的非特异性、效应潜伏期长、有一定的天然自发率、缺乏相应的对照人群等问题,剂量评价与效应分析是一件相当困难的工作。

2.5　几种不同照射条件下电离辐射致生物效应的特点

2.5.1　小剂量一次照射效应

小剂量一次照射一般指一次受到较小剂量的照射。目前对小剂量的定义或对其剂量范围尚无统一规定。为了评估低 LET 辐射的剂量及剂量率效应,联合国原子辐射效应科学委员会(UNSCEAR)在 1993 年报告中,根据动物实验及流行病学数据所得的结果,提出根据培养细胞所做的剂量-效应研究,低于大约 20~40 mGy 的剂量为小剂量。对日本原子弹爆炸中的幸存者进行实体瘤诱发的流行病学研究表明,诱发肿瘤的小剂量至少为 200 mGy,至于低剂量率,可被采用的是连续几天或数周内给予 0.1 mGy·min^{-1} 以下的剂量。对于上述这样低的剂量水平的照射,目前尚无法用生物学指标直接观察到它所引起的变化,因此对它们的危险估计,目前主要通过流行病学、动物实验和离体细胞实验进行。本节着重阐述一次外照射剂量低于 1 Gy 所引起的生物效应。

1. 近期效应

小剂量一次照射的近期效应主要在受照后 60 d 内出现的变化。人员一次受到小剂量照射后,近期主要出现两个方面的变化:一是早期临床症状,二是化验指标的改变。

(1)早期临床症状。早期临床症状在受照当天,或在照后头几天内出现。根据对国内外一些核事故受照人员的临床资料分析,早期临床症状多在受照后当天出现,持续时间较短,一般约数天,不经治疗可自行消失。从主诉症状看,以植物神经功能紊乱为主,如自觉头晕、乏力、食欲减退、睡眠障碍、口渴、易出汗等。早期临床症状的发生情况除受剂量大小影响外,与受照射的部位和面积大小也有密切关系,这在局部照射情况表现更为明显。一般认为,腹部受照敏感性最大,四肢最小。个体对辐射敏感性的差异也是影响因素之一,而敏感性又常常与个体的精神状态、受照前的健康状况、体质强弱以及工作劳累程度等有关。因此,在受到相同剂量照射的情况下,有的反应重,有的却无异常感觉。况且,受照后的症状主要是非特异性的,多数是受照者的主观感觉,因此,在分析早期临床症状时,必须排除其他因素的影响和干扰。

(2)血液学指标。血液学指标包括血液学变化和骨髓细胞的变化。造血系统对辐射是较敏感的。受小剂量照射后,主要出现的变化是外周血白细胞总数和淋巴细胞绝对值减少。由于该检测方法简便、易普及,目前已被列为事故照射后的常规必检项目。根据国内某次全身受 γ 射线外照射人员的照后早期血细胞变化结果分析,血液学指标变化的一般规律是:①在一次剂量低于 0.1 Gy,血相基本在正常范围内波动;②一次照射 0.1～0.2 Gy,白细胞总数变化不明显,淋巴细胞绝对数先略降后升高,以后逐渐恢复至原先水平;③一次剂量达 0.25～0.5 Gy,白细胞和淋巴细胞计数较正常值略有减少,但白细胞总数不低于正常值的下限。④一次照射 1 Gy,照后早期即可出现白细胞总数下降,尤其是淋巴细胞下降更明显,最低值可降至照射前水平的 5%,一年后恢复至原先水平。

以上是受照群体的一般变化规律。但就个体而言,差异较大。有的受照射剂量很小,白细胞数下降却很明显。如一例仅受 0.054 Gy γ 射线全身外照射者,照后白细胞总数最低值却降至 0.305×10^9/L。另外,上面叙述的是一次急性照射 1 Gy 以下的各剂量组血相变化规律。若接受的是分次照射或是在短时间内的连续照射,则此时机体的修复机能将在不同程度上发挥作用,与一次急性照射相比,其损伤将减轻。如某次事故中,4 例受较大剂量(1.30～2.45 Gy)照射者,由于是在 16 天内受到照射的,照后白细胞总数下降最低值是在照射后第 15 天,为照前值的 67%,淋巴细胞为照前值的 50%。但在另一次事故中,某人一次急性照射 2.5 Gy,照后第 9 天,白细胞总数下降至 3.52×10^9/L,淋巴细胞在照后第 2 天下降到 0.308×10^9/L。

骨髓穿刺检查结果也可直接反映受照骨髓的损伤和修复功能,因而对诊断辐射损伤程度有一定意义。有关人体受事故性大剂量照射后的资料表明,照射后第 4 天骨髓细胞有丝分裂指数的下降情况与受照剂量密切相关。一般认为,在 0.5～2 Gy 剂量范围内呈线性关系,当剂量小于 0.25 Gy 时骨髓检查未见有变化。有关血液学变化和骨髓细胞的变化情况汇总如表 2.5 和表 2.6 所示。

表 2.5　人体受小剂量一次 γ 射线照射后早期表现

剂量/Gy	临床症状	血液学变化
<0.1	无明显变化	不明显,一般在正常值范围
0.1~0.25	无明显变化	淋巴细胞略降后升高,渐恢复,白细胞数变化不明显
0.25~0.50	约 2% 人员轻微头晕、乏力、食欲下降、睡眠障碍等	淋巴细胞及白细胞数略低于正常值,有的下降约 25%,但较快恢复到正常水平
0.5~1.0	约 5% 人员轻微头晕、乏力、不思食、失眠、口渴等	淋巴细胞、白细胞、血小板可降至照射前的 25%～50%,半年内可恢复到正常水平

表 2.6　人体受小剂量一次 γ 射线照射后 1 个月内骨髓检查结果

剂量/Gy	照后时间/d	有核细胞数/($\times 10^{10} L^{-1}$)	粒/红	分裂指数/(%)
0.1	17	2.47	3.8:1	3.0
0.1	14	2.43	2.1:1	12.0
0.1—0.2	16	3.30	2.4:1	5.0
0.2	27	5.30	3.4:1	2.0

(3)染色体畸变。人体淋巴细胞染色体对辐射是较敏感的,即使受照射剂量为 0.05 Gy,照后早期就可见到畸变率较正常值增高。通过实验研究和对受照人员的观察,证实染色体畸变分析除可作为生物剂量的测定方法外,还可作为事故照射近、远期效应的观察指标。根据对观察结果的分析,得出以下基本看法:一是染色体畸变是一个较敏感的指标。当常规血液学检查看不出有变化时,就可观察到染色体畸变率提高。如一例受 0.07 Gy 的照射者,照后早期取血培养,染色体畸变率为 6%,比正常值高数倍。二是畸变可长期存在。一定剂量作用于人体后,染色体畸变不仅在照射后早期可能见到,而且在若干年后仍然存在。如我国安徽三里庵钴源事故,过去受小剂量照射 0.05~0.10 Gy 者中,照射后 10 年取血培养,仍见畸变率增加。三是畸变率与剂量的关系较为密切。畸变率随照射剂量增加而增加,这种规律不仅见于照后早期,而且在距照射一定时间后仍有某些规律。如我国武汉某次钴源事故,有 10 人受到一同剂量的照射,照后一年半进行染色体畸变观察,除 1 人未见到畸变增高外,其余人员都见有增高,且畸变率随照射剂量的大小有一定的变化规律。

(4)生化指标。一定剂量的电离辐射作用于机体后,可引起代谢过程的变化,表现有白蛋白减少而球蛋白含量增加等。也有报道照射后早期尿中氨基酸排出增加。表 2.7 给出了人员一次受 0.25 Gy 以下 γ 射线全身照射后 1 个月内,某些血、尿生化指标的检查结果。由表结果可以看出,人体受小剂量电离辐射作用后,血、尿生化指标变化不明显。

(5)精液检查。生殖系统对辐射是较敏感的。表现为照后精子数下降。表 2.8 列出 4 名受 γ 射线全身剂量在 0.25 Gy 以下、照后 7 个月精液检查结果。结果表明剂量大于 0.2 Gy 时,精子数有轻度减少,而剂量大于 0.5 Gy 时,照后精子数普遍减少。精子数下降程度及开始恢复的时间与所受剂量大小有关,剂量愈大,精子数减少愈明显,开始恢复的时间也愈晚。

表 2.7　血、尿生化指标的检查结果

项　目	受检人数	剂量/mGy	照射后时间/d	结　果
血糖、血清蛋白、血非蛋白氮、尿总氮、血氯、钠、钾、钙	12	40	2～25	正常
肝功	42	250	30d 内	2人脑絮＋＋内 1人麝浊22单位
糖耐量试验	11	120	<30	正常
尿氨基酸	26	120	<30	正常
尿肌酸肌酐	34	120	<30	正常
尿牛磺酸、脱氧胞核苷	22	40	<30	与对照组比无差别
尿 17 酮类固醇	2	40	15	正常
胃蛋白酶	2	40	15	正常

表 2.8　不同剂量照射者精液检查

例　号	照射后时间/月	剂量/Gy	精子/(M 个 mL^{-1})	活动度(%)
1	7	0.10	113	35
2	7	0.17	96	38
3	7	0.24	52	60
4	7	0.25	30	50
	正常值下限		60	75

2. 远期效应

小剂量一次照射的远期效应主要在受照 6 个月以后出现的变化。远期效应表现的形式可分为两类:一类是与组织学形态有关的可见的残余损伤,另一类是潜在性的损伤,要经过相当长的无症状间隔才显示出来,因此,必须对受照者进行长期医学随访观察。根据对国内一些事故受照射者(一次接受剂量在数百 mGy)进行为期 3～10 年的随访观察,在以下几方面得出了初步印象。

(1)一般健康状况。一般健康状况良好,均能从事本职工作或体力劳动。临床检查未发现阳性体征。

(2)血液学。血液学常规检查,白细胞总数,淋巴细胞绝对值,血小板计数以及血红蛋白含量均在正常值范围内波动。

(3)染色体畸变。染色体畸变率在剂量偏大者仍高于正常值水平,残存的畸变主要是稳定性畸变。

(4)生育力。生育力不受影响。所生子女生长发育正常,子代染色体畸变率在正常值范围。

3. 小剂量电离辐射的适应性反应

多年来,科学家已认识到小剂量辐射能导致细胞和有机体的许多变化,这些变化反映了细胞和有机体对辐射作用的适应能力。1976 年 Luckey 综述了 1976—1991 年间有关适应性反应的文献资料约1 000篇,提出小剂量辐射对动物和人群的有益效应。近年来,为证明适应性反应的存在,对诱变剂所诱导的人和哺乳动物适应性做了大量研究工作。

人淋巴细胞的适应性反应研究,包括了染色体畸变、细胞存活和突变率研究。对染色体畸变,在 1984 年有报道,当 PHA 刺激的淋巴细胞在含 ^{3}H—TdR 的培养液中生长,并在 G_0 期接受 1.5 Gy 的 X 射线照射,结果是染色体畸变量明显低于 ^{3}H—TdR 和 X 射线分别作用所致畸变量的总和。类似的反应也得到证实,将 PHA 刺激的 S 期淋巴细胞受小剂量 X 射线照射,接着将 G_2 期细胞再受大剂量 X 射线照射,可诱导类似的适应性反应。适应性反应在整体照射下也得到证实。居住在受到切尔诺贝利核事故污染的乌克兰地区的儿童,外周淋巴细胞在体外受大剂量照射后,其染色体畸变率低于只受大剂量照射的对照组。上述现象在家兔整体实验中也得到支持证据。对细胞存活和突变率研究,当淋巴细胞在 G_1 期先接受 0.02 Gy 的 X 射线照射,尔后再接受 4 Gy 的照射时,突变率减少 70%,而细胞存活不受影响,人为突变率的减少是诱导修复系统的结果。

对小鼠细胞适应性的研究。雄性小鼠先接受 0.1 Gy 的 X 射线整体照射,2.5～3.0 h 后再接受 0.75 Gy 剂量照射,两种剂量的联合照射使骨髓细胞染色体畸变数比一次照射 0.75 Gy 有所减少,结果提示先前的小剂量照射诱导了适应性反应。

有文献报道,现居住在美国的 168 名日本原子弹爆炸中的幸存者受 0.01～1 Gy 照射,与受 0.01 Gy 以下照射的人群相比较,从外周血分离淋巴细胞检测以下四种细胞免疫参数:①对 PHA 的反应;②对同种异体淋巴细胞的 PHA 反应;③NK 细胞介导细胞毒性;④干扰素产生。结果表明,受 0.01 Gy 以下剂量照射组的反应都小于 0.01～1 Gy 剂量组。

总之大量研究表明,根据动物实验获得的资料以及有限的人类资料,都说明事先给予的小剂量照射可减少辐射诱发染色体畸变和突变的数量。近年来,对适应性反应的机制了解尚不完全,认为很可能与 DNA 修复能力增长有关,也可能包括自由基解毒以及膜结合受体的激活等。

2.5.2　小剂量慢性照射效应

一般将放射工作者在剂量限值范围内的长期照射称为小剂量慢性照射或低水平照射。由于剂量率低、受照射时间长,因此机体对射线的作用既有损伤的一面,又有适应和修复的能力。当机体修复能力占优势时,在长期受照射或照后相当长的时期内可不出现明显反应;但若受高剂量或超剂量限值照射时,累积剂量达到一定程度时,就可能出现慢性损伤效应。目前对小剂量照射或低水平照射的辐射危险,无法用生物学指标直接观察到它所引起的变化。因此对这种小剂量辐射的危害评价,目前是通过辐射流行病学调查、动物实验和离体细胞实验进行的。

1. 临床表现

(1)自觉症状。自觉症状的出现时间,短者可在接触射线后几个月,长者可达数年或更长时间后出现。其主要表现是自觉乏力、头晕、头痛、睡眠障碍、记忆力下降、性功能和食欲减退等。1982 年,我国卫生部组织全国 28 个省、市、自治区的医疗、教学、科研单位,对全国医用诊断 X 射线工作者进行了一次全国性的调查研究。根据对 2 484 例受照人员的临床检查资料分析,发现受照人群中,主诉反应中的神经衰弱症状、食欲减退、牙龈出血及脱发发生率明显高于对照人群(见表 2.9)。

表 2.9　放射组与对照组临床症状比较

临床症状	放射组		对照组	
	例　数/例	比率/(％)	例　数/例	比率/(％)
疲乏无力	1275	51.3	220	12.8
头痛头昏	758	30.5	282	16.4
记忆力减退	751	30.2	216	12.6
睡眠障碍	875	35.2	227	13.2
易激动	161	6.5	42	2.4
心悸	195	7.8	81	4.7
食欲减退	181	7.3	44	2.6
牙龈出血	341	13.7	69	4.0
脱发	541	21.8	78	4.5
性欲减退	127	5.1	14	0.8
易感冒	170	6.8	48	2.8

(2)实验室检查。外周血相检查。长期小剂量照射,最明显变化是不同程度的白细胞减少。例如,1982 年对全国 2 869 名医用诊断 X 射线工作者和 1 152 名对照者的外周血细胞检查结果表明,放射组的白细胞总数、中性粒细胞和淋巴细胞绝对数以及血小板等项指标与对照组比较,均有统计学意义的降低。单核细胞、嗜酸、嗜碱性粒细胞的相对值则高于对照组。外周血细胞变化与累积剂量、年剂量及放射工龄有相关关系。放射组异常血相的检出率明显高于对照组。男性 X 射线工作者血细胞的辐射效应大于女性。

细胞遗传学检查。一是外周血淋巴细胞染色体畸变。它是对辐射作用较敏感的指标,当血液学常规检查看不出变化时,染色体畸变可以显示增高。小剂量慢性照射者,所接受的是低剂量和低剂量率照射,所接触的射线种类、剂量、剂量率、受照部位、工作年限等各不相同,结果很难比较。但共同的特点是染色体畸变率同正常值或自身照射前值相比有所增高,但多数未能发现畸变率和累积剂量之间有何比例关系。小剂量慢性照射情况下所分析畸变细胞中,畸变类型均以无着丝粒畸变为主,偶见双着丝粒和环。二是外周血淋巴细胞微核的测定。它是指淋巴细胞胞浆中存在的游离的小核。由于方法简便,近年来有利用微核测定作为诊断放射损伤的辅助指标。1982 年对全国 1 387 名医用诊断 X 射线工作者的微核测定结果,发现平均微核率在放射组为 0.358‰,对照组为 0.138‰,放射组明显高于对照组,微核率与年剂量呈直线相关。

2. 危害评价

小剂量电离辐射作用于人体,由于剂量小、剂量率低,机体损伤反应轻,和大剂量急性损伤相比,无论在诊断、效应观察还是在危害评价等方面,面临的难度更大、困难更多。任何单项指标的变化都很难确定是由射线所引起的。因此,评价小剂量对人体的影响,主要根据接触射线史、临床表现、化验检查、其他因素的影响,参照受照者以往的健康状况,全面分析才能得出结论。

(1)自觉症状的分析。小剂量慢性照射的特点是主诉症状多,阳性体症少。而主诉症状中,较突出的有两个症候群:一个是神经系统症状,二是消化系统症状。这些主诉证状,在一般慢性病患者也易出现,且症状出现的频率常受精神因素的影响,有些自觉症状又无客观测定的指标。因此,在判断小剂量辐射的危害或损伤时,对主诉症状不能轻易、片面地听凭自述,但也不能轻率地认为症状是主观感觉而不给予重视。对自觉症状的分析最好有各方面条件相似的非放射工作人员作为对照进行比较,并应排除其他因素(如慢性疾病、工作劳累、生活经济条件等)的影响。特别当发现症状和体征的发生率确有增高时,须进一步分析随着剂量的增加,症状发生率是否也有规律地增高,或者当受照者暂时脱离放射工作后,症状是否有缓解或消失,重新接触射线后是否又复出现等。上述情况有助于分析症状是否与接触射线有关。

(2)血液学检查结果的判断。在评价小剂量慢性照射引起的血液学指标变化时,其他疾病或有害物质所致的影响应除外,并对受照者进行血细胞的动态观察。当已确定白细胞持续低于正常范围下界或更低时,可暂时脱离放射工作。因为小剂量慢性照射所造成的人体血细胞的变化是可恢复的,必要时可做骨髓检查。除少部分人的骨髓可有异常变化外,大部分人的骨髓基本正常。

(3)染色体畸变观察结果的分析。实践证明,染色体畸变分析用于估计全身急性照射条件下的辐射剂量较理想,对于小剂量分次照射、局部照射和低水平慢性照射,由于照射条件复杂、影响因素多,目前尚无可靠的剂量效应关系可供实用。但作为医学观察指标,仍然被认为是一项对辐射较灵敏的指标。

总之,对小剂量慢性照射所致的损伤效应,由于缺乏特异性,因而须排除其他因素的影响,并根据受照剂量,结合临床症状及实验检查,进行全面分析才能下结论。任何单项指标的变化都很难确定是由射线引起的。

2.5.3　全身大剂量急性照射

在短时间内全身或身体大部分受较大剂量照射时,可引起全身大剂量急性照射损伤。依据照射剂量和照射条件不同,可表现为骨髓型、肠型或脑型急性放射病。急性放射病一般具有较为典型的阶段性病程。不同类型和不同程度的急性放射病的初期反应,淋巴细胞和剂量下限列于表 2.10。表 2.11 列出了人体全身急性均匀低 LET 辐射照射时引起不同综合症状和死亡的剂量范围。人体受 γ 射线或 γ 射线与中子混合照射所产生的轻度骨髓型急性放射病的发生率、死亡率与辐射剂量的关系如表 2.11 所示。

表 2.10　各型急性放射病的初期反应和受照剂量下限

分　型	程度	初期反应	照射后 1～2 天淋巴细胞最低绝对值/($\times 10^9 L^{-1}$)	剂量下限 Gy
骨髓型	轻度	乏力,不适,食欲减退	1.2	1.0
	中度	头昏,乏力,食欲减退,恶心,呕吐、细胞短暂上升后下降	0.9	2.0
	重度	多次呕吐,可有腹泻,白细胞数明显下降	0.6	4.0
	极重度	多次吐泻,休克,血红蛋白升高	0.3	6.0
肠型		频繁吐泻,休克,血红蛋白升高	<0.3	10.0
脑型		频繁吐泻,休克,共济失调,肌张力增加,震颤,抽搐,昏睡,定向和判断力减退	<0.3	50.0

表 2.11　人体全身急性均匀低 LET 辐射照射时引起

不同综合症状和死亡的剂量范围

全身吸收剂量/Gy	引起死亡的主要效应	照后死亡时间/d
3～5	损伤骨髓（LD$_{50/30}$）	30～60
3～15	损伤胃肠道和肺	10～20
>15	损伤神经系统	1～5

表 2.12　急性放射病发生率、死亡率与辐射剂量的关系

剂量/Gy	急性放射病发生率/（%）	剂量/Gy	急性放射病死亡率/（%）
0.70	1	2.00	1
0.90	10	2.60	10
1.00	20	2.80	20
1.05	30	3.00	30
1.10	40	3.20	40
1.20	50	3.50	50
1.25	60	3.60	60
1.35	70	3.75	70
1.40	80	4.00	80
1.60	90	4.50	90
2.00	99	5.50	99

2.5.4　电离辐射的远后效应

一定剂量的电离辐射作用于机体后，不仅在受照当时可能出现早期效应，而且在受照后若干年甚至更长时间可能出现远后效应。远后效应可以出现在受一次中等或大剂量的急性照射人员中，也可以发生在长期受小剂量照射的人员中；既可以表现为确定性效应，也可以表现为随机性效应。由于辐射所致远后效应的危害性和特点，远后效应的研究成为放射生物学、放射医学和辐射防护的重要内容。但对于辐射远后效应的研究，目前除了少部分资料来自对实验动物的观察外，主要还是通过对受照人群（包括日本原子弹爆炸幸存者、职业性照射者、放疗受照射人员，高本底地区居民等）的流行病学调查。如 1945 年日本广岛、长崎两地受原子弹爆炸的电离辐射作用而幸存下来的人，在 1950 年普查登记时约有 28.5 万人。从 1950 年开始对其中的近 11 万人作为终身随访观察对象。1950—1985 年，根据对 76 000 名幸存者的死亡调查得出白血病和所有其他癌症的统计调查结果。又如职业性照射者，包括在美国汉福特工厂、橡树岭国家实验室以及路基弗茨核武器工厂的近 8 万余职工；在英国的塞拉菲尔德工厂、原子能管理局、原子武器中心和国家辐射工作人员的约 13 万人；以及加拿大原子能公司的工作人员近 9 000 人；最近几年陆续报道有关俄罗斯联邦马亚克核武器工厂反应堆后处理工作人员的辐射剂量与死亡率的统计数据。上述资料为评价辐射对职业性危险估计值提供了重要数据。

1. 确定性效应

确定性效应主要是由于在受照射的组织中有大量的细胞被杀死而又不能由活细胞的增殖所补偿而引起的。细胞丧失导致组织或器官的功能发生严重的可在临床上检出的损害。如果丧失的细胞过少就可能不至于对组织或器官功能造成功能损害,在临床上也无法检出这种损害。下面主要介绍部分器官的确定性效应的特点。

(1)辐射对生殖系统的影响。性腺是人体对电离辐射较敏感的器官。男性全身或局部受一定剂量照射后,可出现精子减少、活动度降低及畸型精子增加,从而影响生育能力。辐射对女性生殖系统也易造成损伤,一次接受 3 Gy 低 LET 辐射照射,可使 20 岁左右的妇女暂时性闭经,对 40 岁以上妇女则可导致绝经。表 2.13 给出电离辐射对精子数量及生育力的影响。

表 2.13　电离辐射对精子数量及生育力的影响

吸收剂量/Gy	精子数	生育力
0.15~0.20	中度减少	生育力降低
0.50~0.60	明显减少	生育力降低
1.0	严重减少或缺乏	生育力降低
2.0~3.0	缺乏	暂时不育约 12~16 个月
4.0~5.0	缺乏	暂时不育约 18~24 个月
5.0~6.0	缺乏	可能永久不育

(2)辐射对胎儿的影响。孕妇受大剂量照射后,有可能导致儿童智能低下。日本广岛、长崎的大规模辐射流行病学调查资料为这一辐射效应提供了较为肯定的数据。表 2.14 给出了日本广岛、长崎两地受原子弹爆炸时 0~18 周胎内受照者小头症发生率与胎龄和剂量的关系。

表 2.14　小头症发生率与胎龄和剂量的关系

发生率　　胎龄　吸收剂量/Gy	胎龄/周			
	广　岛		长　崎	
	0~17	18+	0~17	18+
0~0.09	4(1)/63	4/65	0/1	0/9
0.10~0.19	6(1)/54	0/44	0/7	0/6
0.20~0.29	6/24	1/14	0/5	2/7
0.30~0.39	4/8	0/10	2/4	0/6
0.40~0.49	3/11	0/6	0/6	0/3
0.50~0.59	9(2)/20	2/24	0/9	0/11
1.00~1.49	2/4	0/10	0/2	1/5
1.50+	5(5)/13	1(1)/8	8(3)/9	2(1)/9
未知	1/7	0/3	0/0	0/0
受照组合计	40(9)/204	8(1)/184	10(3)/43	5(1)/56

备注:表中括号内数字表示既有小头症又有智力发育不全。分母为观察例数,分子为小头症发生例数。

(3)辐射对眼晶体的影响。眼晶体是对辐射敏感的组织之一。由电离辐射引起的眼晶体混浊称为放射性白内障。辐射对引起眼晶体混浊的主要特点表现在以下几个方面:一是一般认为眼晶体发生混浊是有阈剂量的。人眼晶体受到 2 Gy 的 X 或 γ 射线的急性照射即发生可观察到的晶体混浊,分次照射约需要 5 Gy 以上。阈剂量值由于观察方法、判断标准、射线性质及照射条件的不同,其值也有不同。二是放射性白内障是辐射远后效应,从受照到发生晶体混浊,需要经过一段潜伏期。潜伏期的长短与受照剂量及年龄有关。剂量愈大,年龄愈小,潜伏期愈短。国外报道,潜伏期最短 9 个月,最长 12 年,平均 2～4 年。三是影响因素较多,包括射线种类,年龄,晶状体的受照部位,照射条件等有关。如中子损伤作用要大于 X 或 γ 射线的照射。表 2.15 给出了 ICRP 组织提出的引起成年人不同组织确定性效应的阈剂量估计值。

表 2.15　引起成年人不同组织确定性效应的阈剂量估计值

组　织	效　应	单次照射的总当量剂量/Sv	高度分割或迁延照射的总当量剂量/Sv	多年受高度分割或迁延照射的年剂量率/(Sv · a^{-1})
睾丸	暂时不育	0.15	NA	0.4
	永久不育	3.5～6.5	NA	2.0
卵巢	不育	2.5～6.0	6.0	>0.2
眼晶体	可检出的混浊	0.5～2.0	5	>0.1
	视力障碍(白内障)	5.0(2～10)	>8	>0.15
骨髓	造血抑制	0.5	NA	>0.4

注:NA 表示不适用。

2. 随机性效应

电离辐射远后效应中的随机效应主要是指辐射的致癌和遗传效应。

(1)辐射致癌效应。辐射致癌效应的某些特点:①辐射诱发的癌症与自然发生的癌症之间难以区分,因而只能根据较大的群体进行辐射流行病学调查中发现的高于自然发生率的超额统计值来估计。②它与年龄、性别及组织、器官等因素有关。一般来说,在出生前和婴幼儿时期受照射,其致癌的危险度高于成年时受照者。青年时受照射者,乳腺癌的诱发率较高。妇女甲状腺癌的诱发率为男性的 2～3 倍;乳腺癌几乎全部发生于女性;而其他癌症的发生率两性差别不大。辐射对人体所有组织器官均可诱发癌症,但他们的敏感性有较大差别。③辐射诱发出人体的癌症有一定的潜伏期。白血病平均 8 年,乳腺癌及肺癌等实体癌要比此值长 2～3 倍。最短的潜伏期,对急性粒细胞白血病及镭诱发的骨肉瘤仅约 2 年,其他癌症为 5～10 年。在成年时受照射的人群中,除白血病和骨肉瘤外,其他癌症的相对危险在受照后的不同时间大体上保持平衡。④目前获得的辐射诱发人体癌症的危险估计值,均是由较大剂量较高剂量率照射的结果外推而来,而此值的大小取决于辐射剂量与生物效应关系的数学模型。⑤辐射诱发癌症的危险估计,目前主要针对致死癌症的发生概率,但不同的癌症死亡率相差很远。例如,肺癌预计全部死亡;甲状腺癌的死亡率较低,估计在 2%～9%;而皮肤癌的死亡率更低,约为 0.01%(基底细胞癌)至 1%(鳞状细胞癌)。

辐射致癌效应的危险估计：辐射所致危险的评估是辐射防护领域的一个重要问题。关于辐射所致危险的评估指标，不同的学术组织曾采用不同的评估指标，如采用危险、危险度、危险概率、危险后果、危险后果的数学期望值、危险系数等指标。ICRP 在 1990 年第 60 号出版物中建议采用概率系数来表达随机性效应概率与辐射剂量学量间的关系。目前，辐射诱发人体癌症的危险估计，主要的资料来源有 3 个受照射群体：一是日本原子弹爆炸幸存者，共约 9.1 万人；二是英国强直性脊椎炎的放疗病人，共约 1.4 万人；三是子宫颈癌进行放疗的病人，共约 18 万人；此外还有其他医疗照射和辐射事故受照人员等。ICRP 在 1990 年第 60 号出版物中综合国际上研究结果，提出辐射诱发人类危险的估计值，在小剂量、低剂量率的低 LET 辐射照射条件下，全体受照者终生超额致死性癌症的估计系数为 5.0×10^{-2} Sv^{-1}，非致死性癌症为 1.0×10^{-2} Sv^{-1}；对于成年的放射工作者（受照年龄为 18～65 岁），其终身超额致死性癌症的概率系数为 4.0×10^{-2} Sv^{-1}，非致死性癌症为 0.8×10^{-2} Sv^{-1}。不同组织、器官的致死性癌症终生概率的分布情况如表 2.16 所示。

表 2.16　低 LET 辐射低剂量率照射时，全体年龄人口特定致死性癌症的终生概率

组织、器官	概率系数/$(10^{-4}Sv^{-1})$	组织、器官	概率系数/$(10^{-4}Sv^{-1})$
骨髓	50	食管	30
骨表面	5	子宫	10
膀胱	30	皮肤	2
乳腺	20	胃	110
结肠	85	甲状腺	8
肝	15	其余	50
肺	85		
总　计			500

（2）辐射的遗传效应。在人类的全部生育中，有少部分胎儿或新生儿会有遗传异常，即自然发生的遗传性缺陷及遗传性疾病，称为自然遗传效应。遗传效应在后代可表现为：性别比例改变，流产或难产，畸胎，死胎，婴幼儿死亡率增高及某些特殊疾病增加等。

电离辐射所致的遗传效应，是由于辐射作用于生殖细胞中的遗传物质，引起基因突变或引起携带基因的染色体的结构和数目变化，即染色体畸变。这些改变不一定都显示出明显的遗传效应。显性基因突变可在受照者的近几代，主要是在头两代，显示出明显的遗传效应，其中有可威胁生命的严重损伤。而隐性基因突变遗传效应很轻，要经过长时间才能显示出来，一般不会导致受照者第一、二代子体的遗传改变，但在以后各代可能表现出遗传效应。但对人类而言，目前资料尚无法确定辐射诱发的人体遗传效应。因此，人体辐射遗传效应的估计值是以动物实验观察资料为基础推论到人类的。

ICRP 在第 60 号出版物中根据已有资料，推算出当全体人口受到低 LET 辐射照射时，辐射诱发的严重遗传效应在平衡时(即受照后的所有各代)的概率系数为 1.3×10^{-2} Sv^{-1}。对于放射工作人员,由于他们在职业性照射期间(18~65 岁)具有遗传意义的时间仅 15 年,因而他们的辐射遗传效应的概率系数要比全体人口降低约 40%,即成年工作者的严重遗传效应的概率系数为 0.8×10^{-2} Sv^{-1}。

(3)子宫内受照射的效应:随机性效应。受照胎儿似乎易发生在 10 岁内表现出来的儿童白血病及其他的儿童癌症。ICRP 引用有关资料,提出在出生前受照所致的致死性癌症的危险估计值为 2.8×10^{-2} Sv^{-1},并假定在整个妊娠期内危险是固定不变的。

确定性效应。ICRP 提出,经动物实验证明,使胚胎致死的阈剂量为 0.1Gy,引起胎儿畸形和发育障碍的阈剂量也为 0.1Gy 左右。同时人类辐射流行病学调查资料的分析已证实,在胚胎或胎儿期受照射可引起智力降低或严重智力障碍。辐射引起这类效应与妊娠时间有关,这可能与人类脑皮质的形成过程相联系。辐射对胚胎和胎儿的效应如表 2.17 所示。

表 2.17　辐射对胚胎和胎儿的效应

效　应	照射时间	概率系数
智商下降	妊娠 8~15 周	30IQ 点 Sv^{-1}
严重智力迟钝	妊娠 8~15 周	40×10^{-2} Sv^{-1}
严重智力迟钝	妊娠 16~25 周	10×10^{-2} Sv^{-1}

2.6　我国天然辐射剂量水平和各类照射的剂量水平

如前所述,辐射致生物效应与许多外部条件和机体内在因素有关,其中影响辐射生物效应的重要因素是机体所受的照射剂量大小。为使读者对我国天然辐射剂量水平和各类照射的剂量水平有所了解,本教材根据潘自强院士等编著《中国辐射水平》,将我国天然辐射剂量水平和各类照射的剂量水平汇总如表 2.18~表 2.29 所示。同时为了了解和对比,表 2.30 列出了天然辐射高本底地区及吸收剂量水平,表 2.31 给出土壤中 ^{238}U、^{226}Ra、^{232}Th、^{40}K 含量,表 2.32 给出了全国水体中 U、Th、^{226}Ra、^{40}K 含量,表 2.33 给出了贯穿辐射水平。表 2.18 给出我国居民受天然辐射照射年有效剂量(μSv)。与世界平均值相比约高 29.1%,其中陆地 γ 辐射的贡献高 12.5%。氡及其短寿命子体的贡献高 35.7%,钍射线及其短寿命子体的贡献高 85%,其他核素产生的内照射贡献高 162.5%,而宇宙射线的剂量贡献稍低于世界平均值。

我国职业照射涉及领域较广,主要有核工业、核与辐射技术应用、天然源、其他应用等领域,其职业人群分类有:核工业领域包括铀矿开采、铀矿加工、铀富集和转化、核燃料制造、反应堆运行、核燃料后处理、核燃料循环系统的研究开发、退役与废物管理。核与辐射技术应用中医学应用领域包括诊断放射学、牙科放射学、核医学、放射治疗、介入放射学、其他应用。核与辐射技术应用中辐射工业应用领域包括工业辐照、工业探伤、发光涂料、放射性同位素生产、测井、加速器运行、其他应用。天然源包括煤矿、其他矿石矿山、石油和天然气工业、矿石加工、民用航空等。其他应用包括教育设施、其他应用等。表 2.18~表 2.28 分列相关职业照射人员集体和个人剂量。

表 2.18　我国居民受天然辐射照射年有效剂量　　　　　　　　单位：μSv

射线源		中国		世界
		现在	20 世纪 90 年代初	
外照射	宇宙射线　电离成分	260	260	280
	宇宙射线　中子	100	57	100
	陆地γ辐射	540	540	480
内照射	氡及其短寿命子体	1560	916	1150
	钍射线及其短寿命子体	185	185	100
	40K	170	170	170
	其他核素	315	170	120
总计		约 3100	约 2300	2400

表 2.19　1958－2005 年铀矿工作人员个人年均受照剂量汇总

时　段/年	年铀矿监测人数/人	年集体剂量/man·Sv	年人均剂量/mSv
1958—1960	1506	376.08	250
1961—1965	1270	51.58	40.61
1966—1970	4292	113.79	26.51
1971—1975	7910	225.43	28.5
1976—1980	9040	201.59	22.3
1981—1985	9276	179.95	19.4
1986—1990	6800	117.6	17.3
1991—1995	4433	104.31	16.8
1996—2000	1803	27.67	15.35
2001—2005	1753	26.79	15.28

表 2.20　1962－2005 年铀水冶厂工作人员个人年均受照剂量汇总

时　段/年	年均监测人数/人	年集体剂量/man·Sv	年人均剂量/mSv
1962—1965	375	0.35	0.94
1966—1970	790	1.55	1.96
1971—1975	2060	5.81	2.82
1976—1980	2956	8.08	2.73
1981—1985	3937	12.80	3.25
1986—1990	3940	7.44	1.89
1991—1995	2966	5.95	2.01
1996—2000	1044	1.83	1.75
2001—2005	926	1.68	1.82

表 2.21　1986－2000 年核燃料富集转化职业工作人员个人年均受照剂量汇总

时　段/年	年均监测人数/人	年集体剂量/man·Sv	年人均剂量/mSv
1986－1990	1950	0.556	0.29
1991－1995	3537	0.584	0.17
1996－2000	3395	0.776	0.23

表 2.21　1993－2000 年我国核电厂职业工作人员个人年均受照剂量汇总

时　段	监测人数	年集体剂量/man Sv	年人均剂量/mSv
1993	1163	0.21	0.18
1994	1254	0.63	0.50
1995	2811	2.14	0.76
小计	1743	0.99	0.57
1996	2691	2.44	0.91
1997	2971	1.95	0.66
1998	2983	2.13	0.71
1999	2833	1.66	0.59
2000	3179	1.98	0.62
小计	2931	2.03	0.69
合计	19885	13.14	4.93
年均	2486	1.64	0.62

表 2.23　1986－2000 年核工业科研部门职业工作人员个人年均受照剂量汇总

时　段/年	监测人数/人	年集体剂量/man·Sv	年人均剂量/mSv
1986－1990	2026	5.21	2.57
1991－1995	2179	3.97	1.82
1996－2000	2060	4.71	2.28
合计	31328	69.5	2.22
年均	2089	4.63	2.22

表 2.24　1986－2000 年核工业退役和放射性管理职业工作人员个人年均受照剂量汇总

时　段/年	监测人数/人	年集体剂量/man·Sv	年人均剂量/mSv
1986－1990	1998	9.30	4.65
1991－1995	1478	5.28	3.57
1996－2000	1298	4.06	3.13
合计	23869	93.2	3.90

表 2.25　1959 - 1987 年铀矿地质井下作业人员个人年均受照剂量汇总

时　段/年	监测人数/人	年集体剂量/man・Sv	年人均剂量/mSv
1959—1960	2979	848.00	284.71
1961—1965	3157	312.40	98.95
1966—1970	3483	183.00	52.55
1971—1975	2612	79.92	30.59
1976—1980	2400	70.28	29.28
1981—1985	1052	16.12	15.32
1986—1987	1089	5.45	5.00
总平均	2471	176.10	71.27

表 2.26　核燃料循环各个系统职业照射剂量汇总

核燃料循环系统	年均监测人数/人	年均集体剂量/man・Sv	年人均剂量/mSv	占比
铀矿开采	1803	27.67	15.35	63.95
铀水冶	1044	1.83	1.75	4.23
核燃料转化富集	3395	0.776	0.23	1.79
核燃料制造	1101	2.19	1.99	5.06
核电	2931	2.03	0.69	4.69
退役和废物管理	1298	4.06	3.13	9.38
科学研究	2060	4.71	2.28	10.89
总计	13632	43.27	3.17	—

表 2.27　我国医学辐射职业照射监测个人年均受照剂量汇总

职业类别	时　段/年	应监测人数/10³ 人	实监测人数/10³ 人	监测率/%	集体剂量 man・Sv	人均年剂量 mSv
总的医用辐射	1986—1990	107.4	19.8	18.4	231	2.15
	1994—1995	89.1	34.7	38.9	131	1.47
	1996—2000	114.7	59.7	52.0	164	1.43
X 射线诊断	1986—1990	94.6	18.3	19.3	207	2.18
	1994—1995	80.5	30.3	37.6	122	1.52
	1996—2000	102.1	52.1	51.0	149	1.46
核医学	1986—1990	5.82	0.98	16.8	9.26	1.59
	1994—1995	4.57	2.19	47.9	5.35	1.17
	1996—2000	5.90	3.46	58.6	7.26	1.23
放射治疗	1986—1990	6.84	0.48	7.0	10.3	1.51
	1994—1995	4.01	2.15	53.6	4.05	1.01
	1996—2000	6.74	4.12	61.1	6.54	0.97

表 2.28　我国工业应用、工业辐照及加速器运行职业照射监测个人年均受照剂量汇总

职业类别	时段/年	应监测人数/人	实监测人数/人	监测率（%）	集体剂量 man·Sv	人均年剂量 mSv
工业应用	1994	16032	7528	47.0	9.65	1.28
	1995	15378	7408	48.2	11.6	1.57
	1996	18051	9641	53.4	12.3	1.28
	1997	23638	12108	51.2	14.6	1.20
	1998	23999	12713	53.0	15.2	1.20
	1999	22862	12227	53.5	16.5	1.35
	2000	19999	12696	63.5	13.8	1.09
工业辐照	1997	1327	752	56.7	0.668	0.89
	1998	1370	796	58.1	0.811	1.02
	1999	1113	654	58.8	0.643	0.98
	2000	1396	827	59.2	0.519	0.63
加速器运行	1997	989	739	74.7	0.473	0.64
	1998	1187	722	60.8	0.413	0.57
	1999	975	553	56.7	0.224	0.41
	2000	790	437	55.3	0.150	0.34

表 2.29　我国职业照射汇总（1996—2000 年）

	实践	年平均监测人数 10³人	年平均集体有效剂量 man·Sv	平均年有效剂量/mSv
核燃料循环系统	采矿	1.80	27.7	15.4
	水冶	1.04	1.83	1.75
	富集	3.39	0.78	0.23
	元件制造	1.10	2.19	1.99
	电站运行	2.93	2.03	0.69
	退役与废物管理	1.30	4.06	3.13
	科学研究	2.06	4.70	2.28
	总计	13.62	43.29	3.18
	总计（除采矿外）	11.82	15.59	1.32

续 表

	实践	年平均监测人数 10³ 人	年平均集体有效剂量 man·Sv	平均年有效剂量/mSv
核与辐射应用	医学应用	114.74	162	1.41
	工业应用	24.00	28.2	1.18
	同位素生产	1.56	3.15	4.90
	总计	140.3	193	1.38
天然辐射	煤矿	6 500	14 600	2.40
	金属矿	1 000	553	5.53
	其他矿山	3 000	2 060	0.688
	除矿山外的地下工作场所	50	78	1.56
	机组人员	38.4	77.7	2.00
	总计	10 588.4	22 300	2.10

表 2.30　天然辐射高本底地区

国家	地区	区域特征	近似人口/人	空气吸收剂量率 nGy·h⁻¹
巴西	Guarapari	独居石砂,沿海地区	73000	90~170(街道) 90~90 000(海滩)
	Mineas Gerais and Goias Pocos Caldas Araxa	火山侵入岩	350	110~1 300 平均340 平均2 800
中国	广东阳江	独居石微粒	80 000	平均370
埃及	尼罗河三角洲	独居石砂		20 400
法国	中央区	花岗岩、片麻岩 石砂地区	7 000 000	20~400
	西南	铀矿		10~10 000
印度	克拉拉和马德斯	独居石砂,沿海地区 200 km 长,0.5 km 宽	1 000 000	200~4 000 平均1 800
	恒河三角洲			260~440
伊朗	腊姆萨尔 马哈拉	泉水	2 000	70~1 700 800~4 000
意大利	拉齐熬	火山土壤	5 100 000	平均180
	坎帕尼亚		5 600 000	平均200
	熬维多城		21 000	平均560
	南托期卡纳		100 000	150~200
纽埃岛	太平洋	火山土壤	4 500	最大1 100
瑞士	TessinAlps,Junra	片麻岩喀斯特土壤中²²⁶Ra	300000	100~200

表 2.31　土壤中^{238}U、^{226}Ra、^{232}Th、^{40}K 含量　　　　单位：Bq·kg^{-1}

核素	^{238}U	^{226}Ra	^{232}Th	^{40}K
范围	1.8~52	2.4~425.8	1~437.8	11~2 185.2
按面积加权平均	39.5	36.5	49.1	580
标准差	34.4	22.0	27.6	202

表 2.32　全国水体中 U、Th、^{226}Ra、^{40}K 含量

核素		U/μg·L^{-1}	Th/μg·L^{-1}	^{226}Ra/mBq·L^{-1}	^{40}K/mBq·L^{-1}
范围		0.02~42.35	<0.01~9.07	<0.5~99.5	8.0~7 149
均值	A	1.66	0.31	6.05	143.7
	B	1.77	0.31	5.57	89.4
	C	2.56	0.33	6.21	133.5

注：A、B、C 分别为按断面、按经流量、按积水向面积加权的结果。

表 2.33　贯穿辐射水平

项目	原野γ剂量率 nGy·h^{-1}	道路γ剂量率 /nGy·h^{-1}	室内γ剂量率 /nGy·h^{-1}	人均γ剂量率 /nGy·h^{-1}
范围	2.4~340.8	3.0~399.1	11~118.5	0.15~2.31
均值	62.1	61.8	99.1	0.55
标准差	27.4	27.5	36.1	0.17

注：按人员加权的结果。

最后，做为本章的小结，如图 2.13～图 2.14 所示分别给出了射线对有机体的作用和机体的修复过程以及电离辐射致生物效应的分类。

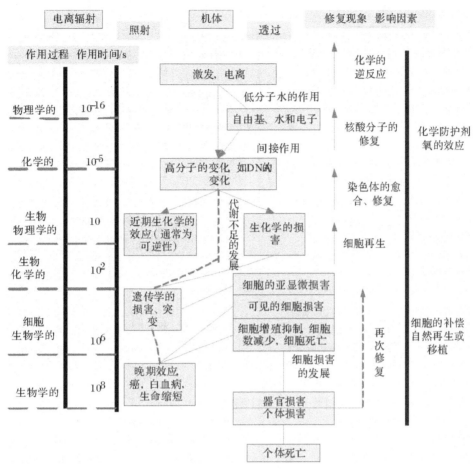

图 2.13　射线对有机体作用和机体的修复过程

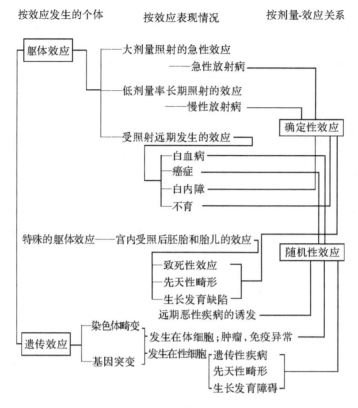

图 2.14　电离辐射致生物效应的分类

复　习　题

1. 电离辐射对人体作用的特点是什么？
2. 电离辐射对 DNA、细胞的作用以及辐射致突致癌的机理是什么？
3. 电离辐射所致生物效应的分类及各种效应的主要特点是什么？
4. 影响辐射生物效应的因素是什么？
5. 小剂量一次照射所致生物效应的特点是什么？
6. 小剂量慢性照射所致生物效应的特点是什么？
7. 全身大剂量急性照射所致生物效应的特点是什么？
8. 电离辐射远后效应致癌和遗传效应的特点是什么？
9. 人体全身急性均匀低 LET 辐射照射时引起不同综合症状和死亡的剂量范围是多少？
10. 引起成年人睾丸、卵巢、眼晶体和骨髓等不同组织确定性效应的阈剂量估计值是什么？
11. 1990 年 ICRP 第 60 号出版物提出小剂量、低剂量率低 LET 辐射照射条件下成年放射工作者终身超额致死性癌症的概率系数为多少？
12. 我国居民受天然辐射照射年有效剂量（μSv）是多少？
13. 我国 1986—2000 年核工业退役和放射性管理职业工作人员个人年均受照剂量是多少？

第3章 电离辐射防护与辐射源安全法规标准

在当今世界,核科学技术已广泛应用于社会的各个领域,对人类社会发展起着巨大的作用。核科学技术应用过程也可能由于对放射性物质或辐射性质认识不足、使用不当等原因造成对人体健康和环境的损害。这促使人类在研究应用核科学技术的同时面临一种选择,制订一个合适的辐射防护标准,既可以保证核科学技术研究应用的发展,又可以保证放射工作人员、广大公众及环境的安全。为此,本节简要介绍电离辐射防护与辐射源安全法规标准的发展和相关内容。

3.1 电离辐射防护与辐射源安全法规标准的发展

1. 电离辐射防护法规标准发展概述

辐射防护标准是伴随着人类在研究和应用核科学技术过程中对辐射危害的认识而不断发展的。从历史上看,1895 年伦琴发现 X 射线不久,就发现 X 射线能引起严重的皮肤灼伤,使人毛发脱落、白细胞减少等机体损伤。于是,在技术上科学家开始研究辐射损伤和 X 射线防护的问题,同时某些国家还制定了法规,以保护人们免受电离辐射的危害。如早在 1899 年,奥地利就发布了有关法令,明确提出了"只能掌握医学经验的医生才能在诊治中使用 X 线,这些医生须了解 X 线的伤害后果",并规定"使用者应有特殊许可证"。之后,法国在 1917 年、意大利在 1922 年、前苏联在 1925 年等也相继颁布了电离辐射防护与辐射源安全有关的法规。

与这些法规并行的是有关个人和学术组织提出的防护建议和标准等。由于最初缺乏对辐射测量和辐射损伤的基本知识,最早提出的防护标准都是以最大容许剂量作为控制辐射危害的标准。1902 年,Rollins 建议用使感光底片发黑的量作为耐受量,相当于每日照射 10R(伦琴,伦琴是照射量的旧单位)。1925 年,Muscheller 提出用皮肤红斑剂量的 1/100 作为耐受剂量,即约 0.2 R/d,即用 30 d 的剂量不超过红斑剂量的 1/100 作为剂量控制标准。1921 年英国成立了 X 线与镭防护委员会,1928 年成立了国际 X 射线与镭防护委员会(ICRP 的前身),并提出了它的第一个建议书,但没有提出剂量限值。1934 年,国际 X 射线与镭防护委员会建议电离辐射的耐受剂量为 0.2 R/d,这一标准一直沿用到 1950 年。

上述提出的耐受剂量是指人体受照剂量小于此剂量值其生物效应便不会发生。而实际上某些效应并不存在剂量阈值,因此,耐受剂量的概念并不恰当。1950 年,根据第二次世界大战后新积累的有关资料和研究成果,国际放射防护委员会(ICRP)提出了最大容许剂量的概念用于取代耐受剂量,最大容许剂量定义为"从现代知识看来,这种剂量不致对受照射者在其一生中的任何时候产生可能察觉到的身体损伤",规定剂量限值为 0.3 R/周,并规定局部照射(手、前臂、脚)的最大容许剂量为全身的 5 倍,同时根据 0.3 R/周剂量标准计算出一些放射性核素在水和空气中的最大容许浓度。从 20 世纪 50 年代中期起,人们对辐射损伤规律(如对白血病、癌症、遗传效应等)的认识进一步深化,1956 年 ICRP 将最大容许剂量的概念修改为"这种剂量产生严重躯体和遗传效应的概率是微不足道的"。1957 年,ICRP 对最大容许剂量限值进行了修改,提出全身均匀照射的最大容许剂量为 5 雷姆/年(雷姆是剂量当量的旧单位),并把关键器官分为四类(第一类为性腺、红骨髓;第二类为皮肤、甲状腺、骨骼;第三类为手、前臂、足、踝;第四类为所有其他器官)分别提出了最大容许限值。对全身均匀照射和性腺照射,还提出了 5(N—18)雷姆和 1 雷姆/周的最大容许剂量限值(式中 N 为受照时年龄)。这一建议值一直应用到 1977 年。

1977 年,基于放射医学、放射生物学、辐射防护等有关领域新的研究成果,ICRP 在审查以前关于辐射防护标准基本建议的基础上,发表了新的关于放射防护的基本建议书:第 26 号出版物,提出了新的标准。1978 年发表了第 28 号出版物,对 26 号出版物的若干条文作了补充和修正。1979 年发表了第 30 号出版物,详细论述了工作人员放射性核素的年摄入量限值和推定空气浓度的计算原理和方法。第 26 号出版物在基本限值方面的主要变化有:①以受照器官或组织的危险度作基础,引入剂量当量限值概念,并取代最大容许剂量概念,但全身均匀照射的剂量当量限值没有变化仍为 5 雷姆/a。②根据不同防护要求,将限值分为基本限值、推定限值、管理限值和参考水平等不同的层面。在基本限值中首先区分随机性效应和非随机性效应并分别提出不同限值,在针对随机性效应方面又进一步提出剂量当量限值和次级限值的概念。③在防护限制体系提出了辐射防护正当化、最优化、个人剂量限值等三个原则。ICRP 的第 26 号出版物基本建议书一直应用到 1990 年。

1990 年,ICRP 在第 60 号出版物中提出了新的辐射防护基本建议,进一步推动了辐射防护标准的发展。ICRP 第 60 号出版物与其第 26 号出版物相比有了较大的变化,其主要变化表现在:①辐射防护量和参数有了较大变化,引入当量剂量、器官剂量等取代剂量当量,用有效剂量取代有效剂量当量等。②引入实践和干预两类活动概念。对实践采用实践正当化、防护的最优化、个人剂量限值和潜在照射控制的体系,并针对职业、医疗、公众、潜在照射等四种情况分别提出不同的要求。对干预提出了氡、事故与应急处理等原则。③对建议的实施提出具体的要求,如对管理机构的要求,对管理的要求,剂量的估算等。ICRP 第 60 号出版物的基本建议成为各国制定辐射防护标准新的基础。随着 ICRP 第 60 号出版物基本建议书的应用,考虑近年来各个领域的研究进展,ICRP 又在进行新的基本建议书的出版工作。在 2007 年 3 月,国际放射防护委员会主委员会正式批准了第 103 号出版物,并用于替代 ICRP 在 1990 年第 60号出版物。

由以上可以看出,目前国际上提出辐射防护基本标准建议的组织主要是国际放射防护委员会(ICRP)。它已成为辐射防护方面的国际权威机构。该组织通过发布建议书的形式来论述辐射防护的有关问题供各国和有关机构参考。另外,除 ICRP 组织外,国际原子能机构(IAEA)、联合国原子辐射效应科学委员会(UNSCEAR)、世界卫生组织(WHO)、国际辐射单位与测量委员会(ICRU)、国际标准化组织(ISO)、国际电工委员会(IEC)、国际劳工组织(ILO)、经济合作与发展组织(OECD)、欧洲经济共同体(EEC)、联合国粮农组织(FAO)等许多国际机构和学术团体也都进行这一方面的研究并提出相关的建议。

我国核辐射防护工作是伴随着 20 世纪 50 年代我国核事业的发展而不断得到发展。1960年,为了加强辐射安全防护工作,经国务院批准,由国家科委和卫生部颁布了我国第一个有关放射卫生防护法规《放射性工作卫生防护暂行规定》。之后又发布了《电离辐射容许剂量标准》

和《放射性同位素工作的卫生防护细则》。1974 年,国家科委、国家建委、卫生部及国防科委联合颁布了修改补充后的《放射卫生防护规定》。1984 年,为了使我国辐射防护标准适应国际辐射防护领域的发展水平,参考 ICRP 第 26 号出版物的基本内容,卫生部发布了国家标准《放射卫生防护基本标准》(GB 4792—84)。1988 年,国家环保局发布了国家标准《辐射防护标准》(GB 8703—88)。2002 年,我国在参考 1990 年 ICRP 第 60 号出版物和 1994 年国际有关组织联合发布的《国际电离辐射防护和辐射源安全基本标准》的基础上发布了我国新的国家标准《电离辐射防护和辐射源安全基本标准》(GB 18871—2002),目前,随着我国改革开放的不断深入和核科学技术的广泛应用,为了加强辐射防护和核安全工作,新的监督机构不断建立,立法工作也得到加强。国务院核电领导小组、国家核安全局、国家环保局、卫生部、核工业部门及军队等均已陆续制定发布了一些有关辐射防护、核安全、核事故应急等方面的法规、标准、导则等。各部门已初步建立了相对较全面和系统的核辐射安全管理法规和标准体系。

2. 我国辐射防护法规和标准体系的构成

我国的辐射防护与核安全法规和标准体系按批准权限和内容可分五个层次。

第一层次:由全国人民代表大会常务委员会制定的法律,如中华人民共和国环境保护法(1989 年)。这是我国最高层次的法规,是国家核辐射防护、核安全及核事故应急等工作的基本依据。

第二层次:由国务院或军队根据宪法和法律规定的行政权限制定行政法规,如中华人民共和国民用核设施安全监督管理条例(1986 年),放射性同位素与射线装置放射防护条例(2005 年)等。

第三层次:由国务院各部门、地方行政部门、军队等根据法律和国务院或军队的行政法规,制订出的在本部门权限内发布的规章或细则,如放射工作卫生防护管理办法(2002 年)等。

第四层次:由国务院有关部门、地方行政部门、军队等根据行政法律和规章,制订出较具体的技术性标准。按批准权限可分国家标准、行业标准和地方标准,如电离辐射防护和辐射源安全基本标准(2002 年)等。

第五层次:用于支持法律和标准的有关技术性文件,如技术指南、建议书、技术报告、手册等。这一类属技术说明或推荐性文件,不属于正式法规和标准,但具有数量多、内容丰富、具体实用的特点。

3. 我国政府和军队的部分法规和技术标准

我国政府和军队已制定大量的涉及辐射防护、卫生防护、环境保护和核安全等方面的法规和标准,下面将有关法规和标准名称列出,以供使用者参考。

中华人民共和国环境保护法(1989 年制定)

中华人民共和国放射性污染防治法(2003 年制定)

中华人民共和国环境影响评价法(2002 年制定)

中华人民共和国水污染防治法(1987 年制定,1995 年修订,2000 年修订)

中华人民共和国固体废物污染环境防治法(1995 年制定,2004 年修订)

中华人民共和国大气污染防治法(1987 年制定,1995 年修订,2000 年修订)

中华人民共和国职业病防治(2001 年制定)

放射性同位素与射线装置安全和防护条例(2005 年制定)

放射性同位素与射线装置安全许可管理办法(2006 年制定)

GJB351—1987 舰艇人员战时核辐射控制量规定

GJB427—1988 核潜艇放射卫生防护规定

GJB518A—2000 核监测装备通用要求

GJB519A—1988 核监测装备定型试验规程

GJB520—1988 核监测装备验收规则

GJB521—1988 核辐射监测用 γ 辐射剂量仪和剂量率仪的校准

GJB696—1989 潜艇核动力设施放射性废液海洋排放要求

GJB800—1990 核监测装备基本规定

GJB803—1990 核导弹放射防护

GJB850—1990 飞行人员战时核辐射剂量限值规定

GJB843.1—1990 潜艇核动力装置设计安全规定　总则

GJB843.2—1990 潜艇核动力装置设计安全规定　反应堆压力容器设计准则

GJB843.3—1990 潜艇核动力装置设计安全规定　核供汽系统与动力转换系统接口设计准则

GJB843.4—1990 潜艇核动力装置设计安全规定　系统、设备化学去污导则

GJB843.5—1990 潜艇核动力装置设计安全规定　工艺辐射监测系统设计

GJB843.6—1990 潜艇核动力装置设计安全规定　舱室辐射监测系统设计

GJB843.7A—2003 潜艇核动力装置设计安全规定　潜艇核动力装置安全功能和设备分级

GJB843.8—1991 潜艇核动力装置设计安全规定　反应堆舱及其系统设计准则

GJB843.9—1992 潜艇核动力装置设计安全规定　压水舱结构总体设计准则

GJB843.10—1992 潜艇核动力装置设计安全规定　控制系统设计准则

GJB843.11—1992 潜艇核动力装置设计安全规定　保护系统设计准则

GJB843.12—1992 潜艇核动力装置设计安全规定　仪表系统设计准则

GJB843.13—1992 潜艇核动力装置设计安全规定　燃料装卸设备和贮存设施设计准则

GJB843.14A—2004 潜艇核动力装置设计安全规定　第 14 部分供电系统设计准则

GJB843.15A—2004 潜艇核动力装置设计安全规定　配电系统设计准则

GJB843.17A—2003 潜艇核动力装置设计安全规定　放射性废物处理系统设计准则

GJB843.18—1994 潜艇核动力装置设计安全规定　压水型反应核设计准则

GJB843.19A—2005 潜艇核动力装置设计安全规定　反应堆热工水力设计准则

GJB843.2A—2005 潜艇核动力装置设计安全规定　压水堆堆内构件设计准则

GJB843.20—1994 潜艇核动力装置设计安全规定　压水堆堆内构件设计准则

GJB843.21—1994 潜艇核动力装置设计安全规定　辐射屏蔽设计准则

GJB843.22—1994 潜艇核动力装置设计安全规定　辐射屏蔽结构设计准则

GJB843.23—1994 潜艇核动力装置设计安全规定　二回路系统及设备设计准则

GJB843.24—1994 潜艇核动力装置设计安全规定　反应堆控制棒驱动机构设计准则

GJB843.25A—2005 潜艇核动力装置设计安全规定　反应堆燃料组件及燃料相关组件设计准则

GJB843.26—1995 潜艇核动力装置设计安全规定　控制室设计要求

GJB843.27—1995 潜艇核动力装置设计安全规定　一回路系统及其设备设计准则

GJB843.28—1995 潜艇核动力装置设计安全规定　反应堆冷却剂系统主设备支撑件设计准则

GJB843.29—1995 潜艇核动力装置设计安全规定　二回路清洗要求

GJB843.30—1996 潜艇核动力装置设计安全规定　保护系统内部隔离设计准则

GJB843.31A—2005 潜艇核动力装置设计安全规定　潜艇反应堆结构及设备抗冲击设计要求

GJB843.32—1997 潜艇核动力装置设计安全规定　潜艇反应堆结构及设备抗冲击设计要求

GJB843.33—1999 潜艇核动力装置设计安全规定　应急控制点设计要求

GJB843.34—2000 潜艇核动力装置设计安全规定　二回路机械设备和系统布置要求

GJB843.35—2000 潜艇核动力装置设计安全规定　安全注射系统设计要求
GJB843.36—2001 潜艇核动力装置设计安全规定　设备冷却水系统设计要求
GJB843.37—2001 潜艇核动力装置设计安全规定　余热排出系统设计要求
GJB843.38—2002 潜艇核动力装置设计安全规定　补水系统设计要求
GJB843.39—2002 潜艇核动力装置设计安全规定　净化系统设计要求
GJB843.40—2003 潜艇核动力装置设计安全规定　反应堆板型燃料组件设计准则
GJB843.41—2004 潜艇核动力装置设计安全规定　反应堆冷却剂系统设计要求
GJB844.1—1990 潜艇核动力装置运行安全规定　总则
GJB844.2—1990 潜艇核动力装置运行安全规定　在役检查导则
GJB844.3—1991 潜艇核动力装置运行安全规定　安全运行管理
GJB844.4—1991 潜艇核动力装置运行安全规定　操纵人员培训大纲
GJB844.5—1991 潜艇核动力装置运行安全规定　运行单位的应急准备要求
GJB844.6—1991 潜艇核动力装置运行安全规定　运行规程基本要求
GJB844.8—1991 潜艇核动力装置运行安全规定　运行期间设备的检查和维护保养要求
GJB844.9—1991 潜艇核动力装置运行安全规定　核动力装置安全重要物项的监督和管理
GJB844.10—1991 潜艇核动力装置运行安全规定　操纵人员执照制度要求
GJB844.11—1992 潜艇核动力装置运行安全规定　核动力装置运行限值和条件
GJB844.12—1992 潜艇核动力装置运行安全规定　工况划分和机动性要求
GJB844.13—1992 潜艇核动力装置运行安全规定　堆舱安全管理要求
GJB844.14—1993 潜艇核动力装置运行安全规定　水质监督规程
GJB844.15—1993 潜艇核动力装置运行安全规定　水质分析方法
GJB844.16—1993 潜艇核动力装置运行安全规定　正常运行安全要求
GJB844.17—1993 潜艇核动力装置运行安全规定　非正常运行安全要求
GJB844.18—1997 潜艇核动力装置运行安全规定　核动力装置在役检查规程
GJB844.19—1997 潜艇核动力装置运行安全规定　运行手册编写要求
GJB844.20—1997 潜艇核动力装置运行安全规定　潜艇反应堆保护、控制和仪表系统定期试验要求
GJB844.21—1997 潜艇核动力装置运行安全规定　反应堆专设安全设施定期试验要求
GJB844.23—2001 潜艇核动力装置运行安全规定　运行记录要求
GJB845.1—1990 潜艇核动力装置质量保证安全规定　总则
GJB845.2—1991 潜艇核动力装置质量保证安全规定　质量保证大纲的制定
GJB845.3—1991 潜艇核动力装置质量保证安全规定　设计质量保证
GJB845.4—1991 潜艇核动力装置质量保证安全规定　质量保证组织机构
GJB845.5—1991 潜艇核动力装置质量保证安全规定　燃料组件采购、设计和制造中的质量保证
GJB845.6—1991 潜艇核动力装置质量保证安全规定　核动力装置调试和运行期间的质量保证
GJB845.7—1991 潜艇核动力装置质量保证安全规定　建造期间的质量保证
GJB845.8—1992 潜艇核动力装置质量保证安全规定　质量保证监查
GJB845.9—1992 潜艇核动力装置质量保证安全规定　质量保证记录制度
GJB845.10—1995 潜艇核动力装置质量保证安全规定　物项和服务采购中的质量保证
GJB845.11—1995 潜艇核动力装置质量保证安全规定　物项制造质量保证
GJB845.12—1995 潜艇核动力装置质量保证安全规定　维修期间的质量保证
GJB846.1—1990 潜艇核动力装置退役安全规定　总则
GJB846.2—1992 潜艇核动力装置退役安全规定　退役安全准则
GJB846.3—1992 潜艇核动力装置退役安全规定　核动力装置退役大纲编写要求

GJB846.4—2004 潜艇核动力装置退役安全规定　第 4 部分：退役辐射防护与监测要求

GJB846.5—2004 潜艇核动力装置退役安全规定　第 5 部分：放射性物质去污要求

GJB846.6—2004 潜艇核动力装置退役安全规定　第 6 部分：放射性物质排放与控制安全要求

GJB846.7—2004 潜艇核动力装置退役安全规定　第 7 部分：放射性废物管理要求

GJB846.8—2004 潜艇核动力装置退役安全规定　第 8 部分：放射性物质存留量估算及评价

GJB846.9—2006 潜艇核动力装置退役安全规定　第 9 部分：核安全监督检查要求

GJB846.10—2006 潜艇核动力装置退役安全规定　第 10 部分：放射性废物处理与处置要求

GJB846.11—2006 潜艇核动力装置退役安全规定　第 11 部分：放射性废物包装及贮运要求

GJB846.12—2006 潜艇核动力装置退役安全规定　第 12 部分：放射性废物贮存设施厂址设计和建造要求

GJB1067.1—1991 潜艇核动力设施辐射防护安全规定　总则

GJB1067.2—1991 潜艇核动力设施辐射防护安全规定　核动力装置运行期间的辐射防护与监测

GJB1067.4—1991 潜艇核动力设施辐射防护安全规定　工作人员个人剂量测量与评价

GJB1067.5—1991 潜艇核动力设施辐射防护安全规定　辐射防护分区准则

GJB1067.6—1992 潜艇核动力设施辐射防护安全规定　放射性废物分类

GJB1067.7—1992 潜艇核动力设施辐射防护安全规定　放射性物质管理和运输安全

GJB1067.8—1993 潜艇核动力设施辐射防护安全规定　环境影响评价

GJB1067.9—1993 潜艇核动力设施辐射防护安全规定　工作人员受照剂量评价模式

GJB1067.10—1995 潜艇核动力设施辐射防护安全规定　排出流监测

GJB1067.11—1994 潜艇核动力设施辐射防护安全规定　工作人员应急和事故照射处理原则及一般程序

GJB1067.12—1995 潜艇核动力设施辐射防护安全规定　核动力装置维修期间辐射防护与监测

GJB1067.14—1998 潜艇核动力设施辐射防护安全规定　核潜艇核事故应急辐射监测要求

GJB1067.15—1998 潜艇核动力设施辐射防护安全规定　核事故干预原则与干预水平

GJB1067.16—1998 潜艇核动力设施辐射防护安全规定　核潜艇电离辐射剂量限值和控制要求

GJB1067.18—1998 潜艇核动力设施辐射防护安全规定　潜艇核动力装置核事件等级划分

GJB1093—1991 核监测装备环境试验规程

GJB1153—1991 直读式验电器型核辐射剂量计通用规范

GJB1154—1991 卤素盖子革-弥勒计数管通用规范

GJB1156—1991 车载式 γ 辐射仪通用规范

GJB1157—1991 便携式辐射仪通用规范

GJB1353—1992 核导弹坑道氡及其子体放射防护

GJB1368—1992 核弹头贮存库房环境放射性污染监测

GJB1469A—2006 核监测装备安全要求和试验方法

GJB1554.1—1995 潜艇核动力装置建造安全规定　总则

GJB1554.2—1995 潜艇核动力装置建造安全规定　反应堆物理启动要求

GJB1554.3—1995 潜艇核动力装置建造安全规定　一回路机械设备和系统安装要求

GJB1554.4—1995 潜艇核动力装置建造安全规定　一、二回路系泊试验要求

GJB1554.5—1995 潜艇核动力装置建造安全规定　板型燃料元件测试方法

GJB1554.6—1996 潜艇核动力装置建造安全规定　一回路系统清洗去污要求

GJB1554.7—1997 潜艇核动力装置建造安全规定　一、二回路航行试验要求

GJB1554.8—2000 潜艇核动力装置建造安全规定　二回路机械设备和系统安装要求

GJB1631—1993 核导弹部队环境质量评价规范

GJB1748—1993 核辐射监测实用辐射量

GJB1752—1993 场外应急辐射监测系统要求

GJB2064—1994 核辐射监测装备检验用辐射源通用规范

GJB2065—1994 放射性表面沾染测量仪器 β 和 γ 测量法

GJB2222—1994 放射性沾染测量仪通用规范

GJB2771—1996 核辐射监测装备能量响应与角响应要求及其试验评估方法

GJB2223—1994 直读式验电器型核辐射剂量计充电器通用规范

GJB2529—1995 潜艇核动力装置安全分析报告编写要求

GJB2772—1996 核潜艇热释光剂量测量系统规范

GJB2793—1996 战时参战人员的核辐射控制量

GJB2910—1997 潜艇核动力装置安全分析报告审评大纲

GJB3096—1997 核弹头装检人员个人监测规定

GJB3121—1997 军队放射防护与防原医学术语

GJB3143—1997 二炮阵地环境条件限值

GJB3186—1998 舰船用 γ 辐射监测仪通用规范

GJB3495—1998 快中子脉冲堆中子能谱测量方法

GJB3613—1999 潜艇核动力装置核测量系统用辐射探测器通用规范

GJB3613/1—1999 潜艇核动力装置核测量系统用辐射探测器通用规范　中子正比计数管详细规范

GJB3613/2—1999 潜艇核动力装置核测量系统用辐射探测器通用规范　中子电离室详细规范

GJB3613/3—1999 潜艇核动力装置核测量系统用辐射探测器通用规范　裂变电离室详细规范

GJB3643—1999 场外应急辐射监测方法

GJB3769—1999 核爆炸急性放射病分类诊断及救治原则

GJB4173—2001 潜艇核动力装置核安全有关舱室防火安全要求

GJB4256—2001 核潜艇反应堆燃料元件堆外核临界安全要求

GJB4554—2003 二炮阵地放射性废水排放标准

GJB4694—1995 γ 辐射监测仪规范

GJB4764—1997 核辐射监测装备准确度通用规范

GJB4838—2003 核潜艇核事故医学应急准备与响应

GJB4850—2003 潜艇核动力装置退役安全分析报告审评大纲

GJB5158—2004 核潜艇核事故应急计划编制及审评要求

GJB5156—2004 核化卫生防护监测车规范

GJB5517—2006 放射性固体废物处理方舱规范

GJB5518—2006 放射性废水处理装置规范

GJB5520—2006 核沾染监测仪规范

GJB6053—2007 核武器核事故应急干预水平

GBZ113—2002 电离辐射事故干预水平及医学处理原则

GBZ114—2002 使用密封放射源的放射卫生防护要求

GBZ115—2002 X 射线衍射仪和荧光分析仪放射卫生防护标准

GBZ116—2002 地下建筑氡及其子体控制标准

GBZ117—2002 工业 X 射线探伤放射卫生防护标准

GBZ118—2002 油(气)田非密封型放射源测井放射卫生防护标准

GBZ119—2002 放射性发光涂料的放射卫生防护标准

GBZ120—2002 临床核医学放射卫生防护标准

GBZ121—2002 后装 γ 源近距离治疗放射卫生防护标准

GBZ122—2002 离子感烟火灾探测器放射卫生防护标准

GBZ123—2002 汽灯纱罩生产的放射卫生防护标准

GBZ124—2002 地热水应用中的放射卫生防护标准

GBZ125—2002 含密封源仪表的放射卫生防护标准

GBZ126—2002 医用电子加速器放射卫生防护标准

GBZ127—2002 X射线行李包检查系统的放射卫生防护标准

GBZ128—2002,GB5294—2002 职业性外照射个人监测规范

GBZ130—2002 医用诊断 X线卫生防护标准

GBZ142—2002 油(气)田测井用密封型放射源放射卫生放护标准

GB/T144—2002 用于光子外照射放射防护的剂量转换系数

GBZ147—2002 X射线防护材料屏蔽性能及检验方法

GBZ/T150—2002 工业 X射线探伤卫生防护监测规范

GB/T151—2002 放射事故个人外照射剂量估算原则

GB/T152—2002 γ远距治疗室设计防射放护要求

GB/T154—2002 不同粒度放射性气溶胶年摄入量限值

GB/T155—2002 空气中氡浓度的闪烁瓶测量方法

GB/T5294—1985 放射工作人员个人剂量监测方法

GB6566—2000 建筑材料放射卫生放射防护标准

GB8921—1988 磷肥放射性镭—226 限量卫生标准

GB/T11713—1989 用半导体γ谱仪分析低本底比活度γ放射性样品的标准方法

GB/T11743—1989 土壤中放射性核素的γ能谱分析方法

GB/T12715—1995 染色体畸变分析估算生物剂量的方法

GB14882—1994 食品中放射性物质限制浓度标准

GB14883—1994 食品中放射卫生检验

GB/T16137—1995 X线诊断中受检者器官剂量估算方法

GB/T16138—1995 放射性碘污染事故时碘化钾的使用导则

GB/T16138—1995 用于中子辐射防护的剂量转换系数

GB/T16140—1995 水中放射性核素的γ能谱分析方法

GB/T16141—1995 放射性核素的α能谱分析方法

GB/T16142—1995 不同年龄公众成员的放射性核素年摄入量限值

GB/T16145—1995 生物样品中放射性核素的γ能谱分析方法

GB/T16146—1995 住房内氡浓度控制标准

GB16348—1996 X线诊断中受检者放射卫生防护标准

GB16349—1996 育龄妇女和孕妇的 X线检查放射卫生防护标准

GB16350—1996 儿童 X线诊断放射卫生防护标准

GB16351—1996 医用γ射线远距治疗设备的放射卫生防护标准

GB16352—1996 一次性医疗用品γ射线辐射灭菌标准

GB16353—1996 含放射性物质消费品的放射卫生防护标准

GB16361—1996 临床核医学中患者的放射卫生防护标准

GB16362—1996 体外射束放射治疗中患者的放射卫生防护标准

GB/T17589—1998 X射线计算机断层摄影装置影像质量保证的检测规范

GB/T17589—2000 核事故应急情况下公众受照剂量估算的模式和参数

GB18196—2000 过量受照人员的医学检查规范

GB/T18197—2000 放射性核素内污染人员的医学处理规范

GB/T18198—2000 矿工氡子体个人累积暴露量估算规范

GB/T18199—2000 外照射事故受照人员的医学处理规范和治疗方案

GB/T18200—2000 职业性放射性疾病报告格式与内容

GB/T18201—2000 放射性疾病名单

GBZ95—2002 放射性白内障诊断标准

GBZ96—2002 内照射放射病诊断标准

GBZ97—2002 放射性肿瘤判断标准

GBZ98—2002 放射工作人员健康标准

GBZ99—2002 外照射亚急性放射病诊断标准

GBZ100—2002 外照射放射性损伤诊断标准

GBZ101—2002 放射性甲状腺疾病诊断标准

GBZ102—2002 放冲复合伤诊断标准

GBZ103—2002 放烧复合伤诊断标准

GBZ104—2002 外照射急性放射病诊断标准

GBZ105—2002 外照射慢性放射病诊断标准

GBZ106—2002 放射性皮肤疾病诊断标准

GBZ108—2002 急性铀中毒诊断标准

GBZ109—2002 急性放射性肺炎诊断标准

GBZ111—2002 放射性直肠诊断标准

GB/T16148—1995 放射性核素摄入量及内照射剂量估算规范

GB/T16149—1995 外照射慢性放射病剂量估算规范

GB6249—1986 核电厂环境辐射防护规定

GB6763—1986 建筑材料用工业废渣放射性物质限制标准

GB6764—1986 水中锶—90 放射化学分析方法发烟硝酸沉淀法

GB6766—1986 水中锶—90 放射化学分析方法二—(2—乙基己基)磷酸萃取色层法

GB6767—1986 水中锶—137 放射化学分析方法

GB6768—1986 水中微量铀分析方法

GB7023—1986 放射性废物固化体长期浸出试验

GB8702—1988 电磁辐射防护规定

GB9132—1988 低中水平放射性固体废物的浅地层处置规定

GB9133—1995 放射性废物的分类

GB9134—1988 轻水堆核电厂放射性固体废物处理系统技术规定

GB9135—1988 轻水堆核电厂放射性废液处理系统技术规定

GB9136—1988 轻水堆核电厂放射性废气处理系统技术规定

GB9175—1998 环境电波卫生标准

GB11214—1989 水中镭—226 的分析测定

GB/T11217—1989 核设施流出物监测的一般规定

GB/T11218—1989 水中镭的 α 放射性核素的测定

GB/T11219.1—1989 土壤中钚的测定萃取色层法

GB/T11219.2—1989 土壤中钚的测定离子交换法

GB/T11220.1—1989 土壤中铀的测定 CL—5209 萃淋树脂分离 2—(5—溴—2—吡啶偶氮)—5—二乙氨基苯酚分光光度法

GB/T11220.2—1989 土壤中铀的测定三烷基氧膦萃取固体荧光法

GB11221—1989 生物样品灰中铯—137 的放射化学分析方法

GB11222.1—1989 生物样品灰中锶—90 的放射化学分析方法二—(2—乙基己基)磷酸酯萃取色层法

GB11222.2—1989 生物样品灰中锶—90 的放射化学分析方法离子交换法

GB11223.1—1989 生物样品灰中铀的测定固体荧光法

GB11223.2—1989 生物样品灰中铀的测定激光液体荧光法

GB11224—1989 水中钍的分析方法

GB11225—1989 水中钚的分析方法

GB11338—1989 水中钾—40 的分析测定

GB11215—1989 核辐射环境质量评价的一般规定

GB11216—1989 核设施流出物和环境放射性监测质量保证计划的一般要求

GB/T12375—1990 水中氚的分析方法

GB/T12376—1990 水中钋—210 的分析方法电镀制样法

GB12377—1990 空气中微量铀的分析方法激光荧光法

GB12378—1990 空气中微量铀的分析方法 TBP 萃取荧光法

GB12379—1990 环境核辐射监测规定

GB/T13272—1991 水中碘—131 的分析方法

GB/T13273—1991 植物、动物甲状腺中碘—131 的分析方法

GB13600—1992 低中水平放射性固体废物的岩洞处置规定

GB13695—1992 核燃料循环放射性流出物归一化排放量管理限值

GB14317—1993 核热电厂辐射防护规定

GB14500—2002 放射性废物管理规定

GB/T14582—1993 环境空气中氡的标准测量方法

GB/T14583—1993 环境地表 γ 辐射剂量率测定规范

GB14585—1993 铀、钍矿冶放射性废物安全管理技术规定

GB14586—1993 铀矿冶设施退役环境管理技术规定

GB14587—1993 轻水堆核电厂放射性废水排放系统技术规定

GB14588—1993 反应堆退役环境管理技术规定

GB14589—1993 核电厂低、中水平放射性固体废物暂时贮存技术规定

GB/T14674—1993 牛奶中碘—131 的分析方法

GB/T15444—1995 铀加工及核燃料制造设施流出物的放射性活度监测规定

GB15848—1995 铀矿地质辐射防护和环境保护规定

GB/T15950—1995 低、中水平放射性废物近地表处置场环境辐射监测的一般要求

HJ/J5.1—1993 核设施环境保护管理导则　研究堆环境影响报告书的格式与内容

HJ/J5.2—1993 核设施环境保护管理导则　放射性固体废物浅地层处置环境影响报告书的格式与内容

HJ/T10.2—1996 辐射环境保护管理导则　电磁辐射监测仪器和方法

HJ/T10.1—1995 辐射环境保护管理导则　核技术应用项目环境影响报告书(表)的内容和格式

HJ/T21—1998 核设施水质监测采样规定

HJ/T22—1998 气载放射性物质取样一般规定

HJ/T23—1998 低、中水平放射性废物近地表处置设施的选址

HJ53—2000 拟开放场址土壤中剩余放射性可接受水平规定(暂行)

HJ/T61—2001 辐射环境监测技术规范

JC518—1993 天然石材产品放射防护分类控制标准

3.2　我国电离辐射防护和辐射源安全基本标准简介

我国辐射防护法规和标准体系目前已较为系统、全面。因此,在实际工作中,为了更好地做好辐射防护和核安全工作,需要全面系统地了解和掌握有关法规标准。下面以我国电离辐射防护和辐射源安全基本标准为例,简要介绍辐射防护标准的基本要求。

1. 电离辐射防护和辐射源安全基本标准的内容

2002 年,我国发布了《电离辐射防护与辐射源安全基本标准》(GB 18871—2002)国家标准。这一标准是根据 6 个国际组织(即联合国粮农组织、国际原子能机构、国际劳工组织、经济合作与发展组织核能机构、泛美卫生组织和世界卫生组织)批准并联合发布的《国际电离辐射防护和辐射源安全基本标准》(国际原子能机构安全丛书 115 号,1996 年),在总结我国辐射防护发展、现状的基础上制定,该标准同时代替 GB 4792—1984 和 GB 8703—1988 两个国家标准。

《电离辐射防护和辐射源安全基本标准》的内容包括前言、11 个章节、9 个附录。11 个章节的内容分别是:第 1 章范围,第 2 章定义,第 3 章一般要求,第 4 章对实践的主要要求,第 5 章对干预的主要要求,第 6 章职业照射的控制,第 7 章医疗照射的控制,第 8 章公众照射的控制,第 9 章潜在照射的控制—源的安全,第 10 章应急照射情况的干预,第 11 章持续照射的干预。9 个附录的内容分别是:附录 A 豁免,附录 B 剂量限值和表面污染控制水平,附录 C 非密封源工作场所的分级,附录 D 放射性核素的分组,附录 E 任何情况下预期应进行干预的剂量水平和应急照射情况的干预水平与行动水平,附录 F 电离辐射的标志和警告标志,附录 G 放射诊断和核医学诊断的医疗照射指导水平,附录 H 持续照射情况下的行动水平,附录 J 术语和定义。

2. 我国《电离辐射防护和辐射源安全基本标准》的主要特点

(1)对电离辐射防护和辐射源安全提出了一般要求。在基本要求中首先对本标准适用的实践、源、照射、干预、排除进行了规定;对标准实施的责任方、实施的监督管理进行了明确。其主要特点表现在三个方面:

1)区分两类涉及辐射的活动:一类称为实践;一类称为干预。实践包括源的生产和辐射或放射性物质在医学、工业、农业或教学与科研中的应用,包括与涉及或可能涉及辐射或放射性物质应用有关的各种活动;核能的产生,包括核燃料循环中涉及辐射或放射性照射的各种活动;审管部门规定需加以控制的涉及天然源照射的实践。干预包括要求采取防护行动的应急照射情况(如已执行应急计划或应急程序的事故情况与紧急情况,干预组织确认有正当理由进行干预的其他任何应急照射情况)和要求采取补救行动的持续照射情况(如建筑物和工作场所内氡的照射,以往事件所产生的放射性残存物的照射以及未受通知与批准制度控制的以往的实践和放射源利用所造成的放射性残存物的照射)。

2)将天然源氡的照射列为控制范围。标准明确规定,工作人员因工作需要或因与其工作直接有关而受到的氡的照射,不管这种照射是高于或低于工作场所中氡持续照射情况补救行动的行动水平,以及工作人员在工作中受到氡的照射虽不是经常的,但所受照射的大小高于工作场所中氡持续照射情况补救行动的行动水平的照射都应作为工作人员职业照射。

3)对标准实施的责任方和实施的监督管理做出了具体要求：①对标准实施负主要责任的责任方应是许可证持有者或用人单位，其他有关各方包括供方、工作人员、辐射防护负责人、执业医师、医技人员、合格专家等。主要责任方应确立符合标准有关要求的防护与安全目标，制定并实施成文的防护与安全大纲，并要求该大纲与其所负责实践和干预的危险的性质、程度相适应，足以保证符合标准的有关要求。在该大纲中，应确定实现防护与安全目标所需要的措施和资源，并保证正确实施这些措施和提供这些资源，保持对这些措施和资源的经常性审查并定期核实防护与安全目标是否得以实现，鉴别防护与安全措施与资源的任何失效或缺陷并采取步骤加以纠正和防止其再次发生，根据防护与安全需要做出便于有关各方进行咨询和合作的各种安排，保存履行责任的有关记录。②标准实施的监督管理由审管部门负责，主要责任方应接受审管部门正式授权人员对其获准实践的安全监督，包括对其防护与安全记录的检查。

（2）对实践的主要要求特点。标准在第4章和第5章中分别对实践和干预两类伴随辐射的活动提出了主要要求。这类要求对审管部门和从事辐射的单位而言是非常重要的。下面主要对实践的主要要求介绍如下，关于干预的主要要求可参见标准第5章。

1）基本原则。基本原则要求除非有关实践或源产生的照射是被排除的或有关实践或源是被标准要求所豁免的，任何涉及辐射的实践或源的活动都应按标准要求进行管理。

2）管理要求。对进行某一实践的管理实行通知、批准（注册或许可）、豁免、解控制度。在这一制度中，要求拟进行某项实践的任何法人均应向审管部门按要求提交通知书或申请，审管部门应根据通知和申请审查程序进行审查并按照通知程序和批准程序进行有关工作。

3）辐射防护要求。辐射防护要求是实践管理的核心，通常又称为辐射防护的基本原则，在辐射防护实践中具有重要的地位。它主要通过四个相互联系互为一体的基本要求所构成。

一是实践的正当化。对于一项实践只有在考虑了社会、经济和其他有关因素之后其对受照个人或社会所带来的利益足以弥补其可能引起的辐射危害时，该实践才是正当的。对于不具有正当化的实践及该实践中的源不应予以批准。在实践正当化分析中要求进行利益和代价的分析，这种利益可以是经济、社会、军事及其他方面的利益，代价可以是生产代价、辐射防护代价以及辐射所致损害的代价。对一项实践的正当化分析可能是非常复杂的，如得益方和代价方可能不是一方，辐射防护只是一个需要分析的因素之一，正当化需要决策者全面权衡各种因素进行决定等。在实践的正当化分析中，辐射防护所起的作用中是确保辐射所引起的损害能得到适当的重视和考虑。

二是剂量限制和潜在照射危险的限制。要求对个人受到的正常照射加以限制，以保证由来自各项实践的综合照射所致的个人总有效剂量和有关器官或组织的总当量剂量不超过标准附录B规定的相应剂量限值。同时应对个人所受到的潜在照射危险加以限制，使来自所有实践的潜在照射所致的个人危险与正常照射剂量限值所相应的健康危险处于同一数量级水平。

三是防护与安全的最优化。对于来自一项实践的任一特定源的照射应使防护与安全最优化，使得在考虑了经济和社会因素之后，个人受照剂量的大小、受照射的人数及受照射的可能性均保持在可合理达到的尽量低水平，并且这种优化应以该源所致个人剂量和潜在照射危险分别低于剂量约束和潜在照射危险约束为前提条件。防护与安全的最优化过程可以从直观的定性分析一直到使用辅助决策技术的定量分析，以实现确定出最优化的防护与安全措施。

四是剂量约束和潜在照射危险约束。除了医疗照射之外，对于一项实践中的任一特定的源，其剂量约束和潜在照射危险约束应不大于审管部门对这类源规定或许可的值，并不大于导致超过剂量限值和潜在剂量限值的值。对任何可能向环境释放放射性物质的源,剂量约束还应确保对该源历年释放的累积效应加以限制,使得在考虑了所有其他有关实践、源可能的释放累积和照射之后,任何公众成员在任何一年里所受到的有效剂量均不超过相应的剂量限值。

4)营运管理要求。由于涉及辐射的活动是一项较为复杂的活动,需要多方面组织和参与。因此,对营运管理提出了新的要求。

一是安全文化素养。要求培植和保持良好的安全文化素养,鼓励对防护与安全事宜采取深思、探究和虚心学习的态度并反对固步自封,以保证制定把防护与安全视为高于一切的方针和程序,及时查清和纠正影响防护与安全的问题,明确规定每个有关人员对防护和安全的责任及权责关系,保证有效的通信渠道等。

二是质量保证。应制定和执行质量保证大纲。大纲应为满足涉及防护与安全的各项具体要求提供充分保证,为审查和评价防护与安全措施的综合有效性提供质量控制机制和程序。

三是人为因素的控制。所有防护与安全有关人员均经过适当培训并具有相应的资格,使之能理解个人的责任,并能以正确判断和按照所规定的程序履行职责。按照行之有效的人机工程学原则设计设备和制定操作程序,使设备的操作或使用尽可能简单,从而使操作错误导致事故的可能性降至最小。设置适当的设备、安全和控制程序。

四是合格专家。许可证持有者应根据需要选聘合格专家,为执行标准提供咨询。许可证持有者应将选聘合格专家的安排通知审管部门,通知时应提供的信息包括所聘用专家的专业范围。

5)技术要求。技术要求包括源的实物保护、纵深防御和良好工程实践等。源的实物保护指通过有效措施使源始终处于受保护状态,防止被盗和损坏,防止未经批准的任何活动,要求对可移动的源定期进行盘查,确认它们处于指定位置并有可靠的保安措施,确保源的实物保护符合有关要求,并保证将源的失控、丢失、被盗或失踪等信息立即通知审管部门。纵深防御是应对源运用与其潜在照射的大小和可能性相适应的多层防护与安全措施,以确保当某一层次的防御措施失效时,可由下一层的防御措施予以弥补或纠正,达到防止可能引起照射的事故等。良好工程实践是指在源的选址、定位、设计、建造、安装、调试、运行、维修和退役等均应以行之有效的工程实践为基础。要求这种实践应符合现行法规、标准和有关文件的规定,要有可靠的管理措施和组织措施予以支持,要考虑技术标准的发展,以及防护与安全方面的有关研究成果与经验教训。

6)安全的确认。安全的确认包括安全评价、监测与验证、记录等。安全评价是指在不同的应用阶段对实践中的源的防护与安全措施进行安全评价,以鉴别出可能引起正常照射和潜在照射的各种情形,预计正常照射的大小并在可行的范围内估计潜在照射发生的可能性与大小,评价防护与安全措施的质量和完善程度。监测与验证要求应确定用以验证符合标准要求所需要的参数,并对这些参数进行监测或测量,应为进行所需的监测与验证提供适当的设备和程序,应对这类设备定期进行维修和检验,并定期用可溯源到国家基准的计量标准进行校准。记录是指应保存监测与验证的记录,包括设备检验与校准记录。

(3)对职业照射的控制。标准将照射分为职业照射、医疗照射、公众照射、潜在照射等四种情况,分别提出了控制要求。这主要考虑这四类照射的情况差异较大,需要分别处理。下面主要介绍第6章职业照射的内容,其余内容可参考标准本身。

1)责任。许可证持有者或用人单位应对工作人员所受职业照射的防护负责,应对从事涉及或可能涉及职业照射活动的人员提供按照标准的规定限制职业照射;保证职业防护与安全最优化;记录职业防护与安全措施的决定并通知有关各方;建立实施防护与安全方针、程序和组织机构;优先考虑控制职业照射的工程设计和技术措施;提供适当而足够的防护与安全设施、设备和服务;提供相应的防护装置和监测设备并为正确使用这些设备做出安排;提供必要的健康监护和服务;提供适当而足够的人力资源为防护与安全培训做出安排等。工作人员的义务和责任:遵守有关防护与安全规定、规则和程序,正确使用监测仪表和防护设备与衣具,不故意进行任何可能导致自己和他人违反标准要求的活动,学习有关防护与安全知识并接受必要的防护与安全培训和指导。

2)职业照射的剂量控制。职业照射的剂量控制包括正常照射的剂量控制、特殊情况的剂量控制、表面放射性污染的控制。

一是正常照射的剂量控制。标准附录 B 中规定应对任何工作人员的职业照射水平进行控制,使之不超过下述限值:由审管部门决定的连续 5 年的年平均有效剂量(但不作任何追溯性平均),20 mSv;任何一年中的有效剂量,50 mSv;眼晶体的年当量剂量,150 mSv;四肢(手和足)或皮肤的年当量剂量,500 mSv。这些限值用于规定期间内有关的外照射剂量与该期间摄入量的 50 年的待积剂量之和。对有效剂量的限制用以防止随机性效应,对局部照射需要设附加限值以防止确定性效应。

二是特殊情况的剂量控制。如果某一实践是正当的,是根据良好的工程实践设计和实施的,其辐射防护已按标准要求进行了优化,而其职业照射仍然超过正常照射的剂量限值,但预计经过合理的努力可以使有关职业照射剂量处于正常照射剂量限值以下,则在这种情况下审管部门可以按照标准附录 B 中的要求对剂量限值要求作某种临时改变。

三是表面放射性污染的控制。工作人员体表、工作服,以及工作场所的设备和地面等表面放射性污染应进行控制,并达到表 3.1 所列的要求。

表 3.1　工作场所放射性表面污染控制水平　　单位:$Bq \cdot cm^{-2}$

表面类型		α 放射性物质		β 放射性物质
		极毒组	其　他	
工作台、设备、墙壁、地面	控制区	4	4×10	4×10
	监督区	4×10^{-1}	4	4
工作服、手套、工作鞋	控制区	4×10^{-1}	4×10^{-1}	4
	监督区			
手、皮肤、内衣、工作袜		4×10^{-2}	4×10^{-2}	4×10^{-1}

3)从事工作的条件。对从事职业照射工作的条件进行了规定,包括工作待遇、孕妇的工作条件、未成年人的工作条件、工作岗位的调换等。对工作待遇提出了不得以特殊补偿、缩短工作时间或以休假、退休或特种保险等方面的优待安排代替标准要求采取的防护与安全措施。对工作岗位的调换,标准提出审管部门或健康监护机构认定某一工作人员由于健康原因不再适于从事职业照射的工作时,用人单位应为该工作人员调换合适的工作岗位。

4)辐射工作场所的分区。为了便于进行辐射防护管理和职业照射控制,应把辐射工作场所分为控制区和监督区。控制区是指需要和可能需要专门防护手段或安全措施的区域,以便控制正常工作条件下的正常照射或防止污染扩散并预防潜在照射或限制潜在照射的范围。在控制区可采用实体边界划定控制区范围,在控制区的出入口及其他适当位置设立醒目的规定警告标志,运用行政管理程序(如进入控制区的工作许可证制度)和实体屏障(包括门锁和联锁装置)限制进出控制区,按需要在控制区的入口处提供防护衣具、监测设备和个人衣物储存柜等,按需要在控制区的出口处提供皮肤和工作服的污染监测仪、冲洗或淋浴设施以及被污染防护衣储存柜。监督区是指未定为控制区,在其中通常不需要专门的防护手段或安全措施,但需要经常对职业照射条件进行监督和评价。对监督区要求,采用适当的手段划出监督区的边界,在监督区入口处的适当地点设立表明监督区的标牌。非密封源工作场所的分级按《电离辐射防护和辐射源安全基本标准》附录 C 的规定进行。

5)个人防护用具的配备与应用。应根据需要为工作人员提供适用、足够和符合有关标准要求的个人防护用具,如各类防护服、防护围裙、防护手套、防护面罩及呼吸器具等。要求使工作人员了解所使用的防护用具的性能和使用方法。对于需要使用特殊防护用具的工作任务,只有经担任健康监护的医师确认健康合格并经培训和授权的人员才能承担。所用个人防护用具应有适当的备份,以备在干预事件中使用。所用个人防护用具均应妥善保管,并应对其性能进行定期检验。

6)职业照射监测与评价。许可证持有者应根据其负责的实践和源的具体情况,按照辐射防护最优化的原则制定适当的职业照射监测大纲,进行相应的监测和评价,应将监测和评价的结果定期向审管部门报告。职业照射监测与评价包括个人和工作场所的监测和评价。

个人监测和评价:对职业照射的评价主要应以个人监测为基础。对于任何在控制区工作的工作人员,或有时进入控制区工作并可能受到显著职业照射的工作人员,或其职业照射剂量可能大于 5 mSv·a^{-1}的工作人员,均应进行个人监测。在进行个人监测不现实或不可行的情况下,经审管部门认可后可根据工作场所监测的结果和受照地点和时间的资料对工作人员的职业受照做出评价。对在监督区或只偶尔进入控制区工作的人员,如果预计其职业照射剂量在 1~5 mSv·a^{-1},则尽可能进行个人监测,应对这类人员的职业受照进行评价,这种评价应以个人监测或工作场所监测的结果为基础。如果可能,对所有受到职业照射的人员均应进行个人监测,但对于受照剂量始终不可能大于 1 mSv·a^{-1}的工作人员,一般可不进行个人监测。应对可能受到放射性物质体内污染的工作人员安排相应的内照射监测。

工作场所的监测和评价:许可证持有者应在合格专家和辐射防护负责人的配合下制定、实施和定期复审工作场所监测大纲。工作场所监测的内容和频度应根据工作场所内辐射水平及其变化和潜在照射的可能性与大小确定,并应保证能够评估所有工作场所的辐射状况,可以对工作人员受到的照射进行评价,能用于审查控制区和监督区的划分是否适当。工作场所监测大纲应规定拟测量的量,测量的时间、地点和频度,最合适的测量方法与程序,参考水平和超过参考水平时所采取的行动。应将实施工作场所监测大纲所获得的结果予以记录和保存。应将质量保证贯穿于监测大纲制定到监测结果评价的全过程。

7)照射管理。职业照射管理包括制定和实施用以控制职业照射的书面规则和程序,制定有关调查水平与管理水平的具体数值以及超过这些数值时应采取的程序;加强防护与安全文化素养的培植,提高工作人员和有关人员对制定的规定的理解和执行自觉性;建立监督制度,对所有涉及职业照射工作进行充分监督。

8)职业健康监护。应根据有关法规的规定,用人单位安排相应的健康监护。健康监护应以职业医学的一般原则为基础,其目的是评价工作人员对于其预期工作的适任和持续适任的程序。

9)职业照射的记录。用人单位必须为每一位工作者都保存职业照射记录。职业照射记录应包括:涉及职业照射工作的一般资料,达到或超过有关记录水平的剂量和摄入量等资料以及剂量评价所依据的数据资料,对于调换过工作单位的工作人员其在各单位的工作时间和所接受的剂量及摄入量等资料。用人单位应按有关规定报送职业照射的监测记录和评价报告,准许工作人员和健康监护主管人员查阅照射记录及有关资料。在工作人员年满 75 岁以前,应为他们保存职业照射记录。在工作人员停止辐射工作后,其照射记录至少要保存 30 年。

(4)非密封源工作场所的分级,应按表 3.2 要求的日等效最大操作量的大小进行分级。放射性核素的日等效最大操作量的计算等于放射性核素的实际日操作量(Bq)与该核素毒性组别修正因子(见表 3.3)的积除以与操作方式有关的修正因子(见表 3.4)所得的商。非密封源工作场所的分级主要应用于工作场所的设计和布置。如甲级工作场所应按照三区制原则布置,应设置卫生通过间,应根据操作性质和特点合理设置通风系统等。

表 3.2　非密封源工作场所的分级　　　　　　　　单位:Bq

级　别	日等效最大操作量
甲	$>4\times10^9$
乙	$2\times10^9 \sim 4\times10^9$
丙	豁免活度值以上 $\sim 2\times10^7$

表 3.3　放射性核素毒性组别修正因子

毒性组别	毒性组别修正因子
极毒(如 ^{239}Pu, ^{240}Pu, ^{234}U)	10
高毒(如 ^{236}U)	1
中毒(如 ^{239}Pu, ^{240}Pu, ^{234}U)	0.1
低毒(如 ^{235}U, ^{238}U, ^3H)	0.01

表 3.4　操作方式有关的修正因子

操作方式	放射源状态			
	表面污染水平较低的固体	液体,溶液,悬浮液	表面有污染的固体	气体,蒸汽,粉末,压力很高的液体,固体
源的储存	1 000	100	10	1
很简单的操作	100	10	1	0.1
简单操作	10	1	0.1	0.01
特别危险的操作	1	0.1	0.01	0.001

(5)放射性核素的毒性分组。

极毒组: ^{148}Gd, ^{210}P, ^{223}Ra, ^{224}Ra, ^{225}Ra, ^{226}Ra, ^{228}Ra, ^{225}Ac, ^{227}Ac, ^{227}Th, ^{229}Th, ^{230}Th, ^{231}Pa,

^{230}U，^{233}U，^{234}U，^{236}Np（$T_1 = 1.15 \times 10^5$ a），^{236}Pu，^{238}Pu，^{239}Pu，^{240}Pu，^{242}Pu，^{241}Am，^{242m}Am，^{243}Am，^{240}Cm，^{242}Cm，^{243}Cm，^{244}Cm，^{245}Cm，^{246}Cm，^{248}Cm，^{250}Cm，^{247}Bk，^{248}Cf，^{250}Cf，^{251}Cf，^{252}Cf，^{254}Cf，^{253}Es，^{254}Es，^{257}Fm，^{258}Md。

高毒组：^{10}Be，^{32}Si，^{44}Ti，^{60}Fe，^{60}Co，^{90}Sr，^{94}Nb，^{106}Ru，^{108m}Ag，^{113m}Cd，^{126}Sn，^{144}Ce，^{146}Sm，^{150}Eu（$T_1 = 34.2$a），^{152}Eu，^{154}Eu，^{158}Tb，^{166m}Ho，^{172}Hf，^{178m}Hf，^{194}Os，^{192m}Ir，^{210}Pb，^{210m}Bi，^{212}Bi，^{213}Bi，^{211}At，^{224}Ac，^{226}Ac，^{228}Ac，^{226}Th，^{227}Pa，^{228}Pa，^{230}Pa，^{236}U，^{237}Np，^{241}Pu，^{244}Pu，^{241}Cm，^{247}Cm，^{249}Bk，^{246}Cf，^{253}Cf，^{254m}Es，^{252}Fm，^{253}Fm，^{254}Fm，^{255}Fm，^{257}Md。属于这一毒性组的还有如下气态或蒸汽态放射性核素：^{126}I，^{193m}Hg，^{194}Hg。

中毒组：^{22}Na，^{24}Na，^{28}Mg，^{26}Al，^{32}P，^{35}S（无机），^{36}Cl，^{45}Ca，^{47}Ca，^{44m}Sc，^{46}Sc，^{47}Sc，^{48}Sc，^{48}V，^{52}Mn，^{54}Mn，^{52}Fe，^{55}Fe，^{59}Fe，^{55}Co，^{57}Co，^{58}Co，^{56}Ni，^{57}Ni，^{63}Ni，^{66}Ni，^{62}Zn，^{65}Zn，^{69m}Zn，^{72}Zn，^{66}Ga，^{67}Ga，^{72}Ga，^{68}Ge，^{69}Ge，^{77}Ge，^{71}As，^{72}As，^{73}As，^{74}As，^{76}As，^{77}As，^{75}Se，^{76}Br，^{82}Br，^{83}Rb，^{84}Rb，^{88}Rb，^{82}Sr，^{83}Sr，^{85}Sr，^{89}Sr，^{91}Sr，^{92}Sr，^{86}Y，^{87}Y，^{88}Y，^{90}Y，^{91}Y，^{93}Y，^{86}Zr，^{88}Zr，^{8}Zr，^{95}Zr，^{87}Zr，^{90}Nb，^{93m}Nb，^{95}Nb，^{95m}Nb，^{96}Nb，^{90}Mo，^{93}Mo，^{99}Mo，^{95m}Tc，^{96}Tc，^{97m}Tc，^{103}Ru，^{99}Rh，^{100}Rh，^{101}Rh，^{102}Rh，^{102m}Rh，^{105}Rh，^{100}Pd，^{103}Pd，^{109}Pd，^{105}Ag，^{106m}Ag，^{110m}Ag，^{111}Ag，^{109}Cd，^{115}Cd，^{115m}Cd，^{111}In，^{114m}In，^{113}Sn，^{117m}Sn，^{119m}Sn，^{121m}Sn，^{123}Sn，^{125}Sn，^{120}Sb（$T_1 = 5.76$d），^{122}Sb，^{124}Sb，^{125}Sb，^{126}Sb，^{127}Sb，^{128}Sb（$T_1 = 9.01$h），^{129}Sb，^{121}Te，^{121m}Te，^{123m}Te，^{125m}Te，^{127m}Te，^{129m}Te，^{131m}Te，^{132}Te，^{124}I，^{125}I，^{126}I，^{130}I，^{131}I，^{133}I，^{135}I，^{132}Cs，^{134}Cs，^{136}Cs，^{137}Cs，^{128}Ba，^{131}Ba，^{133}Ba，^{140}Ba，^{137}La，^{134}Ce，^{135}Ce，^{137m}Ce，^{139}Ce，^{141}Ce，^{143}Ce，^{142}Pr，^{143}Pr，^{138}Nd，^{147}Nd，^{143}Pm，^{144}Pm，^{145}Pm，^{146}Pm，^{147}Pm，^{148}Pm，^{148m}Pm，^{149}Pm，^{151}Pm，^{145}Sm，^{151}Sm，^{153}Sm，^{145}Eu，^{147}Eu，^{148}Eu，^{149}Eu，^{155}Eu，^{156}Eu，^{157}Eu，^{146}Gd，^{147}Gd，^{149}Gd，^{151}Gd，^{153}Gd，^{159}Gd，^{149}Tb，^{151}Tb，^{154}Tb，^{156}Tb，^{157}Tb，^{160}Tb，^{161}Tb，^{159}Dy，^{166}Dy，^{166}Ho，^{169}Er，^{172}Er，^{167}Tm，^{171}Tm，^{172}Tm，^{166}Yb，^{169}Yb，^{175}Yb，^{169}Lu，^{171}Lu，^{172}Lu，^{173}Lu，^{174}Lu，^{174m}Lu，^{177}Lu，^{177m}Lu，^{170}Hf，^{175}Hf，^{179m}Hf，^{181}Hf，^{184}Hf，^{179}Ta，^{182}Ta，^{183}Ta，^{184}Ta，^{188}W，^{181}Re，^{182}Re（$T_1 = 2.67$d），^{184}Re，^{184m}Re，^{186}Re，^{188}Re，^{189}Re，^{182}Os，^{185}Os，^{191}Os，^{193}Os，^{186}Ir（$T_1 = 15.8$h），^{188}Ir，^{189}Ir，^{190}Ir，^{193m}Ir，^{194}Ir，^{194m}Ir，^{188}Ir，^{188}Pt，^{200}Pt，^{194}Au，^{195}Au，^{198}Au，^{198m}Au，^{199}Au，^{200m}Au，^{193m}Hg（无机），^{194}Hg，^{195m}Hg（无机），^{197}Hg（无机），^{197m}Hg（无机），^{203}Hg，^{204}Tl，^{211}Pb，^{212}Pb，^{214}Pb，^{203}Bi，^{205}Bi，^{206}Bi，^{207}Bi，^{214}Bi，^{207}At，^{222}Fr，^{223}Fr，^{227}Ra，^{231}Th，^{234}Th，Th（天然），^{232}Pa，^{233}Pa，^{234}Pa，^{231}U，^{237}U，^{240}U，U（天然），^{234}Np，^{235}Np，^{236}Np（$T_2 = 22.5$h），^{238}Np，^{23}Np，^{234}Pu，^{237}Pu，^{245}Pu，^{246}Pu，^{240}Am，^{242}Am，^{244}Am，^{238}Cm，^{245}Bk，^{246}Bk，^{250}Bk，^{244}Cf，^{250}Es，^{251}Es。属于这一毒性组的还有如下气态或蒸汽态放射性核素：^{14}C，C^{35}S$_2$，^{56}Ni（羰基），^{57}Ni（羰基），^{63}Ni（羰基），^{65}Ni（羰基），^{6}Ni（羰基），^{106}RuO$_4$，^{121}Te，^{121m}Te，^{123m}Te，^{125m}Te，^{127m}Te，^{131m}Te，^{132}Te，^{120}I，^{124}I，^{125}I（甲基），^{126}I（甲基），^{130}I，^{130}I（甲基），^{131}I，^{131}I（甲基），^{132}I，^{133}I，^{133}I（甲基），^{125}I（甲基），^{135}I（甲基），^{193}Hg，^{195}Hg，^{195m}Hg，^{197}Hg，^{197m}Hg，^{203}Hg。

低毒组：^{7}Na，^{18}F，^{31}Si，^{38}Cl，^{39}Cl，^{40}K，^{42}K，^{43}K，^{44}K，^{45}K，^{41}Ca，^{43}Sc，^{44}Sc，^{49}Sc，^{45}Ti，^{47}V，^{49}V，^{48}Cr，^{49}Cr，^{51}Cr，^{51}Mn，^{52m}Mn，^{56}Mn，^{58m}Co，^{61}Co，^{62m}Co，^{59}Ni，^{60}Cu，^{61}Cu，^{64}Cu，^{63}Zn，^{71m}Zn，^{65}Ga，^{68}Ga，^{70}Ga，^{73}Ga，^{66}Ge，^{67}Ge，^{71}Ge，^{75}Ge，^{78}Ge，^{69}As，^{70}As，^{78}As，^{70}Se，^{73m}Se，^{79}Se，^{81}Se，^{81m}Se，^{83}Se，^{74}Br，^{74m}Br，^{75}Br，^{77}Br，^{80}Br，^{80m}Br，^{83}Br，^{84}Br，^{79}Rb，^{81}Rb，^{81m}Rb，^{82m}Rb，^{87}Rb，^{88}Rb，^{89}Rb，^{80}Sr，^{81}Sr，^{85m}Sr，^{87m}Sr，^{86}Y，^{90m}Y，^{92}Y，^{94}Y，^{95}Y，^{93}Zr，^{88}Nb，^{89}Nb（$T_1 = 2.03$h），^{89}Nb（$T_2 = 1.10$h），

^{97}Nb，^{98}Nb，^{93m}Mo，^{101}Mo，^{93}Tc，^{93m}Tc，^{94m}Tc，^{95}Tc，^{96m}Tc，^{97}Tc，^{98}Tc，^{99}Tc，^{99m}Tc，^{101}Tc，^{104}Tc，^{94}Ru，^{97}Ru，^{105}Ru，^{99m}Rh，^{101m}Rh，^{103m}Rh，^{106m}Rh，^{107}Rh，^{101}Pd，^{107}Pd，^{102}Ag，^{103}Ag，^{104}Ag，^{104m}Ag，^{106}Ag，^{112}Ag，^{115}Ag，^{104}Cd，^{107}Cd，^{113}Cd，^{117}Cd，^{117m}Cd，^{109}In，^{110}In（$T_1=4.90$h），^{110}In（$T_2=1.15$h），^{112}In，^{113m}In，^{115}In，^{115m}In，^{116m}In，^{117}In，^{117m}In，^{119m}In，^{110}Sn，^{111}Sn，^{121}Sn，^{123m}Sn，^{127}Sn，^{128}Sn，^{115}Sb，^{116m}Sb，^{117}Sb，^{118m}Sb，^{119}Sb，^{120}Sb（$T_2=0.265$h），^{124m}Sb，^{126m}Sb，^{128}Sb（$T_2=0.173$h），^{130}Sb，^{131}Sb，^{116}Te，^{123}Te，^{127}Te，^{129}Te，^{131}Te，^{133}Te，^{133m}Te，^{134}Te，^{120}I，^{120m}I，^{121}I，^{123}I，^{126}I，^{129}I，^{132}I，^{132}I，^{134}I，^{125}Cs，^{127}Cs，^{129}Cs，^{130}Cs，^{131}Cs，^{134m}Cs，^{135}Cs，^{135m}Cs，^{138}Cs，^{126}Ba，^{131m}Ba，^{133m}Ba，^{135m}Ba，^{139}Ba，^{141}Ba，^{142}Ba，^{131}La，^{132}La，^{135}La，^{138}La，^{141}La，^{142}La，^{143}La，^{137}Ce，^{136}Pr，^{137}Pr，^{138m}Pr，^{139}Pr，^{142m}Pr，^{144}Pr，^{145}Pr，^{147}Pr，^{139}Nd，^{139m}Nd，^{141}Nd，^{14}Nd，^{151}Nd，^{141}Pm，^{150}Pm，^{141}Sm，^{142}Sm，^{147}Sm，^{15}Sm，^{156}Sm，^{150}Eu（$T_2=12.6$h），^{152m}Eu，^{158}Eu，^{145}Gd，^{152}Gd，^{147}Tb，^{150}Tb，^{155}Tb，^{156m}Tb（$T_1=1.02$d），^{156m}Tb（$T_2=5.000$h），^{155}Dy，^{157}Dy，^{165}Dy，^{155}Ho，^{157}Ho，^{159}Ho，^{161}Ho，^{162}Ho，^{162m}Ho，^{164}Ho，^{164m}Ho，^{167}Ho，^{161}Er，^{165}Er，^{171}Er，^{162}Tm，^{166}Tm，^{173}Tm，^{175}Tm，^{162}Yb，^{167}Yb，^{177}Yb，^{178}Yb，^{176}Lu，^{176m}Lu，^{178}Lu，^{178m}Lu，^{179}Lu，^{173}Hf，^{177m}Hf，^{180m}Hf，^{182}Hf，^{182m}Hf，^{188}Hf，^{172}Ta，^{173}Ta，^{174}Ta，^{175}Ta，^{176}Ta，^{177}Ta，^{178}Ta，^{180}Ta，^{180m}Ta，^{182m}Ta，^{185}Ta，^{186}Ta，^{176}W，^{177}W，^{178}W，^{179}W，^{181}W，^{185}W，^{186}W，^{187}W，^{177}Re，^{178}Re，^{152}Re（$T_2=12.7$h），^{186m}Re，^{187}Re，^{188m}Re，^{180}Os，^{181}Os，^{189m}Os，^{191m}Os，^{182}Ir，^{184}Ir，^{185}Ir，^{186}Ir（$T_2=1.75$h），^{187}Ir，^{190m}Ir（$T_1=3.10$h），^{190m}Ir（$T_2=1.20$h），^{195}Ir，^{195m}Ir，^{186}Pt，^{189}Pt，^{191}Pt，^{193}Pt，^{193m}Pt，^{195m}Pt，^{197}Pt，^{197m}Pt，^{199}Pt，^{193}Au，^{200}Au，^{201}Au，^{193}Hg，^{193m}Hg（有机），^{195}Hg，^{195m}Hg（有机），^{197}Hg（有机），^{197m}Hg（有机），^{199}Hg，^{194}Tl，^{195}Tl，^{197}Tl，^{198}Tl，^{198m}Tl，^{199}Tl，^{201}Tl，^{202}Tl，^{195m}Pb，^{198}Pb，^{199}Pb，^{200}Pb，^{201}Pb，^{202}Pb，^{202m}Pb，^{203}Pb，^{205}Pb，^{209}Pb，^{200}Bi，^{201}Bi，^{202}Bi，^{203}Po，^{205}Po，^{207}Po，^{232}Th，^{235}U，^{238}U，^{239}U，^{232}Np，^{233}Np，^{240}Np，^{235}Pu，^{243}Pu，^{237}Am，^{238}Am，^{239}Am，^{241m}Am，^{245}Am，^{246}Am，^{246m}Am，^{249}Cm。属于这一毒性组的还有如下气态或蒸汽态放射性核素：^{3}H（元素），^{3}H（氚水），^{3}H（有机结合氚），^{3}H（甲烷氚），^{11}C，^{11}CO$_2$，^{14}CO$_2$，^{11}CO，^{14}CO，^{35}SO$_2$，^{37}Ar，^{39}Ar，^{41}Ar，^{59}Ni，^{74}Kr，^{76}Kr，^{77}Kr，^{79}Kr，^{81}Kr，^{83m}Kr，^{85m}Kr，^{87}Kr，^{88}Kr，^{94}RuO$_4$，^{97}RuO$_4$，^{106}RuO$_4$，^{116}Te，^{123}Te，^{127}Te，^{129}Te，^{131}Te，^{133}Te，^{133m}Te，^{134}Te，^{120}I（甲基），^{120m}I，^{120m}I（甲基），^{121}I（甲基），^{123}I，^{123}I（甲基），^{128}I，^{128}I（甲基），^{129}I，^{129}I（甲基），^{132}I（甲基），^{132m}I（甲基），^{134}I，^{134}I（甲基），^{120}Xe，^{121}Xe，^{122}Xe，^{123}Xe，^{125}Xe，^{127}Xe，^{129m}Xe，^{131m}Xe，^{133m}Xe，^{133}Xe，^{135m}Xe，^{135}Xe，^{138}Xe，^{199}Hg。

(6)持续照射情况下氡的行动水平。住宅中的氡行动水平。在大多数情况下，住宅中氡持续照射的优化行动水平应在年平均活度浓度为 200 Bq m^{-3}～400 Bq m^{-3}（平衡因子 0.4）范围内。其上限值用于已建住宅氡持续照射的干预，其下限值用于对待建住宅氡持续照射的控制。

工作场所中氡的行动水平。工作场所中氡持续照射的补救行动的行动水平是年平均活度浓度为 500 Bq m^{-3}～1 000 Bq m^{-3}（平衡因子 0.4）范围内。达到 500 Bq m^{-3}时宜考虑采取补救行动，达到 1 000 Bq m^{-3}时应采取补救行动。

(7)任何情况下预期应进行干预的剂量水平和应急照射情况的干预水平与行动水平。任何情况下预期应进行干预的剂量水平包括急性照射的剂量行动水平和持续照射的剂量率行动水平。急性照射的剂量行动水平见表 3.5，持续照射的剂量率行动水平见表 3.6。

表 3.5　急性照射的剂量行动水平

器官或组织	2 天内器官或组织的预期吸收剂量/Gy
全身(骨髓)	1
肺	6
皮肤	3
甲状腺	5
眼晶体	2
性腺	3

注:在考虑紧急防护的实际行动水平的正当性和最优化时,应考虑当胎儿在 2 天时间内受到大于约 0.1 Gy 的剂量时产生确定性效应的可能性。

表 3.6　持续照射的剂量率行动水平

器官或组织	吸收剂量率/Gy·a^{-1}
性腺	0.2
眼晶体	0.1
骨髓	0.4

应急照射情况的干预水平与行动水平包括紧急防护行动隐藏、撤离和碘防护的通用优化干预水平、食品通用行动水平以及临时避迁和永久再定居的通用优化干预水平。通用优化干预水平采用可防止的剂量表示,即当可防止的剂量大于相应的干预水平时,则表明需要采取这种防护行动,同时在考虑可防止的剂量时应适当考虑防护行动时可能发生的延误和可能干扰行动的执行或降低行动效能的其他因素。通用优化干预水平所规定的可防止的剂量值,是指对适当选定的人群样本的平均值,而不是指对最大受照(关键居民组中)个人所受到的剂量,但无论如何,应使关键人群组的预计剂量保持在表 3.5 所规定的剂量水平以下。在考虑了场址特有或情况特有的因素之后,厂址专用的干预水平可以比通用优化干预水平的值高一些,或者在某些情况下也可以低一些。在所考虑的因素中,可能包括特殊人群(如医院病人、常年居家的老年人或犯人)、有害天气状况或复合危害(如地震或有害化学物质),以及与运输有关的或高人口密度和场址或事故释放的特有属性等引起的特殊问题。

紧急防护行动通用优化干预水平:隐藏的通用优化干预水平为在 2 天以内可防止的剂量 10 mSv;决策部门可以建议在较短期间内的较低的干预水平下实施隐蔽,或者为便于执行下一步的防护对策(如撤离),也可以将干预水平适当降低。撤离的通用优化干预水平为在不长于一周的期间内可防止的剂量为 50 mSv;当能够迅速和容易地完成撤离时(例如对于小人群),决策部门可以建议在较短期间内的较低的干预水平下开始撤离,在进行撤离有困难的情况下(例如大的人群或交通工具不足),采用更高的干预水平则可能是合适。碘防护的通用优化干预水平为 100 mGy(指甲状腺的可防止的待积吸收剂量)。

食品通用行动水平见表 3.7。

临时避迁和永久再定居的通用优化干预水平:开始和终止临时避迁的通用优化干预水平分别是一个月内可防止的剂量为 30 mSv 和 10 mSv;如果预计在 1 年或 2 年内之内,月累积剂量不会降低到该水平以下则应考虑实施不再返回原来家园的永久再定居;当预计终身剂量可能会超过 1 Sv 时也应考虑实施永久再定居。与这些干预水平进行比较的剂量,应是来自采取防护对策可以避免的所有照射途径(但通常不包括食品和饮水途径)的总剂量。

表 3.7　食品通用行动水平

放射性核素	一般消费食品/(kBq·kg^{-1})	牛奶、婴儿食品和饮水/(kBq·kg^{-1})
^{134}Cs、^{137}Cs、^{103}Ru、^{106}Ru、^{89}Sr	1	1
^{131}I	1	0.1
^{90}Sr	0.1	0.1
^{241}Am、^{238}Pu、^{239}Pu	0.01	0.001

　　(8)电离辐射标志和警告标志。电离辐射的标志如图 3.1 所示。电离辐射警告标志如图 3.2 所示,警告标志的背景为黄色,正三角形边框及电离辐射标志图形均为黑色,"当心电离辐射"用黑色粗等线体字,正三角形外边 $a_1 = 0.034L$,内边 $a_2 = 0.700L$,L 为观察距离。 根据国家规定,在放射性工作场所应设置电离辐射标志或警告标志,以使人们注意可能发生的危险。

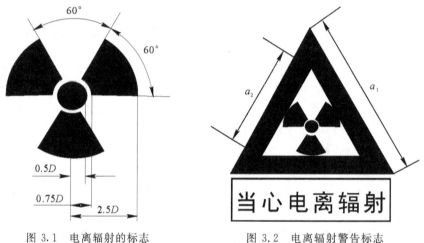

图 3.1　电离辐射的标志　　　　图 3.2　电离辐射警告标志

　　以上对《电离辐射防护和辐射源安全基本标准》的主要内容进行了简要介绍。需要说明的是,在学习和应用辐射防护法规和标准时需要注意以下几个问题:

　　1)要注意从系统和全面的观点掌握辐射防护法规和标准的体系。随着核科学技术的发展,我国辐射防护法规和标准体系已经初步形成。对于涉及辐射的任何实践,都有了可以依据的管理依据。因此,对于一项具体的实践而言,要以法规和技术标准角度研究如何贯彻落实辐射防护法规和标准。

　　2)对于一项具体的实践而言,不但要贯彻落实辐射防护法规和标准,而且也要根据实践的具体情况,灵活运用辐射防护法规和标准的基本原则和要求,在实践中创造性应用这些基本原则和要求。例如《电离辐射防护和辐射源安全基本标准》对职业照射只给出基本限值,在实际工作中如何落实这些基本限值就需要根据实践的具体情况加一落实。

　　3)要加强对辐射防护工作的宣传。从现代辐射防护的观点分析,对伴随辐射实践的行政管理、辐射防护要求、安全文化、技术要求等是构成辐射防护体系的重要内容。这些内容是相互联系互为一体的。因此,加强对辐射危害的认识、对辐射防护与安全重要性的教育是做好辐射防护工作的重要工作之一。

4)要充分认识目前的法规标准体系还存在不完善的方面。由于标准建立历史条件的不同,标准之间还可能存一些不相一致的方面,而标准本身随着科学技术的发展和对辐射防护的认识而不断发展,这些都需要在应用中加以注意。

复　习　题

1.简要说明电离辐射防护标准发展过程。

2.目前国际上有哪些国际组织从事辐射防护基本标准的研究和制订工作?

3.ICRP 的发展历史、机构组成和主要任务是什么?

4.国家标准《电离辐射防护和辐射源安全基本标准》(GB 18871－2002)的主要内容有什么?

5.我国辐射防护标准体系的内容是什么?

6.电离辐射防护和辐射源安全基本标准中对实践的主要要求是什么?

7.我国职业性放射工作人员在正常照射下的剂量控制水平是多少?

8.工作人员体表、工作服、以及工作场所的设备和地面等表面放射性污染的控制水平是多少?

9.持续照射情况下住宅中的氡行动水平和工作场所中氡的行动水平是多少?

10.任何情况下预期应进行干预的剂量水平包括急性照射的剂量行动水平和持续照射的剂量率行动水平是多少?

11.紧急防护行动隐藏、撤离和碘防护的通用优化干预水平是多少?

12.食品通用行动水平是多少?

13.临时避迁和永久再定居的通用优化干预水平是多少?

14.我国公众在正常照射下的的剂量控制水平是多少?

15.国家标准 GB 18871－2002 中提出的实践、干预、源、照射、豁免、职业照射、医疗照射、公众照射、潜在照射、应急照射、持续照射等主要概念的含义是什么?

16.国家标准 GB18871－2002 中提出的职业照射、医疗照射、公从照射、潜在照射、应急照射、持续照射等主要内容和要求是什么?

第4章 铀、钍、氚的基本特性

铀、钍、氚是核武器使用的重要核材料。掌握这些重要核材料的基本物理性质、化学性质和放射毒理特性,对于采取科学、有效的措施开展核武器辐射防护、核安全等工作具有重要意义。因此,本章对铀、钍、氚核素的基本物理性质、化学性质和放射毒理特性进行简要介绍。

4.1 铀的基本物理性质、化学性质和放射毒理特性

4.1.1 铀的基本物理、化学性质

铀,元素符号为 U,原子序数为 92,属锕系元素,是 1789 年由克拉普洛色从沥青铀矿中发现的。早期铀仅用于玻璃工业,需要量不大。随着镭用途的扩大,铀作为提取镭的副产物而增加了产量,但用途不广。核能工业发展以后,由于核反应堆和核武器都需要铀作为裂变材料,铀的地位发生了显著的变化,铀的研究也得以全面和深入研究。

目前,已知铀有 15 种同位素和一种同质异能素,质量数从 226~240。自然界中有铀的三种同位素:^{234}U(丰度为 0.0055%),^{235}U(丰度为 0.714%),^{238}U(丰度为 99.27%)。在铀的同位素中具有重要意义的是 ^{233}U,^{235}U,^{238}U 等核素,如 ^{233}U 是很有前途的人工核燃料,^{235}U 是重要的核武器和反应堆核裂变材料,^{238}U 是反应堆中制备 ^{239}Pu 的重要原料。

金属铀为银白色金属,密度为 19.05 g·cm^{-3}(25℃),熔点为 1 132.3℃,沸点为 3 818℃。金属铀具有三种同素异形体,在 667.7℃ 以下稳定的铀称为 α-U,属斜方结构,晶格常数 $a=0.2854$ nm,$b=0.5869$ nm,$c=0.4955$ nm,密度为 19.04 g·cm^{-3}(25℃);在 667.7℃~774.8℃ 之间稳定的铀称为 β-U,属四方结构,晶格常数 $a=1.0754$ nm,$b=0.5869$ nm,$c=0.5623$ nm,密度为 18.13 g·cm^{-3}(720℃);在 774℃~1 132.3℃ 之间稳定的铀称为 γ-U,属体心立方结构,晶格常数 $a=0.3530$ nm,密度为 18.06 g·cm^{-3}(805℃)。α-U 是各向异性的,在加热时向两个方向膨胀,而在第三个方向收缩。β-U 也是各向异性的,只有 γ-U 是各向同性的。

铀的化学性质极其活泼,它能与除惰性气体以外的所有元素反应。金属铀块在空气中能缓慢地氧化,生成黑色的金属氧化膜,而使表面变暗。高温高湿环境中铀氧化更加严重,如在 60℃ 时氧化速度是 20℃ 时氧化速度的 60 倍,干燥环境中氧化速度大大减慢。铀氧化时形成 UO_2 和 U_3O_8。过氯酸镁、氢化钙和过氧化钠是防止铀氧化的有效干燥剂。铀加热可以燃烧,开始燃烧的温度与铀的颗粒有关,高度粉碎的铀在空气中甚至在水中都能自燃,铀粉末和其他金属粉末混合也能引起自燃,甚至可能在空气中爆炸,但氧化铀不会燃烧。铀块与沸腾的水作

用生成 UO_2 和 H_2，H_2 又可与铀作用形成 UH_3，由于 UH_3 的生成使铀块容易破碎，加快了对铀的侵蚀。铀与水蒸气作用是很猛列的，在 150℃～250℃时反应生成 UO_2 和 UH_3 的混合物。在反应堆中为了避免铀与水反应，燃料元件通常采用铝、锆或不锈钢包壳。

铀在溶解时被氧化成不同氧化态（三价、四价或五价）的铀盐。金属铀能溶于 HNO_3，也能溶于 HCl。铀在氧化剂 H_2O_2 或 HNO_3 存在时可与 H_2SO_4 和 $HClO_4$ 反应。H_3PO_4 对铀的作用与 $HClO_4$ 的作用类似。一般情况下铀不与碱作用，但在碱中加入 H_2O_2 后可能生成过铀酸钠、铀酸根或重铀酸根而溶解。铀与多种金属能生成合金。铀合金的许多性质比金属铀优点要多，如形状稳定，耐腐蚀和不易发生辐照膨胀现象等。

铀的重要化合物包括铀的氧化物、氢化物、碳化物、氮化物、卤化物以及铀的盐类。铀的重要氧化物包括 UO_2，U_3O_8，UO_3 和 $UO_4 \cdot xH_2O$。UO_2 是动力反应堆中广泛使用的燃料，也是制取 UF_4 的原料；UO_2 是一种暗红色粉未，密度为 10.87 g·cm^{-3}，熔点为 2685℃，在氧气中粉未状 UO_2 会自燃。UO_2 与空气隔绝用强酸溶解生成四价铀盐的绿色溶液，UO_2 溶于 HNO_3 中可制成亮黄色的硝酸铀酰溶液。UO_3 是制取 UO_2 和金属铀的原料，UO_3 可由 $UO_2(NO_3)_2$ 脱硝制得，生成的 UO_3 橙红色球状颗粒在 450℃～650℃时在空气中是稳定的，在 650℃以上 UO_3 开始分解为铀的各种氧化物，从 UO_2 到 U_3O_8。U_3O_8 是黑色的化合物，有时表面呈暗绿色，它在空气中很稳定，在 800℃以下其组成不发生变化，不同氧化态的铀化合物在 700℃以下都可转变为 U_3O_8。$UO_4 \cdot xH_2O$ 是过氧化铀，它可以是多种水合物（即含有 2，3，4，5 个水分子）的形式存在，过氧化铀的水合物都能溶于无机酸中。

在酸性和中性介质中，铀易生成铀酰阳离子（UO_2^{2+}）；在碱性介质中，易生成铀酸根（UO_2^{2-}）或重铀酸根（$U_2O_7^{2-}$）阴离子。铀酰离子与酸反应易生成稳定的铀酰盐，常见的铀酰盐有：硝酸铀酰（$UO_2(NO_3)_2 \cdot 6H_2O$），硫酸铀酰（$UO_2SO_4 \cdot 3H_2O$），醋酸铀酰（$UO_2(CH_3COO)_2 \cdot 2H_2O$），草酸铀酰（$UO_2C_2O_4$）和磷酸铀酰（$UO_2HPO_4$）。其中硝酸铀酰、硫酸铀酰和醋酸铀酰易溶于水。在碱性介质中，铀可形成铀酸盐，如重铀酸铵和重铀酸钠等。

4.1.2 铀的辐射特性

在自然界中有铀的三种同位素：^{234}U，^{235}U，^{238}U。根据铀材料中 ^{235}U 含量的不同，铀材料可分为天然铀（含约 0.72% 的 ^{235}U）、低浓缩铀（含小于 20% 的 ^{235}U）、高浓缩铀（含大于 20% 的 ^{235}U）。为了防止铀的照射危害，必须掌握武器级铀材料中各种铀同位素及其他核素的组成、含量、辐射种类和辐射能量。在杜祥琬编著的《核军备控制的科学技术基础》中指出，武器级铀同位素主要有 ^{234}U，^{235}U，^{238}U。武器级铀同位素的质量分数分别是 0.01，0.933，0.055。武器级铀材料中各种同位素的质量分数是根据武器设计需要以及铀生产特性所决定的，同时对长期储存的铀，还由于 ^{238}U 衰变而生成 ^{234}Th 和 ^{234}Pa，^{235}U 衰变而生成 ^{231}Th。表 4.1 给出了核武器铀材料中各种铀同位素及其他核素的有关辐射特性。

表 4.1　铀材料中各种铀同位素及其他核素的有关辐射特性

同位素	半衰期	主要 α 粒子能量及强度 MeV(%)	主要 β 粒子能量及强度 keV(%)	主要 γ 粒子能量及强度 keV(%)
^{234}U	2.455×10^5 a	4.722(22.4) 4.774(71.4)		53.2(0.123) 120.9(0.0342) XL:13.0(10.9)
^{235}U	7.038×10^8 a	4.214 7(6.4) 4.366 1(17) 4.397 8(57) 4.596(5.6)		19.59(2.6) 109.16(1.54) 143.76(10.96) 163.33(5.08) 185.715(57.2) 205.311(5.01) XK:93.35(5.81)
^{238}U	4.468×10^9 a	4.151(21) 4.198(79)		49.55(0.064) 113.5(0.0102) XL:13.0(8.0)
^{231}Th	25.52 h		142.3(2.7) 206.1(12.8) 215.4(1.3) 287.3(12) 288.2(37) 305.4(35)	10.25(0.76) 19.1(3.7) 25.64(14.5) 81.228(0.89) 84.214(6.6) 89.95(0.94) XL:13.3(103)
^{234}Th	1.17 min		358(0.0448) 488(0.0356) 715(0.0324) 1 224(1.007) 1 459(0.69) 2 269(98.2)	258.26(0.0728) 742.81(0.08) 766.36(0.294) 786.27(0.0485) 1 001.03(0.837) XL:13.3(0.027) IT:73.92(0.013) XL:13.3(0.06)
^{234}Pa	6.70 h		412(8) 433(2.8) 472(12.4) 472(33) 501(7.0) 642(19.4) 1 067(2.9) 1 126(2) 1 171(3.9) 1 206(4.8)	

4.1.3　铀的临界特性

在天然铀的三种同位素中，^{235}U 能够被各种能量的中子作用引起裂变，但主要是热中子引起裂变；而 ^{238}U 则主要为快中子所裂变，且裂变概率很小。裂变材料在特定条件下将发生临界或超临界状态（有效增殖因子等于或大于 1 的链式反应并释放出大量的能量和辐射）。在特定条件下发生自持链式反应所需裂变材料的最小质量叫临界质量。

核燃料的临界质量与燃料密度、稀释、慢化、几何形状、尺寸、周围物质反射、中子毒物等多种因素有关。计算表明，对裸的高富集度铀的金属球，^{235}U 的临界质量是 48.8 kg；无限厚水反射的高富集度铀金属球，^{235}U 的临界质量是 22.8 kg；厚层天然铀反射的高富集度铀金属球，^{235}U 的临界质量是 16.1 kg；带无限厚水反射层的高富集度铀水系统，^{235}U 的最小临界质量仅为 820 g。

由于核临界问题属于核安全范畴，更由于核临界问题研究的复杂性，本书对涉及铀，包括钍等材料的核临界问题不进行深入的介绍。

4.1.4　铀的放射毒理学特性

1. 铀的摄入途径与在体内的代谢

(1) 铀通过吸入进入人体及在呼吸道中的代谢规律。铀进入人体的主要途径是吸入。含铀放射性气溶胶通过人的口、鼻等途径进入人体称为吸入。含铀的放射性气溶胶被吸入人体后首先在人呼吸道中发生沉积、廓清等运动。ICRP 第 66 号出版物总结了含铀放射性气溶胶在人体呼吸道各亚区间的分配份额、沉积、廓清的一般规律。根据事故性吸入氧化铀人中长期胸部整体测量结果，提出了氧化铀在胸内的滞留量是吸入后时间的指数函数，可用以下一般公式描述：

$$R(t) = a_1 \exp(-\lambda t / T_1) + a_2 \exp(-\lambda t / T_2) \tag{4.1}$$

式中两个指数项表示氧化铀在胸内的滞留量按两个廓清期进行，T_1, a_1 为第一个半滞留期、依第一个廓清速率廓清的份额；T_2, a_2 为第二个半滞留期、依第二个廓清速率廓清的份额（$a_2 = 1 - a_1$）。表 4.2 给出了在吸入条件下不同铀的化合物的吸收类别、从肺中半廓清期范围以及肠转移因子的值。表 4.3 给出了 ICRP 第 66 号出版物给出的人员事故性吸入氧化铀后，胸内氧化铀的滞留规律。从表 4.3 可以看出，不同的铀化合物在肺内的滞留期也各不相同，且在肺内滞留时间很长从而对肺构成长期照射。

表 4.2　在吸入条件下不同铀的化合物的吸收类别、从肺中半廓清期范围及肠转移因子值

化合物类别	吸收类别	从肺中半廓清期范围	肠转移因子(f_1)
大多数六价化合物，如 UF_6，UO_2F_2，$UO_2(NO_3)_2$	F	小于 1 天	0.020
微溶化合物，如 UO_3，UF_4，UCl_4 和大多数其他六价化合物	M	数日到数月	0.020
难溶化合物，如 UO_2，U_3O_8	S	6 个月到多年	0.002

注：类别 F，M 和 S 分别表示肺快速、中速和慢速吸收。

表 4.3　ICRP66 号出版物给出的人员事故性吸入氧化铀后,胸内氧化铀的滞留规律

吸入化合物类别	人数	测量期限 /d		T_1/d	$a_1/(\%)$	T_2/d	$R(t_f)/R(300)$	备注
		t_0	t_f					
浓缩 U_3O_8	1	60	717			380	0.58	随粪排出量＞随尿排出量
浓缩 U_3O_8	1	0	500			245	0.57	随粪排出量≈随尿排出量
浓缩 U_3O_8	1	0	1 250	70	88	390	0.11	
U_3O_8	1		720			380	0.46	
U_3O_8	1	0	1 600			550	0.18	
U_3O_8	1	0	5 000	725	75	∞	0.32	
	1	0	5 000	644	60	∞	0.48	
	1	0	5 000	382	60	∞	0.53	
UO_2	1		500			511		事故人员脱离慢性暴露工作环境
	1		480			1 655		
	1		580			691		
UO_2	9	0	5 000	274	52	∞	0.66	最大值
				376	74	∞	0.38	中间值
				242	89	∞	0.23	最小值

注:测量期限从吸入了氧化铀之后算起。t_0 为开始测量时间;t_f 为最终测量时间。$R(t_f)/R(300)$ 为 t_f 时的滞留量与 300 d 时的滞留量的比值。

(2)铀通过食入进入人体及在胃肠道中的代射规律。氧化铀或经过铀污染的环境介质可通过胃肠道途径进入人体。铀食入人体后首先在人胃肠道中发生沉积、廓清等运动。ICRP第 30 号出版物总结了铀化合物在胃肠道各亚区间的分配份额、沉积、廓清的一般规律。经过食入进入人体的铀,一部分通过小肠被人体吸收,余下部分通过胃肠道排出人体。对于工作人员食入铀而言,通过胃肠道小肠部分被吸收入血的肠转移因子(f_1)为:对大多数四价化合物,如 UO_2,U_3O_8,UF_4,其肠转移因子为 0.002;对所有未特别指定的化合物,其肠转移因子为 0.02。但需要注意的一个现象是,实验发现可溶性铀化合物在胃肠道中的吸收率与摄入量呈负相关性。

(3)铀通过皮肤或伤口进入人体。铀还可以通过皮肤或伤口进入人体。吸收的速率与化合物的类别、进入途径等因素有关。研究发现,难溶性铀化合物(如 UO_2,U_3O_8)较难以通过完整皮肤进入人体;可溶性铀化合物(如硝酸铀酰)可以通过完整皮肤吸收入人体,有机溶剂则能促进吸收。例如,通过实验表明,用 0.18～3.0 g·kg^{-1}的硝酸铀酰乙醚或水溶液敷贴大鼠皮肤,经过 5 min,大鼠血液中的铀浓度可达 0.2～1.0 μg·ml^{-1},经过 12 h 其浓度达到最大值。敷贴量增大可引起动物全身性铀中毒,甚至死亡。在伤口受到难溶性铀微粒污染后,污染物可沿淋巴转移到相关淋巴结并长期滞留;可溶性铀污染伤口后,可与组织液中的重碳酸根络合并吸收入血液,吸收量大时可引起肾损伤。所以,在工作中应当防止可溶性铀化合物对伤口的污染,要求有伤口的人员不能从事与铀接触的有关工作。

(4)铀在体内分布特点及在主要器官中滞留。铀通过吸入、食入、皮肤或伤口进入人体后

除了在呼吸道、胃肠道进行沉积和廓清外,还可以进入血液后再进入体内各器官造成在体内的分布。铀在体内的分布与铀化合物的类型、转移器官等有关。

铀在血液中的存在形式:可溶性铀化合物(如硝酸铀酰)进入血液,铀酰离子易与血浆中的重碳酸、磷酸、柠檬酸、乳酸、丙酮酸、苹果酸等无机酸和有机酸反应,形成可扩散、易透过生物膜的络合物;也可以与蛋白质反应形成非扩散性的络合物。其中六价铀酰离子与重碳酸根亲和力最强,这对其在机体内的转运具有重要意义。在正常生理条件下,血浆中 UO_2^{2+} 重碳酸络合物与 UO_2^{2+} 蛋白质络合物达到平衡时,两者的比例是 60% 和 40%。血浆中的铀主要是与血浆白蛋白结合,与球白蛋白结合较少。白蛋白与球白蛋白结合铀量之比是 3.5∶1。六价铀是与蛋白质分子上的羧基相结合,而且稳定性差。当血液中重碳酸铀酰减少时,铀蛋白质络合物便不断地分解,并重新与重碳酸根络合,形成重碳酸铀酰,上述过程一直持续到铀自血液中全部消失为止。四价铀与六价铀相比,前者与血浆蛋白质亲和力强,因此与蛋白质反应形成的络合物多。铀自血液中消失速率很快,进入血液后 1 h,90% 以上已离开血液。通过给猎犬静脉注入 ^{233}U-柠檬酸盐,发现在注入活度为 111 kBq·kg^{-1},注入后 5 min,血液中铀的含量仅占注入量的 28%。血液中铀浓度的变化可用下述函数表示:

$$P(t) = 0.040\,69\exp(-0.015\,23t) + 0.004\,629\exp(-0.002\,18t) \tag{4.2}$$

式中,$P(t)$ 为 t 时刻血液中的铀浓度(注入量(%)/ml);t 为注入后时间(min)。但实际上静脉注入不同价态铀化合物后铀自血液中清除速率不同,四价铀明显慢于六价铀。

铀在体内分布的特点:吸收入血的铀可迅速分布到各器官、组织。实验表明,可溶性铀化合物入血后 24 h,25% ~ 50% 分布于各器官中,其中主要蓄积于肾脏、骨骼、肝脏和脾脏中,其他器官含量极少,并且吸收入血的铀在各器官中的沉积量随铀化合物种类不同和吸收后时间变化。例如,通过 5 例脑瘤病人静脉注入硝酸铀酰研究患者死于脑瘤后的尸检中各器官铀化合物的分布,表明铀在人体中的分布是早期中以肾脏中的含量最高,骨骼次之,然后是肝和脾;晚期则以骨骼为主。表 4.4 给出了 5 例脑瘤病人静脉注入硝酸铀酰后器官组织中的铀含量。

表 4.4　5 例脑瘤病人静脉注入硝酸铀酰后器官组织中的铀含量(占注入量的百分数)

单位:10^{-2}

器官、组织	质量 /g	患者死亡时间(静脉注入硝酸铀酰后)/d				
		2.5	18	74	139	566
肾	300	16.6	7.2	0.7	1.2	0.4
骨	7 000	10.0	4.9	1.4	0.6	1.3
肝	1 700	1.8	1.1	0.2	0.2	5.0×10^{-2}
脾	300	0.6	0.2	0.1	2.0×10^{-2}	6.0×10^{-3}
肺	1 000	0.5	0.4	3.0×10^{-2}	2.0×10^{-2}	8.0×10^{-3}
胰	70	0.7	8.0×10^{-3}	8.0×10^{-3}	6.0×10^{-4}	4.0×10^{-4}
肾上腺	20	2.0×10^{-2}	1.0×10^{-2}	3.0×10^{-2}	1.0×10^{-4}	4.0×10^{-4}
膀胱	150	3.0×10^{-2}		2.0×10^{-3}	1.0×10^{-3}	3.0×10^{-4}
睾丸	40		1.0×10^{-2}	8.0×10^{-3}	4.0×10^{-3}	2.0×10^{-3}
肌肉	30 000	1.2	2.1	0.9	0.3	6.0×10^{-2}

铀在肾脏内滞留:肾脏是铀进入体内早期的主要滞留器官。六价铀进入血液后 0.75～2.5 h,肾脏滞留量便达到最高值,占注入量的 30% 左右;2.5 h 以后,肾脏滞留量开始逐渐减少,到 40 d 以后,仅占总注入量的 1%～2% 左右。动物实验表明,铀在肾脏中的分布并不均匀,皮质中的浓度多于髓质。由静脉注入的硝酸铀酰最初主要蓄积在肾近曲管上皮细胞上,在肾小球和肾小管其他部位很少。随后,由于铀的毒性作用,肾近曲管上皮细胞变性、坏死、脱落,其上络合的铀随之被排到肾小管下端各段和集合管中。这种现象是由于重碳酸铀酰只有在重碳酸根浓度较大、pH 值较高的环境中才稳定,否则易于分解。血液中的重碳酸铀酰进入肾近曲管后,由于该处 pH 值较低,部分重碳酸铀酰立刻分解释放出 UO_2^{2+} 和重碳酸根,后者很快被肾小管重吸收,便与肾近曲管上皮细胞蛋白质结合而沉积下来。中毒早期铀在肾近曲管沉积量的多少与机体碱储量有关,碱储量小则沉积量多,反之则少。这就是临床上对铀中毒者静脉注入大量碳酸氢钠以减少肾小管损伤并促进铀排泄的机理。

铀在肺中的滞留:吸入的难溶性铀化合物主要蓄积于肺及其相关淋巴结,在骨和肾中的铀浓度(以每克组织中的铀含量表示)约为肺中浓度的 1/100,在肝和脾中的铀浓度更低。表 4.5 给出了文献发表的某些铀作业和非铀作业人员几个脏器中的铀浓度。可见难溶性铀化合物气溶胶经呼吸道进入人体后在体内的分布以肺为主。难溶性铀化合物在肺及其相关淋巴结滞留后,转移相当慢,半清期长。吸入可溶性铀化合物后,体内代谢与难溶性铀化合物有明显差别,其肺铀半廓清期短,主要滞留器官是骨骼。

表 4.5 某些铀作业和非铀作业人员几个脏器中的铀浓度

单位:$\mu g \cdot g^{-1}$

死亡人员类别	器　官			
	肺	肾	骨	肝
不溶性铀尘作业工人(1)	1.02	0.038	0.048	
不溶性铀尘作业工人(2)	1.2	0.14	0.09	0.02
非铀作业人员(1)	0.089	0.026	0.028	0.093
非铀作业人员(2)	0.006	0.020	0.004	0.008

铀在其他器官中的滞留:六价铀吸收后,早期在骨骼中滞留量约占 14%,晚期可达 90% 以上。由于铀参与骨骼钙化过程,骨骼中的铀 80%～90% 位于骨骼的矿物质结构中。UO_2^{2+} 离子与骨表面的钙离子进行交换,并与磷酸盐牢固结合。因此铀一旦滞留在骨骼中,则很难排出。另外,六价铀无论经何种途径吸收,肝、脾中量都少。但四价铀经静脉注入后早期在肝、脾中的滞留量可达注入量的 50%,成为粪铀的内源性来源。

(5) 铀在体内的滞留、分布的动力学模型。在 20 世纪六七十年代一般采用幂函数形式来描述铀在体内的滞留和排泄,如在 ICRP 第 10 号出版物中,铀被吸入人体后,在 24 h 内,尿中将排出 1/2～3/4,其后的生物滞留分数函数 $R(t)$ 和生物尿液排泄分数函数 $Y(t)$ 分别用式表示:

$$R(t) = 0.2t^{-0.5}, t > 1 \text{ d} \tag{4.3}$$

$$Y(t) = 0.8, \ t < 1 \text{ d}; \quad Y(t) = 0.1t^{-1.5}, \ t > 1 \text{ d} \tag{4.4}$$

20 世纪 80 年代一般采用多指数项函数之和形式来描述铀在体内的滞留和排泄,如 ICRP 第

30 号出版物中,人体内铀的滞留分数函数 $R(t)$ 为下式所示,式中 K_n,T_b 的取值如表 4.6 所示。

$$R(t) = \sum_{n=1}^{7} K_n \exp\left(-0.693t/T_b\right) \tag{6.5}$$

表 4.6　ICRP 第 30 号出版物提出的铀分布和滞留的参数

n	组织或器官	分数 K_n	半廓清期 T_b/d
1	骨	0.2	20
2	骨	0.023	5 000
3	肾	0.12	6
4	肾	0.000 52	1 500
5	所有其他组织	0.12	6
6	所有其他组织	0.000 52	1 500
7	直接排出	0.535 96	0.25

20 世纪 90 年代以来,吸入人体的铀在人体内的代谢规律采用了具有循环的多库室的生物动力学模型来描述。目前主要应用的是图 4.1 给出的由 ICRP 在 1995 年发表的第 69 号出版物推荐的,描述铀在体内分布和滞留的生物动力学模型,其相应的生物动力学资料如表 4.7 所示。表中给出了不同年龄的生物动力学资料。从表中可以看出,生物廓清速率与年龄相关。

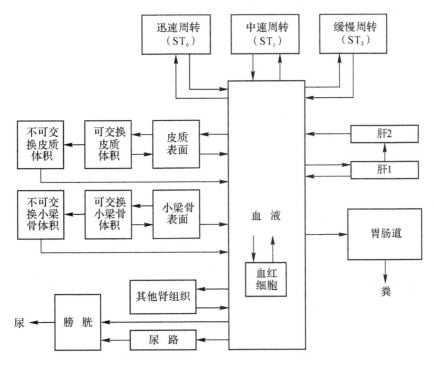

图 4.1 铀的生物动力学模型

表 4.7　铀的生物动力学资料

生物廓清速率/d 途经＼年龄	3 月	1 岁	5 岁	10 岁	15 岁	成 人
血浆至 STO	1.050E+01	1.050E+01	1.050E+01	1.050E+01	1.050E+01	1.050E+01
血浆至 RBC	1.590E−01	2.100E−01	2.190E−01	1.910E−01	1.600E−01	2.450E−01
血浆至膀胱	9.990E+00	1.326E+01	1.380E+01	1.206E+01	1.010E+01	1.543E+01
血浆至肾尿路	1.900E+00	2.520E+00	2.630E+00	2.300E+00	1.920E+00	2.940E+00
血浆至其余肾组织	7.900E−03	1.050E−02	1.100E−02	9.600E−03	8.000E−03	1.220E−02
血浆至上段大肠容物	7.900E−02	1.050E−01	1.100E−01	9.600E−02	8.000E−02	1.220E−01
血浆至肝 1	2.830E−01	3.160E−01	3.290E−01	2.870E−01	2.400E−01	3.670E−01
血浆至 ST1	1.050E+00	1.400E+00	1.460E+00	1.270E+00	1.070E+00	1.630E+00
血浆至 ST2	4.760E−02	6.310E−02	6.570E−02	5.740E−02	4.810E−02	7.350E−02
血浆至骨小梁表	2.200E+00	1.320E+00	1.310E+00	2.070E+00	3.030E+00	2.040E+00
血浆至皮质骨表	8.820E+00	5.290E+00	4.570E+00	6.160E+00	7.840E+00	1.630E+00
ST0 至血浆	8.320E+00	8.320E+00	8.320E+00	8.320E+00	8.320E+00	8.320E+00
RBC 至血浆	3.470E−01	3.470E−01	3.470E−01	3.470E−01	3.470E−01	3.470E−01
其余肾组织至血浆	3.800E−04	3.800E−04	3.800E−04	3.800E−04	3.800E−04	3.800E−04
肝 1 至血浆	9.200E−02	9.200E−02	9.200E−02	9.200E−02	9.200E−02	9.200E−02
肝 2 至血浆	1.900E−04	1.900E−04	1.900E−04	1.900E−04	1.900E−04	1.900E−04
ST1 至血浆	3.470E−02	3.470E−02	3.470E−02	3.470E−02	3.470E−02	3.470E−02
ST2 至血浆	1.900E−05	1.900E−05	1.900E−05	1.900E−05	1.900E−05	1.900E−05
骨表面至血浆	6.930E−02	6.930E−02	6.930E−02	6.930E−02	6.930E−02	6.930E−02
难交换骨小梁体至血浆	8.220E−03	8.220E−03	8.220E−03	8.220E−03	8.220E−03	8.220E−03
难交换皮质骨至血浆	8.220E−03	8.220E−03	8.220E−03	8.220E−03	8.220E−03	8.220E−03
肾尿路到膀胱	9.900E−02	9.900E−02	9.900E−02	9.900E−02	9.900E−02	9.900E−02
肝 1 至肝 2	6.930E−03	6.930E−03	6.930E−03	6.930E−03	6.930E−03	6.930E−03
骨表面至易交换骨体	6.930E−02	6.930E−02	6.930E−02	6.930E−02	6.930E−02	6.930E−02
易交换骨体至骨表面	1.730E−02	1.730E−02	1.730E−02	1.730E−02	1.730E−02	1.730E−02
易交换骨体至难交换骨体	5.780E−03	5.780E−03	5.780E−03	5.780E−03	5.780E−03	5.780E−03
f_1	4.000E−02	2.000E−02	2.000E−02	2.000E−02	2.000E−02	2.000E−02

（6）铀的排出。体内铀的排出包括通过肠道的排出和通过肾脏的排出。食入或吸入的部分铀都可由肠道排出体外,经肠道排出的铀来自两部分:一是未经胃肠道吸收的部分,其排出量多、速度快。难溶性铀化合物,除 0.2% 被吸收外,其余全部排出。二是吸收后的铀经肝胆系统排至肠道,随粪便排出。吸收后的六价铀经肠道排出量较少,速度也较慢,仅占尿排除量的 1/20。而经静脉注入的四价铀,早期大量滞留在肝脏,故经由肠道排除量较多,可达注入量

的 50% 左右。铀吸收后可迅速由肾脏排出。早期其排出量多、速度快,称为快排出成分。这时排出的尿铀主要来自血液中或软组织中未结合固定的铀。吸收的铀大量滞留在器官组织中,由肾脏排出量少、速度慢,称为慢排出成分。图 4.2 给出了我国一例工作人员因烧伤的皮肤急性摄入了硝酸铀酰和氧化铀(天然铀)的混合物,事后 13 年追踪观测尿铀日排量的结果。由图中资料分析得到其尿铀排泄函数为

$$E_u(t) = 25.0\exp(-0.753t) + 13.5t^{-1.437}, \quad t > 1 \text{ d} \tag{4.6}$$

式中,$E_u(t)$ 为摄入后第 t 天的日尿铀排量(mg·d^{-1})。

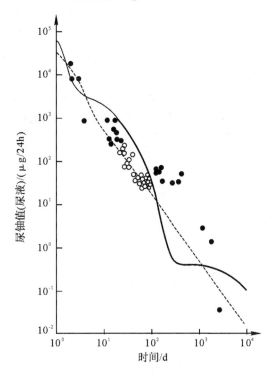

图 4.2　一例皮肤急性摄入硝酸铀酰和氧化铀(天然铀)后尿铀日排出量随时间的变化

(○—ICRP 第 30 号出版物的模型;　●—ICRP 第 10 号出版物的模型)

2. 体内铀污染的生物效应

体内铀污染对机体产生的损伤以及生物效应特点与铀化合物的类别、溶解度、入体途径及污染量等密切相关,表现为化学损害和辐射损害两个方面。经各种途径摄入的六价天然铀化合物,不论急性或慢性中毒,都主要表现为肾脏的化学损害。四价铀经口摄入时也是表现为肾脏的化学损害;而只有在吸入四价铀并在肺内沉积大量难溶性铀颗粒时才有可能在局部肺组织中的辐射剂量达到辐射损害的水平。

(1)不同铀化合物的化学毒性的比较。不同铀化合物的化学毒性,主要取决于它们的溶解度。可溶性铀化合物的毒性一般大于难溶性铀化合物。表 4.8 比较了不同铀化合物的化学毒性。数据以犬食入铀化合物的在 30 d 内存活的最大量和致死量为指标。可以看出,高和中等毒性者几乎都是六价可溶性铀化合物,低毒性者都是四价铀化合物。

易溶性铀化合物的毒性作用除来自铀外还有这类化合物中的 F$^-$,Cl$^-$,(NO$_3$)$^-$ 对组织的损害。例如,UF$_6$ 中所氟对机体的危害性甚至大于铀本身,这是由于 UF$_6$ 能水解生成 UO$_2$F$_2$

和 HF,而 HF 对机体的腐蚀作用极大。

(2)铀对肾脏的损伤效应。铀的各种易溶性化合物经各种途径(呼吸道、消化道、皮肤、黏膜)进入机体后均具有以肾脏为主要靶器官的化学毒性。

进入血液中的铀在血浆中大多与重碳酸根相络合,主要沉积于肾脏和骨骼并很快经肾随尿排出。在此过程中铀与肾近曲管上皮细胞蛋白质结合,对细胞内微绒毛、溶酶体、线粒体和线粒体酶造成损害。铀中毒后肾脏的主要病理改变是肾小管上皮细胞变性、坏死和脱落。病变最严重的部位是近曲管的中段。中毒后近曲管上皮细胞刷毛缘所含碱性磷酸酶减少,琥珀酸脱氢酶活性明显降低;中毒剂量加大,细胞变性坏死累及肾小管其他节段并伴有肾小球的损害,最后可死亡于肾功能衰竭。引起动物死亡的静脉注射量,因动物种类而异,兔子最敏感为 $0.1\ mg \cdot kg^{-1}$,豚鼠为 $0.3\ mg \cdot kg^{-1}$,大鼠为 $1\ mg \cdot kg^{-1}$。人的敏感性与大鼠相似。通过铀中毒大鼠肾脏超微结构的研究,从急性铀中毒时肾功能形态学基础说明,急性铀中毒的重要后果是细胞内液体转输系统障碍、肾小球滤过功能和近曲管吸收功能降低引起的一系列损伤。

表 4.8 犬食入不同铀化合物的化学毒性

铀化合物	30 d 内存活的最大量 $(g \cdot kg^{-1} \cdot d^{-1})$	30 d 内致死量 $(g \cdot kg^{-1} \cdot d^{-1})$	毒性分类
UO_2F_2	0.01	0.02~0.20	高
UCl_4	0.02	0.04~0.40	高
UO_4	0.02	0.04~0.40	高
$UO_2(NO_3)\ UO_2F_2 \cdot 6H_2O$	0.1	0.5	中
UO_3	0.1	0.5	中
$Na_2U_2O_7$	0.1	0.5	中
$(NH_4)_2U_2O_7$	0.1	0.5	中
高品位铀矿	0.5	5.0	中
UF_4	5.0	10.0	低
U_3O_8	10.0	20.0	低
UO_2	20.0		低

在一般情况下,急性铀中毒后第 3~5 天动物肾上皮细胞在受损发生坏死的同时也开始发生某种程度的再生修复。继而出现坏死后纤维瘢痕,间质纤维增生伴有萎缩的或扩张的肾小管。倘若再生和修复不能克服损伤,动物则死于肾功能衰竭。动物若能度过极期,肾上皮细胞便会迅速再生和修复。给动物腹腔注射硝酸铀酰的毒理实验发现,肾脏上皮细胞的坏死程度并不是单次注射损伤的积累,而是减轻。对这种现象,可以称为铀中毒的耐受现象。这由于既往坏死后再生的肾上小管上皮细胞是一种结构与功能都分化不足的细胞,能防止铀与细胞内蛋白质结合。动物实验及临床观察表明,体内进入大量铀化合物后,数日内便会出现肾脏中毒症状。在尿铀增加的同时伴有明显的尿蛋白和管型,尿过氧化氢酶增多,尿氨基酸氮与肌酐比值升高,尿碱性磷酸酶明显增多;尿量初期增多后减少;血液中非蛋白氮等代谢产物增加,碱储备减少,二氧化碳结合力下降,出现酸中毒症状。因此,肾脏损伤生化指标变化是铀化合物所致肾脏早期损伤的敏感指标,在肾脏尚未出现可以观察到的病理组织学改变时,即有可能出现

阳性反应。人暴露于铀化合物后,尿铀值达到每升数毫升时,便可伴有尿蛋白升高。因此,肾脏损伤的生化指标变化,在诊断铀中毒中具有一定价值。国内外铀作业工作进行的大量调查研究表明,在现有生产防护条件下,发生慢性铀中毒和慢性肾功能损害的可能性很小。迄今为至,除个别意外事故造成急性铀中毒外,从未发现慢性铀中毒或铀所引起的慢性肾脏和肝脏损伤病例。

(3)铀对肝脏的损伤效应。铀中毒时,肝细胞可出现变性坏死,并伴有不同程度的肝功能变化。如急性铀中毒者可出现 GPT 增高,BSP 排出减少,血浆白蛋白减少,β 球蛋白升高,白蛋白和球蛋白比值下降,血红蛋白减少等。易溶性铀急性中毒的动物中,有的出现肝损伤并伴有酸中毒。但其损伤程度和发生频率均低于肾损伤,发生时间也晚于肾损伤。因而,铀中毒时的肝脏损害也有可能是肾功能障碍导致的酸中毒和氮血症引起的。

(4)铀引起的骨髓损伤和外周血象变化。急性铀中毒时,外周血象可有明显变化。如人急性铀中毒后,开始白细胞数增多随后波动降低,中性粒细胞和酸性粒细胞分类升高,红细胞和血红蛋白下降。

铀中毒后外周血象的变化反映铀对骨髓的损伤效应。铀中毒早期,骨髓细胞明显增生,粒细胞和巨核细胞增生更为明显,可呈现核左移。部分实验动物可见骨髓细胞退行性病变,如核肿胀、核固缩和核溶解。

(5)铀对呼吸道的损伤。铀的难溶性化合物虽有 UO_2,UO_3,U_3O_8,UF_4 及 $(NH_4)_2U_2O_7$ 等,但大多存在于铀矿开采、水冶、化学浓缩和核燃料生产过程中。核武器事故中最常存在的是铀的难溶性化合物,因为金属铀在室温下易被氧化成 UO_2。铀的难溶性化合物的化学毒性一般远低于易溶性铀的化合物(如 $(NH_4)_2U_2O_7$),但由于有些在水中难溶的铀化合物在血浆中的溶解度并不低,以致其化学毒性又不同于 UO_2 等。

吸入难溶性铀化合物后,铀主要对肺和肺门淋巴结造成辐射损伤。如犬吸入 UO_2(5.0 mg·m^{-3})气溶胶,持续吸入 5 年又继续追踪 6 年。肺部累积 α 剂量达 5.5 ~ 6.4 Gy,结果有支气管上皮细胞增生、化生和肺及肺淋巴纤维增生。13 只犬中有 4 只发生肺肿瘤,其中 2 只为肺癌,2 只为肺腺瘤。因此,可以认为长期吸入天然铀化合物粉尘时可能比吸入相同量的可溶性铀化合物更危险。

(6)富集铀和 ^{233}U 的损伤作用。低富集铀中毒时与天然铀一样,肾脏出现急性损伤,并以化学损伤为主。但是高富集铀和 ^{233}U 对机体的损伤在晚期的辐射效应要比天然铀大得多。随着铀富集度的增加,辐射效应愈来愈大,化学效应逐渐居于次要地位。富集铀慢性中毒或急性中毒晚期,主要表现为辐射致癌效应。给犬吸入难溶性富集铀化合物(UO_2),每天吸入 6 h,持续 16 个月,肺出现硬化性结节;22~23 个月时,支气管上皮开始增生;到 56 个月时,出现肺癌。

难溶性铀化合物 UO_2 的毒性。动物实验表明,经口摄入 UO_2,未呈现出对健康的不良影响。例如,以含 UO_2 0.5%、2.0%和 20%的饲料长期(2 年)饲养大鼠,各项观察指标,包括体重、寿命、血象均与对照组没有差别;尿糖、尿蛋白检查结果阴性,饲养两年后,实验鼠肾中和股骨中虽有少量铀沉积,但病理学检查并未发现铀所致的损伤。实验表明,肺是吸入 UO_2 粉尘的长期滞留官和受铀辐射危害的靶器官。据报道,在狗和猴长期(5 年)吸入 UO_2 粉尘(空气中 UO_2 的含量为 5 mg·m^{-3},粒度 MMD 约为 1 μm)的实验中,其体内的铀,90%以上蓄积于肺和气管支气管淋巴结,开始吸入 1 年后,不同组织中铀的浓度,肺中铀比肾和股骨中铀均高数百倍,比肝和脾中铀均高数千倍,气管支气管淋巴结中铀比肺中铀高数十倍。吸入 5 年后,肺受其中沉积的天然铀辐射 α 的累积剂量达 5～9 Gy,气管支气管淋巴结的累积量超过 100 Gy。动物在吸尘的 5 年期间,各项观察指标均未见铀中毒现象。在停止后继续观察的 2～6 年期间,上述指标和肾脏组织学检查虽未见铀中毒反应,但实验犬却出现较高的肺癌发生率。实验犬和猴的肺淋巴结和气管支气管淋巴结均有不同程度的纤维化,且严重程度与剂量大小一致。研究结果表明,吸入难溶性铀化合物的主要危险是肺内沉积物的辐射致癌效应。文献中未见浓缩铀化合物吸入实验的报道,但考虑到浓缩铀中 ^{235}U 富集度升高,而且在以 UF_6 为原料的气体扩散分离过程中,随着 ^{235}U 的浓缩,^{234}U 也跟着被浓缩,^{234}U 和 ^{235}U 的比活度分别是 ^{238}U 比活度的 18 780 倍和 6.5 倍。因而可以推论,核武器 ^{235}U 部件氧化物的吸入危害一定是对肺的辐射致癌作用。

4.2 钚的基本物理性质、化学性质和放射毒理特性

4.2.1 钚的基本物理、化学性质

钚是 1940 年由西博格等用 16 MeV 的氘核轰击铀发现的。钚的元素符号为 Pu,原子序数为 94。钚是重要的核燃料,它主要是由天然铀为燃料的热中子反应堆中生产的。已知钚有 15 种同位素和一种同质异能素,质量数为 232～246。其中 ^{239}Pu 是重要的核燃料,^{240}Pu 是生产超钚元素的主要原料,^{238}Pu 主要用于制备核电池。

(1)钚的物理化学性质。钚为一种银白色的具有金属光泽的金属,类似于铁和镍,熔点 641℃,沸点 3 232℃。钚在 1 120～1 520℃温度范围内的蒸发热 80.46 kK/g 原子。液态钚在 640℃时的表面张力为 4.37～4.75 N·cm^{-1}。α 相钚在 25℃时的导热率 0.020 卡·(cm·s·℃)$^{-1}$,α 相钚在 107℃的电阻率 141.4 μΩ·cm。

钚的密度随相变而异。在室温和熔点之间存在 5 种同质异形体,这是钚的一种独特现象。五种同质异形体中 α,β,γ,δ′ 的钚属于立方变体,热膨胀各向异性,相变时密度变化较大。钚同位素异形体的一些性质如表 4.9 所示。

表 4.9 钚同位素异形体的一些性质

钚同位素异形体	稳定温度/(℃)	密度/(g·cm^{-3})	晶体结构
α	≤115	19.86	简单单斜
β	115～200	17.70	体心单斜
γ	200～310	17.14	面心正交
δ	310～452	15.92	面心立方
δ′	452～480	16.00	体心四方
ε	480～640	16.51	体心立方

钚能与许多金属(如 U,Cd,Ce,Al 等)形成合金,其中 δ-Pu 形成的合金在室温是稳定的,如 Pu-U 和 Pu-Al 合金是很重要的核燃料。

钚在通常的空气中很快变暗,形成干涉色。如果暴露时间足够长,就会产生有粉末的表面,最终形成一种橄榄绿色的粉末 PuO_2。由于钚材料具有极毒性,要求尽可能减少它的氧化。钚在空气中的氧化速度和相对湿度有关,湿度低时氧化速度很慢。大块钚金属在干燥空气中是相对不活泼的,但水蒸气能加速腐蚀。因此,储存和操作钚的最实用的气氛是流通的干燥空气。钚在空气中氧的燃点与其比表面积的大小有关,5 mm³ 立方体的钚在干燥空气中和潮湿空气中的燃点分别是 524℃ 和 522℃,而 0.11 mm 钚箔片在干燥空气中和潮湿空气中的燃点分别是 283℃ 和 282℃。

钚与氢、卤素和氨反应,但与氮气作用很慢。钚与氢的反应在升高温度时元素直接化合而成,其成分有 PuH_2 和 PuH_3,在 25℃～50℃ 下就可明显反应,在 200℃ 时,反应速度很快。钚在空气中加热可燃烧,细粉末的钚可自燃,故钚应储存在惰性气氛中,氧气含量小于 5%。钚燃烧时不能用水或含碳氢的化合物如苏打,CCl_4,$NaHCO_3$ 等灭火,否则可能会释放出大量氢气而爆炸。另外,水是极好的慢化剂,会增加临界事故的危险。适合于作钚灭火剂的有:Na-Cl—KCl—$BaCl_2$(质量分数为 35%～40%～25%)混合干粉,能扑灭块状的火焰;LiF—NaF—KF(29%～12%～59%)的混合干粉,能有效地熄灭块状或粉末的火焰。

金属钚能够溶于中高浓度的盐酸和氢溴酸中,但在氢氟酸中仅能缓慢地腐蚀。同铀一样,钚可溶于浓的过氯酸或磷酸,而不溶于任何浓度的硝酸。钚几乎不与碱的水溶液发生化学反应。钚常见的四种氧化态为 Pu^{3+},Pu^{4+},PuO_2^{3+} 和 PuO_2^{2+},在同一溶液中,由 Pu(III) 到 Pu(VI) 四种氧化状态可能同时存在。在中性溶液中,有利于三价钚氧化为四价钚,五价或六价钚还原为四价钚,因此钚离子趋向于单一的四价态。Pu^{4+} 电荷多,离子半径小,最易于水解。各种价态钚离子的水解能力为 $Pu^{4+}>PuO_2^{2+}>Pu^{3+}>PuO_2^{2+}$,水解生成的氢氧化钚溶解度极低,钚盐的水解能力除与其离子种类有关外,还与浓度有关,浓度愈高,水解能力愈强。

二氧化钚是所有钚化合物中最重要的化合物之一,非常坚硬,在 2 200℃～2 400℃ 熔化,是一种十分难溶的化合物,但在 85%～100% 的磷酸中加热至 200℃ 时可被溶解。金属钚在氧气中燃烧或含氧的钚化合物如草酸钚,过氧化钚在 1 000℃ 真空中加热,均可得到二氧化钚。

氟化物是钚的卤化物中研究最为广泛、最重要的物质,因为它可用于钚的生产过程。在含微量氢的氟化氢中,PuO_2 加热至 550℃ 可制备 PuF_3。在含氧气的氟化氢中,PuO_2 加热至 550℃ 可制备 PuF_4。PuF_3 和 PuF_4 不溶于水和酸,但非常容易溶于含 Fe^{3+},Al^{3+} 及 Zr(IV) 等离子的水溶液中,形成稳定的复合物,例如 Cs_2PuCl_6 具有非吸湿性,并对 α 辐射稳定,被推荐为钚的一级分析标准。氟与 PuF_4 反应可生成易挥发的化合物 PuF_6,它的沸点为 62.2℃,是一种强的氟化反应剂。

4.2.2　钚的辐射特性

为了防止钚的照射危害,必须掌握武器级钚材料中各种钚同位素及其他核素的组成、含量、辐射种类和辐射能量。在杜祥琬编著的《核军备控制的科学技术基础》中指出,武器级钚同位素主要有 ^{238}Pu,^{239}Pu,^{240}Pu,^{241}Pu,^{242}Pu。武器级钚同位素的质量分数分别是 0.000 05,0.933,0.060,0.004 4 和 0.000 15。武器级钚材料中各种同位素的质量分数是根据武器设计需要以及钚生产特性所决定,同时对长期储存的钚,还由于 ^{241}Pu 的 α,β 衰变还生成 ^{237}U 和 ^{241}Am。表 4.10～表 4.12 给出了武器级钚材料中各种钚同位素及其他核素的有关辐射特性。

表 4.10　武器级钚材料中各种钚同位素及其他核素的 α 和 β 辐射特性

同位素	半衰期/a	α粒子能量 MeV	α粒子相对强度 %	β粒子能量 MeV	β粒子相对强度 %
^{238}Pu	8.64×10^1	5.495	72		
		5.452	28		
		5.352	0.09		
		5.208	0.005		
^{239}Pu	2.436×10^4	5.147	72.5		
		5.134	16.8		
		5.096	10.7		
		5.064	0.037		
		4.999	0.013		
^{240}Pu	6.58×10^3	5.162	76		
		5.118	24		
		5.014	0.1		
^{241}Pu	1.30×10^1	4.893	75	0.021	100
		4.848	25		
^{242}Pu	3.79×10^5	4.898	76		
		4.858	24		
^{237}U	6.75 d	0.249	74		
		0.084	26		
^{241}Am	4.58×10^2	5.534	0.35		
		5.500	0.23		
		5.477	85		
		5.435	12.6		
		5.378	1.7		
		5.311	0.012		

表 4.11　武器级钚材料中各种钚同位素及其他核素的中子辐射特性

同位素	自发裂变半衰期 a	自发裂变中子产额 中子/(s·kg)	比放射性 衰变/(s·kg)	(α,n)中子产额 中子/(s·kg)	质量分数 %	合计中子数 中子/(s·kg)
^{238}Pu	4.3×10^{10}	2.6×10^6	1.46×10^6	2.2×10^5	0.000 05	130
^{239}Pu	5.5×10^{15}	22	1.02×10^4	630	0.933	610
^{240}Pu	1.22×10^{11}	9.1×10^5	4.52×10^5	2 300	0.060	55 000
^{241}Pu	—	500	—	22	0.004 4	2
^{242}Pu	6.8×10^{10}	1.7×10^6	7.8×10^5	33	0.000 15	260

表 4.12　武器级钚材料中各种钚同位素及其他核素、以及裂变产物的 X,γ 辐射特性

同位素	α 衰变产生的 γ 射线		内转换 X 射线		裂变 γ 射线	裂变产物 γ 射线
	能量 MeV	强度 $3.7\times10^{10}/(\mathrm{s\cdot g})$	能量 keV	强度 $3.7\times10^{10}/(\mathrm{s\cdot g})$	强度 $3.7\times10^{10}/(\mathrm{s\cdot g})$	强度 $3.7\times10^{10}/(\mathrm{s\cdot g})$
^{238}Pu	0.043 8	6.6×10^{-3}	17		2.9×10^{-7}	1.7×10^{-7}
	0.099	1×10^{-3}	17			
	0.150	2×10^{-4}		1.9		
	0.203	7×10^{-7}		6.1×10^{-3}		
	0.760	9×10^{-6}				
	0.810					
	0.875	3×10^{-6}				
^{239}Pu	0.037	1×10^{-6}	13.6	7.4×10^{-4}	2.1×10^{-12}	1.4×10^{-12}
	0.052	4×10^{-6}	17.4	8.6×10^{-4}		
	0.120	6×10^{-7}	20.5	2×10^{-4}		
	0.207	2×10^{-7}				
	0.340	3×10^{-7}				
	0.380	6×10^{-7}				
	0.42	4×10^{-7}				
^{240}Pu	0.045 28	2×10^{-5}	17	9.1×10^{-3}	9.2×10^{-8}	6.1×10^{-8}
^{241}Pu	0.145	1.3×10^{-6}				
^{242}Pu	0.045	3.9×10^{-7}	17	1.6×10^{-4}	1.6×10^{-7}	1.1×10^{-7}
^{237}U	0.026 4					
	0.033 2					
	0.043 5					
	0.059 6	1.8×10^{-3} $(1-\exp(-0.102t)$				
	0.064 8	1.2×10^{-4} $(1-\exp(-0.102t)$				
	0.113 9					
	0.164 6	1.8×10^{-4} $(1-\exp(-0.102t)$	17	9.5×10^{-6} $(1-\exp(-0.102t)$		
	0.207 9	1.2×10^{-3} $(1-\exp(-0.102t)$	17	1.1×10^{-3} $(1-\exp(-0.102t)$		
	0.234 2					
	0.267 5	4.3×10^{-5} $(1-\exp(-0.102t)$	17	1.1×10^{-5} $(1-\exp(-0.102t)$		
	0.332 3	7.0×10^{-5} $(1-\exp(-0.102t)$	17	1.1×10^{-6} $(1-\exp(-0.102t)$		
	0.335 3	1.0×10^{-5} $(1-\exp(-0.102t)$	17	1.0×10^{-7} $(1-\exp(-0.102t)$		

续 表

同位素	α 衰变产生的 γ 射线		内转换 X 射线		裂变 γ 射线	裂变产物 γ 射线
	能量 $\overline{MeV}$	强度 $/3.7\times10^{10}/(s\cdot g)$	能量 keV	强度 $3.7\times10^{10}/(s\cdot g)$	强度 $3.7\times10^{10}/(s\cdot g)$	强度 $3.7\times10^{10}/(s\cdot g)$
^{237}U	0.368 5					
	0.371 0					
^{241}Am	0.026 36		17	$3.1\times10^{-5}t$		
	0.033 20	$1.1\times10^{-5}t$	17	$6.8\times10^{-5}t$		
	0.043 46	$7.1\times10^{-7}t$				
	0.059 57	$1.7\times10^{-4}t$	17	$1.0\times10^{-4}t$		
	0.103	$9.0\times10^{-8}t$				
	0.113	$1.1\times10^{-8}t$				
	0.130	$1.8\times10^{-8}t$				
	0.159	$1.4\times10^{-9}t$				
	0.210	$2.8\times10^{-9}t$				
	0.27	$3.6\times10^{-10}t$				
	0.33	$1.1\times10^{-9}t$				
	0.37	$7.1\times10^{-10}t$				

注:①自发裂变 γ 射线是在假定每次裂变辐射 7.5 个 γ 射线,每个 γ 射线的能量为 1 MeV,裂变产物 γ 射线是在假定每次裂变所产生的裂变产物发射出 5 个 γ 射线,每个 γ 射线的能量为 1 McV 的情况下进行估算的。② ^{237}U 和 ^{241}Am 中的 t 是钚提纯以后的天数。

4.2.3 钚的临界特性

由于钚同位素能够进行自发裂变,在一定条件下可能构成临界或超临界体系,从而自发地发生链式裂变反应,产生强烈的 γ 和中子辐射,因此,钚材料的临界危险是裂变材料储存管理过程中的重要问题。

钚材料的临界质量与材料密度、材料中杂质含量、慢化、几何形状、尺寸、周围物质反射、中子毒物等多种因素有关。例如,在反射层为 20 cm 厚的水时 ^{239}Pu 的临界质量为 5.6 kg(α 相)或 7.6 kg(δ 相);在无反射层时 ^{239}Pu 的临界质量为 10 kg(α 相)或 16.628 kg(δ 相)。

临界安全控制方法主要有三种:第一种是几何限制法,即将工艺容器设计成安全几何形状,钚操作在专门容器或管道中进行。第二种是质量限制或浓度限制法,限制裂变物质数量。第三种是辅助使用中子吸附剂等。如对 ^{239}Pu 金属单体的质量单参数限值为 5.0 kg。

4.2.4 钚的放射毒理学特性

1. 钚的摄入途径与在体内的代谢

由于钚广泛应用于军事工业、核动力工业、宇宙航行、生物学和医学等领域,因而钚对职业人员的潜在危害和对环境的污染引起人们的极大关注。钚的摄入途径与在体内的代谢包括钚的吸入、食入、皮肤或伤口吸收、体内分布、排泄等。

(1)钚通过吸入进入人体及在呼吸道中的代射规律。含钚放射性气溶胶吸入人体后在人呼吸道中的沉积、吸收和转移是一个相当复杂的过程,它涉及到巨噬细胞的吞噬作用,气管及支气管的纤毛运动,钚粒子的溶解和吸收以及通过淋巴系统的转移等。整个过程中,在很大程度上取决于钚颗粒的大小、溶解度及价态。ICRP 第 66 号出版物总结了含钚放射性气溶胶在人体呼吸道各亚区间的分配份额、沉积、廓清的一般规律。表 4.13 给出在吸入条件下不同钚化合物的吸收类别以及肠转移因子值。

表 4.13　在吸入条件下不同钚的化合物的吸收类别及肠转移因子值

化合物类别	吸收类别	肠转移因子(f_1)
所有未特别指定的化合物	M	5.0×10^{-4}
不溶氧化物	S	1.0×10^{-5}

注:类别 M 和 S 分别表示肺中速和慢速吸收。

动物实验表明,$^{239}PuO_2$ 属于 S 型化合物。微米大小的 $^{239}PuO_2$ 粒子以及 ^{239}Pu 和 U 的混合氧化物微粒,吸入后有 2~3 个廓清相。吸入后最初几天呼吸道上皮细胞的纤毛运动和粘液上移的机械性转运是吸入物质廓清的主要过程;吸入后数天内廓清过程是机械转运与吸收的综合。吸入后晚期廓清的半廓清期长达数百天,主要靠血液和肺相关淋巴结转移,并与肺损伤程度有关。

志愿者吸入放射性标记的硅铝烧结微粒的实验表明,难溶性 ^{239}Pu 微粒从肺功能正常的成人呼吸道藉机械性廓清的廓清速率约为 0.1%/d。吸入的 $^{239}PuO_2$ 向血循环转移的速率与微粒大小、表面晶体结构、在肺泡巨噬细胞溶酶体中的溶解度有关,其转移入血的速率:1 000℃以下烧结成的微粒为 0.02%~0.1%/d,并因粒径而异,微粒形成时的烧灼温度越高,在呼吸道被吸收入血的速率越低。S 类 $^{239}PuO_2$ 微粒从呼吸道向有关淋巴结转移的速率约为 0.035%/d。纳米粒子比微米粒子的粒子入血的速率大得多,可达 1%/d 以上。其半廓清期约为数十天,这类 $^{239}PuO_2$ 粒子则属 M 类。吸入的可溶性钚化合物,在呼吸道中会被水解,形成氢氧化钚胶体微粒,或被肺泡吞噬细胞转运至相关淋巴结,或被肺内低分子配位体螯合转移入血。这类钚化合物被列入为 M 类,其廓清速率被认为是 0.5%/d。

(2)钚通过食入进入人体及在胃肠道中的代射规律。胃肠道对钚的吸收很少,且波动幅度很大。一般认为介于 10^{-6}~10^{-3} 之间。其主要原因是钚在 pH 较高的小肠中迅速分解成难溶性氢氧化钚,同时钚离子也可与肠内容物中的磷酸盐或草酸盐等阴离子反应形成难溶性钚化合物。

钚化合物形式对胃肠道的吸收有重要影响。通常其吸收的顺序是:Pu-柠檬酸盐＞硝酸盐＞Pu-氧化物。钚在胃肠道的吸收也显示种系间的差异。仓鼠胃肠道吸收率为吸收范围的下限区,而小鼠则为上限区。摄入的钚量对胃肠道的吸收也有明显的影响,摄入量较小时,吸收率相对较高;而摄入量较大时,吸收率相对较低。

动物的年龄对钚的胃肠道的吸收影响较大。而人胃肠道对钚的吸收率是根据动物实验资料外推的。对于工作人员食入钚而言,通过胃肠道小肠部分被吸收入血的肠转移因子(f_1)为:所有未特别指定的化合物其肠转移因子为 5.0×10^{-4};对硝酸盐其肠转移因子为 1.0×10^{-4};对不溶性氧化物其肠转移因子为 1.0×10^{-5}。ICRP 第 30 号出版物总结了钚化合物在胃肠道各亚区间的分配份额、沉积、廓清的一般规律。

(3)钚通过皮肤或伤口进入人体。对接触钚元件的工作人员,其裸露皮肤有遭受钚污染的可能。因此,皮肤和伤口污染的吸收率倍受关注。钚经过皮肤的吸收率与钚化学形式、溶解度、溶液的酸度及皮肤污染面积等有关。如可溶性化合物的吸收率高于难溶性化合物;溶液酸度增高,吸收率也相应增大。

钚通过人的皮肤吸收很少。皮肤对 PuO_2 有天然屏障作用,但不能防止可溶性钚化合物的侵入。钚的稀酸溶液污染健康皮肤后,最初几小时的吸收率约为 0.01% 以下。有机溶剂可加大钚通过健康皮肤的吸收率,例如钚的磷酸三丁酯-四氯化碳溶液污染健康皮肤后,15 min 内的吸收率超过 0.04%。

动物实验表明,伤口污染的钚均能从沉积部位转移,钚自伤口的吸收率与创面大小、深度及钚化合物种类密切有关。钚的可溶性络合物能迅速进入血循环,而不溶性钚粒子缓慢沿淋巴管转移并集聚于相关淋巴结。钚的盐类溶液污染伤口后,在体液的 pH 值环境中会形成氢氧化钚胶体,进而沿两个途径廓清:一是被组织中的配位体形成可溶性螯合物并进入血循环;二是形成聚合体粒子,缓慢地沿淋巴管转移并集聚在相关淋巴结。所以,暴露皮肤有伤口者,不能从事接触钚的作业。

(4)钚在体内分布特点及在主要器官中滞留。

钚在血液中的存在形式:进入血液的钚,一部分分解形成胶体氢氧化钚,进而聚合形成大分子聚合物;另一部分与血液中蛋白质或其他天然络合剂形成络合物。在生理 pH 条件下,钚易水解和聚合。初始聚合成"单体钚",进而聚合成"聚合钚"。"单体钚"扩散性强,能透过生物膜,进入各个器官和组织,其中主要是沉积在骨骼,其次是肝脏。"聚合钚"扩散性相对较弱,主要靠巨噬细胞的吞噬作用转移到器官和组织,主要沉积在肝、脾和骨髓等网状内皮系统中。血液中钚离子可与铁转递蛋白,白蛋白以及天然络合剂形成络合物,主要是形成 Pu—铁转递蛋白,其次是 Pu—白蛋白。在生理 pH 条件下,四价钚与铁转递蛋白结合力更强。在机体正常代谢条件下,血清中铁转递蛋白浓度是 2.3 mg·mL^{-1},其中约 30% 被铁饱和,其余的 70% (即 1×10^{16} 个分子)铁转递蛋白处于游离状态可以结合钚。一个铁转递蛋白最多可结合 2 个钚原子,在血清中钚达到饱和状态时为 8 μg·mL^{-1}。动物实验表明,钚进入血液后立即与铁转递蛋白结合,7 h 结合率达到峰值,24 h 后 50% 的 Pu-铁转递蛋白离开血液进入器官和组织,主要在骨骼。血液中柠檬酸或 DTPA 可将钚从 Pu-铁转递蛋白上置换下来。

钚在骨骼中的滞留:骨骼是钚的主要滞留器官。钚在骨骼中的沉积特点:一是由于生长的骨骼不断吸收和重建,沉积在骨表面的钚可被埋入或吸收,故钚在骨骼中的滞留是一个动态的过程;二是钚在骨内分布是不均匀的,主要滞留在骨表面,即骨内膜、骨小梁表面和骨外膜。不同生理状态下的骨内膜,钚浓度也有显著差异,其中处于吸收状态的骨内膜钚浓度最高,处于相对静止状态的骨内膜、新生的骨内膜中的钚浓度最低。沉积在骨表面的钚,在骨骼的重建过程中或都被新骨覆盖或者被破骨细胞吸收、巨噬细胞吞噬。这两种细胞解体后,钚重新被释放到血液中进行再分布。滞留在骨表面的钚,可以与基质中的蛋白质结合,也可与骨细胞表面的膜蛋白结合,主要是醣蛋白、唾液蛋白及软骨蛋白结合,进入到骨细胞内的钚可与细胞器膜上的醣蛋白结合。钚的这种结合主要是与骨蛋白分子中的羟基相结合。另外钚也可与骨表面的无机磷酸盐反应。钚向骨表面滞留的同时,一部分钚也向骨髓转移。聚合钚和易于水解的钚盐,在骨髓中的滞留量较高。骨髓中的钚,多滞留在巨噬细胞中并与其溶酶体相结合。钚在造血骨髓中的滞留量多于脂肪骨髓。

钚在肝脏中的滞留:肝脏也是钚的主要滞留器官。最初钚均匀地分布在肝细胞内,随后逐渐浓集,晚期大量的钚沉积在窦状隙衬里的网状内皮细胞及肝门脉区域的组织中,形成浓集的放射灶。钚诱发的肝脏损伤与其在该器官内由相对均匀到高度浓集的分布特征有关。肝实质细胞受钚粒子照射后,产生从退行性变直到坏死的一系列病理变化,释放出来的钚粒子重新被枯否氏细胞或网状内皮细胞吞噬,形成浓集的星状体。钚在大鼠肝脏亚细胞内分布的研究表明,初始钚与肝细胞浆内的可溶性蛋白质(主要是铁蛋白)结合,分布比较均匀;随后逐渐浓集在线粒体和溶酶体内。肝钚可能通过两种途径清除:一是通过肝胆系统将钚转移到肠道,随粪便排除;二是通过血液循环,转移到其他器官组织。肝钚的清除速度相当缓慢,生物半排期较长,且与钚化合物的性质有关。

钚在肺中的滞留:滞留在肺的钚,如果是可溶性钚化合物,自肺廓清较快。以犬为例,其生物半廓清期为 200 d 左右,主要转移到骨骼和肝中,向肺淋巴结转移量少。如果是难溶性钚化合物,则在肺内的滞留时间长,滞留量相对较多,向其他器官的转移量少,过程缓慢,而且主要是向肺淋巴结中转移,致使肺淋巴结中的钚浓度持续增高。难溶性钚化合物沉积在肺之后,很快被巨噬细胞吞噬并主要定位于溶酶体中。这种巨噬细胞或游离在肺泡腔内,或定位于肺泡膜上。前者可部分转移到气管纤毛上皮上被清除到胃肠道,另一部分可转移到肺淋巴结上,定位于肺泡膜上的巨噬细胞或者转移到肺淋巴结中或者渗入到肺组织纤维化区域。钚职业性工作者污染吸入性内污染,一般以二氧化钚为主,表 4.14 给出了对 17 例职业性工作人员钚在体内主要器官中分布研究结果,分析表明,以含量计,骨骼中最多;以浓度计,则气管-支所管淋巴结为最高。

钚在其他器官中的滞留:钚在肝脏和骨骼中滞留的同时,也有少部分滞留在其他器官。在早期,脾脏、肾脏、肾上腺的钚浓度仅次于肝脏。钚在脾脏中呈不均匀性分布,主要滞留在红髓及髓窦中。钚在肾上腺中,主要滞留在皮质内带及外带。钚在生殖腺内的滞留量很少,仅占体含量的 3.5×10^{-2}％,但值得注意的是,它在生殖腺中的分布呈现高度的不均匀性。对小鼠睾丸的放射自显影观察表明,钚的 α 径迹大多发自曲细精管间的间质细胞,其次是曲细精管外层的生精细胞,而细管管腔内为最少,由于这种不均匀性分布,使靶细胞(生精干细胞)受到的照射剂量比睾丸的平均剂量大 4.5~6 倍,成为抑制生精干细胞成熟过程的原因之一。

表 4.14　17 例职业性工作人员钚在体内主要器官中的分布(体积分数)

单位:10^{-2}

病　例	肺	气管-支气管淋巴结	肝	肾	骨　骼	其　他
1	11.4	2.7	40.4	0.03	44.9	0.6
2	42.3	11.2	25.4	0.11	20.8	—
3	29.1	3.1	17.4	0.20	50.5	
4	13.8	5.2	26.9	0.57	53.6	
5	3.1	0.4	0.8	0.48	95.1	
6	0.6	1.1	0.3	0.16	97.5	
7	21.3	0.3	18.3	4.4	55.8	
8	0.1	0.0	3.6	0.0	96.3	
9	16.2	17.3	54.2		12.3	

续 表

病例	肺	气管-支气管淋巴结	肝	肾	骨　骼	其　他
10	15.8	0.7	3.5		80.0	
11	35.1	2.0	30.1		32.8	
12	41.7	2.9	18.2		37.2	
13	65.2	8.9	0.2	0.05	25.6	
14	17.0	7.0	31.2	0.05	25.1	19.5
15	32.7	6.9	11.6		48.9	
16	57.3	6.9	16.7	0.04	19.0	
17	17.0	3.0	8.2	0.02	11.2	0.6
平均	28.2	4.7	18.1	0.51	47.5	6.9

（5）钚在体内的滞留、分布的动力学模型。在 20 世纪五六十年代，一般采用 Langham 公式来描述铀在体内的滞留和排泄。W. H. Langham 通过对静脉注入钚的脑瘤病人和因事故沾染钚的少数工作人员的尿钚排除情况进行了观察，得到的日尿钚排泄分数的函数 $Y_u(t)$ 和初始体负荷量 D_0 分别为

$$Y_u(t) = 0.002t^{-0.74} \tag{4.7}$$

$$D_0 = 500Y_u(t)t^{0.74} \tag{4.8}$$

20 世纪七八十年代，钚在体内的分布和滞留采用了多指数项函数之和形式。人体内钚的滞留分数函数 $R(t)$ 为

$$R(t) = \sum_{n=1}^{4} K_n \exp\left(-0.693t/T_b\right) \tag{4.9}$$

式中，K_n，T_b 的取值如表 4.15 所示。

表 4.15　ICRP 第 30 号出版物提出的钚分布和滞留的参数

n	组织或器官	分数 K_n	半廓清期 T_b/a
1	骨	0.45	100
2	肝	0.45	40
3	性腺（男）	3.5×10^{-4}	∞
	性腺（女）	1.1×10^{-4}	∞
4	直接排出（男）	0.099 65	0.25
	直接排出（女）	0.099 89	0.25

20 世纪 90 年代以来，吸入人体的钚在体内的代谢规律采用了 Leggett 的具有循环的多库室的生物动力学模型来描述。目前主要应用的是如图 4.3 所示的由 ICRP 在 1994 年发表的第 67 号出版物推荐的、描述钚在体内分布和滞留的生物动力学模型，其相应的生物动力学资料如表 4.16 所示。表中给出了不同年龄的生物动力学资料。从表中可以看出，生物廓清速率与年龄相关。

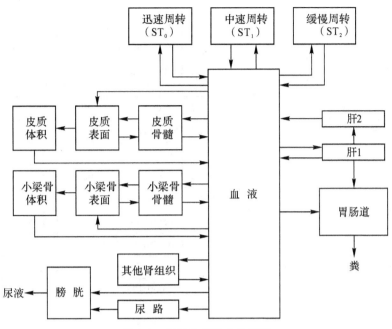

图 4.3　钍的生物动力学模型

表 4.16　钍的生物动力学资料

生物廓清速率 / d 途经 ＼ 年龄	3 月	1 岁	5 岁	10 岁	15 岁	成 人
血至肝 1	0.064 7	0.064 7	0.129 4	0.129 4	0.129 4	0.194 1
血至皮质骨表	0.226 4	0.226 4	0.194 1	0.194 1	0.194 1	0.129 4
血至小梁骨表	0.226 4	0.226 4	0.194 1	0.194 1	0.194 1	0.194 1
血至膀胱容物	0.012 9	0.012 9	0.012 9	0.012 9	0.012 9	0.012 9
血至肾尿路	0.006 47	0.006 47	0.006 47	0.006 47	0.006 47	0.006 47
血至其余肾组织	0.003 23	0.003 23	0.003 23	0.003 23	0.003 23	0.003 23
血至上段大肠容物	0.012 9	0.012 9	0.012 9	0.012 9	0.012 9	0.012 9
血至睾丸	0.000 013	0.000 019	0.000 022	0.000 026	0.000 21	0.000 23
血至卵巢	0.000 008	0.000 010	0.000 026	0.000 045	0.000 078	0.000 071
血至 ST0	0.277 3	0.277 3	0.277 3	0.277 3	0.277 3	0.277 3
血至 ST1	0.080 6	0.080 6	0.080 6	0.080 6	0.080 6	0.080 6
血至 ST2	0.012 9	0.012 9	0.012 9	0.012 9	0.012 9	0.012 9
ST0 至血	0.693	0.693	0.693	0.693	0.693	0.693
肾尿路至膀胱	0.013 86	0.013 86	0.013 86	0.013 86	0.013 86	0.013 86
其余肾组织至血	0.001 39	0.001 39	0.001 39	0.001 39	0.001 39	0.001 39
ST1 至血	0.000 475	0.000 475	0.000 475	0.000 475	0.000 475	0.000 475
ST1 至膀胱容物	0.000 475	0.000 475	0.000 475	0.000 475	0.000 475	0.000 475

续 表

生物廓清速率/d 途经 \ 年龄	3 月	1 岁	5 岁	10 岁	15 岁	成人
ST2 至血	0.000 019	0.000 019	0.000 019	0.000 019	0.000 019	0.000 019
骨小梁表至骨体	0.008 22	0.008 22	0.008 22	0.008 22	0.008 22	0.008 22
骨小梁表至骨髓	0.008 22	0.008 22	0.008 22	0.008 22	0.008 22	0.008 22
皮质骨表至骨体	0.008 22	0.008 22	0.008 22	0.008 22	0.008 22	0.008 22
皮质骨表至骨髓	0.008 22	0.008 22	0.008 22	0.008 22	0.008 22	0.008 22
骨小梁体至骨髓	0.008 22	0.008 22	0.008 22	0.008 22	0.008 22	0.008 22
皮质骨体至骨髓	0.008 22	0.008 22	0.008 22	0.008 22	0.008 22	0.008 22
皮质/骨小梁髓至血	0.007 6	0.007 6	0.007 6	0.007 6	0.007 6	0.007 6
肝1至肝2	0.001 77	0.001 77	0.001 77	0.001 77	0.001 77	0.001 77
肝1至小肠	0.000 133	0.000 133	0.000 133	0.000 133	0.000 133	0.000 133
肝2至血	0.000 21	0.000 21	0.000 21	0.000 21	0.000 21	0.000 21
性腺至血	0.000 19	0.000 19	0.000 19	0.000 19	0.000 19	0.000 19
f_1	0.005	0.005	0.005	0.005	0.005	0.005

(6)钚的排出。体内钚主要通过肠道和肾脏排除,但排除速率非常缓慢。柠檬酸钚经肾脏排除较多,经肠道排除较少。难溶性钚化合物及易分解的钚化合物经肠道排除较多,经肾脏排除较少;然而随着时间的推移,粪钚排除量相对减少,而尿钚排除量却相对增多。在早期,六价钚化合物由尿排除为主,而三价和四价钚化合物由粪便排除为主;晚期时,均以粪便排除为主。例如,$PuCl_3$,$Pu(NO_3)_4$,$PuO_2(NO_3)_2$,注入后的尿钚和粪钚的比值,在 1 d 时分别是 0.1,0.14 和 3.3,而 30 d 时则都为 0.06。此外,体内钚的排除存在明显的种系差异。在 20 世纪七八十年代,通过对 Langham 公式进行修正,尿钚排泄分数方程 $Y_u(t)$ 和粪钚排泄分数方程 $Y_F(t)$ 采用了如下的 Durbin 公式,式中各参量如表 4.17 所示。

$$Y_u(t) = \sum_{n=1}^{5} K_{un} \exp(-0.693t/T_{ub}) \tag{4.10}$$

$$Y_F(t) = \sum_{n=1}^{5} K_{Fn} \exp(-0.693t/T_{Fb}) \tag{4.11}$$

表 4.17　尿钚排泄分数方程 $Y_u(t)$ 和粪钚排泄分数方程 $Y_F(t)$ 中的参数

n	式(4.10)参数		式(4.11)参数	
	分数 K_{un}	半廓清期 T_{ub}/a	分数 K_{Fn}	半廓清期 T_{Fb}/a
1	4.1×10^{-3}	1.2	6.0×10^{-3}	2
2	1.2×10^{-3}	5.5	1.6×10^{-3}	6.6
3	1.3×10^{-4}	42	1.2×10^{-4}	56
4	3.0×10^{-5}	300	2.0×10^{-5}	380
5	1.2×10^{-5}	4000	1.2×10^{-5}	4000

2. 体内钚污染的生物效应

在放射性核素的毒性分组中，^{236}Pu，^{238}Pu，^{239}Pu，^{240}Pu，^{241}Pu 等钚同位素为极毒组中的核素。由于人体钚照射事例有限，目前钚对人体具有强列致癌性并无直接证据；但大量动物试验证实，钚内照射诱发机体严重的辐射损伤效应，损伤的主要器官是骨骼、肝、肺和肺淋巴结。如 ^{239}Pu 与 ^{226}Ra 的损伤效应之值，对大鼠的 30 d LD$_{50}$ 为 34，对雌性小鼠骨肉瘤为 17，对犬骨肉瘤为 5 ～ 10，小猎犬骨肉瘤为 16。^{239}Pu 对人的致骨肉瘤危险度比 ^{226}Ra 的高 4 ～ 33 倍。

(1)确定性效应。大鼠的实验研究表明，静脉注入 ^{239}Pu 剂量大时，可引起急性损伤效应，主要表现为食欲不佳、腹泻、体重急剧减轻、贫血、内出血、脾脏萎缩、骨髓严重破坏、白细胞数明显减少或完全消失，动物往往死于再生障碍性贫血。

急性钚中毒的动物，最早显示的辐射效应是外周血象的变化和造血系统的损伤。给犬注射的钚量为 3.5 kBq·kg^{-1} 时，白细胞数开始减少，随注入量的增加其白细胞数减少更加明显；当注入量增加到 107 kBq·kg^{-1} 时，与对照组相比较，白细胞数减少 80% 以上。可见，在一定剂量范围内，白细胞数的减少与剂量有直接关系。在外周血象发生明显变化时，骨髓呈现出广泛性坏死及纤维化，出现胶样化骨髓和纤维化骨。脾脏受到不同程度的损伤，严重时出现脾萎缩。淋巴结严重损伤，失去正常淋巴成分，被纤维结缔组织所代替。

骨骼在钚照射作用下，可以出现一系列的病理学改变。例如给小鼠注入 ^{239}Pu 活度为 48 kBq时，出现骨软骨细胞分解，骨小梁进行性坏死，骨板分解，哈氏系统不规则或坏死等。钚致骨血管纤维化，使骨骼血液循环破坏也是重要因素之一。血管的病理变化，早期主要表现为内皮损伤导致的毛细血管通透性改变和间质细胞的损伤，进而发展为血-骨屏障增加，造成局部缺血和营养不良，最终导致细胞死亡。

肝脏的病理变化是，肝小叶坏死和结缔组织增生，或营养不良性变及脂肪浸润等，并往往出现腹水、皮下水肿及黄疸等。大鼠或犬在吸入 ^{239}Pu 量达 185 kBq 时，肺脏的病变表现为两种类型：一种是双炎症坏死病变为特征，肺组织出现严重的炎症反应，如水肿、出血和广泛性坏死，动物常在一周内因窒息而死亡；另一种是以广泛性的纤维性增生病变为特征，肺组织中胶原纤维明显增多，肺泡内胶原纤维聚集，或充满蛋白质和血性液体，泡壁增厚，终末支气管内充满纤维蛋白，各级血管损伤等，动物常在 30 d 至数月内死于肺功能不全。

大鼠皮下注入 ^{239}Pu 量达 37 kBq 时，局部皮肤出现硬化并伴有恶性肿瘤发生。在皮肤及皮下结缔组织硬变部位，有纤维化灶，其中含有淋巴细胞、成纤维细胞和巨噬细胞；也可以见到胶原纤维透明性变，血管壁增厚、硬化、透明性变及血管周围细胞浸润。

染色体畸变是钚内污染人员的医学观察指标之一。钚诱发的染色体畸变与剂量有一定的关系，但未确定与剂量成线性关系。染色体畸变还包括了肝、骨髓、肺等组织细胞的染色体畸变。表 4.18 给出了 9 例钚职业工作者的外周血淋巴细胞染色体畸变的观察结果。他们的工龄在 6 年以下，体含量在 1.5 kBq 左右。

另有一例伤口污染金属钚及氧化钚的人员，估计初始污染量约为 10 MBq，吸收入血的量为 0.21 MBq。事故后 21 d 扩创切除，切除前伤口局部残留量为 1.1 MBq，切除后伤口局部残留量小于 37 Bq。在事故后 28 ～ 797 d 期间，共检查外周血淋巴细胞染色体 6 次，被检细胞数共 1 485 个，畸变细胞总数为 34 个，畸变率平均为 2.3%（波动范围为 1.25%～7.0%），比同一单位一般人员的染色体自发畸变率(0.44%)高数倍。

表 4.18　9 例钚职业工作者外周血淋巴细胞染色体畸变观察结果

例　号	体含量/kBq	被检细胞数	双着丝点	无着丝点	环
1	1.21	200	1	2	0
2	1.07	200	0	1	0
3	1.08	200	1	2	0
4	1.33	200	0	2	0
5	0.89	200	3	3	0
6	1.18	200	1	2	0
7	0.74	200	1	2	1
8	1.08	500	2	7	0
9	1.63	1000	12	11	0

（2）随机性效应。在钚诱发的随机性生物效应中，致癌效应引起人们的极大关注。大量的不同种系的动物实验表明，钚主要诱发骨肉瘤、肝癌和肺癌。可溶性钚（如硝酸钚等）主要诱发骨肉瘤和肝癌；而吸入难溶性钚（二氧化钚等）时主要诱发肺癌。

骨肉瘤：一般而言，根据动物实验资料，^{239}Pu 致骨肉瘤的下限剂量小于 1 Gy（见表 4.19）。与其他亲骨性核素相比较，^{239}Pu 诱发骨肉瘤的相对生物效应要大得多。若以骨肉瘤相同发生率时的骨骼吸收剂量之比计，如 ^{226}Ra 为 1，^{90}Sr 为 0.1，则 ^{239}Pu 为 10。其差别主要是由于 ^{239}Pu 沉积在骨表面，给予骨表面下 $0 \sim 10\ \mu m$ 处的成骨细胞的照射剂量较大，而成骨细胞对辐射敏感高，容易发生癌变。

表 4.19　^{239}Pu 致骨肉瘤的下限剂量

动物	钚化合物	摄入途径	摄入量/(kBq·kg^{-1})	骨平均剂量/Gy	骨肉瘤发生率/(%)
大鼠	Pu(NO₃)₄·5H₂O	静脉	1.85	0.40	3.9
大鼠	Pu⁴⁺-柠檬酸	静脉	25.9		5.0
大鼠	Pu(NO₃)₄·5H₂O	吸入	0.30	0.17	1.3
大鼠	Pu(NO₃)₄·5H₂O	皮下	3.70	0.46	3.8
大鼠	Pu⁴⁺-柠檬酸	食入	3.70	0.33	3.0
大鼠	Pu⁴⁺-柠檬酸	腹腔		0.34	3.0
犬	Pu⁴⁺-柠檬酸	静脉	0.60	0.78	33.0

肺癌：难溶性钚化合物沉积于肺脏，主要诱发肺癌。大鼠吸入 ^{239}PuO₂ 后的终生观察表明，累积吸收剂量小于 1 Gy 时，肺癌发生率与对照动物相比较无明显差异；当累积吸收剂量超过 1 Gy 时，肺癌发生率明显增高（见表 4.20）。钚诱发的肺癌，多数发生在肺周围区域，这与钚在肺脏的定位是一致的。肺癌的类型主要是鳞状上皮细胞癌、腺癌及血管内皮细胞癌等。

表 4.20　大鼠吸入^{239}PuO$_2$后肺癌发生率与肺吸收剂量的关系

组别	动物数/只	累积吸收剂量/Gy	肺癌发生率/(%)
对照	464	0	0.65
实验	284	0.06	0.35
实验	198	0.11	0
实验	128	0.23	0
实验	89	0.47	3.40
实验	84	0.83	0
实验	33	1.90	12.1
实验	61	3.50	18.0
实验	44	7.40	65.9
实验	74	15.00	77.0

肝癌：肝脏对^{239}Pu的敏感性比骨骼低，肝癌的潜伏期也比骨肉瘤的长。实验发现，给小猎犬注入^{239}Pu–柠檬酸盐溶液后，在较高的剂量组中（11 ～ 110 Bq·kg^{-1}）发生骨肉瘤，未见肝癌发生；而在较低剂量组同时发现骨肉瘤和肝癌。可能的原因是，在高剂量的条件下，动物由于过早的死于骨肉瘤，从而掩盖了肝癌的发生；但在低剂量条件下，骨肉瘤发生率低，动物存活时间长，肝癌就有可能显示出来。因此，对钚职业工作者发生肝癌的潜在危险性不应忽视。

（3）人钚体内污染资料分析。人钚体内污染资料来源有限。这类资料主要包括：一是美国早年注入钚的病人资料，即 1945—1947 年期间，Langham 等人先后给 18 例脑瘤病人注入已知量的^{238}Pu，^{239}Pu钚化合物，随后进行了随访观察。二是事故性钚污染人员的资料。三是美国超铀元素登记处搜集的钚职业及非职业者死后的尸检资料。四是钚职业工作者的定期健康检查资料。五是居民受钚落下灰内污染者。

通过上述资料得到有关结论是：一是以人体器官组织钚浓度计，支气管淋巴结＞肺＞肝＞骨＞肾。二是根据尿钚分析结果估算的体含量比尸检组织分析结果高1～10倍。三是居民受钚落下灰内污染者，肝钚浓度大于骨钚浓度，并发现随着年龄的增长肝钚有累积现象。四是尽管动物实验证实钚具有强列的致癌性，且比镭大，但在人体上尚未得到证实。

4.3　氚的基本物理性质、化学性质和放射毒理特性

4.3.1　氚的基本物理、化学性质

氚是氢的三种同位素中具有放射性的同位素。氕、氘、氚的原子质量分别是 1.007 825 u，2.014 102 u，3.016 049 u。氕、氘、氚的天然丰度（%）分别是 99.985 2，0.014 8，10^{-14}～10^{-15}。常温下是无色无嗅的气体。氚与氕、氘的电子结构相同，所以它具有氢同位素的所有化学性

质,例如,能与多种金属和非金属元素以及一些化合物发生反应。由于它所具有的 β 辐射性质,使其化学性质略不同于氢-1。气态氚能与油、润滑剂和橡胶等许多物质发生剧烈反应,能与各种不同类型的有机化合物分子中的氢发生同位素反应,与聚合物中的氢发生交换反应后,由于氚的辐射,使聚合物硬度增加,同时发生辐射分解。此外,氚不同于氢,它除了通过氧化反应生成氚水,还可以通过同位素交换方式生成氚水,而且同位素交换率通常比氧化速率快。氚在常温下就能与铀激烈反应生成氚化铀,氚化铀在空气中易燃烧,在制造核武器部件时,为避免这一反应,常添加部分钛。

氢的同位素效应。多数情况下,一种元素的多种同位素具有同样的化学性质,但氢同位素及其化合物性质略有不同,这是由于原子质量、自旋及同位素核的其他性质不同而引起的,称为同位素效应。例如,氢同位素原子质量差异导致原子或分子光谱上的同位素位移,用现代光谱仪很容易观测到,利用该特性可以进行氢同位素混合气体组分的定量分析。氢同位素氧化物的物理常数和热力学常数随同位素水分子质量的增加而逐渐变化,例如,从 H_2O 经过 HDO,HDO,D_2O 和 DTO 过渡到 T_2O 时,电离度、粘度、离子迁移率、溶解度的变化非常明显。此外氚水密度明显地高于天然水的密度。氢同位素氧化物密度与温度的关系与普通水相似,但 D_2O 密度最大值在 $11.2°C$ 处,为 $1.106\ \mathrm{kg \cdot L^{-1}}$;$T_2O$ 密度的最大值在 $13.4°C$ 处,密度为 $1.215\ \mathrm{kg \cdot L^{-1}}$,而水的密度最大值在 $3.95°C$ 处,为 $1.000\ \mathrm{kg \cdot L^{-1}}$。

4.3.2 氚的辐射与氚的转化特性

氚的物理半衰期为 $12.33\ \mathrm{a}$,发射 β 粒子后衰变为稳定核素 ^3He,而 ^3He 是单原子气体,1mol 的氚气(T_2)衰变将产生 2 mol 的 ^3He。这一性质表明出于氚气(T_2)衰变而使装有氚气(T_2)的密封容器内压力升高。衰变生成物是 $1.32 \times 10^{-5}\ \mathrm{cm^3(STP, ^3He)/s\ g(T_2)}$ 或 $1.38 \times 10^{-9}\ \mathrm{cm^3(STP, ^3He)/s\ (3.7 \times 10^{10}\ Bq)}$。

氚衰变放出的 β 粒子平均能量是 $5.7\ \mathrm{keV}$,最大能量为 $18.5\ \mathrm{keV}$。氚的放射性比活度是 $355.9\ \mathrm{TBq \cdot g^{-1}}$、$95.9\ \mathrm{GBq \cdot cm^{-3}(STP, T_2)}$ 或 $98.05\ \mathrm{TBq \cdot g^{-1}(T_2O)}$。氚气($T_2$)在 $1.01325 \times 10^5\ \mathrm{Pa}$ 时的放射性密度是 $95.8\ \mathrm{GBq \cdot m^{-3}(0°C)}$ 和 $87.7\ \mathrm{GBq \cdot m^{-3}(25°C)}$。

氚的衰变热为 $0.324\ \mathrm{W/g}$。氚衰变放出 $5.7\ \mathrm{keV}$ 的 β 粒子在能量在标准状态下空气中射程为 $0.036\ \mathrm{cm}$。氚衰变放出的能量 $5.7\ \mathrm{keV}$ 和 $18.5\ \mathrm{keV}$ 的 β 粒子在水中的射程分别为 $0.42\ \mu m$ 和 $5.2\ \mu m$。氚衰变放出的能量 $5.7\ \mathrm{keV}$ 的 β 粒子在不锈钢中的射程是 $0.06\ \mu m$。氚是不需要进行特别屏蔽和冷却的放射性核素。

氚在有关设施的实际工作中,主要的化学形态是氚化水(HTO,DTO,T_2O)和氚化氢(HT,DT,T_2)气体,有机形态的氚和金属氚化物也可能遇到。从对人体危害的角度考虑问题,必须对氧化氚给予足够的重视,同时也应注意工艺设备泄漏渗透的氚气向氚化水的转化。氚辐射的主要危害是内照射危害,它的危害程度与氚的化学状态、摄入方式、摄入途径、与人体组织结合量的多少等因素有关。氚气可以通过氧化和同位素交换反应生成氚化水蒸气。氚气转化为氚化水蒸气的转化速率受氚气的初始浓度、气体的成分、所存在的金属催化作用的影响。表 4.21~表 4.22 分别给出了氚气转化为氚化水的反应速率以及室温下氚气转化的反应速率与所在金属表面的关系,可以看出,在潮湿空气中的反应速率常数变大,反应速率随氚浓度增加而加快,当空气中存在金属催化剂如铝、铂等金属时,反应速率可增加 1~2 个量级。对于氚气被释放进入环境大气中的情形,除上述的氧化和同位素交换反应外,还应考虑太阳光、植物、土壤等的转化作用。由于大气中的氚浓度极其稀薄,反应速率被认为是在(0.2%～2.8%)/d 的范围内。若按 1%/d 估计,将释放进入大气中的氚的 99%转化为氚化水也约需要 500 d,因此,从保护环境角度考虑对氚气的包容与去除措施是很重要的。

表 4.21　氚气转化为氚化水的反应速率

气　体	氚气浓度/ $(3.7 \times 10^{10}$ Bq $\cdot$ L$^{-1})$	反应速率 α(HTO)/ dt$(3.7 \times 10^{10}$ Bq $\cdot$ s$^{-1})$
$T_2 + H_2 + O_2$	95～328	1.98×10^{-6}(T$_2$)
$T_2 + H_2 + Ar$	0.09～90	1.7×10^{-8}(T$_2$)
$T_2 + O_2 + N_2$	0.018～1	3.30×10^{-7}(T$_2$)
$T_2 + O_2 + H_2O$	≤1	1.2×10^{-6}(T$_2$)
$T_2 +$干空气	0.015～0.8	1.7×10^{-7}(T$_2$)
$T_2 + H_2 + He, N_2, Ar, Kr$	0.05～0.7	4.2×10^{-7}(T$_2$)
$T_2 + H_2 +$干空气	6×10^{-4}～600	1.7×10^{-8}(T$_2$)

表 4.22　室温下氚气转化的反应速率与所在金属表面的关系

金　属	反应速率/(C^{-1}h^{-1})		
	干燥空气	湿润空气	$K_H - K_D$
无	5.6×10^{-4}	2.9×10^{-3}	2.3×10^{-3}
黄铜	6.0×10^{-4}	8.6×10^{-2}	8.5×10^{-2}
钢	4.2×10^{-3}	6.1×10^{-2}	5.7×10^{-2}
铝	3.9×10^{-3}	9.6×10^{-3}	5.7×10^{-2}
铂	2.4×10^{-2}	8.4×10^{-1}	8.2×10^{-1}
黄铜(氧化)		6.5×10^{-2}	
钢(氧化)		7.4×10^{-2}	

4.3.3　氚与材料的化学和辐射分解反应

氚能够直接地或通过同位素交换间接地同包容材料中范围很宽的化合物发生化学反应。由于氚释放的平均能量为 5.7 keV 的 β 粒子载带的能量比破坏化学键所需要的能量高 1 000 倍,因此,与氚的许多反应是辐射分解催化的。氚与材料的化学和辐射分解反应主要包括腐蚀、结构材料的退化、挥发性氚化合物的产生。

腐蚀。氚同含有卤素的物质如聚四氟乙稀和 Kel—F(三氟聚氯乙稀,一种在阀门紧固密封和垫圈中使用的材料),以及与氟化的泵油作用,能产生氚化的腐蚀性含卤酸。聚四氟乙稀或 Kel—F 暴露于 T$_2$ 气氛下产生 TF 酸,它在玻璃系统中可产生 SiF$_4$ 气体。而在高丰度氚操作中,T$_2$ 的存在与 O$_2$ 的存在是不相容的,所以应当尽量避免有氧气。高浓度氚化水的生成,可能会渐次同金属相作用。由于过氧化物的衍生而产生严重的腐蚀。T$_2$ 还可能通过与含氧的某些有机物和矿物氧化物之间的相互作用而生成氚化水,T$_2$ 与湿气之间的同位素交换是生成氚化水的另一种机制。由于 HTO 相对于 HT 有高得多的放射性毒性和高浓度氚水腐蚀的可能性,在 T_2 操作系统中清除 O_2 和湿气是重要的。

结构材料的退化。氚在结构材料中的渗透和溶解,以及随后同它们发生的化学和辐射分解相互作用,导致结构性能退化,可能使氚包容系统失效和产生污染控制问题。可能的后果包括:

(1)金属的氢化与脆裂。

(2)同玻璃的反应,导致 $Si-O-Si$ 链的断裂,而形成 $Si-OT$ 和 $Si-T$ 链,由此造成机械特性的劣化。

(3)同有机物质,如塑料、合成橡胶和油的反应,导致合成橡胶变硬,油黏度变化,以及腐蚀性或挥发性氚化合物的产生。

挥发性氚化合物的产生。氚同钢材中碳以及钢管和容器内表面的薄油膜相作用产生氚化甲烷和其他的氚化碳氢化合物。通过表面氧化或辐射分解催化氧化以及通过与空气中或吸收在材料中的湿气的同位素交换,HT 转化为 HTO。氚还可以同氮,并可能与含氮的材料相互作用而产生氚化氨。

4.3.4 氚气的渗透特性

氢气或氚气在几乎所有的材料中都有某种程度的溶解度。从安全的观点分析,较高的溶解度可能意味着包容材料中有较高的氚盘存量和废物污染水平以及向外部的释气问题。在材料中较高的氚浓度也会导致因化学或辐射分解反应可能造成的结构性能退化的速率增加。

在许多材料中氢气以分子 H_2 溶解,这类材料有有机聚合物和低于 150℃ 的玻璃,其溶解是吸热型且直接正比于压力。在 300 K 时,H_2 在聚合物中的溶解度近似为 0.1 cm^3(STP)·cm^{-3},比在玻璃中高 10～100 倍,聚合物中唯一容易溶解比氢分子大的含氢分子的材料。氢以原子形式在金属中溶解。在非氢化的金属晶格中,氢显然与金属导带中的电子在一起,以质子、氘或氚核存在。由于一些金属是吸热型氢吸收体,而另一些是放热型的,在室温下的溶解度有近 10～15 个量级的变化。

氚穿透其包容物的度量是引入渗透速率。渗透率系数(Φ)是氚最终如何快地穿透其包容物的一种量度,渗透率系数是氚在材料中扩散系数和溶解度的积。氚气在材料中渗透率增高的顺序是:陶瓷、石墨、硅酸盐、非氢化金属、氢化金属和聚合物。氚化水(水蒸气)的渗透,对金属材料而言不会成为问题。在常温下氚气透过不锈钢的渗透量可以忽略。但氚化水(水蒸气)通过高分子材料的渗透不容忽视,对于有代表性的手套材料如天然橡胶、聚丁基橡胶、异丁橡胶等进行的研究表明,氚化水(水蒸气)的透过率比氚气高 2 个数量级,对氚化水和氚气而言,异丁橡胶的透过率最小,为了减小氚化水通过手套材料的渗透,防止手套箱内氚化水蒸气的生成是重要的,应采取有效措施连续除去手套箱内保护气氛中的水分或氧气。

氚在多数有机物及组织中有极强的渗透、扩散能力,而且在金属材料中也有较强的渗透、扩散和吸附能力。棉衣是最易被透过。用聚氯乙稀做的单层或双层塑料衣服,其渗透程度随着氚的浓度增加,氚也易溶解于铀和钯等金属中,溶解程度随温度升高而增加。相比而言,氚不容易透过氯丁橡胶、烷基聚硫类塑料及商品聚硫橡胶,氚在铝中的渗透能力要比在其他金属中小几个数量级,所以,在考虑同位素所渗透损失和防护问题时,必须选用上述对氚渗透性小的材料。

4.3.5　氚的包容、处理与防护

从安全的角度分析,由于氚的上述各种特性,产生了一些特殊的问题。这些问题包括氚的包容、处理与防护等。

在氚的包容设计中,材料的选择和处理是一个重要的内容:

(1)金属:在氚存在的情况下,对非氢化金属而言,由于电子键载走了碰撞的 β 粒子能量而没有破坏金属的结构或价键,其结构具有很好的完整性,这些金属组成了一类最常用的氚包容结构材料。然而在高压氚气气氛中可能发生经典的氢脆裂以及 ^{3}He 脆裂。一般温度低于 100 ～ 300℃、厚度大于 0.1 cm 情况下氚通过这类金属材料的渗透率是可以接受的。因此,对于大多数氚处理管道系统推荐的结构材料是奥氏体不锈钢,典型为具有低碳含量的 304 或 316。铜和铝由于具有比钢较低的氚渗透率也被应用于低压系统,但在较高温度下的强度与抗卷性较低,同时难于与其他材料制的部件可靠焊接在一起限制了它的应用。金属与氚之间的频繁发生的交叉污染是一个麻烦。因此,将交叉污染减到最小的办法只能减小材料的表面积,选择具有薄的或没有氧化层的不渗透材料,进行表面清洁处理和保持表面清洁。

(2)有机物:在氚系统设计时,由于有机物如塑料、合成橡胶和油等容易被氚渗透导致整体化学性质受到破坏,必须考虑某些结构部件,如垫圈、阀头和 O 型圈发生可能因氚污染而造成的损坏。解决的办法是尽量使用金属垫圈,将暴露的表面积减小最小并使用如聚酰亚胺等无氟材料。

在氚的包容设计中,手套箱系统是一个次级包容系统。次级包容系统的作用应当是保护工作人员和环境方面都具有良好作用的系统。对手套箱的设计是一个较为复杂的问题,但必须考虑氚的处理容量、氚的形态、内部气氛等因素。用于处理大量氚的手套箱,通常是由不锈钢焊接(如 304 型)或铝制成高度完整的封闭物,侧面留有适当数目的观察窗和手套接口。金属一般为 0.32～ 0.48 cm 厚,顶角和边缘加成圆弧形,表面平滑光洁。窗材料可以是层压安全平板玻璃,9～ 12 cm 厚,采用聚乙酸盐。窗玻璃用软橡皮垫圈同不锈钢手套箱本体连接,保证良好的密封性和低的渗透率。手套箱的手套根据具体情况进行选择,注意手套的耐磨性,对氢气和水渗透的阻挡性。手套箱气氛是选用空气还是惰性气体应根据安全进行考虑,如空气气氛便宜且比惰性气氛易于保持,但氚气向手套箱内释放可能产生爆鸣混合气体,空气中的氧气还可能导致手套箱内较高的 HTO 浓度。

对氚的防护问题:由于氚的 β 射线能量很低,不会对人体构成外照射危害,主要是考虑内照射防护。由于氚较活泼,具有较强的交换、渗透和扩散能力,因此给防护带来了困难。对氚的防护原则是,尽可能避免或减少氚通过各种途径进入人体,采用的方法有下列几种:

(1)穿戴个人防护用品。防护用品包括手套、口罩、工作服、凡士林油脂等。工作服可采用棉织品,利用其本身的交换和吸收作用阻止氚蒸气,防止同皮肤接触。口罩应采用静电滤膜制的高效过滤口罩,部分地滤掉氚水蒸气。手套应采用渗透率很低的防护手套,医用乳胶手套及一次性塑料手套不能满足要求,补救的办法是手及前臂涂凡士林等油脂类,然后依次戴上细纱手套和医用手套,操作一段时间后,洗去油脂,更换新手套。

(2)工作环境。一些高温、高压、高浓度氚的操作,一定要在手套箱等密封容器内进行,尽量保持负压。一般实验操作,尽可能在通风柜内进行。工作环境要加强通风,保证有足够的通

风量和换气次数,同时加强环境空气中氚浓度的监测。

（3）氚的去污。经常性地对工作场所和仪器设备进行去污处理,可有效地减少氚对工作人员造成的内照射剂量。氚污染可分为氚水及氚水蒸气污染、氚气污染、含氚粉尘等。去除氚污染的办法可分为热处理去污、化学试剂去污和覆盖去污等。热处理特别适合于不锈钢、铁、铜、铅、铝等金属工具或设备的去污,加热温度因材料而异,一般在 $100\,^{\circ}\mathrm{C} \sim 300\,^{\circ}\mathrm{C}$ 之间,时间 $3 \sim 5$ min,淬火方式有空气冷却、热水淬火和洗涤剂溶液淬火等,采用洗涤剂或热水淬火可使加热处理后残余进一步下降 50% 以上。另外,氚钛粉尘污染及水磨石地面污染也可用热处理的办法。化学试剂去污适用于精密仪器设备或大面积的氚表面污染去污。依照去污能力的大小排列,常用的化学去污剂有 $5\%\mathrm{EDTANa_2}$ 或 5% 六偏磷酸钠溶液、酒精和水。实际操作时应先用热水擦洗,然后用酒精,最后用 $\mathrm{EDTANa_2}$ 擦洗。由于氚有较强的渗透能力,表面去污一时间后,内部的氚又会释放到表面造成再污染。此时可用一些材料覆盖,如油漆、油脂、聚氯乙烯及氯丁橡胶等,吸收释放出来的氚,避免人体接触污染表面而摄入。如果采用两类材料组成双层覆盖层效果更好,下层是与氚亲和能力较强的材料,如聚氯乙烯塑料、普通橡胶或有机玻璃,外层用部分阻氚能力较强材料。

4.3.6 氚的放射毒理学特性

1. 氚的吸收与体内代谢

（1）氚的吸收。在环境中,氚主要以氚水（HTO）、氚气（HT）以及氚有机化合物（OBT）形式存在。胃肠道、呼吸道和皮肤粘膜等都能吸收氚水。

食入:环境中的氚通过氚污染食物和饮水进入人体后,氚水经过 $40 \sim 45$ min 就被完全吸收。吸收部位主要在小肠,它吸收的氚水量要比大肠高 4 倍。97% 的氚水是通过肠粘膜毛细血管吸收到门静脉系统,然后分布到全身,通过毛细淋巴管吸收仅占 3%。食入氚标记的有机化合物和 DNA 前身,相当大的份额在胃肠道内分解生成氚水。如食入氚标记的胸腺嘧啶核苷（$^3\mathrm{H - TdR}$）,90% 以上在胃肠道分解,真正掺入 DNA 的仅占食入量的 2%。有机结合氚也可通过胎盘转移到胎儿中。由于人类食入的各种分子成分中,OBT 的确切比例是未知的,可以假定,进入血液的 OBT,其 50% 具有氚化水滞留主要组分相同的代谢行为,另 50% 是与碳形成键结合而服从碳的一般代谢行为。

吸入:氚水、氚气以及氚有机化合物等均可由呼吸道进入人体。对于氚水,由于肺泡面积很大,每立方厘米空气可与 $500\ \mathrm{cm^2}$ 气－血交换表面接触,所以吸入氚水蒸气能够全部扩散到血液。当空气中氚水浓度为 $C\ \mathrm{Bq/m^3}$ 时,参考人呼吸速率为 $2\times10^{-2}\ \mathrm{m^3 \cdot min^{-1}}$,吸入氚水的速率为 $C\times2\times10^{-2}\ \mathrm{Bq \cdot min^{-1}}$,相当于每分钟吸收 20 L 空气中的氚水。人体吸入氚气的危害相比氚水要小得多,这是由于氚气在血液中的溶解度很低,吸收入血氚量仅占吸入量的 1.6%,而且廓清很快（半廓清期约 1 h）,血液中氚氧化为氚水的量仅为入血氚量的 0.6%,因此,吸入氚对组织的剂量仅有同等浓度氚水蒸气的万分之一。表 4.23 给出了大鼠吸入氚水或氚气后血液中氚浓度的比较。对氚有机化合物,在通常情况下,多数有机氚不会挥发,因此以蒸气形式被吸入的可能性很小,但一旦进入肺内则可不经化学变化就能迅速完全转移到血液中;而氚气溶胶形式的吸入,则由于其 β 射线的能量会全部或大部消耗在粒子本身,作用不到呼吸道中的敏感细胞。

表 4.23　大鼠吸入氚水或氚气后血液中氚浓度的比较

氚化合物	吸入时间/min	空气中氚浓度/(Bq·cm^{-3})	血液中氚浓度/(Bq·g^{-1})
HTO 蒸气	140	0.37	0.051
HT	137	370.00	0.027

体表污染：体表污染的氚可以经浸渍和扩散作用透过皮肤。皮肤吸着氚水，然后转移入血的过程称为浸渍作用；氚水从浓度高的一侧穿过膜层向浓度低的一侧移动称为扩散作用。接触氚水蒸气时，布料服装的阻挡作用很小，形同全身皮肤暴露于氚水蒸气中，氚水经扩散作用进入体内。经皮肤的氚水吸收率为 $C \times 1 \times 10^{-2} Bq \cdot min^{-1}$，相当于每分钟吸收 10 L 空气中的氚水。氚气在皮肤上不易转化为氚水，被皮肤的吸收量很小，可以忽略不计。

（2）氚在体内的分布和滞留。氚无论经哪个途径进入人体，在体内的分布主要取决于氚的化合物种类，即氚水和有机结合氚。

氚水的行径与体内水份一样，在全身呈现相对均匀分布，含水量多的组织，氚含量相对较多。血液中氚浓度达到峰值的时间，因摄入途径和接触时间而异。如静脉注射后 10 min，氚水便在血液中混合均匀；经皮肤吸收的，2 h 内血液中氚水达到峰值浓度；饮氚水后数分钟内氚就会出现在血液中。

通过同位素交换或酶促反应，体内氚部分掺入到有机分子中，成为组织结合氚。凡与有机分子中的氧、氮、硫和磷结合的氚，容易与水体中的氢再交换出来，这种有机结合氚称为"可交换的有机结合氚"；凡与有机分子中的碳结合的氚，由于它是通过酶促反应而与碳结合的稳定性强，通常只有碳原子的分子发生酶传递断裂之后才能被释放，因而与碳结合的氚不易再交换出来，这种有机氚称为"牢固的有机结合氚"。骨髓和肾上腺中牢固的有机结合氚比其它组织的多，这可能与这类组织的合成旺盛有关。

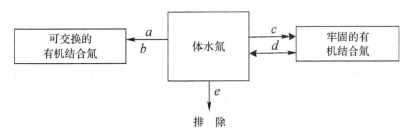

图 4.4　氚水在体内分布三室模型示意图

氚水在体内分布的代谢动力学，可用三室模型描述，如图 4.4 所示。氚水在体内滞留量与时间的关系可用 3 个指数函数之和表示，即

$$R(t) = \sum_{n=1}^{3} A_n \exp(-0.693t/T_{bn}) \qquad (4.12)$$

式中，T_{b1} 代表体内体水氚的半廓清期，实验结果为 6 ～ 18 d；T_{b2} 代表可交换的有机结合氚的半廓清期，实验结果为 21 ～ 34 d；T_{b3} 代表牢固的有机结合氚的半廓清期，为 250 ～ 550 d。A_1，A_2，A_3 分别代表三个隔室中的氚在体内总氚量中所占份额。表 4.24 给出了小鼠体内主要脏器氚滞留动力学参数。结果表明，A_2，A_3 同 A_1 相比是很小，据估计二者合在一起只贡献总

剂量的 10%。所以,1979 年 ICRP 第 39 号出版物曾推荐采用一项指数函数来描述,其生物半排期为 10 d。ICRP 第 56 号出版物推荐采用两室模型,其摄入氚化水和有机氚的滞留函数中的参数如表 6.25 和表 6.26 所示。

表 4.24　小鼠体内主要脏器氚滞留动力学参数

组织	n = 1		n = 2		n = 3	
	A_1/kBq	T_{b1}/d	A_2/kBq	T_{b2}/d	A_3/kBq	T_{b3}/d
脾	116.2	2.5	2.4	14.7	0.28	373
肝	121.8	2.5	1.6	13.9	0.05	187
肠	133.8	2.2	1.4	15.7	0.09	558
肺	112.8	2.5	1.7	16.2	0.05	211
肾	117.0	2.3	2.1	15.2	0.10	558
心	112.5	2.6	2.3	15.2	0.30	1033
脑	121.0	2.5	5.0	10.8	2.82	147

表 4.25　ICRP 第 56 号出版物推荐两室模型中摄入氚化水的生物动力学资料

年龄	f_1	全身分布/(%)		生物半排期/d	
		A_1	A_2	T_{b1}	T_{b2}
3 个月	1	97	3	3.0	8
1 岁	1	97	3	3.5	15
5 岁	1	97	3	4.6	19
10 岁	1	97	3	5.7	26
15 岁	1	97	3	7.9	32
成年	1	97	3	10.0	40

表 4.26　ICRP 第 56 号出版物推荐两室模型中摄入有机氚的生物动力学资料

年龄	f_1	全身分布/(%)		生物半排期/d	
		A_1	A_2	T_{b1}	T_{b2}
3 个月	1	50	50	3.0	8
1 岁	1	50	50	3.5	15
5 岁	1	50	50	4.6	19
10 岁	1	50	50	5.7	26
15 岁	1	50	50	7.9	32
成年	1	50	50	10.0	40

(2) 氚的排除。HT 由呼吸道进入人体后,绝大部分立即随呼气被排出,溶入血液的部分约有 80% 在 1.5 h 内也被呼出。进入体内的 HTO 和体内的水分一样代谢并随尿、呼气和汗排出,唾液、乳汁、粪中也含有少量氚水。依标准人,人体内水分的总容积为 42 000 mL。若每天

摄水量(包括有机物氧化生成的水)为 3 000 ml,则体水氚的有效半排期为 10 d。体水氚的生物半排出期可因环境温度、劳动强度、年龄等因素的差别而异,凡能影响人体水代谢的因素,都能影响体水氚的半排期。

　　我国曾报道了 7 例事故性单次摄入的实例,并采用二室模型分析氚水在体内的代谢过程,得到了隔室转运速率常数 α,β,γ 值,其值列于表 4.27 中。α 代表体水氚向有机结合氚的转移,β 代表有机结合氚向体水的转移,γ 代表体内氚的排除。将初始入体氚归一化后,得到例 4 体水氚隔室和有机结合氚隔室中氚的相对滞留量 $x(t)$ 和 $y(t)$,并示于图 4.5 中。从图可以看出,开始体内氚主要是体水氚,随着时间的延长,体水氚相对滞留量不断地减少,有机结合氚相对滞留量不断增加,到 20 ~ 30 d 时,有机结合氚相对滞留量达到峰值,随后体内氚主要是有机结合氚。通过氚监测150 ~ 200 d,拟合的尿氚排除函数为如下公式表示的二项指数函数。式中有关参数如表 6.28 所示,T_{b1} 定量的反映转运速率常数 γ。

$$Y_u(t) = A\exp\left(-0.093t/T_{b1}\right) + B\exp\left(-0.693t/T_{b2}\right) \tag{4.13}$$

表 4.27　7 例事故性单次摄入氚水后隔室转运速率常数 α,β,γ 值

例　　号	转运速率常数 /d^{-1}		
	α	β	γ
1	0.002 2	0.017	0.074
2	0.003 6	0.033	0.086
3	0.002 9	0.015	0.098
4	0.001 0	0.015	0.085
5	0.004 4	0.020	0.080
6	0.001 8	0.013	0.060
7	0.002 4	0.028	0.065

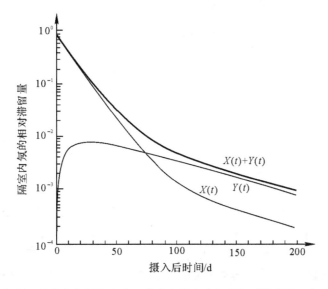

图 4.5　例 4 中体水氚隔室和有机结合氚隔室中氚的相对滞留量 $X(t)$ 和 $Y(t)$

表 4.28　7例事故性单次摄入氚水后尿氚排除函数的有关参数

例　号	参　数			
	A	B	T_{b1}	T_{b2}
1	0.989 9	0.010 1	9.00	42.5
2	0.967 1	0.032 9	7.56	22.5
3	0.994 2	0.005 8	6.84	48.5
4	0.997 0	0.003 0	8.10	46.5
5	0.979 7	0.020 3	8.10	37.0
6	0.991 2	0.008 8	11.10	57.0
7	0.962 9	0.037 1	10.0	26.4

　　另外,我国还报道有另外特别的一例尿氚排泄资料。在一次意外事故中,该例手部直接误触了吸附有氚的金属元件和蘸有乙醇的氚污染了的废脱棉。对其观测得到的尿氚排泄资料为图 6.6 所示。分析表明,在最初的几天内尿氚的排泄速率很高,其半排期为 0.2 ~ 0.4 d;4 d 后尿氚排泄速率变慢,其半排期为 8.9 d;通过皮肤吸入的氚其先质可能是氚的某种化合物如氚乙醇。

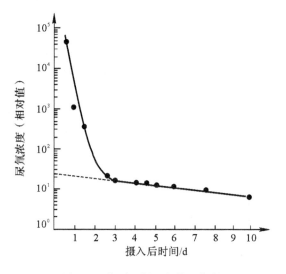

图 4.6　特别一例尿氚排泄资料

2. 体内氚污染的生物效应

　　在放射性核素的毒性分组中,氚气(HT)、氚水(HTO)、氚有机化合物(OBT)、甲烷氚等属于低毒组。有关氚对机体的损伤效应,人的资料有限,大量的资料还是来自于动物试验。比较 HT 和 HTO 对机体损伤效应的研究,氚水的毒性约为氚气的 520 倍。进入 DNA 分子中的氚更新缓慢,对人体危害更大。氚进入生物体后,在其衰变过程中对机体形成内照射,其 β 射线如其他低 LET 辐射一样,可引起确定性效应和随机性效应,但由于氚 β 粒子有能量低、射程短、电离密度大的特点,其相对生物效应一般均大于1,并因不同生物终点而异。

(1)确定性效应。致动物的急性损伤效应:家兔口服氚水 9.25 kBq·g^{-1},在 10 d 内即可见到血红蛋白、红细胞、白细胞和网织红细胞的数量明显下降;一次口服氚水 11.1 MBq·g^{-1},可引起轻度放射病;若口服量为 14.8 MBq·g^{-1},则可发生重度急性放射病。初期呈现造血系统损伤,极期呈现感染和出血症候群,动物萎靡衰竭,至 33～45 d 死亡。

对细胞的损伤效应:将 ^{3}H—TdR,^{3}H—赖氨酸和氚水分别加在细胞培养液细胞,观察细胞存活率,发现 ^{3}H—TdR 的细胞致死作用最强,而赖氨酸主要用于合成染色体上的组蛋白,氚水则在细胞中均匀分布。这主要是由于转换突变的作用,即 DNA 上的氚衰变为 ^{3}He 引起了 DNA 分子结构的改变。

对生殖细胞的影响:生殖细胞对氚很敏感。例如小鼠和猴饮用氚水所致的连续照射,卵巢中初级卵母细胞存活率与氚剂量成负相关。在同样条件下,初级卵母细胞比精原细胞的辐射敏感性更高。这是由于雌性的卵母细胞在出生后不再增殖,在胚胎期掺入胎儿卵母细胞中DNA 的氚,在整个成年期都保留,虽然比放射性活度很低,但在 DNA 中可累积较大的剂量。而雄性生殖细胞在整个成年期不断分裂,细胞周期短,其累积剂量要比雌性细胞低。

致染色体畸变:氚 β 粒子诱发淋巴细胞染色体畸变的类型决定于受照细胞所处的细胞周期,照射 G_0 期细胞诱发染色体型畸变,照射 S 期和 G_2 期细胞诱发染色单体型畸变,剂量与效应关系为线性相关。氚致染色体畸变还与氚化合物形式有关,因为不同氚化合物在体内的生物转化有差异。

对后代的影响:用氚水喂养怀孕大白鼠,在整个妊娠期间,使体水氚浓度保持稳定,各组动物体水氚浓度为 37～37×10^2 MBq·L^{-1},胚胎的吸收剂量率为 3×10^{-3}～3×10^{-1} Gy·d^{-1},总剂量 6.6～6.6×10^2 Gy。结果表明,各剂量组新生鼠的外形正常;体内氚浓度为 370 MBq·L^{-1} 组的新生鼠的性腺和脑重量减轻;体水氚浓度大于 740 MBq·L^{-1} 组其胚胎发育停滞,新生鼠身长、体重下降,器官重量普遍减轻;体水氚浓度为 3.7×10^3 MBq·L^{-1} 组,死胎增多,产仔数减少。

(2)随机性效应。由于 HTO 与体液一样均匀地分布于体内,所以对机体基本上构成全身均匀性照射,没有特殊的选择性靶器官,像其他低 LET 辐射一样,它可以作用于细胞中的DNA,激活癌基因,抑制抑癌基因,降低细胞的免疫活性,引起细胞的突变和肿瘤的发生。动物实验都证实,氚水和有机氚化合物均有致癌作用。如给幼小鼠注射 ^{3}H—TdR,小鼠肿瘤的发生率明显增加,其中以淋巴肉瘤为主,其次是肝癌和甲状腺癌;长期使小鼠饮低浓度 HTO时其白血病和其他肿瘤发生率增加。

虽然辐射在人群中诱发遗传效应尚缺乏直接证据,但大量动物实验已经证实,氚水内照射既可引起基因突变,也可引起生殖细胞染色体畸变。例如,给 10 周龄雄性小鼠注射氚水839.9～4 521.4 kBq·g^{-1},35 d 时与正常雌鼠交配,受孕后 19 d 检查 F1 骨骼发育情况,发现有缺肋、少肋、弯曲肋、并肋、点状肋、胸骨发育不全和骨骼过早化等突变。而且 F1 骨骼突变率随注射氚水活度增加而增加。又如,给雄性小鼠注射氚水后,其初级精母染色体畸变率明显升高,也与氚的剂量成正比相关。

(3)氚的相对生物效应及低水平氚暴露对人体健康危害的危险度。不同种类不同能量辐射小剂量照射诱发随机性效应的 RBE 受许多因素影响,这些因素有:辐射的传能线密度,剂量率,剂量分布,受照组织的含氧量以及所论的生物终点等。

根据理论计算,ICRP 将氚 β 粒子的 RBE 定为 1.0。但许多实验结果表明,氚水内照射的致癌、致畸和致突效能,与 X 射线相比为 1.8;与 ^{137}Cs 或 ^{60}Co 相比为 2.3。

至于低水平氚暴露对人体健康危害的危险度,根据人群受低水平 X 射线或 γ 射线照射而引起肿瘤、遗传效应和宫内照射所致胎儿智力低下的辐射流行病学数据,并参照氚的 RBE 值可以做如下估计,即:受氚水低水平内照射的终生危险,因发生致死性癌症的危险度为 $8.1 \times 10^{-5}/\text{mGy}$;受照后在第一子代发生遗传效应的危险度为 $7.9 \times 10^{-6} \, \text{mGy}^{-1}$;胚胎在宫内受低水平 HTO 照射时,出生后发育低下的危险度小于 $4.00 \times 10^{-4} \, \text{mGy}^{-1}$。低水平有机结合氚内照射对人体健康的危险度估计值约为氚水的 2 倍。

(4)急性损伤病例。急性氚水中毒时表现为急性放射病。氚水对人的致死量约为 740 GBq。在文献中曾报道过两批从事生产氚水发光涂料的工作人员受到严重氚照射的情况。在第一批的 4 例中,有一例在 8 年中曾处理过 277 TBq 的氚气和氚水,其中有一半左右的氚是以气态或蒸气状态释放于工作环境中,其尿氚浓度为 $5.18 \sim 41.4 \, \text{MBq} \cdot \text{L}^{-1}$ 的范围,估算总剂量约为 3.0 Gy;该例在工作末期出现了倦怠、恶心等症状,红细胞进行性减少,最后死于再生性全骨髓细胞减少症;尸检测定尿和其他体液中氚浓度为 $4.1 \, \text{MBq} \cdot \text{L}^{-1}$,而干燥骨髓或睾丸的氚含量约为 0.888 MBq/kg。另一例接受剂量约为前一例的一半,在工作 3~4 年后也出现了中度贫血。第二批有 3 名工作人员受到氚的严重照射,3 年中共接触了 10^2 TBq 的氚,其中一例在第 3 年因恶心、倦怠等症状停止工作,一年多后死于骨髓性细胞减少症;此例生前尿氚浓度为 $1.96 \sim 4.33 \, \text{MBq} \cdot \text{L}^{-1}$ 的范围,估算 3 年总剂量约为 10 Gy;尸检测定组织中的尿浓度为尿氚浓度的 6~12 倍。以上两例与氚有关的死亡病例,以往还曾有 ^{226}Ra 和 ^{90}Sr 的作业史。

复 习 题

1.自然界中有铀的三种同位素:^{234}U、^{235}U、^{238}U,其丰度各为多少?

2.金属铀为银白色金属,密度、熔点、沸点为多少?

3.铀块与沸腾的水作用生成产物是什么?

4.武器级铀同位素主要有 ^{234}U、^{235}U、^{238}U,其辐射种类和能量有什么特点?

5.对裸的高富集度铀的金属球,^{235}U 的临界质量是多少?无限厚水反射的高富集度铀金属球,^{235}U 的临界质量是多少?带无限厚水反射层的高富集度铀水系统,^{235}U 的最小临界质量为多少?

6.铀在肾脏内、铀在肺中的滞留的特点是什么?

7.铀在体内的滞留、分布的动力学模型是什么?

8.铀对呼吸道损伤的特点是什么?

9.钚为一种银白色的具有金属光泽的金属,类似于铁和镍,其熔点和沸点是多少?

10.钚的密度随相变而异,在室温和熔点之间存在几种同质异形体?名称各是什么?

11.武器级钚材料中各种钚同位素及其它核素辐射特性有什么特点?

12.在反射层为 20cm 厚的水时 ^{239}Pu 的临界质量为多少?在无反射层时时 ^{239}Pu 的临界质量为多少?

13.钚在体内分布特点是什么?

14.钚在体内的滞留、分布的动力学模型是什么?

15. 体内钚污染的生物效应是什么?

16. 氕、氘、氚的天然丰度(‰)分别是多少?

17. 氚衰变放出的 β 粒子平均能量和最大能量各是多少?

18. 从安全的角度分析,氚的管理会有一些特殊的问题,其主要问题是什么?

19. 氚在体内的分布和滞留特点是什么?

20. 体内氚污染的生物效应是什么?

第5章 外照射剂量计算和防护方法

外照射是指辐射源处于机体之外所产生的照射。其特点是当机体处于辐射场中时,辐射才对其产生作用;当机体离开辐射场后,就不再受外照射。确定人员外照射剂量和采用有效的防护措施是辐射防护工作的重要内容。因此,本章对外照射剂量计算和防护方法进行简要介绍。

5.1 外照射剂量计算方法

5.1.1 外照射剂量计算方法概述

外照射剂量计算是进行辐射防护的基础。外照射剂量计算中有几个方面的因素必须考虑:

(1)辐射源的特性。从辐射源的体积区分可以有放射性点源和放射性体源;从辐射源辐射的射线区分可以有 X 源、α 源、β 源、γ 源、中子源等单一源或混合源。在外照射剂量计算中需要考虑源的这种特性。如对于放射性体源,应当考虑源的自吸收和散射的影响。

(2)照射对象的特性。辐射作用的对象是复杂多样的,因此,可以有不同的分类。照射对象可以是无机物,也可以是有机物;可以按实际将照射对象抽象为一个"点",也可以按实际具有一定形状和体积的对象进行计算。照射对象可以是人,也可以是其他动物。这就要求外照射剂量计算要考虑照射对象的这些特性。

(3)除辐射源、辐照对象之外在辐射场存在的其他介质的影响。由于射线与物质的相互作用,可以知道在辐射场中若存在除辐射源、辐照对象之外的其他介质,则由于其他介质的特性可能会影响剂量计算的结果。

(4)照射几何条件。在计算人体受照射时,要考虑受照时的照射几何条件。如在蒙特卡罗方法计算剂量中归纳了一些典型的照射几何条件如前面(AP)照射、背后(PA)照射、侧面(LAT)照射、旋转(ROT)照射、各向同性(ISO)照射。

(5)计算方法的选取。外照射计算的简便方法是解析法,该方法对于处理简单的剂量计算问题是方便的,但随着问题复杂程度的增加,所产生的数学表述也越来越困难。第二种是蒙特卡罗方法,该方法可以解决较为复杂的剂量计算问题。第三种方法是为方便某些特定剂量计算的需要而建立的图表法或剂量换算因子法。如用于医学治疗剂量估算的基于实验的经验分析方法。

考虑实际问题的复杂性,外照射剂量计算方法具有多样性和复杂性的特点,这是进行剂量计算应注意的问题。为了掌握剂量计算的基本原理,本章仅就有关的剂量计算方法进行简要介绍,重点是点源剂量计算的解析法以及复杂人体剂量计算的蒙特卡罗方法。

5.1.2　γ 放射性点源对空间空气或其他介质点所产生剂量的计算方法

在实际工作中,当一个放射源的线度远小于源至计算剂量点的距离(一般选取 5 倍以上),该放射源就可以当做一个没有体积和大小的"点"源处理。从物理上讲,这种处理其本质是剂量计算时不需要考虑源体对自身辐射的吸收和散射,由此而引入的误差要求在 5% 以内。由于实际工作中,大多数 γ 辐射源都可以作为点源处理,同时任何其他形状的放射源从数学上都可以认为是点源的集合,因此,点源的剂量计算方法具有重要的基础作用。γ 放射性点源对空间空气或其他介质点所产生剂量的解析计算方法主要有以下两种方法。

(1)通过测量或计算 γ 放射性点源在空气中某空间点产生的粒子注量率,来计算空气中某空间点的吸收剂量率,其计算公式为

$$\dot{D}_{air} = 3.6 \times 10^6 \times 1.602 \times 10^{-13} \times \varphi(\mu_{en}/\rho)E_\gamma \tag{5.1}$$

$$\varphi = A/4\pi r^2 \tag{5.2}$$

式中,φ 为 γ 放射性点源在空气中某空间点处产生的 γ 注量率,光子 $m^{-2} \cdot s^{-1}$;μ_{en}/ρ 为 γ 射线在空气中的质能吸收系数,$m^2 \cdot kg^{-1}$;E_γ 为 γ 放射性点源放出的 γ 射线的能量,MeV;A 为 γ 放射性点源的放射性活度,Bq;r 为 γ 放射性点源与空气中某空间计算剂量点之间的距离,m;$\dot{D}_{air}$ 为 γ 放射性点源在空气中某空间点处产生的吸收剂量率,$mGy \cdot h^{-1}$。

上述公式是对辐射能量为单能的 γ 放射性点源而言。而在实际中,放射性点源辐射的 γ 射线可能是多能或具有谱分布。因此,在这种情况下,剂量计算时可采用加和或积分形式。另外,上述方法实际上是一种间接计算剂量的方法。

(2)通过引入照射量率常数,建立 γ 点源放射性活度与在空气中某空间点产生的照射量率的关系,其计算公式为

$$\dot{X} = A\Gamma/r^2 \tag{5.3}$$

式中,A 为 γ 放射性点源的放射性活度,Bq;Γ 为 γ 放射性核素的照射量率常数,$C \cdot (kg \cdot m \cdot Bq \cdot s)^{-1}$;$r$ 为 γ 放射性点源与空气中某空间计算剂量点之间的距离,m;$\dot{X}$ 为 γ 放射性点源在空气中某空间点处产生的照射量率,$C \cdot (kg \cdot s)^{-1}$。

式中的 Γ 是为了计算方便而专门引入的一个物理量,其物理意义是单位活度(1 Bq)的 γ 点源在单位距离(1 m)处所产生的照射量率($C \cdot kg^{-1} \cdot s^{-1}$)。通常,γ 放射性核素的照射量率常数可以根据源的性质计算得到,也可以测量得到。因此,在一般的防护手册中都会将其列表以方便使用。表 5.1 给出了一些 γ 放射性核素的照射量率常数值。

(3)空气中照射量率与吸收剂量率以及在不种介质中吸收剂量率的转换关系。在实际情况下,不仅需要知道空气中某空间点的照射量率,而且更重要的是了解 γ 放射性点源在相同空间点处空气或其他介质中的吸收剂量率。根据辐射剂量学基本物理量之间的关系,可利用下述公式将照射量率转换为空气中吸收剂量率进行计算。

$$\dot{D}_{air} = [(8.69 \times 10^{-3})/(2.58 \times 10^{-4})]\dot{X} = 33.68\dot{X} \tag{5.4}$$

式中,数值 8.69×10^{-3} 和 2.58×10^{-4} 分别为换算系数,1 R $= 2.58 \times 10^{-4}$ $C \cdot kg^{-1} = 8.69 \times 10^{-3} J \cdot kg^{-1}$。$\dot{X}$ 为照射量率,$C \cdot kg^{-1} \cdot s^{-1}$;$\dot{D}_{air}$ 为空气介质的吸收剂量率,$Gy \cdot s^{-1}$。

对于 X 射线或 γ 射线,容易测量的量是照射量率,且可按式(5.4)方便算出空气的吸收剂量率。但在实际工作中常常是通过测量空气中的照射量率或吸收剂量率然后确定其他介质中的吸收剂量率。如在放射生物学中是确定生物组织中的吸收剂量率,而直接测量生物组织中

某点处的吸收剂量率是有困难的,因此,可以通过下式求出相同位置处小块其他物质的吸收剂量率为

$$\dot{D}_m = 33.68 \frac{(\mu_{en}/\rho)_m}{(\mu_{en}/\rho)_a} \dot{X} = f\dot{X} \qquad (5.5)$$

式中,$\dot{D}_m$ 为处于空气中同一点所求的其他物质(用下标 m 表示)中的吸收剂量率,$Gy \cdot s^{-1}$;$\dot{X}$ 为照射量率$C \cdot (kg \cdot s)^{-1}$;$f$ 为转换系数,$Gy/(C \cdot kg^{-1})$,不同能量的光子在不同物质中的 f 值如表 1.3 所示。需要说明的是,在应用该公式时,要注意其适用条件。该公式是在带电粒子平衡条件下推导出来的,也就是在满足带电粒子平衡条件下才能应用该公式。这就要求通过测量空气中某一点的照射量来换算为某一物质中在同一点的吸收剂量时,必须要求小块该物质的体积足够小,不致于扰乱原来的辐射场。其本质是忽略小块物质对射线吸收和散射所带来的影响。另外为使用方便,表 5.2 给出了常用能量范围内不同能量的 γ 射线在一些物质中的质能吸收系数值。

表 5.1　一些 γ 放射性核素的照射量率常数值

核　素	$\Gamma/(\times 10^{-18} C/(kg \cdot m^{-2} \cdot Bq \cdot s))$	核　素	$\Gamma/(\times 10^{-18} C/(kg \cdot m^{-2} \cdot Bq \cdot s))$
^{11}C	1.14	^{88}Y	2.73
^{22}Na	2.32	^{91}Y	0.002
^{24}Na	3.56	^{99}Mo	0.349
^{28}Mg	3.04	$^{110}Ag^*$	3.002
^{38}Cl	1.70	^{111}Ag	0.035
^{42}K	0.271	^{113}S	0.329
^{43}K	1.08	^{113m}In	0.287
^{47}Ca	1.10	^{124}I	1.395
^{46}Sc	2.11	^{125}I	0.136
^{47}Sc	0.105	^{126}I	0.484
^{51}Cr	0.031	^{131}I	0.426
^{59}Fe	1.24	^{132}I	2.29
^{57}Co	0.194	^{131}Ba	0.581
^{58}Co	1.065	^{133}Xe	0.019
^{60}Co	2.557	^{134}Cs	1.69
^{64}Cu	0.232	^{137}Cs	0.639
^{65}Zn	0.523	^{140}La	2.19
^{67}Ga	0.213	^{153}Sm	0.03
^{72}Ga	2.25	^{153}Gd	0.046

续 表

核　素	$\Gamma/(\times 10^{-18}\text{C}/(\text{kg} \cdot \text{m}^{-2} \cdot \text{Bq} \cdot \text{s}))$	核　素	$\Gamma/(\times 10^{-18}\text{C}/(\text{kg} \cdot \text{m}^{-2} \cdot \text{Bq} \cdot \text{s}))$
^{72}As	1.956	^{166}Ho	0.021
^{74}As	0.852	^{169}Yb	0.215
^{76}As	0.465	^{182}Ta	1.304
^{75}Se	0.387	^{192}Ir	0.897
^{82}Br	2.83	^{198}Au	0.446
^{85}Kr	0.008	^{199}Au	0.174
^{86}Rb	0.097	^{226}Ra	1.598
^{85}Sr	0.581	^{235}U	0.136
^{87}Sr*	0.449	^{241}Am	0.023

*:经过 0.5 mm 厚的铂过滤。

表 5.2　不同能量 γ 射线在常用介质中的质能吸收系数值

单位:$\text{m}^2 \cdot \text{kg}^{-1}$

光子能量 eV	氢	碳	氮	氧	氩	空 气	水	聚苯乙烯	有机玻璃	聚乙烯	酚醛塑料
1.000E02	1.156E03	2.600E03	4.446E03	6.229E03	1.981E03	4.827E03	5.662E03	2.488E03	3.644E03	2.393E03	3.127E03
1.500E02	3.265E02	9.992E02	1.703E03	2.564E03	1.249E03	1.896E03	2.313E03	9.472E02	1.445E03	9.026E02	1.092E03
2.000E02	1.313E02	3.034E02	8.341E02	1.324E03	8.009E02	9.474E02	1.191E03	4.746E02	7.359E02	4.499E02	6.200E02
3.000E02	3.577E01	4.430E03	3.190E02	5.006E02	4.024E03	4.093E02	4.486E02	4.090E03	2.820E03	3.799E03	3.518E03
4.000E02	1.406E01	2.399E03	1.642E02	2.486E02	2.864E03	2.189E02	2.223E02	2.215E03	1.520E03	2.056E03	1.901E03
5.000E02	6.775E00	1.376E03	1.889E03	1.435E02	1.783E03	1.483E03	1.282E03	1.270E03	8.720E02	1.180E03	1.091E03
6.000E02	3.718E00	8.668E02	1.222E03	1.590E03	1.181E03	1.307E03	1.412E03	8.000E02	1.028E03	7.428E02	9.388E02
8.000E02	1.435E00	4.102E02	5.945E02	8.014E02	5.934E02	6.425E02	7.119E02	3.785E02	5.023E02	3.514E02	4.524E02
1.000E03	6.823E-1	2.216E02	3.312E02	4.588E02	3.336E02	3.608E02	4.075E02	2.045E02	2.796E02	1.899E02	2.488E02
2.000E03	6.652E-2	2.907E01	4.781E01	6.942E01	6.093E01	6.287E01	6.166E01	2.683E01	3.963E01	2.401E01	3.419E01
3.000E03	1.697E-2	8.641E00	1.442E01	2.140E01	1.681E01	1.607E01	1.901E01	7.970E00	1.203E01	7.402E00	1.029E01
4.000E03	6.564E-3	3.589E00	6.032E00	9.105E00	7.196E01	7.602E00	8.087E00	3.311E00	5.063E00	3.074E00	4.310E00
5.000E03	3.288E-3	1.798E00	3.041E00	4.645E00	4.057E01	3.961E00	4.126E00	1.669E00	2.563E00	1.540E00	2.173E00
6.000E03	2.002E-3	1.016E00	1.726E00	2.659E00	2.494E01	2.245E00	2.362E00	9.377E-1	1.460E00	8.705E-1	1.234E00
8.000E03	1.161E-3	4.089E-1	6.955E-1	1.095E00	1.131E01	9.261E-1	9.723E-1	3.773E-1	5.952E-1	3.503E-1	5.007E-1
1.000E04	9.854E-4	2.003E-1	3.445E-1	5.447E-1	6.027E00	4.648E-1	4.839E-1	1.849E-1	2.943E-1	1.717E-1	2.467E-1

续　表

光子能量 eV	氢	碳	氮	氧	氩	空　气	水	聚苯乙烯	有机玻璃	聚乙烯	酚醛塑料
2.000E04	1.355E-3	2.159E-2	3.751E-2	6.023E-2	7.977E-1	5.266E-2	3.364E-2	2.002E-2	3.231E-2	1.868E-2	2.692E-2
3.000E04	1.864E-3	6.407E-3	1.069E-2	1.023E-2	2.355E-1	1.504E-2	1.519E-2	6.056E-3	9.335E-3	5.754E-3	7.904E-3
4.000E04	2.315E-3	3.264E-3	4.932E-3	7.365E-3	9.801E-2	6.705E-3	6.800E-3	3.190E-3	4.498E-3	3.128E-3	3.898E-3
5.000E04	2.709E-3	2.360E-3	3.160E-3	4.335E-3	4.967E-2	4.038E-3	4.153E-3	2.387E-3	3.019E-3	2.410E-3	2.711E-3
6.000E04	3.053E-3	2.078E-3	2.517E-3	3.164E-3	2.875E-2	3.008E-3	3.151E-3	2.153E-3	2.503E-3	2.218E-3	2.316E-3
8.000E04	3.620E-3	2.029E-3	2.199E-3	2.451E-3	1.269E-2	2.394E-3	3.582E-3	2.152E-3	2.292E-3	2.258E-3	2.191E-3
1.000E05	4.063E-3	2.443E-3	2.225E-3	2.347E-3	7.292E-3	2.319E-3	2.589E-3	2.292E-3	2.363E-3	2.419E-3	2.288E-3
1.500E05	4.812E-3	2.448E-3	2.470E-3	2.504E-3	3.693E-3	2.494E-3	2.762E-3	2.631E-3	2.656E-3	2.788E-3	2.593E-3
2.000E05	5.255E-3	2.655E-3	2.664E-3	2.678E-3	3.996E-3	2.672E-3	2.967E-3	2.865E-3	2.872E-3	3.029E-3	2.808E-3
3.000E05	5.695E-3	2.869E-3	2.872E-3	2.877E-3	2.759E-3	2.872E-3	3.192E-3	3.088E-3	3.099E-3	3.275E-3	3.032E-3
4.000E05	5.859E-3	2.949E-3	2.961E-3	2.953E-3	2.730E-3	2.949E-3	3.279E-3	3.174E-3	3.185E-3	3.367E-3	3.117E-3
5.000E05	5.899E-3	2.968E-3	2.969E-3	2.971E-3	2.710E-3	2.966E-3	3.298E-3	3.195E-3	3.205E-3	3.389E-3	3.137E-3
6.000E05	5.875E-3	2.955E-3	2.956E-3	2.957E-3	2.681E-3	2.952E-3	3.284E-3	3.181E-3	3.191E-3	3.375E-3	3.123E-3
8.000E05	5.739E-3	2.885E-3	2.885E-3	2.886E-3	2.601E-3	2.882E-3	3.205E-3	3.106E-3	3.115E-3	3.295E-3	3.049E-3
1.000E06	5.555E-3	2.791E-3	2.791E-3	2.791E-3	2.508E-3	2.787E-3	3.100E-3	3.005E-3	3.014E-3	3.188E-3	3.950E-3
1.500E06	5.074E-3	2.548E-3	2.548E-3	2.548E-3	2.284E-3	2.546E-3	2.831E-3	2.744E-3	2.752E-3	2.911E-3	2.693E-3
2.000E06	4.649E-3	2.343E-3	2.345E-3	2.346E-3	2.117E-3	2.342E-3	2.604E-3	2.522E-3	2.530E-3	2.675E-3	2.476E-3
3.000E06	3.992E-3	2.046E-3	2.054E-3	2.063E-3	1.920E-3	2.055E-3	2.279E-3	2.196E-3	2.208E-3	2.325E-3	2.160E-3
4.000E06	3.523E-3	1.848E-3	1.864E-3	1.880E-3	1.823E-3	1.868E-3	2.064E-3	1.978E-3	1.993E-3	2.089E-3	1.950E-3
5.000E06	3.174E-3	1.709E-3	1.733E-3	1.756E-3	1.773E-3	1.739E-3	1.951E-3	1.822E-3	1.842E-3	1.919E-3	1.801E-3
6.000E06	2.904E-3	1.606E-3	1.637E-3	1.667E-3	1.748E-3	1.646E-3	1.805E-3	1.707E-3	1.730E-3	1.793E-3	1.691E-3
8.000E06	2.515E-3	1.467E-3	1.509E-3	1.550E-3	1.733E-3	1.522E-3	1.658E-3	1.548E-3	1.578E-3	1.618E-3	1.541E-3
1.000E07	2.246E-3	1.378E-3	1.430E-3	1.479E-3	1.739E-3	1.445E-3	1.565E-3	1.445E-3	1.480E-3	1.503E-3	1.445E-3
1.500E07	1.837E-3	1.258E-3	1.326E-3	1.390E-3	1.773E-3	1.347E-3	1.440E-3	1.302E-3	1.346E-3	1.341E-3	1.313E-3
2.000E07	1.607E-3	1.202E-3	1.282E-3	1.356E-3	1.816E-3	1.306E-3	1.384E-3	1.233E-3	1.284E-3	1.260E-3	1.251E-3

5.1.3　非 γ 放射性点源对空间空气介质点所产生剂量的计算方法

非 γ 放射性点源对空间空气介质点所产生剂量的计算方法,原则上由于各种非点源或体源都可以看做是点源的集合体,因此,可利用高等数学的积分进行计算。但由于某些类型体源的大小不能忽略,在剂量计算中放射源内部对其自身射线的吸收和散射两个因素必须加以考虑。对于 γ 射线在介质中吸收问题,在计算时可以引进一个参数项(即 $\exp(-\mu x)$);对于散射的影响通常也可以引入一个散射因子(B)加以考虑,但由于散射情况较为复杂而不可能得到一个统一的公式,因而在实际应用中通常根据理论计算结果和一些典型情况对散射因子建立一些经验公式。

考虑非 γ 放射性点源对空间空气点所产生剂量的这种解析计算方法,讲述原理是方便的,但是在解决实际问题时往往由于源的复杂性而产生数学上计算的困难,特别是随着计算机技术和蒙特卡罗方法在剂量计算中的广泛应用,这种复杂的解析计算方法在实际中可被简单实用的蒙特卡罗方法所代替,因此,本小节只列出一些由实际问题抽象而来的典型非点源或体源在空气中某空间点所产生的照射量率的计算公式(式中单位均采用 SI 单位),供参考使用。读者若关心其推导过程,可参考李星洪等编《辐射防护基础》等文献。

(1) 线状源。对于如图 5.1 所示的 γ 放射性线状源,源的长度为 $L(\mathrm{m})$;放射性源均匀分布,其总放射性活度为 $A(\mathrm{Bq})$;放射性核素的照射量率常数为 $\Gamma(\mathrm{C} \cdot \mathrm{kg}^{-1} \cdot \mathrm{m}^2 \cdot \mathrm{Bq}^{-1} \cdot \mathrm{s}^{-1})$。在忽略线状源的自吸收情况下,线状源在如图所示的不同位置处产生的照射量率的计算分别如下:

对 P_1 点:

$$\dot{X}_{\mathrm{P}_1} = \frac{A\Gamma}{La} \arctan \frac{L}{a} \tag{5.6}$$

对 P_2 点:

$$\dot{X}_{\mathrm{P}_2} = \frac{2A\Gamma}{La} \arctan \frac{L}{2a} \tag{5.7}$$

对 P_3 点:

$$\dot{X}_{\mathrm{P}_3} = \frac{A\Gamma}{La} \left(\arctan \frac{L + a_1}{a} - \arctan \frac{a_1}{a} \right) \tag{5.8}$$

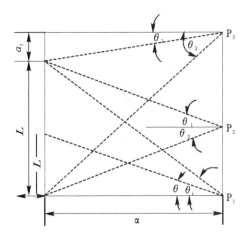

图 5.1　计算 γ 放射性线状源照射率的示意图

(2) 圆盘源。对于如图 5.2 所示的 γ 放射性圆盘源,源的半径为 $R_0(\mathrm{m})$;放射性源均匀分布,其单位面积上的放射性活度为 $A_{\mathrm{S}}(\mathrm{Bq} \cdot \mathrm{m}^{-2})$;放射性核素的照射量率常数为 $\Gamma(\mathrm{C} \cdot \mathrm{kg}^{-1} \cdot \mathrm{m}^2 \cdot \mathrm{Bq}^{-1} \cdot \mathrm{s}^{-1})$。在忽略圆盘源的自吸收情况下,圆盘源在如图所示的不同位置处产生的照射量率的计算分别如下:

对 P_1 点:

$$\dot{X}_{P_1} = \pi A_S \Gamma \times \ln\left\{\frac{1}{2a^2}\left[a^2 + R_0^2 - d^2 + \sqrt{R_0^4 + 2R_0^2(a^2-d^2)+(a^2+d^2)^2}\right]\right\} \tag{5.9}$$

对 P_2 点：

$$\dot{X}_{P_2} = 2\pi A_S \Gamma \times \ln\frac{\sqrt{a^2+R_0^2}}{a} \tag{5.10}$$

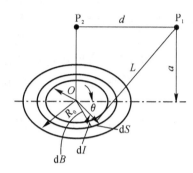

图 5.2 计算 γ 放射性圆盘源照射率的示意图

（3）圆柱状面源。对于如图 5.3 所示的 γ 放射性圆柱状面源，源的半径为 $R(\mathrm{m})$，源的高度为 $H(\mathrm{m})$；放射性源均匀分布，其单位面积上的放射性活度为 $A_S(\mathrm{Bq \cdot m^{-2}})$；放射性核素的照射量率常数为 $\Gamma(\mathrm{C \cdot kg^{-1} \cdot m^2 \cdot Bq^{-1} \cdot s^{-1}})$。在忽略圆柱状面源的自吸收情况下，圆盘源在如图所示的不同位置处产生的照射量率的计算分别如下：

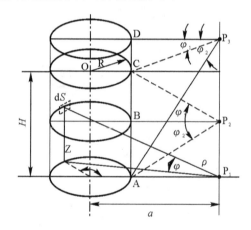

图 5.3 计算 γ 放射性圆柱状面源照射率的示意图

对 P_1 点：

$$\dot{X}_{P_1} = \frac{2\pi A_S \Gamma R}{a+R} F(\varphi,K) \tag{5.11}$$

对 P_2 点：

$$\dot{X}_{P_2} = \frac{2\pi A_S \Gamma R}{a+R}[F(\varphi_1,K)+F(\varphi_2,K)] \tag{5.12}$$

对 P_3 点：

$$\dot{X}_{P_3} = \frac{2\pi A_S \Gamma R}{a+R}[F(\varphi_2,K)-F(\varphi_1,K)] \tag{5.13}$$

式中的 $F(\varphi,K)$ 是勒让德第一种椭圆积分的标准式,其计算公式为

$$F(\varphi,K)=\int_0^\varphi \frac{\mathrm{d}\varphi}{\sqrt{1-K^2\sin^2\varphi}} \tag{5.14}$$

K 和 φ 都是 a,R 或 Z 的函数,其关系分别为

$$1-K^2=\frac{(a-R)^2}{(a+R)^2} \tag{5.15}$$

$$\varphi=\arctan(Z/(a-R)) \tag{5.16}$$

分别计算出 K 和 φ 的值,可以直接从椭圆积分表中查出函数 $F(\varphi,K)$ 的值。也可以根据下式进行数值计算:

$$F(\varphi,K)=\varphi+\frac{1}{2}K^2\int_0^\varphi \sin^2\varphi\mathrm{d}\varphi+\frac{1\times3}{2\times4}K^4\int_0^\varphi sin^4\varphi\mathrm{d}\varphi+\frac{1\times3\times5}{2\times4\times6}K^6\int_0^\varphi \sin^6\varphi\mathrm{d}\varphi \tag{5.17}$$

(4) 球面源。对于如图 5.4 所示的 γ 放射性球面源,源的半径为 $R(\mathrm{m})$;放射性源均匀分布,其单位面积上的放射性活度为 $A_s(\mathrm{Bq\cdot m^{-2}})$;放射性核素的照射量率常数为 $\Gamma(\mathrm{C\cdot kg^{-1}\cdot m^2\cdot Bq^{-1}\cdot s^{-1}})$。在忽略球面源的自吸收情况下,球面源在如图所示的球中心产生的照射量率的计算为

$$\dot{X}=4\pi A_s\Gamma \tag{5.18}$$

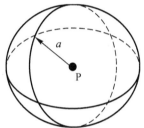

图 5.4　计算 γ 放射性球面源照射率的示意图

(5) 截头圆锥体源。对于如图 5.5 所示的 γ 放射性截头圆锥体源,放射性源均匀分布,其单位体积上的放射性活度为 $A_v(\mathrm{Bq\cdot m^{-3}})$;放射性核素的照射量率常数为 $\Gamma(\mathrm{C\cdot kg^{-1}\cdot m^2\cdot Bq^{-1}\cdot s^{-1}})$,源对射线的线衰减系数为 $\mu(\mathrm{m^{-1}})$;源其他及计算参数如图所示。在这种情况下,截头圆锥体源在 P 点产生的照射量率必须考虑源自吸收和源多次散射的影响。分析方法是分为三种情况,一是不考虑自吸收和多次散射的情况;二是仅考虑有自吸收的情况;三是既有自吸收又有多次散射情况。

不考虑自吸收和多次散射的情况下,截头圆锥体源内一微元源(体积为 dV) 在 P 点产生的照射量率计算公式为

$$\mathrm{d}\dot{X}=\frac{A_v\Gamma}{r^2}\mathrm{d}V \tag{5.19}$$

在仅考虑自吸收的情况下,通过引入一个表示自吸收的指数项,则截头圆锥体源内一微元源(体积为 dV) 在 P 点产生的照射量率计算公式为

$$\mathrm{d}\dot{X}=\left[\frac{A_v\Gamma}{r^2}\mathrm{d}V\right]\exp(-\mu(r-r_1)) \tag{5.20}$$

在有自吸收又有多次散射情况下,通过再引入一个表示多次散射的累积因子项,则截头圆

锥体源内一微元源(体积为 dV) 在 P 点产生的照射量率计算公式为

$$dX = [\frac{A_V \Gamma}{r^2}dV]\exp(-\mu(r-r_1))B \tag{5.21}$$

累积因子表示散射光子对照射量率的贡献。由于照射情况的复杂性,累积因子的影响也不同,而累积因子的计算目前还没有一个统一的计算公式。较为精确的计算是采用蒙特卡罗方法、矩方法等。至今,对于各种材料和各种入射光子能量下的累积因子均计算出有系统的结果。但为了实际使用方便,泰勒等根据理论计算结果提出了便于计算的经验公式。这些经验公式计算值在屏蔽层厚度为 $1\sim20$ 个自由程、光子能量为 $0.5\sim10$ MeV 的范围内,与精确计算法的结果相比误差约为 5%。因此,在解决实际问题时,可采用较为方便的经验公式法或查表法计算累积因子。本小节采用了如下的泰勒公式表述累积因子 B。公式中各参数可以通过查表得到。

$$B = A_1\exp(-\mu a_1 r) + (1-A_1)\exp(-\mu a_2 r) \tag{5.22}$$

对式(5.21) 求解,可以得到截头圆锥体源在 P 点产生的照射量率计算公式为

$$\dot{X} = \frac{2\pi A_V \Gamma}{\mu}\left\{\begin{array}{l}\frac{A_1}{1+a_1}[(1-\cos\varphi_0) - E_2(\mu(1+a_1)l) + \cos\varphi_0 E_2(\mu(1+a_1)l\sec\varphi_0)] + \\ \frac{1-A_1}{1+a_2}[(1-\cos\varphi_0) - E_2(\mu(1+a_2)l) + \cos\varphi_0 E_2(\mu(1+a_2)l\sec\varphi_0)]\end{array}\right\}$$

$$\tag{5.23}$$

式中的 $E_2(x)$ 是一个特殊函数,是在计算考虑自吸收情况下照射量率所引入的一个函数,其引入过程和函数计算为式(5.24)和式(5.25)所示。$E_2(x)$ 的特点是:① 随着 x 的增大,$E_2(x)$ 比 $\exp(-x)$ 下降更快。② 当 $x=0$ 时,$E_2(x)=1$;当 $x\to\infty$ 时,$E_2(x)=0$。$E_2(x)$ 随着 x 的变化如表 5.3 所示。

$$\int_0^{\varphi_0}\sin\varphi\exp(-x\sec\varphi)d\varphi = E_2(x) - \cos\varphi_0 E_2(x\sec\varphi_0) \tag{5.24}$$

$$E_2(x) = e^{-x} - x\int_x^\infty\frac{e^{-y}}{y}dy = x\int_x^\infty\frac{e^{-y}}{y^2}dy \tag{5.25}$$

表 5.3 $E_2(x)$ 随着 x 的变化

x	$E_2(x)$	x	$E_2(x)$
0.00	1.000	3.0	1.06-2
0.01	9.47-1	3.5	5.80-3
0.05	8.28-1	4.0	3.20-3
0.1	7.23-1	4.5	1.76-3
0.2	5.74-1	5.0	1.00-3
0.3	4.69-1	5.5	5.61-4
0.4	3.89-1	6.0	3.18-4
0.5	3.27-1	6.5	1.81-4
0.6	2.76-1	7.0	1.04-4
0.8	2.01-1	7.5	5.94-5

续 表

x	$E_2(x)$	x	$E_2(x)$
0.9	1.72−1	8.0	3.41−5
1.0	1.48−1	8.5	1.97−5
1.5	7.31−2	9.0	1.14−5
2.0	3.75−2	9.5	6.60−6
2.5	1.98−2	10.0	3.83−6

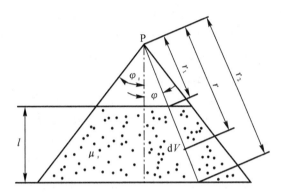

图 5.5　计算 γ 放射性截头圆锥体源照射率的示意图

（6）半无限大体源。对于如图 5.5 所示的 γ 放射性截头圆锥体源，当 $\varphi_0 = \pi/2, l \to \infty$ 时便是半无限大体源的情况，半无限大体源情况可用图 5.6 所示。对于半无限大体源，放射性源均匀分布，其单位体积上的放射性活度为 $A_V(\mathrm{Bq \cdot m^{-3}})$；放射性核素的照射量率常数为 $\Gamma(\mathrm{C \cdot kg^{-1} \cdot m^2 \cdot Bq^{-1} \cdot s^{-1}})$，源对射线的线衰减系数为 $\mu(\mathrm{m^{-1}})$；源其他及计算参数如图所示。半无限大体源在如图所示 P 点产生的照射量率计算为：

$$\dot{X} = \frac{2\pi A_V \Gamma}{\mu} \left[\frac{A_1}{1+a_1} + \frac{1-A_1}{1+a_2} \right] \tag{5.26}$$

如果不考虑多次散射，其照射量率计算公式为

$$\dot{X} = \frac{2\pi A_V \Gamma}{\mu} \tag{5.27}$$

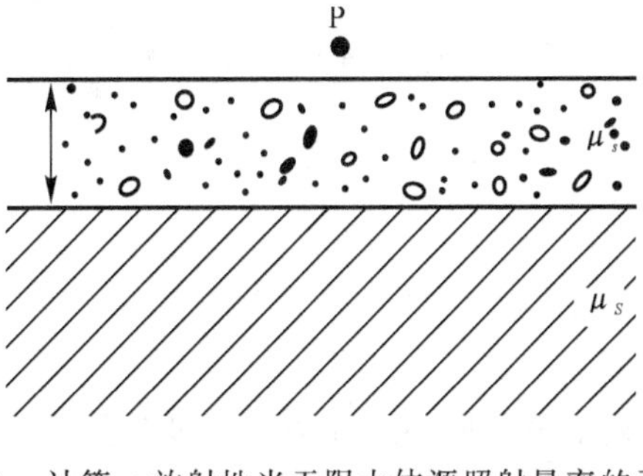

图 5.6　计算 γ 放射性半无限大体源照射量率的示意图

(7) 无限大体源。对于如图 5.5 所示的 γ 放射性截头圆锥体源，当 $\varphi_0 = \pi, l \to \infty$ 时便是无限大体源的情况。对于无限大体源，放射性源均匀分布，其单位体积上的放射性活度为 $A_V(\mathrm{Bq \cdot m^{-3}})$；放射性核素的照射量率常数为 $\Gamma(\mathrm{C \cdot kg^{-1} \cdot m^2 \cdot Bq^{-1} \cdot s^{-1}})$，源对射线的线衰减系数为 $\mu(\mathrm{m^{-1}})$。无限大体源内各处照射量率处处相等，照射量率计算为

$$\dot{X} = \frac{4\pi A_V \Gamma}{\mu}\left[\frac{A_1}{1+a_1} + \frac{1-A_1}{1+a_2}\right] \tag{5.28}$$

如果不考虑多次散射，其照射量率计算公式为

$$\dot{X} = \frac{4\pi A_V \Gamma}{\mu} \tag{5.29}$$

上述所讲的无限大体源，实际上并不是指源的几何形状无限大。一般地说，当 γ 射线在源中穿过的厚度大于 $2 \sim 3$ 个平均自由程时，其厚度可视为无限的。半无限大体源和无限大体源是根据源的形状作出的某些合理的近似，这样可以简化计算，又能达到一定的准确度，这种方法在剂量计算和防护屏蔽计算中是一种常用的方法。

射线在介质中的平均自由程为 γ 射线在物质中的注量率（或剂量率）减弱 e 倍时所需要介质的厚度。平均自由程可用符号 $\bar{l}$ 表示，它等于线衰减系数的倒数，即 $\bar{l} = 1/\mu$。例如，$^{60}\mathrm{Co}$ 的 γ 射线平均能量为 1.25 MeV，它在水中的线衰减系数为 $6.413\ \mathrm{m^{-1}}$，则 1.25 MeV 的 γ 光子在水中的平均自由程为 0.156 m。在防护屏蔽中经常用平均自由程数目来表示屏蔽层物质的厚度。平均自由程与介质厚度的乘积 $(\bar{l}R)$ 等于几就是几个平均自由程。所以，由于当 $E_2(\bar{l}R = 2) = 0.037\ 5$，只要 γ 光子在源中穿过的厚度大于 2 个平均自由程，即 $\bar{l}R = 2$，则可将源看成是无限大的源，由此所引入的误差不大于 5%。

5.1.4 带电粒子的剂量计算方法

β 射线及通过加速器产生的高能电子束，在医学、辐射化学、放射化学、核物理等领域有着重要的用途。在应用过程中需要计算单能电子、β 射线和重带电粒子的剂量计算。原则上，带电粒子的剂量计算较为复杂，可以利用射线与物质相互作用有关规律用较为精确的蒙特卡罗方法进行计算确定。但考虑这一方法掌握的困难性，本小节给出一些理论计算或经验公式，以方便使用。

1. 根据注量率计算吸收剂量

根据射线与物质相互作用的规律以及吸收剂量率与注量率的关系，在单能电子、β 射线、质子等带电粒子的剂量计算中，可以通过测量或理论计算求出所关心介质中某点的注量率，然后利用单能电子、β 射线、质子在物质中的碰撞质量阻止本领求得所需要的吸收剂量率。其计算公式为

$$\dot{D} = \varphi(S/\rho)_{\mathrm{col}} \tag{5.30}$$

式中，$\dot{D}$ 为单能电子、β 射线或质子在介质中所关心点产生的吸收剂量率，$\mathrm{Gy \cdot s^{-1}}$；φ 为单能电子、β 射线或质子在介质中所关心点所产生的注量率，$\mathrm{m^{-2} \cdot s^{-1}}$；$S/\rho$ 为单能电子、β 射线或质子在物质中的碰撞质量阻止本领，$\mathrm{J \cdot m^2 \cdot kg^{-1}}$。

表 5.3 列出了单能电子在部分不同原子序数元素及其他介质中的质量碰撞阻止本领值。对 β 射线可按其平均能量查找质量碰撞阻止本领值。表 5.4 给出了质子在不同材料中的质量碰撞阻止本领值。对其他重带电粒子在相应材料中质量碰撞阻止本领值可以根据碰撞阻止本

领的比例定律讲行计算。

表 5.3　部分不同原子序数的元素及其他物质的质量碰撞阻止本领
与电子能量的关系　　　　　单位:1.6×10^{-14} J · m^2 · kg^{-1}

电子能量/MeV	氢	碳	氮	氧	铝	铁	铜	铅	空气	水	肌肉	骨骼	聚乙烯	聚本乙烯	硅	氟化锂 LiF
0.01	51.47	20.15	19.81	19.64	16.57	14.07	13.28	8.419	19.70	23.20	22.92	21.01	24.65	22.60	16.92	18.17
0.015	36.97	14.72	14.49	14.37	12.25	10.53	9.973	6.556	14.41	16.90	16.70	15.36	17.92	16.46	12.53	13.30
0.02	29.28	11.78	11.60	11.52	9.885	8.553	8.120	5.450	11.55	13.50	13.31	12.31	14.29	13.15	10.11	10.66
0.03	21.18	8.634	8.515	8.454	7.316	6.385	6.078	4.179	8.475	9.879	9.763	0.030	10.44	9.617	7.491	7.823
0.04	16.93	6.958	6.866	6.819	5.932	5.204	4.962	3.462	6.835	7.954	7.859	7.281	8.390	7.739	6.077	6.311
0.05	14.29	5.909	5.834	5.795	5.059	4.455	4.252	2.997	5.808	6.747	6.669	6.186	7.113	6.565	5.185	5.363
0.06	12.49	5.188	5.124	5.091	4.456	3.935	3.759	2.669	5.101	5.919	5.851	5.434	6.237	5.760	4.568	4.711
0.08	10.18	4.259	4.208	4.182	3.676	3.259	3.118	2.237	4.190	4.851	4.799	4.463	6.110	4.723	3.769	3.870
0.10	8.766	3.685	3.642	3.621	3.191	2.838	2.717	1.964	3.627	4.197	4.149	3.862	4.415	4.083	3.273	3.350
0.15	8.840	2.900	2.868	2.852	2.526	2.257	2.161	1.584	2.856	3.299	3.261	3.041	3.466	3.208	2.592	2.639
0.20	5.869	2.493	2.475	2.462	2.188	1.961	1.882	1.389	2.466	2.844	2.811	2.626	2.986	2.766	2.246	2.277
0.30	4.912	2.097	2.689	2.078	1.848	1.667	1.603	1.196	2.081	2.391	2.366	2.210	2.513	2.330	1.904	1.916
0.4	4.458	1.907	1.906	1.897	1.691	1.526	1.473	1.106	1.899	2.181	2.155	2.011	2.200	2.119	1.739	1.742
0.5	4.205	1.801	1.806	1.798	1.693	1.449	1.369	1.059	1.800	2.061	2.036	1.901	2.148	1.999	1.651	1.645
0.6	4.053	1.735	1.747	1.739	1.551	1.403	1.353	1.033	1.749	1.989	1.964	1.835	2.067	1.925	1.598	1.585
0.8	3.893	1.665	1.687	1.680	1.496	1.356	1.310	1.010	1.681	1.911	1.887	1.762	1.979	1.846	1.544	1.521
1.0	3.826	1.634	1.665	1.658	1.473	1.337	1.293	1.002	1.659	1.876	1.852	1.728	1.937	1.809	1.522	1.492
1.5	3.798	1.613	1.664	1.658	1.464	1.333	1.291	1.015	1.659	1.862	1.829	1.709	1.906	1.783	1.514	1.473
2.0	3.833	1.619	1.688	1.682	1.476	1.346	1.305	1.036	1.683	1.858	1.836	1.717	1.909	1.787	1.528	1.478
3.0	3.933	1.645	1.744	1.738	1.508	1.373	1.338	1.076	1.738	1.884	1.861	1.747	1.934	1.813	1.562	1.502
4	4.029	1.670	1.794	1.788	1.537	1.406	1.367	1.109	1.789	1.909	1.886	1.775	1.960	1.838	1.593	1.524
5	4.112	1.692	1.837	1.831	1.561	1.430	1.391	1.135	1.831	1.931	1.908	1.798	1.982	1.861	1.618	1.544
6	4.184	1.710	1.874	1.868	1.581	1.450	1.411	1.157	1.868	1.949	1.927	1.818	2.002	1.879	1.639	1.560
8	4.304	1.739	1.935	1.929	1.613	1.481	1.442	1.191	1.929	1.978	1.956	1.850	2.032	1.909	1.673	1.586
10	4.400	1.761	1.983	1.977	1.637	1.505	1.466	1.217	1.978	2.000	1.978	1.874	2.056	1.932	1.698	1.606

续 表

电子能量 MeV	氢	碳	氮	氧	铝	铁	铜	铅	空气	水	肌肉	骨骼	聚乙烯	聚本乙烯	硅	氟化锂 LiF
15	4.580	1.798	2.075	2.069	1.679	1.545	1.507	1.252	2.068	2.038	2.017	1.915	2.098	1.972	1.743	1.641
20	4/707	1.825	2.139	2.133	1.709	1.575	1.535	1.293	2.133	2.061	2.043	1.945	2.125	1.998	1.773	1.664
30	4.890	1.859	2.231	2.225	1.747	1.612	1.573	1.334	2.225	2.100	2.079	1.983	2.163	2.034	1.812	1.695
40	5.013	1.882	2.288	2.288	1.773	1.637	1.597	1.360	2.283	2.125	2.103	2.010	2.189	2.059	1.839	1.716
50	5.089	1.899	2.330	2.324	1.792	1.656	1.616	1.380	2.324	2.144	2.123	2.029	2.209	2.077	1.859	1.733
60	5.141	1.914	2.361	2.352	1.808	1.671	1.631	1.396	2.355	2.160	2.138	2.045	2.225	2.093	1.875	1.746
80	5.211	1.936	2.408	2.394	1.831	1.694	1.653	1.419	2.400	2.185	2.163	2.070	2.251	2.117	1.899	1.766
100	5.258	1.953	2.440	2.425	1.849	1.711	1.670	1.436	2.433	2.204	2.182	2.089	2.270	2.135	1.917	1.782

注:成份(质量分数):(1)空气 — 氮 0.755,氧 0.232,氩 0.013。(2)肌肉 — 氢 0.102 0,碳 0.123 0,氮 0.035 0,氧 0.729 0,钠0.000 8,镁 0.000 2,磷 0.002 0,硫 0.005 0,钾 0.003 0。(3)骨骼 — 氢 0.064,碳 0.278,氮 0.027,氧 0.410,镁 0.002,磷 0.070,硫 0.002,钙 0.147。

表5.4 质子在不同材料中的质量碰撞阻止本领值

单位:$1.6 \times 10^{-14} J \cdot m^2 \cdot kg^{-1}$

质子能量 MeV	铍	石墨	水	铝	铜	银	铅
1.0	222.54	229.41	271.36	173.86	120.51	92.06	62.87
1.1	203.08	214.94	253.40	163.88	114.25	87.71	60.15
1.2	195.57	202.42	237.96	155.10	108.75	83.82	57.71
1.3	184.63	191.51	224.52	147.33	103.87	80.45	55.52
1.4	174.97	181.85	212.70	140.38	99.49	77.40	53.52
1.5	166.36	173.24	202.23	134.15	95.53	74.60	51.75
1.6	158.64	165.51	192.90	128.52	92.01	72.02	50.20
1.7	151.67	158.52	184.48	123.40	88.81	69.62	48.73
1.8	145.35	152.16	176.88	118.72	85.83	67.39	47.33
1.9	139.59	146.35	169.96	114.43	83.06	65.39	46.01
2.0	134.32	141.01	163.62	110.48	80.48	63.56	44.76
2.1	129.46	136.09	157.80	106.81	78.06	61.83	43.57
2.2	124.98	131.55	152.42	103.42	75.79	60.22	42.45
2.3	120.83	127.33	147.44	100.27	73.66	58.69	41.48

续 表

质子能量/MeV	铍	石墨	水	铝	铜	银	铅
2.4	116.98	123.41	142.80	97.33	71.73	57.25	40.57
2.5	113.38	119.76	136.49	94.57	69.93	55.91	39.70
2.6	110.02	116.33	134.45	91.99	68.22	54.65	38.87
2.7	108.88	113.11	130.67	89.56	66.60	53.45	38.07
2.8	106.98	110.09	127.12	87.28	65.06	52.32	37.31
2.9	101.53	107.25	123.77	85.12	63.60	51.24	36.59
3.0	98.53	104.56	120.61	83.09	62.21	50.21	35.91
3.1	96.05	102.02	117.64	81.16	60.89	49.23	35.28
3.2	93.71	99.61	114.82	79.32	59.65	48.30	34.67
3.3	91.49	97.32	112.15	77.59	58.47	47.41	34.08
3.4	89.39	95.14	109.61	75.93	57.34	46.56	33.52
3.5	87.40	93.07	107.20	74.36	56.26	45.74	32.98
3.6	85.49	91.09	104.90	72.85	55.22	44.96	32.45
3.7	83.67	89.21	102.71	71.42	54.23	44.20	31.95
3.8	81.94	87.41	100.62	70.04	53.27	43.48	31.48
3.9	80.23	85.69	98.62	68.73	52.35	42.79	31.02
4.0	78.70	84.04	96.71	67.47	51.48	42.12	30.57
4.1	77.18	82.46	94.88	66.26	50.64	41.48	30.15
4.2	75.73	80.94	93.12	65.10	49.83	40.86	29.73
4.3	74.83	79.49	91.44	63.98	49.04	40.26	29.33
4.4	73.00	78.09	89.81	62.91	48.29	39.68	28.94
4.5	71.71	76.75	88.26	61.87	47.56	39.12	28.57
4.6	70.47	75.45	86.76	60.88	46.86	38.58	28.21
4.7	69.28	74.21	85.31	59.92	46.18	38.06	27.86
4.8	68.13	73.00	83.92	58.99	45.52	37.56	27.52
4.9	67.02	71.84	82.57	58.10	44.89	37.07	27.20
5.0	65.96	70.72	81.27	57.23	44.27	36.60	26.88
5.5	61.13	65.65	75.40	53.31	41.47	34.43	25.42

续 表

质子能量 MeV	铍	石墨	水	铝	铜	银	铅
6.0	57.02	61.32	70.39	49.95	39.04	32.53	24.12
6.5	53.47	57.57	66.06	47.04	36.92	30.84	22.98
7.0	50.37	54.29	62.27	44.48	35.04	29.35	21.95
7.5	47.64	51.40	58.93	42.21	33.37	28.03	21.03
8.0	45.22	48.83	55.96	40.19	31.87	26.83	20.20
8.5	43.056	46.530	53.308	38.373	30.514	25.748	19.443
9.0	41.106	44.452	50.914	36.731	29.285	24.757	18.754
9.5	39.340	42.568	48.744	35.239	28.163	23.852	18.114
10.0	37.732	40.352	46.768	33.875	27.134	23.022	17.528
10.5	36.203	39.281	44.960	32.625	26.187	22.256	16.984
11.0	34.914	37.838	43.299	31.474	25.311	21.544	16.478
11.5	33.671	36.507	41.768	30.410	24.499	20.883	16.005
12.0	32.522	35.276	40.351	29.424	23.745	20.268	15.563
12.5	31.456	34.132	39.041	28.506	23.042	19.693	15.150

2. 计算 β 射线剂量的经验公式

(1) 对 β 点源,洛文格(Lovinger)总结了 12 种 β 放射性核素的直接测量数据,提出了如下的适用于 β 射线最大能量在 $0.167 \sim 2.24$ MeV 范围内的 β 点源剂量计算的经验公式:

$$\dot{D} = \frac{KA}{(\nu r)^2}\left\{c\left[1 - \frac{\nu r}{c}\mathrm{e}^{1-(\nu r/c)}\right] + \nu r\,\mathrm{e}^{1-\nu r/c}\right\} \tag{5.31}$$

式中,A 为 β 点源的活度,Bq;r 为以质量距离表示的 β 点源到剂量计算点的距离,cm;c 为与 β 射线最大能量和吸收介质有关的一个无量纲参数;ν 为与 β 射线最大能量和吸收介质有关的表观吸收系数,cm·g^{-1};K 为归一化系数,mGy/(Bq·h);$\dot{D}$ 为 β 点源在剂量计算点处所产生的吸收剂量率,mGy·h^{-1}。式中 K 的计算按下式进行:

$$K = \frac{4.59 \times 10^{-5}\rho^2\nu^3\overline{E}_{\beta}}{3c^2 - \mathrm{e}(c^2 - 1)} \tag{5.32}$$

在空气介质中,c 和 ν 的计算分别为

$$c = 3.11\exp(-0.55E_{\beta\max}) \tag{5.33}$$

$$\nu = \frac{16.0}{(E_{\beta\max} - 0.036)^{1.40}}\left(2 - \frac{\overline{E}_{\beta}}{\overline{E}^*}\right) \tag{5.34}$$

在软组织介质中,c 和 ν 的计算分别为

$$c = \begin{cases} 2 & 0.17 \text{ MeV} < E_{\beta\max} < 0.5 \text{ MeV} \\ 1.5 & 0.5 \text{ MeV} < E_{\beta\max} < 1.5 \text{ MeV} \\ 1 & 1.5 \text{ MeV} < E_{\beta\max} < 3 \text{ MeV} \end{cases} \tag{5.35}$$

$$\nu = \frac{18.6}{(E_{\beta\max} - 0.036)^{1.37}} \left(2 - \frac{\overline{E}_\beta}{\overline{E}^*} \right) \tag{5.36}$$

式中，ρ 为吸收介质的密度，g/cm^3；$E_{\beta\max}$ 为 β 射线的最大能量，MeV；$\overline{E}_\beta$ 为 β 射线的平均能量，MeV；$\overline{E}^*$ 为假定 β 衰变为容许跃迁时，理论计算的 β 谱平均能量，MeV。对 ^{90}Sr，$\overline{E}_\beta / \overline{E}^* = 1.17$；对 ^{210}Bi，$\overline{E}_\beta / \overline{E}^* = 0.77$；对其他常用的核素，其 $\overline{E}_\beta / \overline{E}^* = 1.0$。

（2）对无限大平面 β 源，设考虑的点到平面的距离为 $r(\text{cm})$，单位面积上的放射性活度为 $A_S (\text{Bq} \cdot \text{cm}^{-2})$ 则此点的吸收剂量率可用式（5.37）计算，式中其他各参数含义同前。对圆盘 β 源，设考虑的点到圆盘源的轴上，如图 5.2 所示，则圆盘 β 源在轴线上点所产生的吸收剂量率可用式（5.37）计算，式中其他各参数含义也同前。

$$\dot{D}(r) = 2.89 \times 10^{-4} \nu \overline{E}_\beta A_S \frac{1}{3c^2 - e(c^2 - 1)}$$
$$\left\{ c \left[1 + \ln \frac{c}{\nu r} - \exp(1 - (\nu r / c)) \right] + \exp(1 - \nu r) \right\} \tag{5.37}$$

当 $(a^2 + R_0^2)^{1/2} < c/\nu$ 时，有

$$\dot{D}(a, R_0) = 2.89 \times 10^{-4} \nu \overline{E}_\beta A_S \frac{1}{3c^2 - e(c^2 - 1)}$$
$$\left\{ \begin{array}{l} c \left[\dfrac{1}{2} \ln \left(1 + \dfrac{R_0^2}{a^2} \right) + \exp \left(1 - \dfrac{\nu}{c} (a^2 + R_0^2)^{1/2} - \exp \left(1 - \dfrac{\nu a}{c} \right) \right) \right] + \\ \exp(1 - \nu a) - \exp(1 - \nu (a^2 + R_0^2)^{1/2} \end{array} \right\} \tag{5.38}$$

当 $a < c/\nu \leqslant (a^2 + R_0^2)^{1/2}$ 时，有

$$\dot{D}(a, R_0) = 2.89 \times 10^{-4} \nu \overline{E}_\beta A_S \frac{1}{3c^2 - e(c^2 - 1)}$$
$$\left\{ \begin{array}{l} c \left[1 + \ln \dfrac{c}{\nu a} - \exp \left(1 - \dfrac{\nu a}{c} \right) \right] + \\ \exp(1 - \nu a) - \exp(1 - \nu (a^2 + R_0^2)^{1/2}) \end{array} \right\} \tag{5.39}$$

5.1.5　蒙特卡罗方法简介

1. 概述

蒙特卡罗方法又称随机抽样技巧或统计试验方法。由于科学技术的发展和电子计算机的出现，蒙特卡罗方法作为一种独立的方法被提出，它首先应用于核武器的试验和研究工作中。特卡罗方法是一种计算方法，但与一般数值计算方法有很大区别。它是以概率统计理论为基础的一种方法。

蒙特卡罗方法的优点包括：① 能够比较逼真地描述事物的特点和物理实验过程；② 受几何条件限制小；③ 收敛速度与问题的维数无关；④ 具有同时计算多个方案与多个未知量的能力；⑤ 误差容易确定；⑥ 程序结构简单、易于实现。但也具有收敛速度慢、误差具有概率性、在粒子输运问题中其计算结果与系统大小有关等不足。

蒙特卡罗方法由于其独特的优点,特别是能够解决一些数值计算方法难以解决的问题,因而该方法在粒子输运、统计物理、典型数学、真空技术、激光技术以及医学、生物、探矿等方面得到广泛应用。蒙特卡罗方法在粒子输运问题中的应用范围主要包括实验核物理、反应堆物理、高能核物理。其中在实验核物理中的应用包括:通量及反应率、中子探测效率、光子探测效率、光子能量沉积谱响应函数、气体正比计数管反冲质子谱、多次散射与通量衰减修正。

由于蒙特卡罗方法是一个专门方法,需要一个专门的课程进行讲述,所以在本小节根据需要只介绍蒙特卡罗方法求解粒子输运问题的方法和相关程序的特点。掌握其方法还需要另外学习有关蒙特卡罗方法教材和程序才能解决实际问题。

2. 蒙特卡罗方法求解粒子输运问题的方法

粒子输运问题具有明显的随机性质,粒子的输运过程是一个随机过程。粒子的运动规律是根据大量的粒子的运动状况总结出来的一种统计规律。蒙特卡罗方法解决这类问题,不是从建立解析函数入手,而是直接从物理模型出发,模拟粒子输运情况,通过模拟大量的粒子在介质中的输运情况求得所需要的结果。蒙特卡罗方法求解粒子输运问题的方法通常包括弄清粒子输运的全部物理过程、确定所用的蒙特卡罗技巧、确定粒子的状态参数与状态序列、确定粒子输运过程中有关分布的抽样方法等步骤。

下面以平板屏蔽的直接模拟方法为例介绍蒙特卡罗的基本方法及其主要步骤的特点。设定一个单一介质的平板厚度为 a,长宽为无限,在平板左侧放置一个强度已知、具有已知能量、方向分布的中子源 S,求粒子穿透该屏蔽平板的概率及其能量和方向分布。

(1)中子在屏蔽中的运动状态参数。中子在屏蔽中的运动状态参数用参数 S 表示,其中 S 是中子的位置 Z、中子的能量 E 和中子的运动方向 α(规定为与 Z 轴的夹角)的函数,用公式表示为

$$S = S(Z, E, \cos \alpha) \tag{5.40}$$

一个中子从源出发,在屏蔽体中输运,经过若干次碰撞后,或者穿出屏蔽介质,或者被介质吸收,或者被屏蔽介质反射回来。因此,模拟一个中子在屏蔽中的运动过程,其实质是确定如下中子的运动状态:

$$S_0, S_1, S_2, \cdots, S_{M-1}, S_M \tag{5.41}$$

(2)确定中子的初始状态。确定中子的初始状态就是从源体中进行抽样抽取一个中子并确定运动状态。设中子源的空间、能量、方向分布为如下表示式,则源发出一个中子就是从该源分布中抽样得到其状态参数的具体数值。

$$S((Z_0 E_0, \cos \alpha_0) = f_1(Z_0) f_2(E_0) f_3(\cos \alpha_0) \tag{5.42}$$

对于平板情况及所考虑点源情况,假定源是单能、固定方向入射,则中子源的空间、能量、方向分布分别为

$$f_1(Z_0) = \delta(Z_0) \tag{5.43}$$

$$f_2(E_0) = \delta(E_0 - \overline{E}) \tag{5.44}$$

$$f_3(\cos \alpha_0) = \delta(\cos \alpha_0 - \overline{\mu}) \tag{5.45}$$

式中的 δ 为狄拉克函数。抽样得到

$$S_0 = S(0, \overline{E}, \overline{\mu}) \tag{5.46}$$

(3)进行输运确定中子的下一个碰撞点。对中子而言,从已知状态 S_{m-1},到 $S_m (m=1, 2, \cdots, M)$,首先要确定下一个碰撞点的位置 Z_m。在相邻两次碰撞之间,根据中子的输运规律,

中子的输运长度服从以下分布：

$$f(l) = \sum_t (E_{m-1}) \exp\left\{-\int_0^l \sum_t (Z_{m-1} + l'\cos\alpha_{m-1}, E_{m-1}) \mathrm{d}l'\right\}, \quad l \geqslant 0 \tag{5.47}$$

在单一介质中，中子的输运长度：

$$f(l) = \sum_t (E_{m-1}) \exp\left\{-\sum_t (E_{m-1}l)\right\} \tag{5.48}$$

从式(5.48)进行抽样，可以按照如下方法进行抽样：

$$\int_0^l \sum_t (Z_{m-1} + l'\cos\alpha_{m-1}, E_{m-1}) \mathrm{d}l' = -\mathrm{In}\xi \tag{5.49}$$

$$l = -\frac{1}{\sum_t (E_{m-1})} \mathrm{In}\xi \tag{5.50}$$

输过长度 l 确定后，再求出碰撞点的位置坐标：

$$Z_m = Z_{m-1} + l \cdot \cos\alpha_{m-1} \tag{5.51}$$

式中，$\sum_t$ 和 ξ 分别为介质的中子宏观总截面和随机数(由计算机进行随机抽样确定的一个在 $0\sim1$ 之间数)。计算结果 Z_m 若大于 a，则中子穿透屏蔽体，若 Z_m 小于 0，则中子被反射出屏蔽体。这两种情况，均视为中子历史终止，即可以进行下一个中子的抽样，否则则进行下列步骤。

(4) 确定被碰撞的原子核。通常介质由几种原子核组成，中子与核的碰撞，要确定与哪一种原子核碰撞。设介质由 B,C,D 三种核组成，则介质的宏观总截面为三种核的宏观总截面之和，即

$$\sum_t (E_{m-1}) = \sum_t^B (E_{m-1}) + \sum_t^C (E_{m-1}) + \sum_t^D (E_{m-1}) \tag{5.52}$$

则中子与核 B,C,D 三种核发生碰撞的概率分别为

$$P_B = \frac{\sum_t^B (E_{m-1})}{\sum_t (E_{m-1})} \tag{5.53}$$

$$P_C = \frac{\sum_t^C (E_{m-1})}{\sum_t (E_{m-1})} \tag{5.54}$$

$$P_D = \frac{\sum_t^D (E_{m-1})}{\sum_t (E_{m-1})} \tag{5.55}$$

通过离散型随机变量的抽样方法，抽样确定碰撞核种类，即按下列条件及顺序确定

$$\xi \leqslant P_B，与 B 核碰撞 \tag{5.56}$$

$$\downarrow$$

$$\xi \leqslant P_B + P_C，与 C 核碰撞 \tag{5.57}$$

$$\downarrow$$

$$与 D 核碰撞 \tag{5.58}$$

(5) 确定反应类型。确定与某种核(如 B 核)的碰撞后，还需要进一步确定反应的类型。中子与核的反应类型有弹性碰撞、非弹性碰撞、(n,2n) 反应、裂变反应和俘获等。

反应的宏观总截面为上述各类反应的宏观总截面之和，即

$$\sum_t^B(E_{m-1}) = \sum_{el}^B(E_{m-1}) + \sum_{in}^B(E_{m-1}) + \sum_{(n,2n)}^B(E_{m-1}) + \sum_f^B(E_{m-1}) + \sum_C^B(E_{m-1}) \tag{5.59}$$

而在屏蔽问题中,中子与核的反应分为弹性散射和吸收两个类型,则反应的宏观总截面为弹性散射和吸收散面之和为

$$\sum_t^B(E_{m-1}) = \sum_{el}^B(E_{m-1}) + \sum_a^B(E_{m-1}) \tag{5.60}$$

$$\sum_a^B(E_{m-1}) = \sum_f^B(E_{m-1}) + \sum_C^B(E_{m-1}) \tag{5.61}$$

则中子与核 B 发生弹性散射碰撞的概率分别为

$$P_{el} = \frac{\sum_{el}^B(E_{m-1})}{\sum_t(E_{m-1})} \tag{5.62}$$

通过离散型随机变量的抽样方法,抽样确定反应类型,即按下列条件及顺序确定

$$\xi \leqslant P_{el} \longrightarrow 发生弹性碰撞 \tag{5.63}$$

$$\downarrow$$

$$发生吸收 \tag{5.64}$$

(6) 确定碰撞后的能量与运动方向。中子如果被碰撞核吸收,则其运动历史结束。如果发生弹性散射,需要确定散射后中子的能量和运动方向。

首先由质心系中子弹性散射角分布抽样确定质心散射角 θ_C,中子弹性散射的能量 E_m 和在实验室系散射角 θ_L 的余弦 μ_L 分别由一组下列公式计算。式中的 x 为在 $(0,2\pi)$ 上均匀分布的方位角。

$$E_m = \frac{E_{m-1}}{2}\left[(1+\bar{r}) + (1-\bar{r})\mu_C\right] \tag{5.65}$$

$$\bar{r} = \left(\frac{1-A}{1+A}\right)^2 \tag{5.66}$$

$$\mu_C = \cos\theta_C \tag{5.67}$$

$$\mu_L = \frac{1+A\mu_C}{\sqrt{1+A^2+2A\mu_C}} \tag{5.68}$$

$$\mu_C = \cos\theta_C \tag{5.69}$$

$$\cos\alpha_m = \cos\alpha_{m-1}\cos\theta_L + \sin\alpha_{m-1}\sin\theta_L\cos x \tag{5.70}$$

(7) 粒子穿透该屏蔽平板的概率及其能量和角分布。通过重复以上第(2)~(6)个过程,可以模拟 n 个中子的输运过程。设第 n 个中子对穿透概率的贡献为

$$\eta_n = \begin{cases} 1, & Z_m \geqslant a \\ 0, & 其他 \end{cases} \tag{5.71}$$

则穿透屏蔽的中子个数为

$$N_1 = \sum_{n=1}^N \eta_n \tag{5.72}$$

穿透屏蔽概率的近似值为

$$P_1 = \frac{N_1}{N} = \frac{1}{N}\sum_{n=1}^N \eta_n \tag{5.73}$$

穿透中子的能量分布为

$$P_{N_{1,i}}^{(1)} = \frac{N_{1,i}}{N\Delta E_i}, \quad i = 1,2,\cdots,I \tag{5.74}$$

穿透中子的角分布为

$$P_{N_{2,j}}^{(1)} = \frac{N_{2,j}}{N\Delta\alpha_j}, \quad j = 1,2,\cdots,J \tag{5.75}$$

上述过程即为解决粒子输运的直接模拟法。从中可以体会到蒙特卡罗方法的基本思想，其主要特点是能够直观地、清楚地描述问题的物理过程，计算程序比较简单。但当穿透屏蔽概率值很小（表现为屏蔽很厚或有强的吸收物质时），需要模拟大量中子。如要求相对误差小于 5%，当穿透屏蔽概率值的数量级为 $10^{-6} \sim 10^{-10}$ 时，N 的数量级则为 $10^9 \sim 10^{13}$，一般的计算机难以实现，因此发展了许多其他的改进方法。

3. 蒙特卡罗方法应用软件 MCNP 简介

蒙特卡罗方法和建立完善的蒙特卡罗方法应用软件是相辅相成的两个同等重要的方面。在早期，主要开展了蒙特卡罗方法及其应用的研究工作；近年来美国橡树岭国家实验室、阿贡国家实验室等建立和收集大量的蒙特卡罗方法应用软件，如 MCNP，EGS，MORSE，SAN-DYL，TIGER。这些软件具有灵活的几何处理能力、参数通用化使用方便、元素和介质材料齐全、能量范围广、功能强大、输出量灵活全面等优点。在实际应用中，应掌握这些软件的特点和应用技术，才能有效地解决有关问题。下面主要介绍 MCNP 的特点。

MCNP 程序全名为 Monte Carlo Neutron and Photo Transport Code。它是由美国洛斯阿拉莫斯国家实验室的蒙特卡罗小组在一系列程序工作的基础上，集中编制的一个具有较高水平的大型通用中子和光子输运程序。其主要特点：①程序中的几何是三维任意组态。MC-NP 程序可以处理三维材料结构的问题，几何块可由一阶、二阶，包括某些特殊的四阶表面所包围。它不同于一般的组合几何表示，而是一种新的表示。程序定义了三种交（and）、和（or）、余（非）的操作。每个基本几何单元可以由包围表面的交、和、余定义。这样一个复杂的几何可以较为简单地表示出来，适应性更强。②使用精细的点截面数据。该程序是连续能量的蒙特卡罗程序，因而使用的核数据没有太大的近似。可以按连续能量，使用能量点线性插值（一般有几百个到几千个点），把所有截面压缩成 240 群等三种方式使用。如果不需要太多能量点，也可以"稀疏"用较少点的连续能量计算。对于光子考虑了相干散射和非相干散射，并处理了光电吸收之后可能有的荧光发射及电子对产生的就地韧致辐射。对于中子考虑了所有中子反应类型。③程序功能齐全。可用于计算中子、光子、中子-光子的耦合的输运问题，也可以计算临界（包括次临界和超临界）的特征值问题。因而适用于核科学和工程方面的各种课题，如反应堆和加速器设计中的屏蔽计算、核环境污染及辐射剂量计算、武器试验的测试分析和检验核截面数据等。程序的输出也很齐全，包括一般输出和特殊输出，各类通量、各类谱、积分量都可输出。程序还专门准备了一个子程序块，供用户修正各种记数输出用。程序还有较强的绘图能力，给出输入模型几何横断面及输出结果图形。④在减小方差技巧方面其内容十分丰富，包括了几何分裂与赌、重要抽样、有能量分裂、源偏倚、指数变换、强迫碰撞、相关抽样、点探测器的新估计方法、小区域记数的 DXTRAN 球技巧以及权重窗等。程序的通用性也较强，使用也较容易，它为用户配置了多种标准形式的源，同时留有接口，允许用户自己定义自己的源。

5.1.6 外照射剂量计算中所涉及的部分剂量转换数据

由于辐射防护问题的复杂性和多样性，除了上述的对典型源所适用的解析法和较为复杂的蒙特卡罗方法外，在实用中还可以根据辐射量之间的关系，为方便某些特定剂量计算的需要而建立的图表法或剂量换算因子法。

如表 5.5 是国际放射防护委员会第 74 号出版物给出的单能光子每单位注量所致空气比释动能的换算系数。

表5.5　单能光子每单位注量所致空气比释动能的换算系数

光子能量/MeV	$K_a/\Phi/(\text{pGy}\cdot\text{m}^{-2})$	光子能量/MeV	$K_a/\Phi/(\text{pGy}\cdot\text{m}^{-2})$
0.010	7.43	0.015	3.12
0.020	1.68	0.030	0.721
0.040	0.429	0.050	0.323
0.060	0.289	0.080	0.307
0.100	0.371	0.150	0.599
0.200	0.856	0.300	1.38
0.400	1.89	0.500	2.38
0.600	2.84	0.800	3.69
1.000	4.47	1.500	6.14
2.000	7.55	3.000	9.96
4.000	12.1	4.000	14.1
6.000	16.1	8.000	20.1
10.000	24.0		

5.2　γ射线外照射防护一般方法和 γ点源屏蔽计算

5.2.1　外照射防护的一般方法

外照射辐射防护的目的是在于控制辐射对人体的照射,使之保持在可以合理达到的最低水平,保证个人所受的剂量不超过国家标准的规定限值。对外照射防护,可以采用以下三种方式中的一种或多种方法的组合:控制受照射时间、增大与辐射源间的距离、采用屏蔽。

(1)控制受照射时间。由于在一定的剂量率条件下,人体受照射的累积剂量与受照射的时间成正比,所以,在一个确定的辐射场中人员受照射时间愈长,所受的累积剂量愈大。因此,在某些情况下可以通过控制人员工作时间或受照射时间来限制个人所受的辐射剂量。

为此,根据外照射辐射防护的目的是在于控制辐射对人体的照射,使之保持在可以合理达到的最低水平,保证个人所受的剂量不超过国家标准的规定限值,在一切接触电离辐射的操作中,都应以尽量缩短受照射时间为原则,在实际工作可采取多种措施来落实这一原则。如在正式操作前进行模拟操作,达到正式操作时的熟练、准确、迅速;在正式操作前根据工作特点制订详细的工作计划和操作步骤;在正式操作结束后进行总结,形成改进措施和技术文件等。在核武器辐射防护中采用控制受照射时间是非常有效的一种方法。

(2)增大与辐射源间的距离。由于增大人体与辐射源的距离可以有效降低人体受照射的剂量,例如,一个γ点源,剂量率与离源的距离平方成反比,距离增加1倍,剂量率可以减少到的原来的 1/4,因此,增大与辐射源间距离的方法是实际采用的外照射防护的基本方法之一。在实际工作,根据工作性质,采用远距离操作工具,如热室中采用的长柄钳子、机械手、远距离自动控制装置等,或工作时与辐射源保持一定距离等措施,以增大人体与辐射源之间的距离控制个人外照射剂量。在核武器辐射防护中采用增大与辐射源间的距离有时也是一种有效的方法,如在进行核武器储存检查时检查人员应尽量与放射性部件保持一定距离。

(3)采用屏蔽。在实际工作中,由于受工作条件等因素的影响,往往单靠控制受照射时间、增大与辐射源间的距离两种方法并不能达到安全操作的要求。如在室内安装一个大型^{60}Co辐照源,离工作人员的最大距离也只有几米范围,工作位置剂量率可以高达 $1\ Gy\cdot s^{-1}$ 的工作现场,人员在此停留 1 s 也是非常危险的,此时,必须采用屏蔽方法。

屏蔽方法是根据辐射通过物质时被吸收的原理而在人体和辐射源之间加一层足够厚的屏蔽物质,以把外照射剂量控制在要求的剂量水平以下。屏蔽防护的应用极广,在一切核工程及强源操作中都要涉及到屏蔽问题。进行屏蔽防护时,要根据辐射源活度、种类、用途等进行具体设计。屏蔽设计的内容包括选择合适的屏蔽材料、确定屏蔽的结构形式、计算屏蔽层的厚度、散射与孔道泄露处理等。

屏蔽的结构形式根据防护和工作的要求,屏蔽物可以是固定的,也可以是移动式的。属于固定式的屏蔽物是指防护墙、地板、天花板、防护门、观察窗等。属于移动式的如包装容器、各种结构的手套箱、防护屏及铅砖等。在实际工程设计中,可以是多种屏蔽物并存。

屏蔽材料的选取必须根据辐射源的活度、用途、工作性质等具体进行。用于 γ 射线的屏蔽材料是多种多样的,如水、土壤、岩石、铁矿石、混凝土、铁、铅、铅玻璃、铀钨合金。如果安装固定式的 γ 射线源和 X 射线机时,通常选用普通混凝土作为屏蔽材料;如果安装移动式的 γ 射线源,由于要求屏蔽体积小,可选用铅、铀钨合金等高密度材料;如果是一般放化操作用的防护屏蔽,通过选用铅屏或铅玻璃屏等。采用屏蔽也包括个人穿戴使用的防护衣具,防护衣具应具有良好的防护 γ、中子等射线的能力。在核武器辐射防护中通常可采用在工作人员与核部件之间增加屏蔽层,也可以是操作人员穿戴外照射个人防护衣具,如含铅围裙等。屏蔽设计工作实际上是一个解决工程问题的过程,由于本教材的限制,在后续的屏蔽设计工作中只涉及到计算屏蔽层的厚度问题,其他的内容需要根据实际情况进行确定,在此也不进行讲述。

5.2.2 γ 射线在物质中减弱规律

在 γ 射线外照射防护的屏蔽计算中,经常涉及的是对 γ 射线的吸收和散射问题,而这一问题的解决需要了解窄束 γ 射线在物质中减弱规律、宽束 γ 射线在物质中减弱规律以及累积因子的计算等。

1. 窄束 γ 射线在物质中减弱规律

窄束 γ 射线是指不含有散射成分的射线束。窄束一词在实验上是通过准直器得到细小的线束,实际是指物理意义上的窄束,而非几何学上的细小。获得窄束 γ 射线的装置示意图如图 5.7 所示。窄束 γ 射线在物质中减弱规律为

$$I = I_0 \exp(-\mu R) = I_0 \exp(-\mu_m R_m) \tag{5.76}$$

式中,I_0,I 分别加屏蔽层前后,探测器所测量到的 γ 射线计数率(也可以是注量、注量率等其他物理量)。利用这一规律可以描述窄束 γ 射线在物质中吸收。

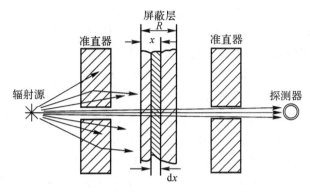

图 5.7　获得窄束 γ 射线的装置示意图

2. 宽束 γ 射线在物质中减弱规律

实际上的 γ 射线束多数是宽束情况。在上述实验装置中,把两个准直器去掉后,在屏蔽层发生散射的光子可能穿过屏蔽层到达探测器。宽束 γ 射线通过物质时的减弱情况如图 5.8 所示。考虑散射光子的影响,宽束 γ 射线在物质中减弱规律为

$$I = I_0 B \exp(-\mu R) = I_0 B \exp(-\mu_m R_m) \tag{5.77}$$

式中,B 为累积因子,它表示了散射光子的影响。

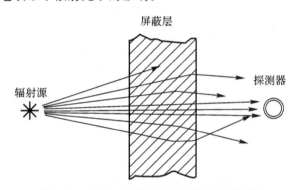

图 5.8　宽束 γ 射线通过物质时的减弱情况

3. 累积因子的计算

如上所述,在研究宽束 γ 射线在物质中减弱规律时,累积因子是一个重要的物理量。累积因子的大小与多种因素有关,如 γ 射线的能量、屏蔽层材料的原子序数、屏蔽层厚度、屏蔽层的几何条件、源和屏蔽层与考虑点之间的相对位置等。

由于宽束 γ 射线在物质中减弱规律可以用不同的物理量描述,因而对应不同的辐射量也可以有不同的累积因子。常用的累积因子有光子数累积因子、注量累积因子、能注量累积因子、吸收剂量累积因子、照射量累积因子。在防护屏蔽计算中常用的是照射量累积因子。照射量累积因子的定义是所考虑的剂量计算点,γ 射线的总照射量率与未经碰撞的光子产生的照射量率之比,即

$$B_X(r) = \frac{\int \left(\dfrac{\mu_{en}}{\rho}\right)_a E\psi(r,E)\,\mathrm{d}E}{\int \left(\dfrac{\mu_{en}}{\rho}\right)_a E\psi_0(r,E)\,\mathrm{d}E} \tag{5.78}$$

在屏蔽设计中,累积因子是一个必须考虑的重要因素。例如,射线能量为 0.5 MeV 的 γ 点源发出的辐射在穿过深度为 10 个平均自由程的水层时,照射量累积因子为 77.6。γ 射线能量愈小,介质的原子序数愈低,散射就愈严重。例如,γ 射线的能量下降到 0.255 MeV 时,在上述条件下的照射量率可达到 166。如果不考虑散射因子,最后算出的屏蔽层厚度远低于实际所需要的厚度。如前所述,由于影响累积因子计算的因素较多,对累积因子较为精确的计算是采用蒙特卡罗方法、矩方法等。但是,为了实际使用方便,可以使用查表法或经验公式法。

各向同性点源的不同能量 γ 射线在水、铝、锡、钨、铀、铁、铅和混凝土中的照射量累积因子如表 5.6 和表 5.7 所示。单向平面源的不同能量 γ 射线在水、铁、锡、铅和铀中的照射量累积因子如表 5.8 所示。表 5.9 则给出用式(5.79)所示的泰勒公式计算各向同性点源照射量累积因子的有关参数。表 5.10 则给出用式(5.80)所示的伯杰公式计算各向同性点源、无限介质照射量累积因子的有关参数值。式中的 R 为屏蔽层厚度(cm)。应当说明的是,采用无限大均匀介质累积因子计算的结果,对屏蔽设计是偏安全的,对于一般屏蔽计算可不必进行修正。

泰勒公式：
$$B = A_1 \exp(-\mu a_1 R) + (1 - A_1) \exp(-\mu a_2 R) \tag{5.79}$$

伯杰公式：
$$B = 1 + a\mu R \exp(b\mu R) \tag{5.80}$$

表 5.6　各向同性点源在水、铝、锡、钨、铀中的照射量累积因子

材　料	光子能量 MeV	平均自由程数 μR						
		1	2	4	7	10	15	20
水	0.255	3.09	7.14	23.0	72.9	166	456	982
	0.5	2.52	5.14	14.3	38.8	77.6	178	334
	1.0	2.13	3.71	7.68	16.2	27.1	50.4	82.2
	2.0	1.83	2.77	4.88	8.46	12.4	19.5	27.7
	3.0	1.69	2.42	3.91	6.23	8.63	12.8	17.0
	4.0	1.58	2.17	3.34	5.13	6.94	9.97	12.9
	6.0	1.46	1.91	2.76	3.99	5.18	7.09	8.85
	8.0	1.38	1.74	2.40	3.34	4.25	5.66	6.95
	10.0	1.33	1.63	2.19	2.97	3.72	4.90	5.98
铝	0.5	2.37	4.24	9.47	21.5	38.9	80.8	141
	1.0	2.02	3.31	6.57	13.1	21.2	37.9	58.5
	2.0	1.75	2.61	4.62	8.05	11.9	18.7	26.3
	3.0	1.64	2.32	3.78	6.14	8.65	13.0	17.7
	4.0	1.53	2.08	3.22	5.01	6.88	10.1	13.4
	6.0	1.42	1.85	2.70	4.06	5.49	7.97	10.4
	8.0	1.34	1.68	2.37	3.45	4.58	6.56	8.52
	10.0	1.28	1.55	2.12	3.01	3.96	5.63	7.32

续 表

材 料	光子能量 MeV	平均自由程数 μR						
		1	2	4	7	10	15	20
锡	0.5	1.56	2.08	3.09	4.57	6.04	8.64	
	1.0	1.64	2.30	3.74	6.17	8.85	13.7	18.8
	2.0	1.57	2.17	3.53	5.87	8.53	13.6	19.3
	3.0	1.46	1.96	3.13	5.28	7.91	13.3	20.1
	4.0	1.38	1.81	2.82	4.82	7.41	13.2	21.2
	6.0	1.26	1.57	2.37	4.17	6.94	14.8	29.1
	8.0	1.19	1.42	2.05	3.57	6.19	15.1	34.0
	10.0	1.14	1.31	1.79	2.99	5.21	12.5	33.4
	3.0	1.29	1.58	2.21	3.27	4.51	6.97	9.88
	4.0	1.24	1.50	2.09	3.21	4.66	8.01	12.7
	6.0	1.16	1.36	1.85	2.96	4.80	10.8	23.0
	8.0	1.12	1.27	1.66	2.61	4.36	11.2	28.0
	10.0	1.09	1.20	1.51	2.26	3.78	10.5	28.5
钨	0.5	1.28	1.50	1.84	2.24	2.61	3.12	
	1.0	1.44	1.83	2.57	3.62	4.64	6.25	(7.35)
	2.0	1.42	1.85	2.72	4.09	5.27	8.07	(10.6)
	3.0	1.36	1.74	2.59	4.00	5.92	9.66	14.1
	4.0	1.29	1.62	2.41	4.03	6.27	12.0	20.9
	6.0	1.20	1.43	2.07	3.60	6.29	15.7	36.3
	8.0	1.14	1.32	1.81	3.05	5.40	15.2	41.9
	10.0	1.11	1.25	1.64	2.62	4.65	14.0	39.3
铀	0.5	1.17	1.30	1.48	1.67	1.85	2.08	
	1.0	1.31	1.56	1.98	2.50	2.97	3.67	
	2.0	1.33	1.64	2.23	3.09	3.95	5.36	(6.48)
	3.0	1.29	1.58	2.21	3.27	4.51	6.97	9.88
	4.0	1.24	1.50	2.09	3.21	4.66	8.01	12.7
	6.0	1.16	1.36	1.85	2.96	4.80	10.8	23.0
	8.0	1.12	1.27	1.66	2.61	4.36	11.2	28.0
	10.0	1.09	1.20	1.51	2.26	3.78	10.5	28.5

表 5.7 各向同性点源在铁、铅和混凝土中的照射量累积因子

材 料	光子能量 MeV	平均自由程数 μR								
		1	2	4	7	10	13	15	17	20
铁	0.25	1.95	2.91	5.08	9.11	14.1	19.9	24.4	29.3	37.6
	0.5	2.00	3.15	6.07	12.0	19.7	20.1	36.3	44.4	57.8
	0.662	1.94	3.06	5.88	11.6	18.9	27.8	34.5	41.9	54.1
	1.0	1.85	2.86	5.34	10.1	15.9	22.7	27.7	33.0	41.6
	1.25	1.80	2.74	4.99	9.18	14.2	19.9	24.0	28.5	35.4
	1.5	1.76	2.63	4.67	8.35	12.6	17.3	20.7	24.2	29.7
	1.75	1.72	2.53	4.41	7.72	11.5	15.6	18.6	21.6	26.3
	2.0	1.68	2.45	4.20	7.26	10.7	14.5	17.2	20.1	24.4
	2.5	1.62	2.30	3.85	6.54	9.61	13.0	15.4	18.0	21.9
	3.0	1.56	2.18	3.56	5.94	8.62	11.6	13.6	15.8	19.2
	4.0	1.47	1.99	3.14	5.12	7.37	9.86	11.6	13.5	16.5
	5.0	1.40	1.84	2.81	4.51	6.45	8.64	10.2	11.9	14.5
	6.0	1.35	1.73	2.57	4.07	5.84	7.86	9.35	11.0	13.5
	8.0	1.27	1.56	2.24	3.48	5.00	6.83	8.22	9.76	12.3
	10.0	1.22	1.45	2.01	3.07	4.43	6.16	7.52	9.99	11.8
铅	0.25	1.08	1.14	1.21	1.30	1.37	1.42	1.45	1.49	1.57
	0.5	1.22	1.38	1.61	1.88	2.09	2.26	2.36	2.47	2.68
	0.662	1.29	1.50	1.84	2.25	2.60	2.88	3.06	3.25	3.57
	1.0	1.37	1.67	2.19	2.89	3.51	4.07	4.43	4.79	5.36
	1.25	1.39	1.74	2.36	3.25	4.10	4.92	5.47	6.02	6.88
	1.5	1.40	1.77	2.41	3.43	4.38	5.30	5.90	6.52	7.44
	1.75	1.40	1.78	2.50	3.59	4.68	5.73	6.51	7.27	8.43
	2.0	1.39	1.77	2.54	3.75	5.05	6.43	7.39	8.40	9.98
	2.5	1.36	1.73	2.51	3.84	5.36	7.06	8.31	9.64	11.8
	3.0	1.33	1.68	2.44	3.79	5.41	7.30	8.71	10.3	12.8
	4.0	1.27	1.57	2.27	3.61	5.38	7.63	9.45	11.5	15.2
	5.0	1.23	1.48	2.10	3.39	5.26	7.90	10.2	13.0	18.4
	6.0	1.19	1.40	1.95	3.15	4.99	7.76	10.3	13.6	20.3
	8.0	1.14	1.30	1.74	2.79	4.61	7.76	11.0	15.6	26.3
	10.0	1.11	1.24	1.59	2.51	4.29	7.70	11.6	17.6	33.9

续 表

材　料	光子能量 MeV	平均自由程数 μR								
		1	2	4	7	10	13	15	17	20
混凝土	0.25	2.60	4.85	11.4	27.3	52.2	88.3	119.6	157.3	227.0
	0.5	2.28	4.04	9.00	20.2	36.4	58.0	75.5	95.5	129.8
	0.662	2.15	3.68	7.86	16.9	29.2	45.0	57.2	70.9	93.7
	1.0	1.99	3.24	6.43	12.7	20.7	30.1	37.1	44.5	56.5
	1.25	1.91	3.03	5.76	10.9	17.2	24.4	29.6	35.1	43.9
	1.5	1.85	2.86	5.25	9.55	14.5	20.1	24.0	28.1	34.4
	1.75	1.80	2.73	4.86	8.57	12.7	17.3	20.5	23.8	28.8
	2.0	1.76	2.62	4.56	7.88	11.6	15.6	18.3	21.2	25.6
	2.5	1.69	2.44	4.08	6.82	9.80	13.0	15.2	17.4	20.8
	3.0	1.63	2.30	3.73	6.03	8.45	11.0	12.7	14.4	17.0
	4.0	1.54	2.10	3.26	5.07	6.94	8.87	10.2	11.5	13.5
	5.0	1.47	1.95	2.92	4.42	5.95	7.52	8.57	9.65	11.2
	6.0	1.42	1.84	2.68	3.96	5.26	6.58	7.47	8.37	9.72
	8.0	1.34	1.68	2.35	3.37	4.40	5.45	6.16	6.89	7.97
	10.0	1.29	1.57	2.13	2.98	3.86	4.77	5.38	6.01	6.96

表 5.8　单向平面源的不同能量 γ 射线在水、铁、锡、铅和铀中的照射量累积因子

材　料	光子能量 MeV	平均自由程数 μR					
		1	2	4	7	10	15
水	0.5	2.63	4.29	9.05	20.0	35.9	74.9
	1.0	2.26	3.39	6.27	11.5	18.0	30.8
	2.0	1.84	2.63	4.28	6.96	9.87	14.4
	3.0	1.69	2.31	3.57	5.51	7.48	10.8
	4.0	1.58	2.10	3.12	4.63	6.19	8.54
	6.0	1.45	1.86	2.63	3.76	4.86	6.78
	8.0	1.35	1.69	2.30	3.16	4.00	5.47

续 表

材　料	光子能量 MeV	平均自由程数 μR					
		1	2	4	7	10	15
铁	0.5	2.07	2.94	4.87	8.31	12.4	20.6
	1.0	1.92	2.74	4.57	7.81	11.6	18.9
	2.0	1.69	2.35	3.76	6.11	8.78	13.7
	3.0	1.58	2.13	3.32	5.26	7.41	11.4
	4.0	1.48	1.90	2.95	4.61	6.46	9.92
	6.0	1.35	1.71	2.48	3.81	5.35	8.39
	8.0	1.27	1.55	2.17	3.27	4.58	7.33
	10.0	1.22	1.44	1.95	2.89	4.07	6.70
锡	1.0	1.65	2.24	3.40	5.18	7.19	10.5
	2.0	1.58	2.13	3.27	5.12	7.13	11.0
	4.0	1.39	1.80	2.69	4.31	6.30	
	6.0	1.27	1.57	2.27	3.72	5.77	11.0
	10.0	1.16	1.33	1.77	2.87	4.53	9.68
铅	0.5	1.24	1.39	1.63	1.87	2.08	
	1.0	1.38	1.68	2.18	2.80	3.40	4.20
	2.0	1.40	1.76	2.41	3.36	4.35	5.94
	3.0	1.36	1.71	2.42	3.55	4.82	7.18
	4.0	1.28	1.56	2.18	3.29	4.69	7.70
	6.0	1.19	1.40	1.87	2.97	4.69	9.53
	8.0	1.14	1.30	1.69	2.61	4.18	9.08
	10.0	1.11	1.24	1.54	2.27	3.54	7.70
铀	0.5	1.17	1.28	1.45	1.60	1.73	
	1.0	1.30	1.53	1.90	2.32	2.70	3.60
	2.0	1.33	1.62	2.15	2.87	3.56	4.89
	3.0	1.29	1.57	2.13	3.02	3.99	5.94
	4.0	1.25	1.49	2.02	2.94	4.06	6.47
	6.0	1.18	1.37	1.82	2.74	4.12	7.79
	8.0	1.13	1.27	1.61	2.39	3.65	7.36
	10.0	1.10	1.21	1.48	2.12	3.21	6.58

表 5.9　用泰勒公式计算各向同性点源照射量累积因子的有关参数值

材料	光子能量 MeV	A_1	$-a_1$	a_2	材料	光子能量 MeV	A_1	$-a_1$	a_2
水	0.5	100.845	0.126 87	−0.109 25	铁	0.5	31.379	0.068 42	−0.037 42
	1.0	19.601	0.090 37	−0.025 22		1.0	24.957	0.060 86	−0.024 63
	2.0	12.612	0.053 20	0.019 32		2.0	17.622	0.046 27	−0.005 26
	3.0	11.110	0.035 50	0.032 06		3.0	13.218	0.044 31	−0.000 87
	4.0	11.163	0.025 43	0.030 25		4.0	9.624	0.046 98	0.001 75
	6.0	8.385	0.018 20	0.041 64		6.0	5.867	0.061 50	−0.001 86
	8.0	4.635	0.026 33	0.070 97		8.0	3.243	0.075 00	0.021 23
	10.0	3.545	0.029 91	0.087 17		10.0	1.747	0.099 00	0.066 27
混凝土	0.5	38.225	0.148 24	−0.105 79	锡	0.5	11.440	0.018 00	0.031 87
	1.0	25.507	0.072 30	−0.018 43		1.0	11.426	0.042 66	0.016 06
	2.0	18.089	0.042 50	0.008 49		2.0	8.783	0.053 49	0.015 05
	3.0	13.640	0.032 00	0.020 22		3.0	5.400	0.074 40	0.020 80
	4.0	11.460	0.026 00	0.024 50		4.0	4.496	0.095 17	0.025 98
	6.0	10.781	0.015 20	0.029 25		6.0	2.005	0.137 33	−0.015 01
	8.0	8.972	0.013 00	0.029 79		8.0	1.101	0.172 88	−0.017 87
	10.0	4.015	0.028 80	0.068 44		10.0	0.708	0.192 00	0.015 52
铝	0.5	38.911	0.100 15	−0.063 12	铅	0.5	1.677	0.030 84	0.309 41
	1.0	28.782	0.068 20	−0.029 73		1.0	2.984	0.035 05	0.134 86
	2.0	16.981	0.045 88	0.002 71		2.0	5.421	0.034 82	0.043 79
	3.0	10.583	0.040 66	0.025 14		3.0	5.580	0.054 22	0.006 11
	4.0	7.526	0.039 73	0.038 60		4.0	3.897	0.084 68	−0.023 83
	6.0	5.713	0.039 34	0.043 47		6.0	0.926	0.178 60	−0.046 35
	8.0	4.716	0.038 37	0.044 31		8.0	0.368	0.236 91	−0.058 64
	10.0	3.999	0.039 00	0.041 30		10.0	0.311	0.240 24	−0.278 3

表 5.10　用伯杰公式计算各向同性点源、无限介质照射量累积因子的有关参数值

材　料	光子能量 $\dfrac{}{\text{MeV}}$	a	b	材　料	光子能量 $\dfrac{}{\text{MeV}}$	a	b
水	0.255	2.288 7	0.203 5	铁	0.5	0.921 4	0.069 8
	0.5	1.438 6	0.177 2		1.0	0.835 9	0.061 9
	1.0	1.104 6	0.090 7		2.0	0.697 6	0.034 2
	2.0	0.822 9	0.034 6		3.0	0.537 8	0.034 6
	3.0	0.691 3	0.010 5		4.0	0.439 0	0.033 7
	4.0	0.580 1	0.002 4		6.0	0.329 4	0.043 0
	6.0	0.463 3	− 0.010 9		8.0	0.256 4	0.046 3
	8.0	0.381 9	− 0.017 4		10.0	0.188 2	0.058 1
	10.0	0.329 8	− 0.020 8	锡	0.5	0.555 2	− 0.010 9
铝	0.5	1.287 4	0.112 1		1.0	0.623 7	0.023 3
	1.0	0.988 6	0.075 1		2.0	0.553 1	0.031 6
	2.0	0.741 7	0.041 0		3.0	0.440 5	0.045 7
	3.0	0.634 5	0.019 7		4.0	0.360 1	0.058 3
	4.0	0.527 3	0.011 3		6.0	0.237 2	0.092 0
	6.0	0.416 5	0.007 2		8.0	0.168 5	0.112 0
	8.0	0.336 3	0.006 0		10.0	0.122 0	0.122 7
	10.0	0.273 9	0.007 2	铅	0.5	0.242 5	− 0.069 6
钨	0.5	0.282 8	− 0.060 9		1.0	0.370 1	− 0.032 6
	1.0	0.435 8	− 0.019 8		2.0	0.383 6	− 0.000 7
	2.0	0.423 3	0.002 6		3.0	0.319 3	0.028 3
	3.0	0.346 0	0.033 8		4.0	0.252 0	0.056 2
	4.0	0.271 1	0.066 5		5.0	0.192 8	0.085 4
	6.0	0.175 1	0.109 2		6.0	0.160 3	0.106 0
	8.0	0.123 2	0.126 1		8.0	0.118 1	0.120 0
	10.0	0.095 4	0.131 7		10.0	0.091 5	0.126 4

续 表

材　料	光子能量/MeV	a	b	材　料	光子能量/MeV	a	b
铀	0.5	0.174 0	−0.077 4				
	1.0	0.311 3	−0.049 2				
	2.0	0.328 4	−0.012 1				
	3.0	0.279 6	0.022 0				
	4.0	0.227 5	0.047 1				

5.2.3　γ 点源的屏蔽计算

如前,在本小节内容中只涉及到计算屏蔽层厚度的方法问题,屏蔽设计的其他内容则需要设计人员根据实际情况综合考虑进行确定。同样,与剂量计算相似,将 γ 源的屏蔽计算也分为 γ 点源的屏蔽计算和非 γ 点源的屏蔽计算。本小节只介绍几种常用的 γ 点源屏蔽解析计算方法。对于非点源,其计算原理仍以点源的减弱方程为基础,根据具体的条件建立微分方程,求微分方程的解,便可以得到非点源屏蔽减弱的函数。但是由于这类函数通常是非常复杂的,求其解析解也是相当困难的。因而多采用电子计算机进行求解,或采用前述的蒙特卡罗方法进行求解。因此,考虑问题和求解的复杂性,本教材对非 γ 点源的屏蔽计算不作介绍。读者若需要研究这一类的问题可参照非点源的剂量计算方法进行分析,也可参考有关文献进行研究。

1. 直接利用宽束 γ 射线在物质中减弱规律的表达公式进行计算

如式(5.77)所示,可以将式中的 I 和 I_0 分别看成是加屏蔽及未加屏蔽时所考虑位置的剂量率(或照射率)。累积因子 B 为 γ 射线的能量及屏蔽厚度的函数,可以用式(5.79)或式(5.80)直接表示,通过建立和求解方程可以求出屏蔽厚度 R。在实际屏蔽设计中,当所考虑位置到源的距离是未知时,可以采用此法。下面通过一个实例进行说明。

[例 5.1]　设某单位用水井法安装一个活度为 $A=1.16\times10^{14}$ Bq 的 ^{60}Co 辐射源,要求在源在储存水的表面处所产生的剂量当量率为 2.5×10^{-2} mSv·h^{-1},按国家有关规定取 2 倍的安全系数,试计算水井的深度 R 应为多少?

[解]　根据问题要求及式(5.77),首先建立如下的屏蔽方程:

$$\dot{H}=\dot{H}_0 B\exp(-\mu R) \tag{5.81}$$

式(5.81)中 $\dot{H}$ 已知,$\dot{H}_0$ 根据吸收剂量、剂量当量、照射量之间的关系建立如下公式:

$$\dot{H}_0=f\dot{X}=fA\Gamma/R^2 \tag{5.82}$$

累积因子 B 可用伯杰公式代入:

$$B=1+a\mu R\exp(b\mu R) \tag{5.83}$$

将式(5.82)和式(5.83)代入式(5.81)中并考虑 2 倍安全系数

$$\dot{H} = 2 \times f \frac{A\Gamma}{R^2} \times (1 + a\mu R \exp(b \infty R)) \times \exp(-\mu R) \tag{5.84}$$

为计算方便,取 ^{60}Co 辐射源 γ 射线的平均能量为 1.25 MeV,查阅有关数据表并代入式 (5.84),可得:

$$6.37 \times 10^{-11} \times R^2 = 2 \times (1 + 1.034\ 2\mu R \exp(0.075\mu R)) \times \exp(-\mu R) \tag{5.85}$$

上述超越方程是不能采用一般的方法进行求解。在工程上可以采用图解法或数值尝试法。由于作图法或尝试法的过程相对复杂,这里只给出计算结果:

$$R = 2.73 \text{ m} \tag{5.86}$$

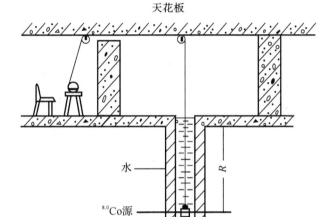

图 5.9　用水井法储存 ^{60}Co 辐射源时计算水井深度的示意图

2. 利用减弱倍数法进行屏蔽厚度的计算

将式 (5.77) 进行变化,并令 K 等于屏蔽前后的剂量减弱倍数,即

$$K = I_0/I = \mathrm{e}^{\mu R}/B \tag{5.87}$$

表 5.11 ~ 表 5.16 列出了不同能量各向同性点源 γ 射线减弱倍数 K 与所需水、混凝土、铁、铅、铅玻璃的厚度关系。使用时,只需要求出 K 值,便可以方便地查出所需要的屏蔽材料的厚度值。这些值是针对单能宽束 γ 射线编制的,已考虑了累积因子的贡献,因此原则上适用于一切 γ 核素的屏蔽计算。对于具有复杂能谱的 γ 射线,为简化计算,可以将能量相近的谱线分组,按衰变百分比,分别计算每组谱线对剂量的贡献,然后分别按单能 γ 射线的计算方法求出屏蔽层厚度,最后比较确定其最适当的屏蔽厚度。

表 5.11 各向同性点源 γ 射线减弱倍数 K 所需的水厚度

$$(\rho_{H_2O} = 1 \ g \cdot cm^{-3})$$ 单位:cm

K	0.25	0.5	0.662	1.0	1.25	1.5	1.75	2.0	2.5	3.0	4.0	5.0	6.0	8.0	10.0
1.5	22.7	20.2	19.3	19.0	19.2	19.6	20.1	20.4	21.0	21.8	23.5	23.9	24.5	25.6	26.2
2.0	27.7	26.9	26.7	27.5	28.3	29.3	30.3	31.0	32.4	34.0	36.5	38.4	39.8	42.1	43.6
5.0	40.8	43.6	45.3	49.0	51.7	54.9	57.0	59.3	63.3	67.3	74.2	79.5	83.8	90.7	95.4
8.0	46.8	51.1	53.6	58.7	62.3	65.8	69.3	72.3	77.6	82.9	92.0	99.2	105.0	114.2	120.8
10	49.5	54.5	57.3	63.1	67.1	71.7	74.9	78.2	84.2	90.1	100.2	108.2	114.8	125.2	132.6
20	57.5	64.6	68.5	76.3	81.6	86.8	91.8	96.2	104.1	111.9	125.1	135.8	144.7	158.8	168.9
30	62.1	70.4	74.9	83.8	89.8	95.7	101.3	106.4	115.4	124.2	139.4	151.6	161.8	178.1	189.8
40	65.2	74.3	79.3	89.0	95.5	101.9	108.0	113.5	123.3	132.9	149.3	162.7	173.8	191.6	204.5
50	67.7	77.4	82.7	92.9	99.9	106.7	113.2	119.0	129.4	139.7	157.0	171.2	183.1	202.1	215.9
60	69.6	79.8	85.4	96.2	103.5	110.6	117.3	123.4	134.4	145.0	163.3	178.8	190.7	210.6	225.1
80	72.7	83.7	89.7	101.2	109.0	116.6	123.9	130.4	142.1	153.5	173.1	189.5	202.5	224.0	239.7
1.0×10^2	75.0	86.7	93.0	105.1	113.3	121.3	128.9	135.7	148.1	160.0	180.6	197.5	211.6	234.3	250.9
2.0×10^2	82.2	95.7	103.2	117.0	126.5	135.6	144.3	152.2	166.4	180.1	203.9	223.4	239.8	266.1	285.6
5.0×10^2	91.5	107.5	116.5	132.5	143.5	154.2	164.4	173.6	190.3	206.3	234.2	257.8	276.6	307.8	330.9
1.0×10^3	98.5	116.2	125.7	144.0	156.2	168.5	179.3	189.6	208.1	225.9	256.9	282.5	304.2	339.0	365.0
2.0×10^3	105.3	124.8	135.3	155.3	168.8	181.8	194.2	205.4	225.8	245.3	279.4	307.6	331.5	370.0	398.8
5.0×10^3	114.2	136.0	147.8	170.2	185.3	199.7	213.6	226.1	248.9	270.7	308.9	340.6	367.5	4l0.8	443.3
1.0×10^4	120.8	144.4	157.4	181.3	197.6	213.2	228.1	241.7	266.3	289.9	331.1	365.3	394.5	441.4	476.7
2.0×10^4	127.4	152.7	166.5	192.4	209.9	226.6	242.6	257.2	283.6	308.9	353.7	390.0	421.4	472.0	510.1
5.0×10^4	136.0	163.6	178.3	206.9	225.9	244.6	261.6	277.5	306.3	333.9	382.2	422.4	456.7	512.7	554.0
1.0×10^5	142.5	171.8	187.8	217.8	238.0	257.4	275.6	292.7	323.4	352.7	404.0	446.9	483.4	542.4	587.1
2.0×10^5	149.0	180.0	196.8	228.6	250.0	270.5	290.1	307.9	340.4	371.4	425.8	471.3	510.0	572.6	620.1
5.0×10^5	157.3	190.7	208.8	242.9	265.8	287.8	308.8	328.0	362.8	396.1	454.5	503.4	545.0	612.5	663.7
1.0×10^6		198.7	217.7	253.6	277.7	300.8	322.9	343.0	379.6	414.7	476.2	527.6	571.5	642.5	696.5
2.0×10^6		206.7	226.7	264.2	289.6	313.9	336.9	358.1	396.5	433.8	497.8	551.8	597.9	672.6	729.4
5.0×10^6			238.4	278.2	305.2	330.8	355.4	377.9	418.6	457.6	526.2	583.6	632.7	712.2	772.6
1.0×10^7			247.3		317.0	343.7	369.3	392.9	435.3	476.6	547.7	607.7	659.0	742.4	805.3
2.0×10^7			256.4		328.8	356.4		452.0	494.4	569.1	631.7	685.2	771.9	837.9	
5.0×10^7			267.8		344.4	373.3			518.6	597.4	663.3	719.7	811.3	880.9	

表 5.12　各向同性点源 γ 射线减弱倍数 K 所需的混凝土厚度

（$\rho_{混凝土} = 2.35\ \text{g}\cdot\text{cm}^{-3}$）　　　　　　　单位:cm

K	光子能量 /MeV														
	0.25	0.5	0.662	1.0	1.25	1.5	1.75	2.0	2.5	3.0	4.0	5.0	6.0	8.0	10.0
1.5	7.7	8.2	8.3	8.6	8.8	9.1	9.4	9.6	9.8	10.2	10.6	10.8	10.9	11.0	11.0
2.0	10.0	11.3	11.7	12.6	13.2	13.8	14.3	14.7	15.4	16.1	17.0	17.6	17.9	18.3	18.4
5.0	16.0	19.3	20.6	23.1	24.7	26.1	27.5	28.7	30.6	32.5	35.3	37.1	38.5	40.2	41.0
8.0	18.7	22.9	24.7	27.9	29.9	31.9	33.6	35.2	37.8	40.2	43.9	46.5	48.4	50.9	52.1
10	20.0	24.6	26.5	30.1	32.3	34.5	36.4	38.1	11.0	43.7	47.9	50.8	53.0	56.0	57.4
20	23.8	29.5	32.1	36.7	39.6	42.4	44.9	47.1	51.0	54.5	60.1	64.1	67.1	71.2	73.4
30	25.9	32.4	35.2	40.4	43.7	46.8	49.7	52.2	56.6	60.6	67.0	71.6	75.2	80.0	82.6
40	27.5	34.3	37.4	43.0	46.6	50.0	53.1	55.8	60.6	64.9	71.9	77.0	80.9	86.2	89.1
50	28.6	35.8	39.1	45.0	48.8	52.4	55.6	58.6	63.6	68.2	75.6	81.0	85.2	91.0	94.2
60	29.5	37.9	40.5	46.6	50.6	54.3	57.7	60.8	66.1	70.9	78.7	84.4	88.8	94.9	98.3
80	31.0	39.0	42.6	49.2	53.4	57.3	61.0	64.3	69.9	75.1	83.4	89.6	94.4	101.0	104.7
1.0×10^{2}	32.1	40.4	44.3	51.1	55.6	59.7	63.5	67.0	72.9	78.4	87.1	93.6	98.7	105.7	109.7
2.0×10^{2}	35.6	44.9	49.3	57.1	62.2	66.9	71.3	75.2	82.0	88.3	98.5	106.0	111.9	120.2	125.0
5.0×10^{2}	40.1	50.8	55.8	64.9	70.8	76.2	81.4	85.9	93.9	101.3	113.2	122.2	129.3	139.2	145.1
1.0×10^{3}	43.4	55.1	60.7	70.7	77.1	83.2	88.9	93.9	102.8	111.0	124.3	134.3	142.2	153.5	160.2
2.0×10^{3}	46.7	59.4	65.5	76.4	83.5	90.1	96.3	101.9	111.6	120.6	135.2	146.3	155.1	167.6	175.2
5.0×10^{3}	51.0	65.0	71.7	83.8	91.7	99.1	106.0	112.2	123.2	133.2	149.6	162.1	172.0	186.2	194.9
1.0×10^{4}	54.2	69.2	76.4	89.4	97.9	105.9	113.3	120.0	131.8	142.6	160.4	174.0	184.7	200.2	209.7
2.0×10^{4}	57.4	73.3	81.1	95.0	104.1	112.6	120.6	127.8	140.4	152.0	171.1	185.8	197.4	214.1	224.5
5.0×10^{4}	61.6	78.8	87.2	102.3	112.2	121.4	130.1	138.0	151.7	164.4	185.3	201.3	214.0	232.5	243.9
1.0×10^{5}	64.8	82.9	91.8	107.8	118.3	128.1	137.3	145.6	160.3	173.7	195.9	213.0	226.6	246.3	258.6
2.0×10^{5}	67.9	86.9	96.3	113.2	124.3	134.7	144.4	153.2	168.7	183.0	206.5	224.6	239.1	260.1	273.2
5.0×10^{5}	72.0	92.3	102.3	120.4	132.2	143.4	153.8	163.3	179.4	195.2	220.5	239.9	255.5	278.2	292.4
1.0×10^{6}	75.1	96.3	106.8	125.8	138.2	149.9	160.9	170.8	188.3	204.4	231.0	251.5	268.0	291.9	307.0
2.0×10^{6}	78.2	100.3	111.3	131.1	144.2	156.4	167.9	178.3	196.7	213.5	241.5	263.1	280.4	305.6	321.5
5.0×10^{6}			117.2	138.2	152.1	165.0	177.2	188.3	207.7	225.6	255.3	278.3	296.7	323.6	340.6
1.0×10^{7}					158.0	171.5	184.2	195.7	216.1	234.8	265.8	289.8	309.1	337.2	355.1
2.0×10^{7}					163.9				224.4	243.8	276.2	301.2	321.4	350.8	369.5
5.0×10^{7}					171.7									368.6	388.5

表 5.13　各向同性点源 γ 射线减弱倍数 K 所需的铁厚度

$$(\rho_{Fe} = 7.8\ g \cdot cm^{-3})$$ 　　　　　单位:cm

K	光子能量 /MeV														
	0.25	0.5	0.662	1.0	1.25	1.5	1.75	2.0	2.5	3.0	4.0	5.0	6.0	8.0	10.0
1.5	1.20	1.84	2.00	2.23	2.36	2.47	2.55	2.60	2.63	2.66	2.62	2.55	2.45	2.30	2.16
2.0	1.73	2.66	2.94	3.36	3.60	3.80	3.96	4.08	4.20	4.29	4.31	4.24	4.12	3.90	3.58
5.0	3.16	4.86	5.46	6.41	6.96	7.44	7.84	8.17	8.60	8.92	9.23	9.28	9.17	8.85	8.46
8.0	3.84	5.89	6.64	7.82	8.52	9.13	9.66	10.1	10.7	11.1	11.6	11.7	11.7	11.3	10.9
10	4.15	6.36	7.18	8.47	9.24	9.91	10.5	11.0	11.6	12.1	12.7	12.9	12.8	12.5	12.0
20	5.09	7.79	8.80	10.4	11.4	12.3	13.0	13.6	14.5	15.2	16.0	16.4	16.4	16.1	15.5
30	5.63	8.59	9.72	11.5	12.6	13.6	14.4	15.1	16.2	17.0	18.0	18.4	18.4	18.1	17.6
40	6.01	9.16	10.4	12.3	13.5	14.5	15.4	16.2	17.3	18.2	19.3	19.8	19.7	19.6	19.0
50	6.30	9.59	10.9	12.9	14.1	15.2	16.2	17.0	18.2	19.2	20.3	20.9	21.0	20.7	20.2
60	6.54	9.94	11.3	13.4	14.7	15.8	16.8	17.7	18.9	19.9	21.2	21.7	21.9	21.6	21.1
80	6.91	10.5	11.9	14.1	15.5	16.7	17.8	18.7	20.1	21.1	22.5	23.1	23.3	23.1	22.5
1.0×10^2	7.20	10.9	12.4	14.7	16.2	17.4	18.6	19.5	20.9	22.1	23.5	24.2	24.4	24.2	23.6
2.0×10^2	8.08	12.2	13.8	16.5	18.1	19.6	20.9	22.0	23.6	24.9	26.6	27.5	27.8	27.6	27.4
5.0×10^2	9.21	13.9	15.8	18.8	20.7	22.4	23.9	25.1	27.1	28.6	30.7	31.7	32.2	32.2	31.6
1.0×10^3	10.1	15.1	17.2	20.5	22.6	24.5	26.1	27.5	29.7	31.4	33.7	34.9	35.5	35.5	34.9
2.0×10^3	10.9	16.4	18.6	22.2	24.5	26.5	28.3	29.9	32.3	34.2	36.7	38.1	38.7	38.9	38.3
5.0×10^3	12.0	18.0	20.4	24.5	27.0	29.2	31.2	32.9	35.6	37.8	40.7	42.3	43.0	43.3	42.8
1.0×10^4	12.9	19.2	21.8	26.1	28.8	31.2	33.4	35.3	38.2	40.5	43.6	45.4	46.2	46.6	46.1
2.0×10^4	13.7	20.4	23.2	27.8	30.7	33.6	35.6	37.6	40.7	43.2	46.6	48.5	49.5	49.9	49.4
5.0×10^4	14.8	22.0	25.0	30.0	33.1	35.9	38.4	40.6	44.0	46.7	50.4	52.6	53.7	54.3	53.8
1.0×10^5	15.6	23.2	26.3	31.6	34.9	37.9	40.5	42.8	46.5	49.4	53.6	55.7	56.9	57.6	57.1
2.0×10^5	16.4	24.4	27.7	33.2	36.7	39.9	42.7	45.1	48.9	52.0	56.3	58.7	60.0	60.8	60.4
5.0×10^5	17.5	25.9	29.5	35.4	39.1	42.5	45.5	48.1	52.2	55.5	60.1	62.8	64.2	65.1	64.7
1.0×10^6	18.3	27.1	30.8	37.0	40.9	44.4	47.6	50.3	54.7	58.2	63.0	65.8	67.3	68.4	68.0
2.0×10^6	19.1	28.3	32.1	38.6	42.7	46.4	49.7	52.6	57.1	60.8	65.8	68.8	70.5	71.6	71.3
5.0×10^6	20.1	29.8	33.9	40.7	45.1	48.9	52.5	55.5	60.3	64.2	69.9	72.8	74.6	75.9	75.6
1.0×10^7	20.9	31.0	35.2	42.3	46.8	50.9	54.5	57.7	62.8	66.8	72.5	75.9	77.7	79.1	78.8
2.0×10^7	21.7	32.1	36.5	43.9	48.6	52.8	56.6	59.9	65.2	69.4	75.3	78.9	80.8	82.3	82.1
5.0×10^7	22.8	33.7	38.2	46.0	50.9	55.4	59.4	62.8	68.4	72.8	79.1	82.8	84.9	86.5	86.3

表 5.14　各向同性点源 γ 射线减弱倍数 K 所需的铅厚度

$(\rho_{Pb} = 11.34 \text{ g} \cdot \text{cm}^{-3})$　　　　　单位:cm

K	\multicolumn{15}{c}{光子能量 /MeV}
	0.25	0.5	0.662	1.0	1.25	1.5	1.75	2.0	2.5	3.0	4.0	5.0	6.0	8.0	10.0
1.5	0.07	0.30	0.47	0.79	0.97	1.11	1.20	1.23	1.25	1.23	1.15	1.06	1.00	0.89	0.82
2.0	0.11	0.50	0.78	1.28	1.58	1.80	1.96	2.03	2.07	2.06	1.95	1.81	1.70	1.53	1.40
5.0	0.26	1.10	1.68	2.74	3.36	3.84	4.19	4.38	4.54	4.58	4.42	4.16	3.94	3.56	3.28
8.0	0.33	1.40	2.13	3.45	4.22	4.83	5.27	5.52	5.76	5.82	5.66	5.35	5.08	4.61	4.25
10	0.37	1.54	2.34	3.78	4.62	5.29	5.78	6.05	6.32	6.40	6.25	5.92	5.63	5.11	4.71
20	0.48	1.97	2.98	4.80	5.85	6.70	7.32	7.68	8.06	8.19	8.04	7.66	7.31	6.67	6.16
30	0.54	2.22	3.35	5.33	6.56	7.51	8.21	8.62	9.05	9.22	9.08	8.67	8.29	7.58	7.01
40	0.59	2.40	3.61	5.79	7.06	8.08	8.83	9.28	9.76	9.94	9.81	9.39	8.99	8.23	7.62
50	0.62	2.54	3.81	6.11	7.45	8.51	9.31	9.78	10.3	10.5	10.4	9.95	9.53	8.73	8.09
60	0.65	2.65	3.98	6.37	7.76	8.87	9.71	10.2	10.7	11.0	10.8	10.4	9.97	9.15	8.48
80	0.69	2.82	4.23	6.77	8.25	9.43	10.3	10.9	11.4	11.7	11.6	11.1	10.7	9.81	9.09
1.0×10^2	0.73	2.96	4.43	7.09	8.63	9.87	10.8	11.4	12.0	12.2	12.1	11.7	11.2	10.3	9.56
2.0×10^2	0.83	3.38	5.05	8.06	9.81	11.2	12.3	12.9	13.6	13.9	13.9	13.4	12.9	11.9	11.1
5.0×10^2	0.98	3.93	5.86	9.33	11.3	13.0	14.2	14.9	15.8	16.2	16.1	15.6	15.1	14.0	13.1
1.0×10^3	1.08	4.34	6.48	10.3	12.5	14.3	15.6	16.4	17.4	17.8	17.9	17.3	16.8	15.6	14.6
2.0×10^3	1.19	4.75	7.08	11.2	13.6	15.6	17.0	17.9	19.0	19.5	19.6	19.0	18.4	17.2	16.1
5.0×10^3	1.33	6.30	7.88	12.5	15.1	17.3	18.9	19.9	21.1	21.7	21.8	21.2	20.6	19.3	18.2
1.0×10^4	1.44	5.71	8.49	13.4	16.3	18.6	20.3	21.4	22.7	23.3	23.5	22.9	22.3	20.9	19.7
2.0×10^4	1.54	6.12	9.09	14.3	17.4	19.8	21.7	22.9	24.3	25.0	25.1	24.6	23.9	22.5	21.3
5.0×10^4	1.68	6.66	9.88	15.6	18.9	21.5	9.3.6	24.8	26.3	27.1	27.3	26.8	26.1	24.7	23.4
1.0×10^5	1.79	7.07	10.5	16.5	20.0	22.8	25.0	26.3	27.9	28.7	29.0	28.4	27.7	26.3	25.0
2.0×10^5	1.89	7.48	11.1	17.4	21.1	24.1	26.3	27.8	29.5	30.3	30.8	30.1	29.4	27.9	26.5
5.0×10^5	2.03	8.01	11.9	18.7	22.6	9~5.7	28.2	29.7	31.5	32.5	32.8	32.3	31.6	30.0	28.6
1.0×10^6	2.14	8.42	12.5	19.6	23.7	27.0	29.6	31.2	33.1	34.1	34.5	33.9	33.2	31.6	30.2
2.0×10^6	2.24	8.83	13.1	20.5	24.8	28.3	30.9	32.6	34.6	35.7	36.1	35.5	34.8	33.3	31.8
5.0×10^6	2.38	9.37	13.8	21.7	26.3	29.9	32.7	34.5	36.7	37.8	38.3	37.7	37.0	35.4	34.0
1.0×10^7	2.49	9.77	14.4	22.6	27.4	31.2	34.1	36.0	38.2	39.4	39.9	39.3	38.6	37.0	35.6
2.0×10^7	2.60	10.2	15.0	23.6	28.5	32.4	35.5	37.4	39.7	40.9	41.5	41.0	40.2	38.6	37.2
5.0×10^7	2.73	10.7	15.8	24.8	30.0	34.1	37.3	39.3	41.7	43.0	43.7	43.1	42.4	40.7	39.3

表 5.15 各向同性点源 γ 射线减弱倍数 K 所需的铅玻璃 NZF1 厚度

($\rho_{NZF1} = 3.86\ g \cdot cm^{-3}$) 单位:cm

| K | \multicolumn{8}{c}{光子能量 /MeV} |
	0.5	0.662	1.0	1.25	1.5	2.0	2.5	3.0
1.5	1.39	1.96	2.85	3.33	3.70	4.13	4.29	4.38
2.0	2.24	3.11	4.51	5.26	5.86	6.59	6.91	7.11
5.0	4.74	6.52	9.37	10.9	12.2	13.9	14.8	15.4
8.0	5.96	8.17	11.7	13.7	15.3	17.4	18.6	19.4
10	6.53	8.93	12.8	14.9	16.7	19.1	20.4	21.3
20	8.26	11.2	16.0	18.7	20.9	24.0	25.7	27.0
30	9.26	12.6	17.9	20.9	23.3	26.8	28.8	30.2
40	9.96	13.5	19.2	22.4	25.0	28.8	30.9	32.5
50	10.5	14.2	20.7	23.6	26.4	30.3	32.6	34.3
60	10.9	14.8	21.0	24.5	27.4	31.5	34.0	35.7
80	11.6	15.7	22.3	26.1	29.1	33.5	36.1	38.0
1.0×10^2	12.2	16.5	23.3	27.2	30.4	35.0	37.7	39.7
2.0×10^2	13.8	18.7	26.4	30.8	34.4	39.6	42.8	45.1
5.0×10^2	15.9	21.5	30.5	35.5	39.7	45.7	49.4	52.1
1.0×10^3	100	17.6	23.7	33.5	39.0	13.6	50.2	54.4
2.0×10^3	19.2	25.8	36.4	42.5	47.5	54.7	59.2	62.5
5.0×10^3	21.3	28.7	40.4	47.0	52.5	60.6	65.6	69.3
1.0×10^4	22.9	30.7	43.3	50.4	58.3	65.0	70.4	74.4
2.0×10^4	24.5	32.9	46.2	53.9	60.1	69.4	75.2	79.5
5.0×10^4	26.7	35.7	50.1	58.4	65.2	75.2	81.6	86.2
1.0×10^5	28.3	37.8	53.0	61.7	68.9	79.5	86.6	91.3
2.0×10^5	29.9	39.9	56.0	65.1	72.7	83.9	91.0	96.3
5.0×10^5	32.0	42.7	59.8	69.6	77.8	89.6	97.2	102.9
1.0×10^6	33.6	44.8	62.7	72.9	81.4	93.9	101.9	107.9
2.0×10^6	35.2	46.9	65.6	76.3	85.1	98.2	106.6	112.8
5.0×10^6	37.4	49.7	69.4	80.7	90.1	103.9	112.9	119.5
1.0×10^7	39.0	51.9	72.3	84.1	93.8	108.3	117.6	124.5
2.0×10^7	40.7	54.0	75.2	87.4	97.5	112.5	122.2	129.4
5.0×10^7	42.8	56.8	78.9	91.6	102.2	117.9	128.0	135.6

表 5.16　各向同性点源 γ 射线减弱倍数 K 所需的铅玻璃 FZ6

$$(\rho_{FZ6} = 4.77 \text{ g} \cdot \text{cm}^{-3})$$　　　　　　　单位:厚度/cm

K	光子能量 /MeV							
	0.5	0.662	1.0	1.25	1.5	2.0	2.5	3.0
1.5	0.98	1.42	2.17	2.57	2.88	3.22	3.33	3.38
2.0	1.59	2.29	3.45	4.09	4.59	5.17	5.39	5.50
5.0	3.41	4.85	7.24	8.57	9.65	11.0	11.6	12.0
8.0	4.61	6.10	9.07	10.7	12.1	13.8	14.7	15.2
10	4.73	6.68	9.91	11.7	13.2	15.1	16.1	16.7
20	6.01	8.45	12.5	14.8	16.6	19.1	20.4	21.2
30	6.74	9.46	14.0	16.5	18.6	21.3	22.8	23.7
40	7.26	10.2	15.0	17.7	19.9	22.9	24.5	25.5
50	7.66	10.7	15.8	18.6	21.0	24.1	25.8	26.9
60	7.98	11.2	16.4	19.4	21.8	25.1	26.9	28.1
80	8.49	11.9	17.5	20.6	23.2	26.7	28.6	29.9
1.0×10^{2}	8.89	12.4	18.2	21.5	24.2	27.9	29.9	31.2
2.0×10^{2}	10.1	14.1	20.7	24.4	27.5	31.6	34.0	35.5
5.0×10^{2}	11.7	16.3	23.9	28.2	31.7	36.5	39.3	41.1
1.0×10^{3}	12.9	18.0	26.3	31.0	34.8	40.2	43.3	45.3
2.0×10^{3}	14.1	19.6	28.6	33.8	38.0	43.8	47.2	49.4
5.0×10^{3}	15.7	21.8	31.7	37.4	42.5	48.5	52.3	54.8
1.0×10^{4}	16.9	23.4	34.1	40.1	45.1	52.1	56.2	58.9
2.0×10^{4}	18.1	25.0	36.4	42.9	48.2	55.6	60.0	63.0
5.0×10^{4}	19.7	27.2	39.5	46.5	52.2	60.3	65.1	68.3
1.0×10^{5}	20.9	28.8	41.8	49.2	55.3	63.8	68.9	72.3
2.0×10^{5}	22.1	30.5	44.1	51.9	58.3	67.3	72.7	76.3
5.0×10^{5}	23.7	32.6	47.2	55.5	62.3	71.9	77.7	81.6
1.0×10^{6}	24.9	34.3	49.5	58.2	65.3	75.4	81.4	85.6
2.0×10^{6}	26.1	35.9	51.8	60.9	68.3	78.9	85.2	89.5
5.0×10^{6}	27.7	38.1	54.9	64.5	72.4	83.5	90.2	94.8
1.0×10^{7}	28.9	39.7	57.2	67.2	75.4	87.1	94.0	98.8
2.0×10^{7}	30.2	41.4	59.5	70.0	78.4	90.5	97.8	102.8
5.0×10^{7}	31.8	43.6	62.5	73.4	82.3	94.8	102.4	107.7

3. 利用半减弱厚度进行计算

半减弱厚度是将 γ 射线的照射量率、剂量率、注量率等减弱一半所需要屏蔽层的厚度,常用符号 $\Delta_{1/2}$ 表示。如果令减弱倍数 $K=2e^n$,则 $n=\ln K/\ln 2$,则屏蔽层厚度的计算为

$$R=n\Delta_{1/2} \tag{5.88}$$

式中,n 为半减弱厚度的数目。因此,利用式(5.88),可以很容易估算所需要的厚度。表 7.17 给出了 γ 射线在水、水泥、钢、铅中的半减弱厚度值。

[例5.2] 将 ^{60}Co 辐射源所产生的剂量减弱 2 000 倍,所需要的铅防护层的厚度是多少?

[解] 已知 $K=2\,000$,从表 5.17 中查出 ^{60}Co 在铅中的半减弱厚度为 1.2 cm。则有:$n=\ln K/\ln 2=11$,$R=n\Delta_{1/2}=11\times1.2=13.2$ cm。

表 5.17　γ 射线在水、水泥、钢、铅中的半减弱厚度值

γ 射线能量 MeV	半减弱厚度 /cm			
	水	水泥	钢	铅
0.5	7.4	3.7	1.1	0.4
0.6	8.0	3.9	1.2	0.49
0.7	8.6	4.2	1.3	0.59
0.8	9.2	4.5	1.4	0.70
0.9	9.7	4.7	1.4	0.80
1.0	10.3	5.0	1.5	0.90
1.1	10.6	5.2	1.6	0.97
1.2	11.0	5.5	1.6	1.03
1.3	11.5	5.7	1.7	1.1
1.4	11.9	6.0	1.8	1.2
1.5	12.3	6.3	1.9	1.2
1.6	12.6	6.6	2.0	1.3
1.7	13.0	6.9	2.0	1.3
1.8	13.4	7.2	2.1	1.4
1.9	13.9	7.4	2.2	1.4
2.0	14.2	7.6	2.3	1.5
2.2	14.9	7.9	2.4	1.5
2.4	15.7	8.2	2.5	1.6
2.6	16.4	8.5	2.6	1.6
2.8	17.0	8.8	2.8	1.6
3.0	17.8	9.1	2.9	1.6
^{60}Co		6.2	2.1	1.2
^{137}Cs		4.8	1.6	0.65
^{192}Ir		4.1	1.3	0.6
^{226}Ra		7.0	2.2	1.66

5.3　β射线外照射防护的特点和β射线屏蔽计算

5.3.1　β射线外照射防护的特点

在外照射防护中,除非 α 等重带电粒子能量非常高,一般不需要对它们防护。但对 β 射线却不能忽视。因为,β射线可造成组织表层的辐射损伤。β 射线的屏蔽计算中另一个特点必须考虑 β 射线与物质相互作用产生的轫致辐射。轫致辐射的强度、谱分布与 β 射线的能量、屏蔽材料的原子序数等有关。在防护上,一般采用两层屏蔽防护,一层用低原子序数的材料屏蔽 β 射线,另一层用高原子序数的材料屏蔽轫致辐射。

5.3.2　β射线屏蔽计算

根据屏蔽 β 射线的一般要求,屏蔽厚度一般应等于 β 射线在物质中的最大射程。β射线在物质中的最大射程的计算方法很多,通常采用经验公式法、查表法、查图法等。这里给出一组经验公式,以方便使用。

当 $0.8 \text{ MeV} < E_{\beta\max} < 3 \text{ MeV}$ 时,

$$R_{\beta\max} = 0.542 E_{\beta\max} - 0.133 \tag{5.89}$$

当 $0.15 \text{ MeV} < E_{\beta\max} < 0.8 \text{ MeV}$ 时,

$$R_{\beta\max} = 0.407 E_{\beta\max}^{1.38} \tag{5.90}$$

式中,$R_{\beta\max}$,$E_{\beta\max}$ 分别是 β 射线在铝中的最大射程($\text{g} \cdot \text{cm}^{-2}$)和 β 射线的最大能量(MeV)。若采用其他材料屏蔽 β 射线,可根据射程比例关系,即已知 β 射线在某一材料中(b)的最大射程利用比例关系求出中另一材料中(a)的最大射程,其具体关系式为

$$(R_{\beta\max})_a = \frac{(Z/M_A)_b}{(Z/M_A)_a} \left(\frac{\rho_b}{\rho_a}\right) (R_{\beta\max})_b \tag{5.91}$$

式中,$(R_{\beta\max})_a$ 和 $(R_{\beta\max})_b$ 分别是 β 射线在材料(a)和材料(b)中的最大射程(cm);$(Z/M_A)_a$ 和 $(Z/M_A)_b$ 和分别是材料(a)和材料(b)的原子序数与其原子质量之比;ρ_a 和 ρ_b 分别是材料(a)和材料(b)的密度($\text{g} \cdot \text{cm}^{-3}$)。

如果选用材料不是单质,而是化合物或混合物,则采用有效原子序数与有效原子质量的概念,其具体计算公式为

$$Z_{\text{eff}} = \frac{\sum_{i=1}^{m} \alpha_i Z_i^2}{\sum_{i=1}^{m} \alpha_i Z_i} \tag{5.92}$$

$$M_{A,\text{eff}} = \frac{\sum_{i=1}^{m} \alpha_i M_{Ai}}{\sum_{i=1}^{m} \alpha_i \sqrt{M_{Ai}}} \tag{5.93}$$

式中,Z_i 是材料中第 i 种元素的原子序数;α_i 是单位体积的材料中,第 i 种元素的原子序数占总原子数的份额。为方便使用,表 5.18 给出了常用防护屏蔽材料的密度。表 5.19 给出了一些物质的原子序数或有效原子序数。表 5.20 则给出了 β 射线在铝、组织或水、空气中的最大射程值。

表 5.18　常用辐射屏蔽材料的密度

防护屏蔽材料	密度/(g·cm⁻³)	防护屏蔽材料	密度/(g·cm⁻³)	防护屏蔽材料	密度/(g·cm⁻³)
铝	2.7	铁、钢	7.1～7.9	铜	8.9
混凝土	2.2～2.35	皮肤	0.85～1	铅	22.34
纸	0.7～1.1	骨	1.8～2.1	玻璃	2.4～2.6
空气	0.001 293	有机玻璃	1.18	石墨	2.3
石英	2.21	橡皮	0.91～0.93	硬橡皮	1.8
塑料	1.4	硅	2.3	铅玻璃	4.77

表 5.19　一些物质的原子序数或有效原子序数

材料名称	Z 或 Z_{eff}	材料名称	Z 或 Z_{eff}
空气	7.36	氩	18.0
水	6.60	甲烷	4.0
肌肉	6.25	铍	4.0
脂肪	5.92	钙	20.0
骨骼	8.74	普通玻璃	10.6
有机玻璃	6.3	铝	13.0
聚氯乙烯塑料	11.37	铜	29.0
聚苯乙烯塑料	5.29	铁	26.0
聚四氟乙烯	8.25	混凝土	14.0
碳	6.00	砖	14.0
蒽	5.47	甲基—异丁烯盐	5.83
乙烷	4.33		

表 5.20　β 射线在铝、组织或水、空气中的最大射程值

β 射线最大能量 MeV	β 射线在铝中最大射程 mm	β 射线在组织或水中最大射程 mm	β 射线在空气中最大射程 cm
0.01	0.000 6	0.002	0.13
0.02	0.002 6	0.008	0.52
0.03	0.056	0.018	1.12
0.04	0.096	0.030	1.94
0.05	0.014 4	0.046	2.91
0.06	0.020 0	0.063	4.02
0.07	0.026 3	0.083	5.29

续 表

β 射线最大能量 MeV	β 射线在铝中最大射程 mm	β 射线在组织或水中最大射程 mm	β 射线在空气中最大射程 cm
0.08	0.034 4	0.109	6.93
0.09	0.040 7	0.129	8.20
0.1	0.050 0	0.156	10.1
0.2	0.155	0.491	31.3
0.3	0.281	0.889	56.7
0.4	0.426	1.35	85.7
0.5	0.593	1.87	119
0.6	0.778	2.46	157
0.7	0.926	2.92	186
0.8	1.15	3.63	231
0.9	1.30	4.10	261
1.0	1.52	4.80	306
1.25	2.02	6.32	406
1.50	2.47	7.80	494
1.75	3.01	9.50	610
2.0	3.51	11.1	710
2.5	4.52	14.3	910
3.0	5.50	17.4	1 100
3.5	6.48	20.4	1 300
4.0	7.46	23.6	1 500
4.5	8.44	26.7	1 700
5	9.42	29.8	1 900
6	11.4	36.0	2 300
7	13.3	42.2	2 700
8	15.3	48.4	3 100
9	17.3	54.6	3 500
10	19.2	60.8	3 900
12	23.2	73.2	4 700
14	27.1	85.6	5 400
16	31.0	98.0	6 200
18	35.0	110	7 000
20	39.0	123	7 800

5.3.3 β射线所致轫致辐射的屏蔽计算

β射线所致轫致辐射的屏蔽计算有两种方法,一种方法是精确计算法,需要知道β源产生的轫致辐射谱,计算较为复杂。另一种是简单估算法,此法得到的结果是偏安全的,可以达到工程上防护的要求。因此,本小节介绍用于β点源屏蔽计算的简单估算法。

设β点源的活度为A,β射线由源出发经过一个空气层R_1后,被厚度为d的第一屏蔽层所屏蔽;所考虑屏蔽点距离源为R,在第一屏蔽层后设置厚度为d的第二屏蔽层,具体布置如图5.10所示。假定轫致辐射的平均能量为β射线的平均能量,忽略β射线与空气和源本身相互作用产生的轫致辐射,则β点源在上述条件下在所考虑的P点产生的吸收剂量率为

$$\dot{D}_{air} = 4.59 \times 10^{-8} \times AZ \left(\frac{\mu_{en}}{\rho}\right)_{air} \left(\frac{\overline{E}_\beta}{R}\right)^2 e^{-\mu R_1} \tag{5.94}$$

式中,$\dot{D}_{air}$为β射线被第一屏蔽层吸收后产生的轫致辐射在离源R(cm)处空气中产生的吸收剂量率,$mGy \cdot h^{-1}$;A是β点源的活度,Bq;Z是第一屏蔽层材料的原子序数;$\overline{E}_\beta$是β射线的平均能量MeV;R_1是β射线穿过的空气层厚度cm;$(\mu_{en}/\rho)_{air}$能量为$\overline{E}_\beta$的轫致辐射在空气中质能吸收系数,$cm^2 \cdot g^{-1}$。因此,在利用上式求出所考虑点的吸收剂量率后,可以参考γ点源屏蔽计算的方法确定屏蔽轫致辐射的厚度。

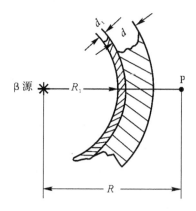

图5.10　计算轫致辐射屏蔽厚度的示意图

5.4　中子的屏蔽计算

中子的屏蔽计算相对于γ射线、β射线等屏蔽计算而言,是比较复杂的。这是由于中子束在物质中的散射、吸收而减弱的物理过程更为复杂,在屏蔽计算时必须充分考虑这些物理过程。因此,对于中子的防护除了反应堆、高能加速器等需要进行较为精确的计算外,一般小型中子源、中子发生器多采用较为简单的计算方法。同样,中子的屏蔽计算也可采用前述的蒙特卡罗方法进行计算,本小节只介绍用于小型同位素中子源屏蔽计算的解析方法。

对各种同位素中子源,在所考虑点处产生的剂量率可近似采用下式计算:

$$\dot{H} = \frac{1.3 \times 10^{-7}}{4\pi R^2} Sf \tag{5.95}$$

式中,$\dot{H}$为中子经一定厚度材料屏蔽后在所考虑点产生的剂量当量率,$mSv \cdot h^{-1}$;S是同位素

中子源的中子发射率,中子·s⁻¹;R 是同位素中子源到所考虑点的距离,m;1.3×10^{-7} 是中子注量率与剂量率的换算因子(实际上该值可随中子能量有一定的变化),即 1 中子·$(m^2\cdot s)^{-1}$ 相当于 $1.3\times10^{-7}\,mSv\cdot h^{-1}$;$f$ 是同位素中子源在屏蔽材料中中子减弱因子。表 5.21 列出了同位素中子源在一些常用材料中的中子减弱因子。

表 5.21　同位素中子源在一些常用材料中的中子减弱因子

材　　料	同位素中子源在屏蔽材料中中子减弱因子
水	$0.892\exp(-0.129t)+0.108\exp(-0.091t)$
混凝土	$\exp(-0.088t)$
钢	$\exp(-0.083t)$
铅	$\exp(-0.042t)$

在屏蔽计算时,如果屏蔽材料中氢原子数的含量占 40% 以上,则该屏蔽材料的减弱因子,应在水中的减弱因子 f 的 exp 指数项上,乘以此材料每单位单位体积中所含的氢原子数与水中每单位体积所含氢原子数之比。表 5.22 列出了常用屏蔽材料中的含氢量。

表 5.22　常用材料中的中子减弱因子

材　　料	含氢原子数 /(原子核·cm⁻³)
水	6.7×10^{22}
石腊	8.15×10^{22}
聚乙烯	8.3×10^{22}
聚氯乙烯	4.1×10^{22}
有机玻璃	5.7×10^{22}
石膏	3.25×10^{22}
高岭土	2.42×10^{22}

复　习　题

1.外照射剂量计算方法的一般方法是什么?

2.通过测量或计算γ放射性点源在空气中某空间点产生的粒子注量率,来计算空气中某空间点的吸收剂量率的公式是什么?

3.γ点源放射性活度与在空气中某空间点产生的照射量率关系的计算公式是什么?

4.非γ放射性点源对空间空气介质点所产生剂量的计算方法是什么?

5.总结β外照射剂量计算的方法。

6.总结中子外照射剂量计算的方法。

第6章 内照射剂量计算和防护方法

6.1 概　述

6.1.1 内照射剂量计算的特点和一般方法

内照射是指放射性核素以各种形态通过人的吸入、食入、皮肤渗透、伤口进入等方式而摄入人体内部后所产生的照射。内照射的主要特点是在人员离开摄入放射性工作场所或放射性环境后人体内部仍然受到沉积在体内的放射性核素放出射线的照射。

内照射剂量的计算与外照射剂量计算相比,因为所涉及的因素和环节更加复杂,包括放射性核素所处的环境状态、放射性核素的物理化学性质、放射性核素进入人体的途径、个体新陈代谢的特点、所采用的各种模型和计算模式、计算所采用的各种参数等,因此,对内照射剂量的计算很难进行精确化的计算。但即是如此,目前所建立的内照射剂量计算方法在实际中仍然得到了重要的应用。如在核医学和辐射防护中的广泛应用。

目前,进行内照射剂量计算和测量的方法主要有三种。第一种是通过采用全身计数器体外直接测量体内放射性核素发射的射线进而推算体内放射性核素的活度和内照射剂量。全身计数器方法的优点是结果准确、测量灵敏和迅速、操作过程相对简单,但存在设备庞大且昂贵、刻度复杂、技术难度高等不足,因而只能在一些大型研究或应用单位才能建立这种方法。第二种是通过对人体排泄物(如尿)中的放射性核素含量的分析测量进而推算体内放射性核素的活度和内照射剂量。这种方法相比第一种方法具有要求设备少、费用低等优点,但存在需要建立放射化学操作实验室、采样具有代表性不足等问题。第三种是通过对放射性工作场所或放射性环境中各类介质中的放射性核素的测量进而推算进入体内的放射性核素的活度和内照射剂量。这种方法具有监测简便的优点,但同样存在采样的代表性不足等。综上所述,内照射剂量计算和测量的三种方法各有优点和不足,在实际工作需要在考虑监测要求、技术条件和费用高低等因素的基础上建立合适的内照射剂量计算方法和程序。由于内照射剂量计算和测量较为复杂,因此,在实际的辐射防护工作中,为了减少工作量,一般在开放型放射性工作中通过环境监测的方法确定了工作人员已经摄入(过量的)放射性物质才能开展实际的内照射剂量的计算或测量工作。

6.1.2 放射性核素进入人体的途径及其代谢过程

如图6.1所示概括了放射性核素进入人体的途径及其在体内代谢的一般过程。

1. 吸入

吸入是指放射性气体、放射性气溶胶等通过呼吸道而进入体内的过程。放射性物质被吸入后,依赖于它们的物理化学特性,可以有许多可能的运动途径。其中一部分可以直接被呼出气带出,其余的则在呼吸系统中的各段沉积下来,这些沉积的放射性物质或者直接进入体液,或者由呼吸道的粘液纤毛运动被转移到消化道,在消化道里又有一部分被吸收进入体液。例如,水溶性的氧化氚或放射性碘的气体,在吸入后能迅速地被吸收而且几秒钟内就在体液中出现。

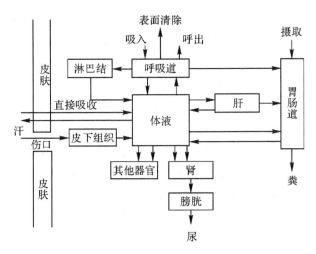

图 6.1　放射性核素进入人体的途径及其在体内的代谢过程

放射性核素在上述各种过程中的转移速率和份额,很大程度上依赖于放射性气体或放射性气溶胶粒子的化学形态。如果进入呼吸系统深部的放射性化合物,是非转移性的,则它将以很低的速率向肺淋巴结转移;在肺淋巴结内的非转移性物质将长期地滞留下来。对大多数化合物而言,它们在体液中是可转移的,因此在吸入放射性物质后,总有一部分会在尿中排出。

2. 食入

食入是指各类放射性物质通过胃肠道系统而进入体内的过程。对工作人员而言,食入放射性物质往往是在一个很短时间内发生的。但当环境介质受到放射性物质污染时,则可能导致较长时间食入放射性物质。

如果通过胃肠道系统进入人体的放射性物质是非转移性的,则其中的大部分将通过胃肠道后随粪便排出。假若通过胃肠道系统进入人体的放射性物质是转移性的,那么很大一部分将主要通过小肠的吸收而进入体液。通常把放射性核素由胃肠道进入体液的分数记作 f_1,其数值与化合物的化学形态有关。

3. 皮肤渗透

皮肤渗透是指某些化合物类型的放射性物质可以通过人体完整皮肤进入人体。通常,完好的皮肤提供了一个可有效防止大部分放射性物质进入体内的天然屏障。但是也有两个实际意义的例外,这就是蒸气态或液态的氧化氚和碘蒸气、碘溶液或碘化合物溶液,它们能通过完好皮肤而被吸收。

4. 皮肤伤口进入

皮肤伤口进入是指当皮肤出现破裂、刺伤或擦伤时,放射性物质可能透过皮下组织,然后被吸入进入体液。在这种情况下,可转移性化合物吸收得很快,而不可转移性化合物则吸收得很慢。在后一种情况下,假如不及时对皮肤伤口进行去污,那么全身污染造成的危害就与慢性照射引起的结果相类似。

5. 放射性核素进入人体后的代谢——移位、沉积和排出

放射性核素进入人体后的代谢（移位和沉积）是指放射性物质经体液的输运使其从身体的一个部位转移到另一部位的过程。体液中的放射性核素一部分可以通过肾、肝、肠、皮肤或肺排出，其余的将沉积在它所亲和的那个器官中。例如，碘主要沉积在甲状腺中，钚主要沉积在骨和肝中。然而，也有少数重要的放射性物质，如氚的氧化物、氯化物和钋的化合物，它们在全身是均匀分布的，这些物质在体液中的浓度，在比较长的时间内显示出简单的指数式下降。

放射性核素的排出是指核素经过代谢后通过呼出、汗、尿及粪等几条途径排出体外的过程。对于吸入的气溶胶中不沉积的部分（从体液中分解出来的氧化氚蒸气，由体内沉积的镭钍衰变时产生的氡、放射性二氧化碳），呼出是重要的排出途径。汗中一般含有在体液中出现的任何一种放射性核素。对于氧化氚，氚在汗液中和在体液中的浓度是相等的。随尿液排出的放射性核素只能从体液中来。粪中的放射性核素，可以来自食入或吸入的非转移性化合物，也可以来自直接进入胃肠道或通过胆汁而进入胃肠道的可转移性放射性核素。

在研究放射性核素进入人体后的代谢——移位和沉积过程中，为了研究问题的方便，需要明确以下几个量：

(1) 摄入量，即进入口或鼻的放射性核素的数量；

(2) 吸入量，即进入体液中的放射性核素的数量；

(3) 沉积量，即沉积在所考虑的器官中的放射性核素的数量；

(4) 全身含量，即全身蓄积的某种放射性核素的总量，有时亦称为体内负荷量或全身滞留量。

上述各个量均以放射性活度的单位 Bq 进行度量。由以上讨论可以看到，人体排泄物中放射性核素的出现，可以作为体内放射性污染的一种指示，由各种途径综合造成的全身污染物的排出速率，是与它们在体液中的浓度相关联的。因而，这就提供一种办法，通过测定体内污染后各个时刻放射性核素的排除速率，推算出体内放射性核素的初始吸入量，然后利用这个初始吸入量估算内照射剂量。

6.2 内照射剂量计算涉及的基本概念和辐射量

6.2.1 参考人

内照射剂量不仅取决于摄入的放射性核素的数量及其核转变时所释出的辐射种类和能量，而且还取决于放射性核素在体内的分布、滞留，人体器官的质量及诸器官的相对位置。由于在解剖学或生物学特征方面，个体之间差异很大，而且因年龄、性别不同而不同。所以，即使在外界条件完全相同情况下，体内受到的污染，不同的个体之间亦会有程度上较大的差别。因此要准确评价上述种种生物因素对内照射剂量计算的影响是比较困难的。因此，ICRP 提出了"参考人"的概念，其目的是为了在共同的生物学基础上处理问题，限制所考虑各种因素的变化，从而使内照射剂量计算有相对的一致性。

　　"参考人"是由一系列描述人体特征的平均数值所规定的一个假设的成年人。描述人体特征的各种平均值,是在对广大群体进行调查的基础上获得的。这里,为了讨论需要,从 ICRP 第 23 号出版物中引出部分参考人数据资料供参考。其中,表 6.1 给出了参考人的组织和器官的质量,表 6.2 给出了参考人的呼吸标准,表 6.3 给出了参考人每天的水平衡。参考人的呼吸系统、胃肠道的等其他模型,在后续内容再作介绍。

表 6.1　参考人的组织和器官

组织或器官	质量/g	组织或器官	质量/g
脂肪组织		肌肉(骨骼的)	
皮下脂肪	7 500	指甲	2 800
其他可分离脂肪	5 000	胰腺	3
肾上腺	14	甲状旁腺	100
主动脉	100	松果腺	0.12
内容物(血)	190	脑垂体	0.18
血管(不包括主动脉和肺静脉)	200	前列腺	0.6
内容物(血)	3 000	唾液腺	16
结缔组织	1 600	骨骼	85
脑	1 400	骨	
脊髓	30	皮质骨	4 000
脑脊髓液	120	小梁骨	1 000
双眼	15	红骨髓	1 500
胆囊	10	黄骨髓	1 500
内容物(胆汁)	62	其他	2 000
胃肠道	1 200	皮肤	2 600
食道	40	脾	180
胃	150	牙齿	46
小肠	640	双睾丸	35
上部大肠	210	胸腺	20
下部大肠	160	双甲状腺	20
胃肠道内容物	1 005	舌	70
毛发	20	双扁桃体	4
心	330	气管	10
内容物(血)	500	双输尿管	16
双肾	310	尿道	10
喉	28	膀胱	45
肝	1 800	内容物	102
肺	1 000	其他组织	2 953.1
淋巴结	250		

注:参考人(男性)身高 170 cm,全身质量 70 000 g。

需要注意的是,参考人代表的是一个具有"平均"体格的人员的典型,它没有计及个体之间的差异。因此,在剂量估算中,如将参考人数据不加区别地应用于某个具体的人,则会引起很大的偏差。所以,若要对具体的人进行比较仔细的剂量计算,必须对这个人进行观察,以了解放射性核素在他体内的滞留规律,观察的次数越多,时间越长,那么估算出来的个体剂量就越精确。需要说明的是,在辐射防护领域中,辐射防护导则和基本标准的建立、次级标准如放射性核素的年摄入量(ALI)、空气中导出浓度(ADC)的导出,都需要参考参数作依据。在辐射防护实践中,内照射剂量计算模式的建立,体模的研制,剂量转换系数的确定,在核事故和核战争应急情况下干预水平的确定和适当防护行动的采取也需要参考人的数据。ICRP 第 23 号出版物中的参考人数据以欧洲人资料为基础,实际上由于人种的不同,参考人数据也会有较大的差别。在实际应用中,如有所研究对象的具体数据,则可以使用与实际相近的数据。1988 年开始,由国际原子能机构(IAEA)组织的"亚洲参考人"合作研究项目,对"中国参考人"进行了长期系统而深入的调查研究。王继先等编著的《中国参考人解剖生理和代谢数据》中,对这一研究成果进行了较为全面的介绍。

表 6.2　参考人的呼吸标准

总的肺容量		5.6 L
肺活量		4.3 L
每分钟吸入的空气量	休息时	7.5 L·min^{-1}
	轻体力劳动时	20 L·min^{-1}
一天吸入的空气量	8 小时轻体力劳动	9 600 L
	8 小时非职业性活动	9 600 L
	8 小时休息	3 600 L
总　计		2.3×10^4 L

注:参考人的职业照射时间:8 小时/天,40 小时/周,50 周/年,一生工作 50 年;一年的工作时间数=40(小时/周)×50(周/年)=2 000(小时/年);一年工作时间吸入的空气量=20(L/min)×60(min/h)×2 000(h/a)=2.4×10^{6}L=2.4×10^{3}m^3

表 6.3　参考人的水平衡　　　　　　　　单位:mL·d^{-1}

摄　入		排　出	
总的液体摄入量	1 950	尿液	1 400
食物中水	700	粪中	100
食物氧化	350	察觉不到的损耗	850
		汗液	650
总　计	3 000		3 000
全身总水量		4.2×10^4 mL	

6.2.2　放射性核素在人体内的分布和滞留

在第 6.1 节中提出的放射性核素进入人体后的代谢(移位、沉积、排出)是指放射性物质经体液的输运使其从身体的一个部位转移到另一部位的过程。描述这种过程实际上是研究放射性核素在人体内各器官或组织中的分布和滞留规律。本节所介绍的滞留分数方程和排出分数方程就是这种规律的描述。关于不同元素在人体内的分布、滞留规律可参见 ICRP 第 30 号出版物及其补充报告。但随着对元素在人体内的分布、滞留规律的不断认识,ICRP 也在不断出版新的出版物(如第 67,69,78 号出版物)对元素在人体内的分布、滞留规律进行新的描述。

1. *物理半衰期、生物半排期、有效半减期*

进入人体内的放射性物质在各器官或组织的量受两个因素的影响而发生变化:一个是放射性核素的自发衰变所造成的放射性核素量的减少,二是由于受到人体的生理代谢作用而导致的放射性核素量的变化。放射性核素衰变和人体生理代谢两种因素共同影响了某一放射性核素在体内器官或组织中量的变化。为了考虑每一因素及它们的共同影响,引入了物理半衰期、生物半排期、有效半减期的概念。

(1) 物理半衰期(T_r):体内全身的放射性核素的量由于放射性衰变的影响而减少到初始量的一半所需要的时间。与此对应的可引入衰变常数(λ_r)物理量表示这一因素的影响。两者关系是 $T_r = 0.693/\lambda_r$。

(2) 生物半排期(T_b):体内全身的放射性核素的量由于人体生理代谢作用的影响而减少到初始量的一半所需要的时间。与此对应的可引入生物排出常数(λ_b)物理量表示生理代谢因素的影响。两者关系是 $T_b = 0.693/\lambda_b$。

(3) 有效半减期(T):体内全身的放射性核素的量由于放射性衰变和人体生理代谢作用的共同影响而减少到初始量的一半所需要的时间。与此对应的可引入有效减少常数(λ)物理量表示两个因素的影响。两者关系是 $T = 0.693/\lambda$。

(4) 几点说明:① 有效半减期、物理半衰期和生物半排期的关系是 $T = (T_r \times T_b)/(T_r + T_b)$;② 有效减少常数、衰变常数和生物排出常数的关系是:$\lambda = \lambda_r + \lambda_b$。③ 上述生物半排期和有效半减期是针对全身而言,若问题涉及到核素在某一组织或器官中的减少,则需要分别引入生物半廓清期和有效半滞留期表示。生物半廓清期的含义是指在某一器官组织中的核素量由于某种生物廓清过程使该核素在器官组织中的量减少到初始量的一半所需要的时间。有效半滞留期的含义是指在某一器官组织中的核素量由于某种生物廓清和物理衰变的影响使该核素在器官组织中的量减少到初始量的一半所需要的时间。有效半滞留期、生物半廓清期和物理半衰期关系类同前述。

在引入有效减少常数概念后,滞留在人体全身的放射性核素的数量(用总放射性活度 A 表示,单位 Bq)可按下式规律变化:

$$A = A_0 e^{-\lambda t} \tag{6.1}$$

式中,A_0 为全身体内初始的放射性核素活度,Bq。

2. *滞留分数方程、排出分数方程*

上面关于有效半减期的讨论,暗含有这样一个假定:放射性核素的生物廓清和排出,遵从简单的指数衰减规律(见式(6.1))。这对于某些核素而言是正确的,如可在全身均匀分布的氚的氧化物等,这些物质在体液中的量在比较长的时间内显示出简单的指数式下降。但是,对于大多数核素而言,这种认为聚积在器官内的核素每天均以一个恒定的分数从器官中清除出去的假定是将问题过于简化了。因为有些情况下,放射性核素每天被清除出去的器官滞留量的分数不是一个常数,它在器官或身体内的滞留和排除也不能用一个简单的指数函数来表示,应该用本节所引入的滞留分数方程和排出分数方程来描述。

（1）有效滞留分数和有效排出分数、滞留分数和排出分数。假设人体全身在某一时间一次吸收放射性核素的量为 A_0(Bq)，在吸收的 t 天后全身滞留量为 A(Bq)。显然，单位时间内全身滞留量的减少，等于单位时间内由于生物排出和物理衰变而减少的数量，即

$$-\frac{\mathrm{d}A(t)}{\mathrm{d}t} = E(t) + \lambda_r A(t) \tag{6.2}$$

式中，$-\mathrm{d}A(t)/\mathrm{d}t$ 为人体全身在一次吸收放射性核素后的 t 时刻单位时间（通常以 1 d 计算）内减少的体内滞留量(Bq/d)；$E(t)$ 为人体全身在一次吸收放射性核素后的 t 时刻单位时间（通常以 1 d 计算）内放射性核素的排出量，(Bq/d)；λ_r 为人体的放射性核素的衰变常数(d^{-1})；$\lambda_r A(t)$ 则表示 t 时刻单位时间（通常以 1 d 计算）内衰变掉的放射性核素的量(Bq/d)。

将式(6.2)两边均除以初始吸收量 A_0(Bq)，可得

$$-\frac{\mathrm{d}A((t)}{\mathrm{d}t}/A_0 = E(t)/A_0 + \lambda_r A(t)/A_0 \tag{6.3}$$

将式(6.3)写成下式：

$$\frac{\mathrm{d}r(t)}{\mathrm{d}t} = -y(t) - \lambda_r r(t) \tag{6.4}$$

式中，$r(t) = A(t)/A_0$ 称为放射性核素一次吸收后的"有效滞留分数"，它表示初始全身含量在 t 时刻剩下来的分数；$y(t) = E(t)/A_0$ 称为放射性核素一次吸收后的"有效排出分数"，它表示在 t 时刻单位时间内的排出量占初始全身含量的分数。

由于人体内各种核素的生物代谢和排出仅由元素的性质决定，而与同位素的种类无关。所以，有效滞留分数可表示为一个表征放射性衰变的因子($\exp(-\lambda_r t)$)和一个表征生物代谢的函数($R(t)$)的乘积：

$$r(t) = R(t) \times \exp(-\lambda_r t) \tag{6.5}$$

式中，$R(t)$ 称为人体一次吸收放射性核素后的"滞留分数"。它表示当不考虑放射性衰变时（即假定吸收的是稳定同位素，$\lambda_r = 0$），由于生物代谢的作用，初始全身含量 A_0(Bq)在 t 时刻剩下的分数。某一元素的滞留分数 $R(t)$ 适用于该元素的任何同位素（包括稳定同位素在内）。

由(6.4)式得

$$y(t) = -\frac{\mathrm{d}r(t)}{\mathrm{d}t} - \lambda_r r(t) \tag{6.6}$$

将式(6.5)代入式(6.6)得

$$y(t) = -\frac{\mathrm{d}}{\mathrm{d}t}[e^{-\lambda_r t} \times R(t)] - \lambda_r \times e^{-\lambda_r t} \times R(t) =$$

$$\lambda_r e^{-\lambda_r t} R(t) - e^{-\lambda_r t}\frac{\mathrm{d}R(t)}{\mathrm{d}t} - \lambda_r e^{-\lambda_r t}R(t) =$$

$$-e^{-\lambda_r t}\frac{\mathrm{d}R(t)}{\mathrm{d}t} = e^{-\lambda_r t}Y(t) \tag{6.7}$$

式中，$Y(t) = -\mathrm{d}R(t)/\mathrm{d}t$ 称为人体一次吸收放射性核素后的"排出分数"，它表示当不考虑放射性衰变时（即假定是稳定同位素，$\lambda_r = 0$），t 时刻单位时间内的排出量占全身初始含量的分数。

（2）排出分数方程。在关于放射性核素代谢的实际研究工作中，一般是先从观察到的排

泄数据,用数学方法导出排出分数 $Y(t)$ 的经验公式,即排出分数方程;然后再由 $Y(t)$ 导出相应的滞留分数 $R(t)$ 的表达式,即滞留分数方程。从对大多数核素的吸收和排出进行研究分析认为,不同化合物类型的核素的排出规律是不同的。对可溶性物质而言,根据它们在体内沉积的特点,核素大致可分为三种类型。

第一类物质,如氧化氚,氯化物和钋的化合物等。它们在体内并不是显著地集聚在任何一个器官组织中。这一类放射性物质的排出分数方面,遵从简单的指数规律:$Y(t) = K e^{-\lambda_b t}$。它的排出曲线在半对数坐标纸上可用一条直线表示出来,如图 6.2 所示。

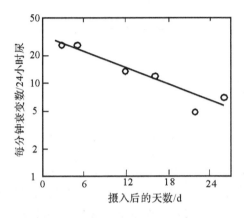

图 6.2　急性吸收后,尿中 ^{210}Po 的排出曲线

第二类物质,如碘、铯等。它们在体内主要集中在一个(或几个)器官内。这类物质的排出分数方程在数学上可以表示成若干指数项之和,例如,$Y(t) = K_1 e^{-\lambda_{b1} t} + K_2 e^{-\lambda_{b2} t}$。这类物质的排出曲线如图 6.3 上的 abc 曲线所示。图 6.3 是单次吸收后 ^{131}I 的排出曲线,曲线的 ab 部分下降较快,代表碘从体液中的排出;bc 部分下降较慢,代表碘从沉积器官(甲状腺)中的排出。

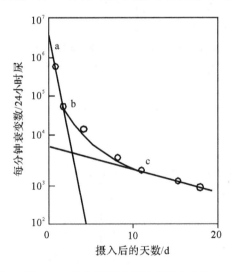

图 6.3　单次摄入后,^{131}I 的排出曲线

第三类物质是亲骨性元素,如锶、镭、钇等。它们的排出曲线可用图 6.4 所示。与第二类

物质相似,但 bc 部分下降得更慢,它代表核素从骨骼的排出。这段曲线如用幂函数表示,则能更好地符合实际观察的数据。因此,这类物质的排出分数方程可表示为 $Y(t) = K_1 e^{-\lambda_b t} + K_2 t^{-(n+1)}$。在幂函数情况下,元素每天从骨骼现存量中排出的分数,就不是一个常数了。

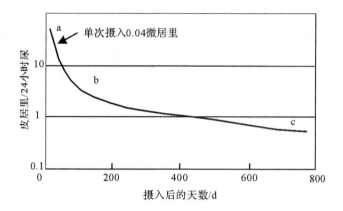

图 6.4　单次摄入后,尿中 ^{239}Pu 的排出曲线

（3）滞留分数方程。目前,人类对不同的元素在人体中的分布和代谢进行了广泛的研究,初步了解了不同的元素在人体内的分布规律。而且,根据排出规律的实测资料,导出了它们的滞留分数方程 $R(t)$ 的各种经验方程式。在 ICRP 第 30 号出版物及其补充报告中给出了不同元素在人体内的分布和它们的滞留分数方程。不同元素最新的在人体内的分布和它们的滞留分数方程可从 ICRP 的有关报告中查出,如第 67,69,78 号出版物。从给出的这些滞留分数方程中,可以看到不同元素的滞留分数方程基本上有如下两种形式:

1）若干个指数项之和,例如:

$$R(t) = K_1 e^{-\lambda_{b1} t} + K_2 e^{-\lambda_{b2} t} + \cdots + K_i e^{-\lambda_{bi} t} \tag{6.8}$$

其中,$\lambda_{b1}, \lambda_{b2}, \cdots, \lambda_{bi}$ 是与各代谢途径相应的生物廓清常数（与生物半廓清期相对应）;K_1,$K_2, \cdots, K_i$ 代表元素吸收后分布到各个代谢途径的分数,一般,$K_1 + K_2 + \cdots + K_i = 1$。这一方程反映出元素进入人体后,通过几条代谢途径从人体排出,其中生物廓清常数最小（即生物半廓清期最长）的一项,通常代表元素在其亲和器官中的滞留。此时,元素在亲和器官中的滞留分数方程 $R_c(t)$ 为

$$R_c(t) = K_c e^{-\lambda_{bc} t} \tag{6.9}$$

2）幂函数

$$R(t) = a \cdot t^{-n}, \quad 0 < n < 1, \quad t > 1 \tag{6.10}$$

幂函数通常表示元素在骨骼中的滞留,式中 a 表示经过 1 d 后元素在体内剩下的分数。

对于亲骨性元素,滞留分数方程可表示为指数项和幂函数项的和:

$$R(t) = (1 - a) e^{-\lambda_b t} + a t^{-n} \tag{6.11}$$

同样由于存在着个体差异,以上各种形式的滞留分数方程中,用到的各种生物参数值都是取有代表性的平均值。有了滞留分数方程和排出分数方程,在单次摄入放射性核素情况下,就可根据 t 时刻观察到的滞留量 $A(t)$ 或单位时间（1 d）内的排出量 $E(t)$ 来推算放射性核素在全身的初始吸收量 A_0(Bq),即利用下式进行计算,计算时应分别以有效滞留分数或有效排除分数代入。

$$A_0 = A(t)/r(t) \qquad \text{或} \qquad A_0 = E(t)/y(t) \qquad (6.12)$$

6.2.3   放射性核素的摄入模式

在建立内照射剂量计算方法中,需要知道放射性核素进入人体体液的速率或单次摄入量。这就要求了解放射性核素的摄入模式,即摄入到人体内的放射性核素的量或被人体吸收的放射性核素的量随时间变化的规律。

1. 长期均匀摄入模式

长期均匀摄入模式是指在每年绝大多数时间里,人体以相当恒定的速率摄入放射性核素的情况。这种情况下,体液中放射性核素的吸收率($a(t)$)保持恒定,而体内或器官内放射性核素的含量 $q(t)$ 将随时间不断增加,如图 6.5 所示。与此同时,器官受到的剂量率也随时间而增加:① 对于器官内有效半减期比较短的核素,不要很长时间(例如,甲状腺中的 ^{131}I,只要 50 多天),器官内放射性核素的含量即能达到平衡,从而对器官造成恒定的照射。② 对于器官内有效半减期很长的核素,在长期均匀摄入情况下,即使在个人生命终止的时刻,体内的含量也不会达到平衡。如均匀连续摄入 ^{239}Pu 50 年,则在 50 年末,骨中 ^{239}Pu 含量仅达到平衡时的 29%,如图 6.6 所示。

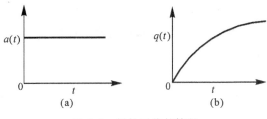

图 6.5   慢性吸收的情况

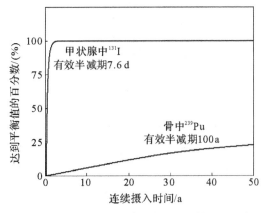

图 6.6   不同核素在器官内累积情况的比较

在某些高本底地区或环境介质被放射性物质污染的地方,空气中,水源中乃至食物中的放射性核素的含量要比一般地区高,当地居民可能以这种长期均匀摄入模式摄入放射性核素。对于放射性工作人员通常很少遇到这种类型的摄入。

2. 单次摄入模式

单次摄入模式是指持续时间不超过几小时的一次性摄入放射性核素的情况。其特点是引起体内一次暂时性的负荷,如图 6.7 所示。在这种情况下,放射性核素在器官内的含量,开始迅速上升,但当吸收终止后,由于生物排出和物理衰变,放射性核素就逐渐从器官内减少。

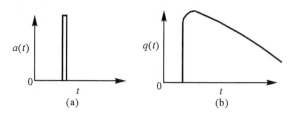

图 6.7 单次吸收的情况

当严重核事故释放的放射性烟云通过时,部分居民可能造成以这种方式摄入,但这种可能性较小。对放射性工作人员来说,受到单次照射的可能性就较大。

3. 短期内多次摄入模式

短期内多次摄入模式是指在一个较短的时间内发生大小不等的几次摄入而造成体内污染的情况,如图 6.8 所示。在这情况下,器官内放射性核素的含量在每次摄入终止后逐渐降低,但在下一次摄入时,又重新突然上升。结果,器官内放射性核素含量的变化,如图 6.8 中曲线所示的那样。显然,当放射性核素在器官内的有效半减期较短,相邻的两次摄入又间隔三、四个有效半减期,那么,每一次摄入仍可当做单次摄入看待。在实际工作中,工作人员在一个周期内,例如一个季度,由于工作的需要,可能造成短期内多次摄入放射性核素则是常见的。

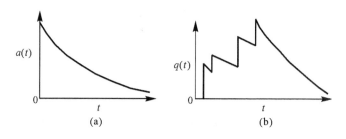

图 6.8 短期内多次吸收的情况

4. 一次摄入后在无限长时间内的递减性吸收模式

这种形式的吸收情况,可在伤口单次沾染或肺内单次沉积不溶性物质时出现。这时,不溶性物质难以从伤口或肺内排除,但留在该处的物质将随时间而缓慢减少。所以,体液中的吸收率也相应地逐渐降低,如图 6.9 所示,在这种情况下,开始时放射性核素从体液转移到器官中的速率超过从器官中减少的速率,因而器官内的含量逐渐增多。当增加到某一数值时,由于体液中的浓度降低,放射性核素从器官内减少的速率便超过沉积的速率,而使器官内的含量不断减少,呈现出如图 6.9 所示的曲线形状。实际上,短期内多次摄入模式和一次摄入后在无限长时间内的递减性吸收两种模式可以认为是单次摄入模式的推广。

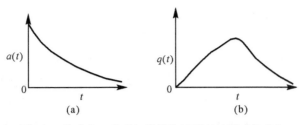

图 6.9　肺或伤口受到初始污染后引起的递减性吸收

6.2.4　源器官(S)和靶器官(T)、比有效能量 $SEE(T \leftarrow S)$

1. 源器官(S)和靶器官(T)

一般情况下,进入体内的放射性核素可能分布到身体的各个组织和器官。如果核转变时发出的辐射贯穿能力比较强,那么体内任何一个组织或器官,它所吸收的辐射能量,将来自两个部分,其中一部分来自本身组织或器官内的放射性核素,另一部分则来自其他组织或器官内的放射性核素。

因此,为了计算内照射剂量,把凡是吸收辐射能量的组织或器官称为"靶组织"或"靶器官",而把摄入放射性核素后含有一定量该种核素的组织或器官,叫做"源组织"或"源器官"。根据以上定义,源器官本身也是一个靶器官。为叙述简洁起见,不管源组织还是源器官统称为源器官(S);把靶组织和靶器官统称为靶器官(T)。表 6.4 列出了内照射剂量估算中将被考虑的一些"源器官"和"靶器官",它们的质量也列在同一表中。

表 6.4　内照射剂量计算中所考虑的某些器官、组织及其质量

靶器官	质量/g	源器官	质量/g
卵巢	11	卵巢	11
睾丸	35	睾丸	35
肌肉	28 000	肌肉	28 000
红骨髓	1 500	红骨髓	1 500
肺	1 000	肺	1 000
甲状腺	20	甲状腺	20
骨表面	120	胃内容物	250
胃壁	150	小肠内容物	400
小肠壁	640	上部大肠内容物	220
上部大肠壁	210	下部大肠内容物	135
下部大肠壁	160	肾	310
肾	310	肝	1 800
肝	1 800	胰腺	100
胰腺	100	皮质骨	4 000
皮肤	2 600	小梁骨	1 000
脾	180	皮肤	2 600
胸腺	20	脾	180
子宫	80	肾上腺	14
肾上腺	14	膀胱内容物	200
膀胱壁	45	全身	7 000

2. 比有效能量 $SEE(\text{T} \leftarrow \text{S})$、吸收分数 $AF(\text{T} \leftarrow \text{S})$

(1) 比有效能量 $SEE(\text{T} \leftarrow \text{S})$。放射性原子核的转变过程有多种方式,例如,$\alpha$ 衰变、β^- 衰变、β^+ 衰变、电子俘获、γ 跃迁、电子转换等。与这些过程相应,将分别发射出 α 粒子、β^- 粒子、β^+ 粒子、X 或 γ 光子、内转换电子以及伴随发射的反冲原子。大多数放射性原子核转变时,能发射出一种以上的辐射。从源器官发出的辐射能量,将被各个靶器官吸收。各个靶器官吸收的能量的分数可能不一样;当辐射贯穿能力较强时,可能又有一部分能量会逸出体外。为了定量描述从源器官发出的辐射能量被各个靶器官所吸收分额,引入了比有效能量 $SEE(\text{T} \leftarrow \text{S})$ 的概念。

假定,源器官内只有一种放射性核素,则来自源器官(S)的第 i 种辐射在靶器官(T)中的比有效能量 $SEE(\text{T} \leftarrow \text{S})_i$ 定义为

$$SEE(\text{T} \leftarrow \text{S})_i = y_i E_i AF(\text{T} \leftarrow \text{S})_i W_i / M_\text{T} \tag{6.13}$$

式中,y_i 是在源器官中某一放射性核素在一次核衰变中产生第 i 种辐射的产额(即相对强度);E_i 是在源器官中某一放射性核素在一次核衰变中产生第 i 种辐射的能量(单位是 MeV);$AF(\text{T} \leftarrow \text{S})_i$ 是在源器官中某一放射性核素在一次核衰变中产生的第 i 种辐射的能量被靶器官吸收的分数;W_i 是在源器官中某一放射性核素在一次核衰变中产生的第 i 种辐射的辐射权重因子;M_T 是靶器官的质量。

根据 $SEE(\text{T} \leftarrow \text{S})_i$ 的定义,则源器官某一给定核素(j)一次核衰变相应的在靶器官中的比有效能量 $SEE(\text{T} \leftarrow \text{S})$ 定义为

$$SEE(\text{T} \leftarrow \text{S}) = \sum_i y_i E_i AF(\text{T} \leftarrow \text{S})_i W_i / M_\text{T} \tag{6.14}$$

从公式可以得出,比有效能量 $SEE(\text{T} \leftarrow \text{S})$ 实际上是在源器官某一给定核素一次核衰变产生的各种辐射在相应的靶器官中所产生的吸收剂量再经辐射权重因子进行修正后的量。比有效能量 $SEE(\text{T} \leftarrow \text{S})$ 的单位为 MeV/g 核衰变。

将式(6.14)再乘以 1.6×10^{-10} 可得到与某一给定核素一次核衰变在相应的靶器官中所产生的当量剂量 $h(\text{T} \leftarrow \text{S})$,如式(6.15)所示。$h(\text{T} \leftarrow \text{S})$ 的单位是 Sv/ 核衰变。

$$h(\text{T} \leftarrow \text{S}) = 1.6 \times 10^{-10} \sum_i y_i E_i AF(\text{T} \leftarrow \text{S})_i W_i / M_\text{T} \tag{6.15}$$

在计算比有效能量 $SEE(\text{T} \leftarrow \text{S})$ 时,不同核素的 y_i 和 E_i 的值可在核素数据手册上查阅。M_T 的值可查 ICRP23 号出版物或如表6.4所示。而 $AF(\text{T} \leftarrow \text{S})_i$ 则需要确定。因此,在下面的小节中讨论吸收分数 $AF(\text{T} \leftarrow \text{S})$ 的计算问题。

(2) 吸收分数 $AF(\text{T} \leftarrow \text{S})$。吸收分数 $AF(\text{T} \leftarrow \text{S})$ 与辐射的贯穿本领关系很大。而辐射的贯穿本领又与辐射种类和能量有关。因此,下面仅贯穿本领较弱的 α 粒子和电子及贯穿本领较强的光子两种情况分别讨论。

1)α 粒子和电子的吸收分数。由于通常涉及到的 α 粒子和电子在组织中的射程较短,因此,只要所考虑的器官不是太小,可以认为这两种粒子的能量是完全消耗在源器官中的。

作为靶器官又作为源器官的情况:

$$AF(\text{T} \leftarrow \text{S})_{\alpha \text{或} e} = 1 \tag{6.16}$$

对于其他靶器官：

$$AF\,(T \leftarrow S)_{\alpha\text{或}e} = 0 \tag{6.17}$$

但是，对于骨骼和胃肠道内容物中的 α 粒子和电子，其吸收分数则另有考虑。

2）光子的吸收分数。由于 X 射线或 γ 光子在组织中有一定的射程，它们的能量不仅为源器官自身吸收，还被其他靶器官吸收。因此，光子的吸收分数不仅与器官形状有关，而且与源器官的相对位置以及介于两者之间的组织类别和密度有关。显然，要对每个个人详细考虑这些因素对吸收分数的影响是很复杂的。因此，同样可以用具有平均体格的参考人作为考虑问题的基础。基于这种考虑，在 ICRP 第 23 出版物中《参考人工作小组报告》中，根据仿真人体的数学模型，按一定的数学计算方法（如采用 MCNP 计算方法），对一系列的源器官和靶器官计算出了与不同的光子能量相对应的 $\Phi(T \leftarrow S)_i$ 值。$\Phi(T \leftarrow S)_i$ 值称为光子能量 E_i 的比吸收分数，它与吸收分数的关系见式（6.18）。做为一个例子，表 6.5 中给出了源在肝中情况下不同光子能量的比吸收分数 $\Phi(T \leftarrow S)_i$。

$$\Phi\,(T \leftarrow S)_i = AF\,(T \leftarrow S)_i / M_{\mathrm{T}} \tag{6.18}$$

表 6.5　源在肝中情况下不同光子能量的比吸收分数 $\Phi(T \leftarrow S)$

靶器官	光子能量 /MeV					
	0.010	0.015	0.020	0.030	0.050	0.100
肾上腺	2.45E−06	3.68E−06	1.36E−05	2.68E−05	2.15E−05	1.61E−05
膀胱壁	5.75E−19	8.62E−19	3.52E−12	1.33E−08	2.04E−07	6.16E−07
胃壁	3.85E−07	5.78E−07	7.71E−07	4.08E−06	8.90E−06	7.07E−06
小肠壁	1.62E−07	2.43E−07	7.70E−07	2.95E−06	6.39E−06	6.32E−06
上部大肠壁	1.89E−07	2.84E−07	1.71E−06	8.56E−06	1.18E−05	1.01E−05
下部大肠壁	2.73E−17	4.10E−17	2.02E−11	2.65E−08	3.34E−07	8.76E−07
肾	8.39E−07	1.26E−06	4.50E−06	1.57E−05	1.95E−05	1.58E−05
肝	5.36E−04	4.96E−04	4.34E−04	2.97E−04	1.52E−04	9.14E−05
肺	7.76E−08	3.19E−07	9.46E−06	1.64E−05	1.45E−05	9.92E−06
其他组织	6.16E−07	1.92E−06	3.55E−06	5.52E−06	5.25E−06	4.09E−06
卵巢	9.82E−15	1.47E−14	5.55E−10	1.63E−07	1.51E−06	1.63E−06
胰腺	1.47E−06	2.21E−06	2.94E−06	1.67E−05	2.18E−05	1.77E−05
骨胳	5.83E−08	5.37E−07	2.08E−06	5.80E−06	7.80E−06	4.93E−06
红骨髓	6.03E−08	5.27E−07	1.96E−06	5.68E−06	9.33E−06	7.14E−06
黄骨髓	7.93E−08	7.77E−07	3.20E−06	9.33E−06	1.23E−05	7.33E−06
皮肤	5.76E−08	8.64E−08	4.77E−07	1.64E−06	1.89E−06	1.81E−06
脾	7.27E−13	1.09E−12	4.57E−09	8.07E−07	2.93E−06	3.56E−06
睾丸	2.17E−26	3.26E−26	9.37E−16	2.77E−10	3.42E−08	1.90E−07
胸腺	6.31E−16	9.47E−16	1.59E−10	1.20E−07	1.67E−06	2.50E−06
甲状腺	1.29E−24	1.94E−24	1.12E−14	1.21E−09	8.81E−08	3.80E−07
子宫	1.75E−16	2.62E−16	8.22E−11	8.39E−08	9.07E−07	1.51E−06
全身	1.43E−05	1.43E−05	1.42E−05	1.29E−05	9.48E−06	6.54E−06

续 表

靶器官	光子能量 /MeV					
	0.200	0.500	1.000	1.500	2.000	4.000
肾上腺	1.81E−05	1.68E−05	1.56E−05	1.36E−05	1.53E−05	1.83E−05
膀胱壁	5.60E−07	1.21E−06	5.80E−07	8.48E−07	9.02E−07	9.93E−07
胃壁	6.96E−06	6.50E−06	6.44E−06	6.00E−06	6.11E−06	5.17E−06
小肠壁	6.01E−06	5.44E−06	5.16E−06	5.10E−06	4.64E−06	4.16E−06
上部大肠壁	8.71E−06	8.84E−06	7.71E−06	6.52E−06	6.96E−06	5.21E−06
下部大肠壁	8.55E−07	1.12E−06	8.88E−07	1.24E−06	9.53E−07	1.40E−06
肾	1.36E−05	1.29E−05	1.18E−05	1.14E−05	1.10E−05	8.23E−06
肝	8.82E−05	8.85E−05	8.07E−05	7.48E−05	6.86E−05	5.58E−05
肺	8.84E−06	8.23E−06	7.90E−06	7.72E−06	6.96E−06	5.60E−06
其他组织	3.82E−06	3.85E−06	3.69E−06	3.46E−06	3.30E−06	2.80E−06
卵巢	1.80E−06	6.53E−07	2.49E−06	3.44E−06	2.22E−06	1.92E−06
胰腺	1.35E−05	1.66E−05	1.36E−05	1.21E−05	9.99E−06	8.75E−06
骨胳	3.17E−06	2.53E−06	2.30E−06	2.26E−06	2.20E−06	1.85E−06
红骨髓	4.64E−06	3.72E−06	3.21E−06	3.26E−06	3.17E−06	2.62E−06
黄骨髓	4.69E−06	3.70E−06	3.43E−06	3.37E−06	3.20E−06	2.67E−06
皮肤	1.89E−06	2.08E−06	2.08E−06	2.02E−06	2.10E−06	1.75E−06
脾	3.34E−06	3.44E−06	3.81E−06	2.95E−06	3.14E−06	2.14E−06
睾丸	3.05E−07	3.92E−07	8.76E−07	4.70E−07	4.79E−07	4.62E−07
胸腺	2.27E−06	4.64E−06	2.54E−06	2.17E−06	2.65E−06	3.92E−06
甲状腺	8.23E−07	6.32E−07	6.81E−07	6.87E−07	2.90E−07	6.4E−07
子宫	1.40E−06	1.52E−06	1.28E−06	2.07E−06	1.81E−06	1.38E−06
全身	5.94E−06	5.86E−06	5.49E−06	5.16E−06	4.86E−06	4.06E−06

（3）比有效能量 $SEE(\text{T} \leftarrow \text{S})$ 的计算举例。在内照射剂量计算中，$SEE(\text{T} \leftarrow \text{S})$ 是一个重要的参数。有了它，再通过知道一段时间内源器官中放射性核素发生核转变的数目，就能求得上述时间内源器官对靶器官产生的总剂量。为了帮助对比有效能量 $SEE(\text{T} \leftarrow \text{S})$ 的理解，现以分布在肝中的 ^{210}Po 为例，计算肝内 ^{210}Po 一次核转变在靶器官肾、肝、肺、脾中吸收的比有效能量。

1）^{210}Po 核转变时，发射的辐射成分及相应的产额如表 6.6 所示。

表 6.6　辐射成分及相应的产额

辐射成分	能量 /MeV	产额 /(%)
α	5.3	100
γ	0.8	0.001

2）吸收分数。对 α 粒子，靶器官为肝时，$AF(\text{肝} \leftarrow \text{肝})_\alpha = 1$；靶器官为其他器官时，$AF(\text{肝} \leftarrow \text{肝})_\alpha = 0$。

对于 γ 光子,靶器官肾、肝、肺、脾对光子能量的比吸收分数 $\Phi(T \leftarrow S)_i$ 可在国际放射防护委员会第 23 号出版物中找到。本例源器官为肝,在此情况下的比吸收分数值 $\Phi(T \leftarrow S)_i$ 已列在表 6.5 中。说明的是表中没有直接列出对于 0.8 MeV 的 $\Phi(T \leftarrow S)_i$ 值,但可根据与 0.5 及 1.0 MeV 相应的 $\Phi(T \leftarrow S)_i$ 值用内插方法求得,结果如表 6.7 所示。

表 6.7 吸收分数的结果 单位:MeV

源器官	靶器官			
	肾	肝	肺	脾
肝	1.22E−05	8.38E−05	8.03E−06	3.66E−06

3)$SEE(T \leftarrow S)$ 的计算。计算出源器官分别为肾、肺、脾时,各个靶器官中的比有效能量结果如表 6.8 所示。

表 6.8 $SEE(T \leftarrow s)$ 的计算结果 单位:MeV

源器官	靶器官			
	肺	肾	肝	脾
肺	1.1E−01	2.8E−11	6.4E−11	6.1E−11
肾	2.9E−11	3.5E−01	1.0E−10	2.3E−10
肝	6.7E−11	1.1E−10	5.9E−02	3.1E−11
脾	6.2E−11	2.3E−10	2.9E−11	6.0E−01

6.2.5 放射性气溶胶粒度的描述

在大多数情况下,空气中的放射性核素以气溶胶形式存在。放射性气溶胶是指由悬浮在空气中的放射性固体或液体微粒与空气所组成体系。由于放射性气溶胶在体内的滞留和分布与气溶胶粒子的大小、形状、密度、化学形式等有关。而实际的放射性气溶胶的大小和形状又是无规则的,因此需要引入一个新的物理量来描述放射性气溶胶的这一特性,以便于内照射剂量计算。

放射性气溶胶的粒度用大量粒子的某一物理量,如质量 M、粒子数 N 或放射性活度按其直径 D(或等效直径)的分布来描述。通常引入质量中值空气动力学直径(MMAD)、活度中值空气动力学直径(AMAD)或计数中值空气动力学直径(CMAD)。这里所指的空气动力学直径是一种等效直径,即如果一个粒子在空气中沉落时的收尾速度相当于一个直径为 D 的单位密度的球体在空气中的收尾速度,则该粒子的空气动力学直径就认为是 D。

质量中值空气动力学直径(MMAD)是指直径大于 MMAD 的粒子总质量与直径小于 MMAD 的粒子总质量在全部粒子质量中各占一半时的直径。活度中值空气动力学直径(AMAD)是指直径大于 AMAD 的粒子总放射性活度与直径小于 AMAD 的粒子总放射性活度中各占一半时的直径。计数中值空气动力学直径(CMAD)是指直径大于 CMAD 的粒子数与直径小于 CMAD 的粒子数各占一半时的直径。粒子直径一般用单位 μm 表示。在工业生产过程产生的放射性气溶胶的粒径在 $10^{-3} \sim 10^3$ μm。放射性气溶胶的粒径与其产生的条件和环境密切相关。在内照射计算中,对工作人员和公众通常采用 5 μm 和 1 μm 的缺省值。如有条件可具体测量工作环境中气溶胶粒径分布,以使内照射剂量计算更加准确。

6.3　由放射性摄入量估算内照射剂量的方法

建立内照射剂量计算方法并开展内照射剂量计算的目的有两个：一是通过规范影响内照射剂量计算的各种影响因素，根据摄入量计算待积有效剂量，以制订合适的内照射剂量控制用的摄入量或介质中容许的放射性浓度水平。二是在实际工作中，通过内照射剂量监测确定放射性核素的摄入量，进而确定内照射剂量，以评价人员和工作场所的辐射安全。

在本章第 1 节中，介绍了三种内照射剂量监测方法：第一种是通过采用全身计数器体外直接测量体内放射性核素发射的射线进而推算体内放射性核素的活度和内照射剂量。第二种是通过对人体排泄物（如尿液）中的放射性核素含量的分析测量进而推算体内放射性核素的活度和内照射剂量。第三种是通过对放射性工作场所或放射性环境中各类介质中的放射性核素的测量进而推算进入体内的放射性核素的活度和内照射剂量。这三种方法中都要求确定人体摄入放射性核素的量和受到的待积有效剂量，而这些工作都建立在本节介绍的由放射性摄入量估算内照射剂量的方法之上。内照射剂量计算的方法在李士骏主编的《电离辐射剂量学》有较为全面而又系统的介绍。本小节内容也是以此为基础，同时考虑近年来内照射剂量学的发展，增加了新的内容。

6.3.1　源器官内分布的单一核素对靶器官产生的待积当量剂量

在内照射剂量计算中，首先要明确在源器官内分布有某种单一核素时对靶器官产生的待积当量剂量。为此，设源器官（S）内某种放射性核素的初始时刻（$t=0$）放射性核素活度为 A_{S0}（Bq），该放射性核素在源器官内的有效滞留分数为 r_s，则在 t 时刻，源器官内滞留的放射性活度 $A_s(t)$ 为

$$A_S(t)=A_{S0}r_S(t) \tag{6.19}$$

$A_s(t)$ 表示在 t 时刻分布在源器官中的放射性核素在单位时间内发生的核转变数。于是在 $0\sim t$ 时间内在源器官（S）中放射性核素发生的总核转变数 $U_s(t)$ 为

$$U_S(t)=\int_0^t A_S(t)\mathrm{d}t=A_{S0}\int_0^t r_S(t)\mathrm{d}t \tag{6.20}$$

$U_s(t)$ 计算中的时间 t 可以根据需要确定，对职业性照射而言，一般取 $t=50$ 年。在 50 年内总的核转变数可以记为 $U_s(50)$。而由式（6.20），并根据式（6.15）一次核衰变产生的当量剂量，可以计算 $t=0$ 时刻放射性核素进入源器官后，在 $0\sim t$ 时间内对靶器官产生的待积当量剂量 $H_t(\mathrm{T}\leftarrow\mathrm{S})$（Sv）为

$$H_t(\mathrm{T}\leftarrow\mathrm{S})=U_S(t)h(\mathrm{T}\leftarrow\mathrm{S})=1.6\times10^{-10}U_S(t)SEE(\mathrm{T}\leftarrow\mathrm{S}) \tag{6.21}$$

通常对职业性照射而言，对于成年人一般为 50 年时间。因此，以后为方便其间，时间限取 50 年。相应的 $0\sim50$ 年时间内在源器官中放射性核素发生的总核转变数和在 $0\sim50$ 年时间内对靶器官产生的待积当量剂量分别以 $U_s(50)$ 和 $H_{50}(\mathrm{T}\leftarrow\mathrm{S})$ 表示。

6.3.2　源器官内分布的多种核素对靶器官产生的待积当量剂量

上面介绍了源器官中分布单一放射性核素时，对靶器官产生的待积当量剂量的计算方法。如果源器官中有 j 个放射性核素，甚至极端情况下每个放射性核素的衰变子体也是放射

性的,在这种情况下,分布在源器官 S 中的放射性核素对靶器官产生的待积当量剂量可按以下给出的不同公式进行计算。

设源器官中,第 j 个核素在 $0 \sim 50$ 年时间内发生的核转变数为 $U_{Sj}(50)$,对靶器官产生相应的比有效能量为 $SEE(T \leftarrow S)_j$,每次核转变过程放出的第 i 种辐射的比有效能量为 $SEE(T \leftarrow S)_i$ 表示。则,源器官中第 j 个核素对靶器官产生的待积当量剂量 $H_{50}(T \leftarrow S)_j$ 为

$$H_{50}(T \leftarrow S)_j = 1.6 \times 10^{-10} U_{Sj}(50) SEE(T \leftarrow S)_j = $$
$$1.6 \times 10^{-10} U_{Sj}(50) \left[\sum_i SEE(T \leftarrow S)_i \right]_j \tag{6.22}$$

源器官中的 j 个核素对靶器官产生总的待积当量剂量 $H_{50}(T \leftarrow S)$(Sv) 为各个核素的待积当量剂量 $H_{50}(T \leftarrow S)_j$ 的总和,即

$$H_{50}(T \leftarrow S) = \sum_j H_{50}(T \leftarrow S)_j = 1.6 \times 10^{-10} \sum_j U_{Sj}(50) \cdot SEE(T \leftarrow S)_j \tag{6.23}$$

如果源器官中,j 个核素的衰变子体 j'(角标 j' 的量代表与核素 j 的放射性子体 j' 相关的量)也是放射性核素,那么此种情况下,靶器官接受的待积当量剂量为

$$H_{50}(T \leftarrow S) = \sum_j H_{50}(T \leftarrow S)_j + \sum_{j'} H_{50}(T \leftarrow S)_{j'} \tag{6.24}$$

6.3.3　多个源器官对一个靶器官产生的待积当量剂量

放射性核素摄入体内后,往往分布在身体的几个器官或组织。这时对某一个靶器官而言,它将受到多个源器官的照射,这种情形下,靶器官接受总的待积当量剂量 $H_{50,T}$ 为

$$H_{50,T} = \sum_S H_{50}(T \leftarrow S) = 1.6 \times 10^{-10} \sum_S \sum_j [U_S(50) SEE(T \leftarrow S)]_j \tag{6.25}$$

式中,S 代表源器官的个数,j 代表所有分布在各源器官中的放射性核素,包括由母体核素产生的放射性子体核素在内。

6.3.4　放射性核素体内分布的剂量学模式与剂量计算

6.3.3 小节仅解决了在已知体内源器官内存在一定量放射性核素时对靶器官产生的剂量计算问题。但是,这些放射性核素如何通过摄入进入到人体的不同器官,以及到达人体不同器官放射性核素的量是多少等问题,则需要建立放射性核素体内分布的剂量学模式。放射性核素体内分布的剂量学模式通常假定放射性核素经食入、吸入等途经摄入后向其体液的转移是瞬时的,放射性核素经体液转移到人体各个器官。因此,它主要解决放射性核素经体液转移后体内器官放射性的分布和剂量计算问题。

1. 区间模型

描述放射性核素在体内的吸收和滞留是很复杂和困难的,因此,在辐射剂量学中内照射剂量计算常常采用便于进行的区间模型。区间模型假定,人体是由许多个区间组成的,任意一个器官或组织可以包含一个或若干个区间,并除了碱土元素外,认为元素从任一个区间中的减少是受一次动力学支配的,也就是说,这种减少是遵从指数规律的。于是,一个元素在任何一个器官或组织中的滞留,通常可以用单个指数项或若干个指数项之和来描述。放射性核素无论是被吸入或食入,它们将以一定的速率向体液转移。按照区间模型,进入体液后的放射性核素,它们向身体不同器官和组织的转移,可以如图 6.10 所示表示出来。

在所应用的模式中,放射性核素进入体液后向沉积器官或组织转移的过程,将用"转移区

间"来代表或用符号 a 表示。除非对于特殊元素的代谢资料另加说明,一般认为,进入转移区间 a 的物质,以一次动力学廓清,其生物半廓清期为 0.25 d,并且假定,在转移区间中发生的核转变数是均匀分布在质量为 70 kg 的整个身体中的。同时区间模型还假定,每一沉积器官或组织区间均包含一个或多个区间,放射性核素从这些区间中以适当的速率向排泄途径转移,因此为简化起见,通常假定不存在从排泄途径或从沉积器官向转移区间的反馈。

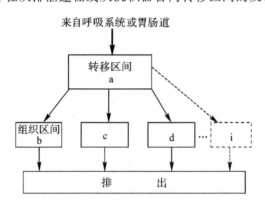

图 6.10   用于描述体内放射性核素动力学的区间模型

2. 体内放射性核素转归的动力学方程

根据上述区间模型,t 时刻在任一区间内的放射性活度 $A(t)$,可按如下的方程推出

在转移区间 a:

$$\frac{dA_a(t)}{dt} = \dot{I}(t) - \lambda_a A_a(t) - \lambda_r A_a(t) \tag{6.26}$$

在组织区间 b:

$$\frac{dA_b(t)}{dt} = b\lambda_a A_a(t) - \lambda_b A_b(t) - \lambda_r A_b(t) \tag{6.27}$$

对于所有其他的组织区间,例如 c,d,等,均可列出与式(6.27)类似的方程。在方程中,$\dot{I}(t)$ 是放射性核素被摄入后,在 t 时刻其放射性活度进入体液的速率;λ_a 是元素的稳定同位素从转移区间被清除的廓清常数;b,c,d 等是稳定同位素从体液向组织区间转移的份数;λ_b,λ_c,λ_d 等是稳定同位素从 b,c,d 等组织区间中被清除的廓清常数;λ_r 是放射性衰变常数。b,c,d 和 λ_b,λ_c,λ_d 等各参数可从 ICRP 的有关出版物中查到。

3. 转移区间和组织区间 50 年内的总核转变数

在内照射剂量评价中,评价内照射危害的剂量学指标是待积当量剂量。一般,放射性核素被摄入后,它向体液转移的时间过程与 50 年相比,是十分短暂的。因此,在计算中可以假定,放射性核素被摄入后向其体液的转移是瞬时的。此外,假设从呼吸系统或胃肠道转移到体液的初始放射性活度为 A,则在此条件下,经过解方程式(6.26)和式(6.27),则放射性核素在转移区间和组织区间 b 中的滞留量 $A_a(t)$ 和 $A_b(t)$ 可用下列公式表示:

$$A_a(t) = A\exp\left(-(\lambda_a + \lambda_r)t\right) \tag{6.28}$$

$$A_b(t) = \frac{b\lambda_a A}{\lambda_a - \lambda_b}\{\exp\left[-(\lambda_b + \lambda_r)\right] - \exp\left[-(\lambda_a + \lambda_r)\right]\} \tag{6.29}$$

参考式(6.20),对滞留量 $A_a(t)$ 和 $A_b(t)$ 在 50 年时间内施行积分,则能得到分布在转移区

间 a 和组织区间 b 的放射性核素总的核转变数:

$$U_a(50) = \frac{Q[1 - \exp(-(\lambda_a + \lambda_r))]}{\lambda_a + \lambda_r} \qquad (6.30)$$

$$U_b(50) = \frac{b\lambda_a Q}{\lambda_a - \lambda_b}\left\{\frac{1 - e^{-(\lambda_b + \lambda_r)\eta}}{\lambda_b + \lambda_r} - \frac{1 - e^{-(\lambda_a + \lambda_r)\eta}}{\lambda_a + \lambda_r}\right\} \qquad (6.31)$$

式中,$\eta = 1.58 \times 10^9$ s;上述各种有关 λ 的参数均以 s^{-1} 为单位。如果在实际计算中,对于器官中廓清期比较短的核素,它们的 $\lambda_a, \lambda_b, \lambda_d$ 等均要比 $1/\eta$ 大得多,于是,这种情形下,式(6.30) 和式(6.31) 可分别简化为

$$U_a(50) = \frac{Q}{\lambda_a + \lambda_r} \qquad (6.32)$$

$$U_b(50) = \frac{b\lambda_a Q}{(\lambda_a + \lambda_r)(\lambda_b + \lambda_r)} \qquad (6.33)$$

4. 对靶器官产生的待积当量剂量

源器官对靶器官产生的待积当量剂量,在本节的假设情况下,只须用上面得出的 $U_a(50)$ 或 $U_b(50)$ 等代替那里的 $U_S(50)$,而计算公式不变,即

$$H_{50,T} = \sum_S H_{50}(T \leftarrow S) = 1.6 \times 10^{-10} \sum_S \sum_j [U_S(50)SEE(T \leftarrow S)]_j \qquad (6.34)$$

6.3.5　胃肠道的剂量学模型与剂量计算

在放射性核素体内分布的剂量学模式与剂量计算中,有两个问题:第一个问题是假定了放射性核素经食入、吸入等途经摄入后向其体液的转移是瞬时的,但在摄入过程中及摄入后在胃肠道、呼吸系统所滞留的放射性核素的量如何计算并没有涉及。因此,胃肠道、呼吸系统还需要建立专门的模型进行研究,以解决放射性核素在胃肠道、呼吸系统的滞留和分布等计算问题。为此,本小节主要介绍胃肠道的剂量学模型与剂量计算;在 6.3.6 小节介绍 ICRP 用于剂量计算的呼吸道模型;由于骨剂量计算具有特殊性,因而在 6.3.7 小节专门介绍骨的剂量学模型与剂量计算。第二个问题是,区间模型假定每一沉积器官或组织均包含一个或多个区间,为简化计算起见,通常假定不存在从沉积器官向转移区间的反馈,而式(6.26) ~ (6.34) 是按照这一假定进行计算的,在获得资料有限的条件下,ICRP 在其第 30 号出版物提出的这一假定是合适的。但实际上,由于人体是一个非常复杂的生命系统,也可能存在一个从沉积器官向转移区间的反馈的问题,近年来对铀、钍等放射性核素的生物动力学研究就证明了这一点。关于这一问题,需要按照新的动力学模型进行计算。本教材考虑 ICRP 的基本方法还是可行的,因此,为便于教学还以 ICRP 在其第 30 号出版物的计算方法为主,但在模型上介绍了最新的呼吸道模型。

1. 胃肠道的剂量学模型

食入放射性核素后,一方面胃肠道各个器官或组织受到食入放射性核素衰变放出射线的照射,另一方面一部分放射性核素会通过小肠等被人体吸收而进入人体其他器官或组织,从而对身体的其他器官和组织产生辐射照射。如果胃肠道放射性核素放出射线是高能的,则可能对其他器官或组织构成直接照射。

从辐射防护目的考虑,认为胃肠道由胃(ST)、小肠(SI)、上部大肠(ULI)、下部大肠(LLI)等四段组成。其中的每一段,均被看做为一个独立的区间。计算剂量时,把它们当做四个独立

的靶器官。计算食入情况下的内照射剂量时所用的胃肠道模型和数学模式示于图 6.11 和表
6.9 中。食入物质从胃肠道的一个区间向下一个区间的转移,由一个转移常数(λ)表征。若在
t 时刻胃肠道某段的放射性核素的活度为 $A(t)$,那么单位时间内,由于消化过程导致这一段内
放射性活度的减少等于"$-\lambda A(t)$"。

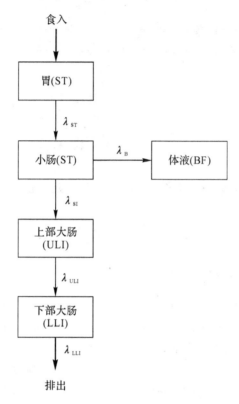

图 6.11　胃肠道模型

表 6.9　胃肠道的数学模式

胃肠道分段	胃,肠壁质量 /g	胃,肠内容物质量 /g	平均停留时间 /d	转移常数 λ/d^{-1}
胃(ST)	150	250	1/24	24
小肠(SI)	640	400	4/24	6
上部大肠(ULI)	210	220	13/24	1.8
下部大肠(LLI)	160	135	24/24	1

在胃肠道模型中,假定放射性核素从胃肠道(GI)向体液(BF)的转移,仅仅发生在小肠,
用吸收常数 λ_B 表征这一转移过程。λ_B 表示小肠内的放射性活度单位时间内向体液转移的一
个分数。因为当小肠中的放射性活度为 A_{SI} 时,$\lambda_B A_{SI}$ 则为放射性活度从小肠向体液转移的速
率(Bq/d)。在内照射剂量学中,为表述方便,也将放射性核素从胃肠道进入体液的分数记为
f_1。显然 λ_B 与 f_1 是相关的,存在式(6.35)所示的关系。当 $f_1=1$ 时,认为放射性核素直接通
过胃进入体液,而不再经过胃肠道的其他部分。

$$\lambda_{\mathrm{B}}=\frac{f_1\lambda_{\mathrm{ST}}}{1-f_1}\quad \text{或}\quad f_1=\frac{\lambda_{\mathrm{B}}}{\lambda_{\mathrm{B}}+\lambda_{\mathrm{ST}}}\tag{6.35}$$

2. 胃肠道内放射性核素转移的动力学方程

根据胃肠道模型，若已知 t 时刻放射性核素的食入速率为 $\dot{I}(t)$(Bq/d)，那么，食入的放射性核素在胃肠道中的转移和吸收，可用如下的动力学方程给予完整地描述：

胃部(ST)：

$$\frac{\mathrm{d}A_{\mathrm{ST}}(t)}{\mathrm{d}t}=-\lambda_{\mathrm{ST}}A_{\mathrm{ST}}(t)-\lambda_{\mathrm{r}}A_{\mathrm{ST}}(t)+\dot{I}(t)\tag{6.36}$$

小肠(SI)：

$$\frac{\mathrm{d}A_{\mathrm{SI}}(t)}{\mathrm{d}t}=-\lambda_{\mathrm{SI}}A_{\mathrm{SI}}(t)-\lambda_{\mathrm{r}}A_{\mathrm{SI}}(t)-\lambda_{\mathrm{B}}A_{\mathrm{SI}}(t)+\lambda_{\mathrm{ST}}A_{\mathrm{ST}}(t)\tag{6.37}$$

上部大肠(ULI)：

$$\frac{\mathrm{d}A_{\mathrm{ULI}}(t)}{\mathrm{d}t}=-\lambda_{\mathrm{ULI}}A_{\mathrm{ULI}}(t)-\lambda_{\mathrm{r}}A_{\mathrm{ULI}}(t)+\lambda_{\mathrm{SI}}A_{\mathrm{SI}}(t)\tag{6.38}$$

下部大肠(LLI)：

$$\frac{\mathrm{d}A_{\mathrm{LLI}}(t)}{\mathrm{d}t}=-\lambda_{\mathrm{LLI}}A_{\mathrm{LLI}}(t)-\lambda_{\mathrm{r}}A_{\mathrm{LLI}}(t)+\lambda_{\mathrm{ULI}}A_{\mathrm{ULI}}(t)\tag{6.39}$$

式中，$A_{\mathrm{SI}}(t)$，$A_{\mathrm{ST}}(t)$，$A_{\mathrm{ULI}}(t)$，$A_{\mathrm{LLI}}(t)$ 分别为 t 时刻在胃、小肠、上部大肠、下部大肠中的放射性活度。λ_{r} 是放射性衰变常数，$\lambda_{\mathrm{r}}A(t)$ 就是 t 时刻由于放射性衰变而使胃肠道某段中单位时间内减少的放射性活度。在食入的物质具有放射性衰变子体的情况下，如果假定子体核素的代谢方式与母体核素一样，那么子体核素在胃肠道中的转移和吸收，可用上述类似方程给予完整地描述。

3. 从呼吸系统向胃肠道转移的放射性活度

由于通过吸入而进入呼吸系统的放射性核素，也可以通过呼吸道的黏膜运动而部分转移到胃肠道。转移到胃肠道的放射性核素在胃肠道各段中放射性活度的动态变化，同样可以用方程式(6.36)～式(6.39)来描述，只是在所讨论的情况下，式(6.36)中的 $\dot{I}(t)$ 项是放射性核素的放射性活度从呼吸系统向胃肠道的转移速率 $G(t)$，亦即方程(6.36)应改写成公式(6.40)，而方程式(6.37)～式(6.39)则保持不变

$$\frac{\mathrm{d}A_{\mathrm{ST}}(t)}{\mathrm{d}t}=-\lambda_{\mathrm{ST}}A_{\mathrm{ST}}(t)-\lambda_{\mathrm{r}}A_{\mathrm{ST}}(t)+G(t)\tag{6.40}$$

4. 从胃肠道转移到体液的放射性活度

放射性活度从胃肠道(GI)向体液(BF)转移的速率为 $\lambda_{\mathrm{B}}A_{\mathrm{SI}}(t)$，因此，50 年内从胃肠道转移到体液去的放射性活度 $Q_{\mathrm{GI}\to\mathrm{BF}}$ 为

$$Q_{\mathrm{GI}\to\mathrm{BF}}=\int_0^{50}\lambda_{\mathrm{B}}A_{\mathrm{SI}}(t)\mathrm{d}t\tag{6.41}$$

5. 胃肠道各段的待积当量剂量计算

(1) 胃肠道壁作为靶器官时的 $SEE(\mathrm{T}\leftarrow\mathrm{S})$ 的计算。对于胃肠道壁，待积当量剂量是对胃肠道的粘膜层(ML)计算的。这时，对于贯穿辐射，则以胃肠道壁(W)的平均剂量当做胃肠道粘膜层的剂量。然而，对于非贯穿性辐射，就不能如此考虑。因此，下面将分别考虑贯穿性(p)辐射 SEE 值的和非贯穿性(np)辐射的 SEE 值。

1) 除胃肠道内容物以外的源器官。如果源器官不是胃肠道的内容物,那么它们对于胃肠道壁的比有效能量 $SEE(\text{T} \leftarrow \text{S})$ 仍可按前面介绍的方法进行计算。

2) 源器官是胃肠道内容物。根据上面所述,把胃肠道内容物对胃肠道壁的比有效能量分成两部分,即贯穿性辐射(光子、中子)的 SEE 和非贯穿性辐射(α 粒子、电子、反冲核、裂变碎片)的 SEE。因此对于第 j 个核素:

$$SEE_j = \sum \frac{y_{np}E_{np}W_{np}AF(\text{ML} \leftarrow \text{T})_{np}}{M_T^{ML}} + \sum_S \sum_P \frac{y_p E_p W_p AF(\text{W} \leftarrow \text{S})_p}{M_T^{W}} \tag{6.42}$$

式中,y_{np} 为 j 核素每次核转变发出能量为 E_{np} 的非贯穿性辐射的产额;E_{np} 为非贯穿性辐射的平均或单一能量(MeV);W_{np} 为反冲原子、裂变碎片、α 粒子等非贯穿性辐射的权重因子。

$AF(\text{ML} \leftarrow \text{T})_{np}/M_T^{ML}$ 为对所考虑的那段胃肠道(T)的粘膜层(ML)的比吸收分数,且假定 $AF(\text{ML} \leftarrow \text{T})_{np}/M_T^{ML} = (1/2)(\nu/M_T^c)$。其中 M_T^c 是所考虑的那段胃肠道内容物的质量;ν 值为 β 粒子取 1,对 α 粒子和裂变碎片取 0.01,对反冲原子取 0;1/2 是考虑对非贯穿性辐射而言,内容物表面的剂量近似为内容物内部剂量的一半。

M_T^W 为所考虑的作为靶器官的某段胃肠道(T)的壁(W)的质量;y_p 为 j 核素每次核转变发出的贯穿性辐射的产额;E_p 为贯穿性辐射的平均或单一能量(MeV);W_p 为贯穿性辐射的辐射权重因子;$AF(\text{W} \leftarrow \text{S})_p$ 为源器官(S)发出的光子或裂变中子被所考虑的某段胃肠道壁吸收的能量分数,对于光子或裂变中子的比吸收分数 $AF(\text{W} \leftarrow \text{S})_p/M_T^W$ 值可在 ICRP 有关文献中查得。

(2) 胃肠道内容物作为源器官时的核转变数 u 计算。食入单位放射性活度后,计算放射性核素在胃肠道各段内容物中 50 年内的核转变总数 u,是按下列的步骤进行的:① 根据方程式(6.36)～式(6.39),在初始食入量为 1 Bq 条件下,求解出放射性核素在胃肠道各段内容物中的滞留量 $A(t)$;② 对滞留量 $A(t)$ 在 50 年时间内进行积分,其结果即为有关部分中的核转变总数 u。该方法计算的结果列入表 6.10 中。

表 6.10 食入 1Bq 放射性活度后,50 年内放射性核素在胃肠道各段内容物内发生核转变总数及向体液转移的放射性活度

胃肠道各段	核转变总数
胃(ST)	$\dfrac{1}{(\lambda_{ST} + \lambda_r)}$
小肠(SI)	$\dfrac{\lambda_{ST}}{(\lambda_{ST} + \lambda_r)(\lambda_{SI} + \lambda_B + \lambda_r)}$
上部大肠(ULI)	$\dfrac{\lambda_{ST}\lambda_{SI}}{(\lambda_{ST} + \lambda_r)(\lambda_{SI} + \lambda_B + \lambda_r)(\lambda_{ULI} + \lambda_r)}$
下部大肠(LLI)	$\dfrac{\lambda_{ST}\lambda_{SI}\lambda_{ULI}}{(\lambda_{ST} + \lambda_r)(\lambda_{SI} + \lambda_B + \lambda_r)(\lambda_{ULI} + \lambda_r)(\lambda_{LLI} + \lambda_r)}$
由胃肠道向体液转移的放射性活度	$A_{GI \to BF} = \dfrac{\lambda_{ST}\lambda_B}{(\lambda_{ST} + \lambda_r)(\lambda_{SI} + \lambda_B + \lambda_r)}$

(3) 胃肠道各段的待积当量剂量计算。前边已讲述了,由若干个包含有 j 个放射性核素混合物的源器官对任一靶器官产生的约定剂量当量可由下式给出:

$$H_{50,T} = \sum_S H_{50}(\text{T} \leftarrow \text{S}) = 1.6 \times 10^{-10} \sum_S \sum_j [U_S(50)SEE(\text{T} \leftarrow \text{S})]_j \tag{6.43}$$

通常为方便起见,把摄入 1 Bq 放射性核素 j 后,50 年内在源器官中的核转变总数记为

$u_{s,j}$；靶器官受到的待积当量剂量记为 $h_{50,T}(\mathrm{Sv/Bq})$。因此，在放射性活度单位摄入量的情况下，内照射剂量的计算公式可写成如下的形式：

$$h_{50}(\mathrm{T}) = 1.6 \times 10^{-10} \sum_{S} \sum_{j} \left[u_{S,j} \sum_{i} SEE(T \leftarrow S)_i \right]_j =$$

$$1.6 \times 10^{-10} \sum_{S} \sum_{j} u_{s,j} SEE(T \leftarrow S)_j \tag{6.44}$$

6.3.6　呼吸道的剂量学模型

在放射性核素体内分布的剂量计算中，呼吸道模型具有重要的地位，这是由于吸入放射性物质是放射性核素进入体内的重要途径。为此，ICRP 在 1975 年的第 2 号出版物中提出了用于剂量计算的参考人旧肺模型；1979 年在第 30 号出版物中提出了相对旧肺模型而言的新的参考人呼吸道模型；1994 年 ICRP 在第 66 号出版物中全面介绍了最新的参考人呼吸道剂量学模型。本小节简要介绍最新的 ICRP 参考人呼吸道模型。ICRP 目前提出的参考人呼吸道模型由形态度量学模型、生理学参数、辐射生物学效应、沉积模型、廓清模型、剂量计算 6 部分组成，分别介绍如下。

1. 形态度量学模型

用于剂量学研究的人呼吸道形态度量学模型如图 6.12 所示。由图可见，呼吸道分为以下 4 个解剖区。① 胸腔外区（ET），包括前鼻通道（ET_1）、后鼻通道、口腔、咽、喉（ET_2）；② 支气管区（BB），包括气管和支气管（导气管分编号为 0～8 个段），沉积在支气管表面的物质可以靠纤毛运动由此廓清出去进入胃肠道；③ 细支气管区（bb），包括细支气管和终末支气管（导气管分编号为 9～15 个段）；④ 肺泡-间质区（AI），包括呼吸细支管、肺泡小管、带有小泡的小囊和间质结缔组织（导气管分编号为 16～26 个段）。所有 4 个区都含有淋巴组织（LN），其中 LN_{ET} 负责排出 ET 区物质，LN_{TH} 负责排出 BB，bb 和 AI 区物质。气管支气管树及细胞-间质区模型尺寸分别由表 6.11 和表 6.12 给出。

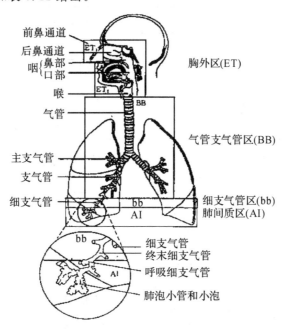

图 6.12　用于剂量学研究的人呼吸道形态度量学模型

表 6.11　成年男性气管支气管树的尺寸大小模型

解剖区	分　级	直径 /m	长度 /m
支气管区(BB)	0 气管	1.65×10^{-2}	9.1×10^{-2}
	1 主支气管	1.20×10^{-2}	3.8×10^{-2}
	2	0.85×10^{-2}	1.5×10^{-2}
	3	0.61×10^{-2}	0.83×10^{-2}
	4	0.44×10^{-2}	0.90×10^{-2}
	5	0.36×10^{-2}	0.81×10^{-2}
	6	0.29×10^{-2}	0.66×10^{-2}
	7	0.24×10^{-2}	0.60×10^{-2}
	8	0.20×10^{-2}	0.53×10^{-2}
细支气管区(bb)	9 细支气管	0.1651×10^{-2}	0.4367×10^{-2}
	10	0.1348×10^{-2}	0.3620×10^{-2}
	11	0.1092×10^{-2}	0.3009×10^{-2}
	12	0.0882×10^{-2}	0.2500×10^{-2}
	13	0.0720×10^{-2}	0.2069×10^{-2}
	14	0.0603×10^{-2}	0.1700×10^{-2}
	15 终末细支气管	0.0533×10^{-2}	0.1380×10^{-2}

注:所有数据调整到标准 $FRC = 3.3 \times 10^{-3} \, m^{-3}$。长度数据可以用于推算质量。

表 6.12　肺泡 — 间质区尺寸大小模型

肺泡分级	气道数 / 个	直径 /m	长度 /m
15 终末细支气管	1		
1 呼吸细支气管	2	5.1×10^{-4}	1.1×10^{-3}
2 呼吸细支气管	4	4.6×10^{-4}	9.2×10^{-4}
3 呼吸细支气管	8	4.1×10^{-4}	7.6×10^{-4}
4 肺泡小管	19	3.8×10^{-4}	6.3×10^{-4}
5 肺泡小管	45	3.5×10^{-4}	5.2×10^{-4}
6 肺泡小管	108	3.3×10^{-4}	4.3×10^{-4}
7 肺泡小管	254	3.1×10^{-4}	3.6×10^{-4}
8 肺泡小管	374	3.0×10^{-4}	3.0×10^{-4}
9 肺泡小管	366	3.9×10^{-4}	2.1×10^{-4}
10 肺泡小管	146	2.8×10^{-4}	2.1×10^{-4}
11 肺泡小管	58	2.8×10^{-4}	1.7×10^{-4}

注:所有数据调整到标准 $FRC = 3.3 \times 10^{-3} \, m^{-3}$。肺泡 — 间质区近似分级 16 ~ 26 级。

　　ICRP 为了剂量计算目的,对于参考工作人员和选定的公众成员的上述解剖学分区指定了形态学和细胞学参数(尺寸大小)。其中选定公众成员的年龄分组为 3 个月、1 岁、5 岁、10 岁、15 岁和成年人。4 个分区中的敏感细胞分别是:ET 区的上皮基底细胞、BB 区的基底细胞和分泌细胞、bb 区的分泌细胞、AI 区的分泌细胞和 II 型肺泡细胞。靶组织有关参数(假定对所有人均一样)列于表 6.13 中。不同年龄组人员靶组织质量列于表 6.14 中。

表 6.13　靶组织有有关参数

组　织	靶组织	黏液厚度 /μm	上皮厚度 /μm	靶细胞核深度 /μm
ET$_1$	基底细胞		50	40 ~ 50
ET$_2$	基底细胞	15	50	40 ~ 50
BB$_{sec}$	分泌细胞	5	55	10 ~ 40
BB$_{bas}$	基底细胞	5	55	35 ~ 50
bb	分泌细胞	2	15	4 ~ 12
AI	分泌细胞和 II 型肺泡细胞			
LN$_{ET}$ 和 LN$_{TH}$	淋巴细胞、内皮和生发中心细胞			

注:BB$_{sec}$ 是指分泌细胞核所分布的支气管上皮的那部分;BB$_{bas}$ 是指基底细胞核所分布的部分。

表 6.14　不同年龄组人员靶组织质量　　　　　　　单位:kg

人　员	ET$_1$	ET$_2$	BB$_{sec}$	BB$_{bas}$	bb	AI	LN$_{ET}$[①]	LN$_{TH}$[②]
成人(男)	2.0×10^{-5}	4.5×10^{-4}	8.6×10^{-4}	4.3×10^{-4}	1.9×10^{-3}	1.1	1.5×10^{-2}	1.5×10^{-2}
成人(女)	1.7×10^{-5}	3.9×10^{-4}	7.8×10^{-4}	3.9×10^{-4}	1.9×10^{-3}	0.90	1.2×10^{-2}	1.2×10^{-2}
15 岁(男)	1.9×10^{-5}	4.2×10^{-4}	8.2×10^{-4}	4.1×10^{-4}	1.8×10^{-3}	0.86	1.2×10^{-2}	1.2×10^{-2}
15 岁(女)	1.7×10^{-5}	3.8×10^{-4}	7.6×10^{-4}	3.8×10^{-4}	1.6×10^{-3}	0.80	1.1×10^{-2}	1.1×10^{-2}
10 岁	1.3×10^{-5}	2.8×10^{-4}	6.2×10^{-4}	3.1×10^{-4}	1.3×10^{-3}	0.50	6.8×10^{-3}	6.8×10^{-3}
5 岁	8.3×10^{-6}	1.9×10^{-4}	4.7×10^{-4}	2.3×10^{-4}	9.5×10^{-4}	0.30	4.1×10^{-3}	4.1×10^{-3}
1 岁	4.1×10^{-6}	$9.3 \times 10^{-}$	3.1×10^{-4}	1.6×10^{-4}	6.0×10^{-4}	0.15	2.1×10^{-3}	2.1×10^{-3}
3 个月	2.8×10^{-6}	6.3×10^{-5}	2.5×10^{-4}	1.3×10^{-4}	5.0×10^{-4}	0.09	1.2×10^{-3}	1.2×10^{-3}

注:① 包括血液,不包括淋巴结;② 假定胸腔外区和胸区中淋巴组织的质量相等。

2. 生理学参数

　　呼吸道组织和细胞所受的剂量与呼吸特点和某些生理参数有关。因为它们影响吸入空气的体积、速率、通过鼻和口吸入的份数,因而决定了吸入放射性粒子和气体的数量。 在 ICRP1994 年呼吸道模型中,给出了有代表性民族的男、女两性、不同年龄和不同体力活动的有关数据。此模型中选择有代表性的工作状态的白种人(男性和女性)代表工作人员;选择所有年龄的不处于工作状态的男、女白种人代表公众成员。为了评价个体受照剂量,建议在此模型中采用该个体所特有的呼吸道参数并要考虑其受照射情况(工作时还是休息时受照等)。工作人员的参考呼吸数值、换气率及不同状态下吸入空气的体积分别列于表 6.15、表 6.16 和表 6.17 中。普通白种人群的呼吸参数的参考值分别列于表 6.18 和表 6.19 中,这些数值可以用于计算公众成员单位摄入量产生的剂量。

表 6.15　工作人员的参考呼吸数值

参　　数	体积 /L
肺总量(TLC)	6.98
功能残气量(FRC)	3.30
肺活量(VC)	5.02
死腔(V_D)	0.146

注:白种人,男性,30 岁,身高 176 cm,体重 73 kg。根据 ICRP 参考人数据推导而来。

表 6.16　工作人员的换气率

活动状态	换气率 /(m³·h⁻¹)	换气率 /(L·min⁻¹)
睡　觉	0.45	7.5
休息、坐	0.54	9.0
轻体力劳动	1.5	25
重体力劳动	3.3	50

表 6.17　工作人员不同状态下吸入空气的体积　　　单位:m³

活动状态	轻体力劳动	重体力劳动
睡觉时间(8h)	3.6	3.6
工作时间(8h)	9.6[①]	13.5[②]
业余时间(8h)[③]	9.7	9.7
合　计	23	27

注:①5.5 h 轻体力劳动＋2.5 h 休息、坐;②7 h 轻体力劳动＋1 h 重体力劳动;③4 h 休息坐＋3 h 轻体力劳动＋1 h 重体力劳动

表 6.18　普通白种人群的参考身材和呼吸参数值

参　　数	3 个月	1 岁	5 岁	10 岁	15 岁 男性	15 岁 女性	成年人 男性	成年人 女性
身高 /cm	60	75	110	138	169	161	176	163
体重 /kg	6	10	20	33	57	53	73	60
TLC/L	0.28	0.55	1.55	2.87	5.43	4.47	6.98	4.97
FRC/L	0.148	0.244	0.767	1.484	2.677	2.325	3.30	2.68
VC/L	0.20	0.38	1.01	2.33	3.96	3.30	5.02	3.55
V_D/L	0.014	0.020	0.046	0.078	0.130	0.114	0.146	0.124

表 6.19　普通白种人群的参考身材和呼吸参数值

年　龄	性　别	休息（睡觉）			坐（醒着）		
		$\frac{V_T}{L}$	$\frac{B}{(m^3 \cdot h^{-1})}$	$\frac{f_R}{min^{-1}}$	$\frac{V_T}{L}$	$\frac{B}{(m^3 \cdot h^{-1})}$	$\frac{f_R}{min^{-1}}$
3 个月		0.39	0.09	38	N/A	N/A	N/A
1 岁		0.074	0.15	34	0.102	0.22	36
5 岁		0.174	0.24	23	0.213	0.32	25
10 岁	男性	0.304	0.3`	17	0.333	0.38	19
	女性						
15 岁	男性	0.500	0.42	14	0.533	0.48	15
	女性	0.417	0.35	14	0.417	0.40	16
成年人	男性	0.625	0.45	12	0.750	0.54	12
	女性	0.444	0.32	12	0.464	0.39	14

年　龄	性　别	轻体力劳动			重体力劳动		
		$\frac{V_T}{L}$	$\frac{B}{(m^3 \cdot h^{-1})}$	$\frac{f_R}{min^{-1}}$	$\frac{V_T}{L}$	$\frac{B}{(m^3 \cdot h^{-1})}$	$\frac{f_R}{min^{-1}}$
3 个月		0.066	0.19	48	N/A	N/A	N/A
1 岁		0.127	0.35	46	N/A	N/A	N/A
5 岁		0.244	0.57	39	N/A	N/A	N/A
10 岁	男性	0.583	1.12	32	0.841	2.22	44
	女性				0.667	1.84	46
15 岁	男性	1.0	1.38	23	1.352	2.92	36
	女性	0.903	1.30	24	1.127	2.57	38
成年人	男性	1.25	1.5	20	1.923	3.0	26
	女性	0.992	1.25	21	1.364	2.7	33

注：① V_T 为潮气体积，B 为换气率，f_R 为呼吸频率；② N/A 为不适用。

3. 辐射生物学效应

从辐射防护角度考虑，辐射在呼吸道引起的有害效应主要是癌症。考虑到各区辐射敏感性的不同，ICRP 给出了各区的危害权重因子 A（用各区在组织权重因子 W_T 中所占份额表示），如表 6.20 所示。用这些权重因子加权求和，即可得到呼吸道各分区的危害加权当量剂量。

表 6.20   呼吸道组织的危害权重因子 A

组 织		A(占组织权重因子的份额)
胸腔外区	ET_1(前鼻)	0.001
	ET_2(后鼻通道、咽、喉和口腔)	0.998
	LN_{ET}(淋巴组织)	0.001
胸区	BB(支气管)	0.333
	bb(细支气管)	0.333
	AI(肺泡 — 间质)	0.333
	LN_{TH}(淋巴组织)	0.001

4. 沉积模型

ICRP1994 年呼吸道模型的沉积和廓清模型可用图 6.13 所示的几个库表示。图中方向向左下的斜箭头表示沉积,其余箭头表示廓清(具体见图 6.16)。图中的"快"和"慢"分别表示快廓清和慢廓清。胸腔外区包括两个直接廓清的解剖学区,即 ET_1 和 ET_2 区;沉积在胸区的放射性物质分配在 BB 和 bb 以及 AI 区,沉积在 AI 区的物质又分配在三个亚库室,AI_1,AI_2 和 AI_3。对于受到活度中值空气动力学直径 AMAD 为 5 μm 的气溶胶的职业照射的参考工作人员(轻体力劳动)来说,粒子在各区的沉积数值列于表 6.20 中。粒子在参考工作人员呼吸道各区中的沉积份额(用占吸入空气中放射性活度的百分数表示)随粒子 AMAD(活度中值空气动力学直径)的变化在图 6.14 给出。

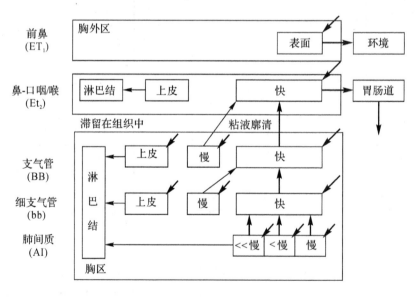

图 6.13   吸入粒子沉积和廓清的呼吸道库室模型

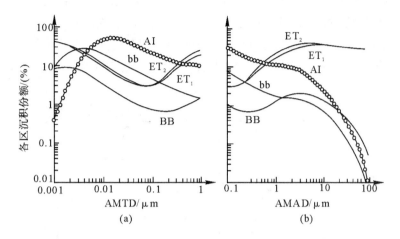

图 6.14　参考工作人员(正常鼻呼吸者)呼吸道各区中的沉积份额

(假定空气中气溶胶的放射性活度随粒子大小呈对数正态分布,粒子密度为 3.00 g·cm³,形状因子为 1.5)

表 6.20　职业照射和环境暴露情况下吸入气溶胶的沉积份额

区	放射工作人员[①]/(%)	公众男性成员[②]/(%)
ET1	33.9	14.2
ET2	39.9	17.9
BB	1.8	1.1
bb	1.1	2.1
AI	5.3	11.9
总计	82.0	47.2

注:①职业照射,AMAD=5 μm(σ_g=2.5),AMTD=3.5 μm,粒子密度为 3 g·cm³,形状因子为 1.5;通过鼻呼入份额为 1,69% 轻体力劳动,31% 为坐势,平均换气率为 1.5m³/h。②环境暴露(住宅室内),AMAD=1 μm(σ_g=2.47),AMTD=0.69 μm,粒子密度为 3 g·cm³,形状因子为 1.5;通过鼻呼入份额为 1,55% 为睡觉,30% 为轻体力劳动,平均换气率为 0.78 m³·h^{-1}。

5. 廓清模型

沉积在呼吸道中的物质主要通过下述途径廓清:吸收入血;通过吞咽进入胃肠道;通过淋巴管进入各区淋巴结(见图 6.15)。粒子的转移过程是指物质由呼吸道向胃肠道、淋巴结和由呼吸道的一部分向另一部分转移。粒子的转移过程是与吸收入血的过程是相互竞争的两个过程。不同物质被血液吸收的速率差别很大。ICRP 在 1994 年呼吸道模型将吸入物质分为 F,M 和 S 三类,它们分别相应于 ICRP 第 30 号出版物中 D,W 和 Y 类化合物。D,W 和 Y 类化合物是根据从肺中的总廓清来分类的,而 ICRP 第 66 号出版物只是根据化合物被血液吸收的速率来划分 F,M 和 S 类物质的。F 类物质是指快速被血液吸收的物质,快速溶解速率 S_r = 100 d^{-1},半减期 $t_{1/2}$ 近似为 10 min(100%);M 类物质,指具有中等吸收速率常数的物质,对这类物质而言,快速吸收份额 f_r 约为 10%,快速溶解速率 S_r = 100 d^{-1},慢速溶解速率 S_r =

$0.005\ \mathrm{d^{-1}}$,半减期有两项,10 min(10%)和140d(占90%);S类物质,指相对难溶的物质,假定对于大部分这类物质,被血液吸收的速率为 $S_a = 100\ \mathrm{d^{-1}}$,半减期 $t_{1/2}$ 近似为 7 000 d(占99.9%)。图6.16为粒子转移的库室模型,每个库室右下角的阿拉伯数学是该库室的序号,箭头旁边的数字为粒子的转移速率常数,单位用 $\mathrm{d^{-1}}$ 表示,这些数值列于表6.22中。

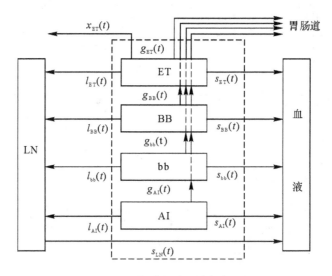

图 6.15　物质从呼吸道廓清途径

$S_i(t)$—从 i 区向血液的吸收速率;$g_i(t)$—粒子向胃肠道的转移速率;

$l_i(t)$—向淋巴结的的转移速率;$x_{ET}(t)$—从 ET 区因外业作用产生的廓清速率,i 可以为 ET,BB,bb,AI

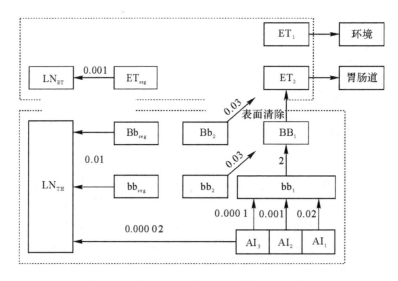

图 6.16　粒子在呼吸道各区间转移的库室模型

表 6.22 粒子在呼吸道内的时间依赖转移速率常数的参考值

方　向	从	到	转移速率常数/d^{-1}	半转移期
$m_{1,4}$	AI_1	bb_1	0.02	35 d
$m_{2,4}$	AI_2	bb_1	0.001	700 d
$m_{3,4}$	AI_3	bb_1	0.000 1	7 000 d
$m_{3,10}$	AI_3	LN_{TH}	0.000 02	—
$m_{4,7}$	bb_1	BB_1	2	8 h
$m_{5,7}$	bb_2	BB_1	0.03	23 d
$m_{6,10}$	bb_{seq}	LN_{TH}	0.01	70 d
$m_{7,11}$	BB_1	ET_2	10	100 min
$m_{8,11}$	BB_2	ET_2	0.03	23 d
$m_{9,10}$	BB_{seq}	LN_{TH}	0.01	70 d
$m_{11,15}$	ET_2	胃肠道	100	10 min
$m_{12,13}$	ET_{seq}	LN_{ET}	0.001	700 d
$m_{14,16}$	ET_1	环境	1	17 h

6. 剂量计算

用危害加权的当量剂量乘以靶组织自己的组织权重因子（BB,bb 和 AI 区组织的 W_T 为 0.04;LN_{TH} 区组织为 0.000 12,ET 区组织归入其他组织）可求得该组织的用 W_T 权重加权的当量剂量,与全身其他所有有关靶组织的用 W_T 加权的当量剂量相加,即可求得有效剂量或待积有效剂量。

6.3.7　放射性核素骨内分布的剂量学模式

1. 骨构造简述

放射性核素沉积到骨骼后,骨剂量的计算比较特殊,需要单独讨论。"骨"这个名称用于指一种特殊的组织(骨组织),也用于指任何由这种组织构成的结构,例如股骨、肱骨等。骨组织含有大量钙化的有机细胞间质,矿物质骨即由这种钙化的细胞间质所组成。一个典型的长骨,例如股骨,有一个骨干和两个骨端。如图 6.17 所示股骨骨干及其上端构造的示意图。骨干像一个厚壁的管子,由一个称为"皮质骨"(或"密质骨")的骨组织构成。长骨的管腔内充满着黄骨髓。骨干两端,管子向外张开,骨壁变薄。骨端内部,有一种用细小的骨棒和狭窄的骨板组成的支架结构,这种支架结构称为"小梁骨"(或"海绵状骨")。红骨髓就在这些小梁骨构成的骨腔内。骨的外表有骨外膜遮盖,皮质骨内壁及小梁骨表面,则由骨内膜衬覆。

2. 用于剂量计算的骨模型

在电离辐射照射下,骨骼受到致癌危险的细胞,是骨髓造血干细胞和骨内膜及骨表面的上皮细胞。假定,成年人的造血干细胞不规则地分布在小梁骨内的红骨髓中,因此这部分细胞所受的剂量,可按充满小梁骨腔体的组织平均计算。对于骨内膜细胞和骨表面上皮细胞,则按骨表面下 10 μm 距离内的组织平均计算。内照射情况下,身体中任何一靶器官受到的待积当量剂量可按式(6.44)进行。

在骨骼情况下,靶器官有红骨髓和骨表面细胞两个。除了 γ 发射体之外,对于所有其他放射性核素,在正常情况下,源器官也有两个,它们是皮质骨和小梁骨。因此,下面讨论的剂量计算将包括两个方面:小梁骨和皮质骨中的核转变数的估计,以及对所有放射性核素确定源器官辐射在靶组织中的吸收分数。另外,在作剂量计算时,还应将分布在整个骨体积的放射性核素(例如 ^{226}Ra)和结合在骨表面的放射性核素(例如 ^{239}Pu)做出明确的分类。这种为计算骨剂量而进行的同位素分类,已在 ICRP23 号出版物单个元素的代谢资料中给出。然而,也有两条可供判别的基本规则:①凡放射性半衰期大于 15 d 的碱土元素,认为是均匀分布在整个骨体积中的。②凡放射性半衰期小于 15 d 的放射性元素,认为是在骨表面分布的。因为,在它们裂变之前还不可能向骨体积的纵深转移。于是,根据这一判别原则,认为 ^{224}Ra(半衰期

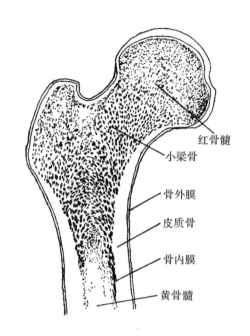

图 6.17　股骨骨干及其上端构造的示意图

为 3.64 d)分布在骨表面,而 ^{226}Ra(半衰期为 1 602 a)则是在整个骨体积内均匀分布的。

按参考人资料,成年人矿物质骨质量为 5 000 g,其中皮质骨 4 000 g,小梁骨 1 000 g。在小梁骨构成的腔体中,活性红骨髓的质量为 1 500 g。研究结果表明,与骨内膜表面积相比,骨外膜的表面积是很小的,可予忽略。骨内膜表面的总面积为 12 m²,其中一半在皮质骨,一般在小梁骨。按上述的骨内膜面积计,10 μm 厚的骨表层的组织质量是 120 g。

3. 靶组织对源器官辐射吸收分数的计算

为了估计靶组织对源器官辐射的吸收分数,根据代谢特点和剂量计算的考虑,特别把放射性核素及其发出的辐射成分划分为如下 6 种主要类型:① 所有放射性核素发出的光子;② 假定均匀分布在整个骨体积内的放射性核素发出的 α 粒子;③ 假定分布在骨表面的放射性核素发出的 α 粒子;④ 假定均匀分布在整个骨体积内的放射性核素发出的 β 粒子;⑤ 假定分布在骨表面的放射性核素发出的平均能量大于 0.2 MeV 的 β 粒子;⑥ 假定分布在骨表面的放射性核素发出的平均能量小于 0.2 MeV 的 β 粒子。应该注意,一个放射性核素往往可能同时归属于上列的几种类型。如伴有 γ 的 β 辐射体。计算时必须考虑到每一种辐射类型的剂量贡献。下面分别给出于上列情况相应的吸收分数 AF(T←S)。

(1) 光子发射体。对于光子发射体,源器官可以是含有放射性核素的身体任一器官,而靶器官则是骨表面和红骨髓。在光子情况下,对于红骨髓和骨骼的比吸收分数 $\Phi(T←S)=AF(T←S)/M_T$ 值,可在 ICRP 第 23 号出版物《参考人工作小组报告》中查得。第 23 号出版物中把对骨骼的比吸收分数值,近似地当做与骨表面细胞相应的比吸收分数值。

(2)α,β 发射体。骨表面和红骨髓的吸收分数,与 α,β 辐射体在骨中的分布形式及辐射能量的关系较大。表 6.23 给出了不同分布形式和不同能量的 α,β 辐射在红骨髓和骨表面组织中的吸收分数值。计算时,可针对不同情况,由表中选取相应的吸收分数值。

表 6.23　计算骨表面细胞、红骨髓剂量时，α 和 β 辐射的吸收分数 *AF*

靶组织	源组织	放射性核素分类				
		α 发射体骨体积均匀分布	α 发射体骨表面分布	β 发射体骨体积均匀分布	β 发射体骨表面分布。β 平均能量 $\geqslant 0.2$ MeV	β 发射体骨表面分布 β 平均能量 < 0.2 MeV
骨表面(BS)	小梁骨(TB)	0.025	0.25	0.025	0.025	0.25
骨表面(BS)	皮质骨(CB)	0.01	0.25	0.015	0.015	0.25
红骨髓(RM)	小梁骨(TB)	0.05	0.5	0.35	0.5	0.5
红骨髓(RM)	皮质骨(CB)	0.0	0.0	0.0	0.0	0.0

4. 源组织(小梁骨和皮质骨) 内核转变数的估计

(1)若放射性核素系均匀分布在骨表面，且以相同的速率从小梁骨和皮质骨内转移出来，则由于小梁骨和皮质骨中的骨内膜表面积都等于骨内膜总表面积的一半，因此，小梁骨(TB)和皮质骨(CB)内膜中的核转变数应该相等，都等于骨中核转变数的一半，即

$$U_{\text{TB}} = U_{\text{CB}} = 0.5U_{骨} \tag{6.45}$$

(2)若放射性核素在骨体积中均匀分布，则可以认为发生在小梁骨(TB)和皮质骨(CB)内的核转变数，近似的与它们的质量成正比，即

$$\frac{U_{\text{TB}}}{U_{\text{CB}}} \approx \frac{M_{\text{TB}}}{M_{\text{CB}}} = \frac{1\ 000}{4\ 000} \tag{6.46}$$

因此，当整个骨骼中的核转变数为 $U_{骨}$ 时，那么，小梁骨中的核转变数应为

$$U_{\text{TB}} = 0.2U_{骨} \tag{6.47}$$

皮质骨中的核转变数应为

$$U_{\text{CB}} = 0.8U_{骨} \tag{6.48}$$

5. 靶组织(骨表面细胞和活性红骨髓) 剂量的计算

(1)光子发射体。对于光子发射体这种情况，活性红骨髓和骨表面细胞的待积当量剂量为

$$H_{50,\text{T}} = 1.6 \times 10^{-10} \sum_S \sum_j \left[U_S(50) \sum_i SEE\,(\text{T} \leftarrow \text{S})_i \right]_j \tag{6.49}$$

式中的源器官可以是包括骨骼在内的身体任何一个器官。对骨表面细胞的比吸收分数值可用对骨骼的比吸收分数值代表。

(2)α,β 辐射体。在此情况下，骨表面细胞和活性红骨髓的待积当量剂量可分别按下式计算。公式中符号 TB 代表小梁骨，CB 代表皮质骨。

骨表面细胞(BS)：

$$H_{50,\text{BS}} = 1.6 \times 10^{-10} \sum_j \left[U_{\text{TB}} \sum_i SEE(\text{BS} \leftarrow \text{TB})_i + U_{\text{CB}} \sum_i SEE(\text{BS} \leftarrow \text{CB})_i \right]_j \tag{6.50}$$

红骨髓(RM)：

$$H_{50,\text{RM}} = 1.6 \times 10^{-10} \sum_j \left[U_{\text{TB}} \sum_i SEE(\text{RM} \leftarrow \text{TB})_i \right]_j \tag{6.51}$$

式中

$$SEE(\text{BS} \leftarrow \text{TB})_i = \frac{y_i E_i AF(\text{BS} \leftarrow \text{TB})_i W_i}{120} \quad (\text{MeV} \cdot \text{g}^{-1} \cdot 核转变^{-1}) \quad (6.52)$$

$$SEE(\text{BS} \leftarrow \text{CB})_i = \frac{y_i E_i AF(\text{BS} \leftarrow \text{CB})_i W_i}{120} \quad (\text{MeV} \cdot \text{g}^{-1} \cdot^{-1}) \quad (6.53)$$

$$SEE(\text{RM} \leftarrow \text{TB})_i = \frac{y_i E_i AF(\text{RM} \leftarrow \text{TB})_i W_i}{1\,500} \quad (\text{MeV} \cdot \text{g}^{-1} \cdot 核转变^{-1}) \quad (6.53)$$

因为皮质骨对红骨髓的吸收分数 $AF(\text{RM} \leftarrow \text{CB})_{\alpha或\beta}$ 近似为 0，即皮质骨对红骨髓几乎没有剂量贡献。

6.3.8 由放射性核素的摄入量估算内照射剂量

无论外照射还是内照射，最终评价辐射危害的剂量学指标是有效剂量。在内照射情况下，则需要确定摄入放射性核素后对人体各器官或组织产生的待积当量剂量或总的待积有效剂量。

通过 ICRP 建立的有关剂量学模式，可对经食入、吸入途径摄入单位放射性活度(Bq)的放射性核素后靶器官受到的待积当量剂量进行计算。于是，不管是单次摄入或是多次摄入，只要知道各种情况下放射性核素总的摄入量(I)，即可按照下式算得相应的待积有效剂量：

$$E(50) = I \sum_{\text{T}} W_{\text{T}} h_{50,\text{T}} \quad (6.54)$$

一般情况下，摄入量 I(Bq) 可按下式求出：

$$I = \int_0^t \dot{I}(t)\mathrm{d}t \quad (6.55)$$

其中，$\dot{I}(t)$ 为摄入函数，它等于 t 时刻单位时间内经口或鼻摄入的放射性核素的活度(Bq/d)。在单次摄入时，I 就是单次摄入量，对于均匀连续摄入，式(6.55)可写成如下形式：

$$I = \dot{I}t \quad (6.56)$$

在实际工作中，摄入量数据是依据 ICRP 建立的剂量学模式，按照第一种是通过采用全身计数器体外直接测量体内放射性核素发射的射线进而推算体内放射性核素的活度，第二种是通过对人体排泄物(如尿液)中的放射性核素含量的分析测量进而推算体内放射性核素的活度，第三种是通过对放射性工作场所或放射性环境中各类介质中的放射性核素的测量进而推算进入体内的放射性核素的活度等三种方法测量得到的。我国国家标准 GB 18871—2002 给出有内照射剂量计算使用的剂量转换系数。

6.4 氚内照射剂量计算方法与尿氚监测模式对摄入量计算的影响

本节用一个实例，对核武器辐射防护中氚内照射剂量计算与评价方法进行介绍。

6.4.1 氚内照射剂量计算方法

在实际工作，氚内照射的监测一般可分为常规监测、特殊监测和操作监测。常规监测是测量估算工作人员氚的摄入量，为确定工作场所是否适合于继续进行操作、在预定场所按预定监测周期所进行的一类监测。特殊监测是在实际发生或怀疑发生异常情况(如事故摄入)所进行的监测。操作监测是为特定操作提供有关操作和管理方面即时决策支持数据资料而进行的监测。

对于不同的监测类型,剂量估算方法一般采用剂量系数法。剂量系数法估算氚的内照射剂量是进行氚内照射剂量估算的有效方法,由于剂量转换系数已有数据可查,从而将氚的内照射剂量的计算问题转到计算放射性核素摄入量的问题上来,只要摄入量计算准确可靠,剂量计算问题便可解决。通常采用下式可计算摄入氚的待积有效剂量:

$$E(50) = Ie(50) \tag{6.57}$$

式中,E 为摄入氚后 50 年所产生的待积有效剂量,Sv;I 为氚的摄入量,Bq;$e(50)$ 为待积有效剂量系数,Sv • Bq^{-1},如表 6.24 所示。

由式(6.57)可看出,待积有效剂量的估算实际上是初始摄入氚量的估算。

表 6.24 氚的待积有效剂量系数 $e(50)$

化学形式	吸 入	食 入
	$e(50)/(\text{Sv} \cdot \text{Bq}^{-1})$	$e(50)/(\text{Sv} \cdot \text{Bq}^{-1})$
氚水	1.8E−11	1.8E−11
有机氚	4.1E−11	4.2E−11

在上述计算所需要的摄入量,其摄入量的计算与监测方式有关。对于核武器辐射防护而言,常规监测是一项重要的监测内容。在常规监测中通常假定摄入发生在监测周期 T(d)的中点。利用该监测期末获得的尿氚测量值 $M(t)$,按下式计算摄入量 I:

$$I = M(t)/m(T/2) \tag{6.58}$$

式中,I 为氚的摄入量,Bq;T 为常规监测中两次监测的时间间隔,$T/2$ 为两次常规监测之间的时间间隔的中点,d;$M(t)$ 为摄入氚 t 天时日排泄的尿中氚浓度,Bq • L^{-1};$m(T/2)$ 为摄入单位活度的氚后 $T/2$ 天时日排泄的尿中氚活度浓度,(Bq • L^{-1})/Bq,单次摄入 1 Bq 氚水后不同监测周期尿中氚放射性浓度的预期值如表 6.25 所示。

对于特殊监测和操作监测,通常假定摄入时刻(t)是已知的,则可以利用尿氚监测获得的测量值 $M(t)$,按下式计算摄入量 I:

$$I = M(t)/m(t) \tag{6.59}$$

式中,I 为氚的摄入量,Bq;$M(t)$ 为摄入氚后 t 天时日排泄的尿中氚浓度,Bq • L^{-1};$m(t)$ 为摄入单位活度氚后 td 时排泄的尿中氚活度浓度,(Bq • L^{-1})/Bq,其值如表 6.26 所示。

表 6.25 常规监测:吸入 1 Bq 氚水后尿中氚放射性浓度的预期值 $m(T/2)$

监测周期 T/d	尿中氚活度浓度 $m(T/2)$ $(\text{Bq} \cdot \text{L}^{-1})(\text{Bq 摄入量})^{-1}$
30	8.9E−03
14	1.5E−02
7	1.9E−02

表 6.26　特殊监测:单次急性摄入 1 Bq 氚水后尿中氚活度浓度 $m(t)$

摄入后时间 t/d	尿中氚活度浓度 $m(t)$ $(Bq \cdot L^{-1})(Bq\,摄入量)^{-1}$
1	2.3E－02
2	2.1E－02
3	2.0E－02
4	1.9E－02
5	1.7E－02
6	1.6E－02
7	1.5E－02
8	1.4E－02
9	1.3E－02
10	1.2E－02

6.4.2　尿氚监测模式对摄入量计算的影响分析

1. 影响氚内照射剂量计算准确度的因素

氚内照射剂量计算的准确度受尿氚测量、摄入量估算和剂量计算等三个阶段的影响。其中尿中氚测量与测量方法和使用仪器有关;剂量计算则与内照射剂量计算方法与计算模型有关;摄入量估算不但与内照射剂量计算模型有关而且与监测模式密切相关。

尿液中氚测量阶段不确定度一般较易估计。尿液中氚的测量一般采用计数效率高,探测立体角大,几乎没有自吸收的液体闪烁计数法。当尿液中氚活度水平接近探测限时,计数统计涨落产生的不确定度是主要的。对于活度足够大的尿液中氚,计数统计涨落产生的不确定度与其他来源不确定度相比是比较小的。另外还必须考虑测量过程中其他系统所引入的不确定度(如校准、个体差异等)以及样品带来的误差。

摄入量估算不确定度,对于常规监测,当摄入量在年摄入量限值以内时,可用生物动力学模型的缺省参数足够准确的估算摄入量,常规监测中的不确定度通常很少可能小于 50%,当摄入氚产生的年待积有效剂量当量小于 10 mSv 时,不确定度为 100%(95% 置信水平)是可以接受的。对于特殊监测和操作监测,在因事故单次摄入的情况下,若摄入量和所致剂量有可能超过相应摄入量限值和年剂量限值时,应尽可能采用从受照个体测得的有关氚水代谢动力学和剂量估算参数进行剂量估算。根据测量结果估算摄入量时,不同模式可以选用与之相对应的估算方法。但实际的摄入情况并不一定都符合给出的估算方法,所选用的估算方法必定会时估算结果产生不确定性。

2. 不同摄入模式对摄入量估算方法

(1) 单次摄入时尿氚活度浓度计算。在常规监测中,单次摄入时尿氚摄入量按式(6.58)计算。尿中氚活度浓度为

$$m(T/2) = (1/42) \times (0.97e^{-0.06947(T/2)} + 0.03e^{-0.01748(T/2)}) \tag{6.60}$$

在特殊监测和任务相关监测中,单次急性摄入时尿氚摄入量按式(6.59)计算。尿中氚活

度浓度为

$$m(t) = (1/42) \times (0.97 e^{-0.06947 \cdot t} + 0.03 e^{-0.01748 \cdot t}) \tag{6.61}$$

（2）连续均匀摄入时尿氚活度浓度估算。在常规监测中，连续摄入时尿氚摄入量按式（6.58）计算。尿中氚活度浓度为

$$m(T/2) = \Delta I [0.3324 \times (1 - e^{-0.06847(T/2)}) + 0.04086(1 - e^{-0.01748(T/2)})] \tag{6.62}$$

式中，$m(T/2)$ 为摄入单位活度氚水后 t 天时排泄的尿中氚活度浓度，$(\mathrm{Bq \cdot L^{-1}})/\mathrm{Bq}$；$\Delta I$ 为连续均匀摄入氚水的速率，$\mathrm{Bq \cdot d^{-1}}$；$T/2$ 为单次摄入氚水后经过的时间中点，d。

在特殊监测和操作监测中，连续摄入时尿氚摄入量按式（6.59）计算，其中，尿中氚活度浓度为

$$m(t) = \Delta I [0.3324 \times (1 - e^{-0.06847\, t}) + 0.04086(1 - e^{-0.01748\, t})] \tag{6.63}$$

式中，$m(t)$ 为摄入单位活度氚后 t 天时排泄的尿中氚活度浓度，$(\mathrm{Bq \cdot L^{-1}})/\mathrm{Bq}$；$T$ 为单次摄入氚水后经过的时间，d。

（3）短期内多次相关摄入时尿氚活度浓度估算。对于氚水的摄入，如果是短期内数次相关摄入，即某次摄入前数次摄入的氚水尚未完全排除体外到可以忽略不计的程度，此时又发生了该次摄入。在这种第一次摄入还在监测中又要对第二次摄入进行监测的情况下。以后再摄入再进行监测，获取历次监测值。第一次摄入量用第一次监测值按式（6.58）估算，其后各次的监测值必须扣除以前所有各次的摄入对本次监测值的贡献后，再按式（6.58）估算本次摄入量。总的摄入量为各次摄入量之和。可按下列情况估算出各次监测值对应的尿中氚活度浓度。

1）急性摄入时：

$$m(t) = (1/42)(0.97 e^{-0.06947 \cdot t} + 0.03 e^{-0.01748 \cdot t}) \tag{6.64}$$

式中，$m(t)$ 为摄入单位活度氚后 t 天时排泄的尿中氚活度浓度，$(\mathrm{Bq \cdot L^{-1}})/\mathrm{Bq}$；$t$ 为单次摄入氚水后经过的时间，d。

2）慢性摄入时：

$$m(t) = \Delta I [0.3324(1 - e^{-0.06847 \cdot t}) + 0.04086(1 - e^{-0.01748 \cdot t})] \tag{6.65}$$

式中，ΔI 为连续均匀摄入氚水的速率，$\mathrm{Bq \cdot d^{-1}}$。

在摄入量的估算过程中，测量值 $M(t)$ 是通过直接的尿氚测量而得到。因此，摄入量的估算就转到对 t 时刻尿中氚活度浓度的估算上来。

6.5　内照射防护的一般原则和基本措施

6.5.1　内照射防护的一般原则和基本措施

在核武器储存管理中，由于铀、钚、氚放射性材料的辐射特性以及其他特性的影响，工作人员可能也会受到一定的内照射辐射剂量。如铀、钚部件因氧化而形成放射性气溶胶，因直接操作氚部件而经皮肤摄入或吸入氚，各种放射性表面污染经食入或吸入而进入人体等都可能造成内照射。因此，内照射防护的一般原则是采取各种措施，尽可能地隔断放射性物质进入人体内的各种途径，在可以合理做到的限度内，使人员摄入放射性核素的量和受到的内照射剂量达到最低水平。

内照射防护基本措施,可以采用以下方式中的一种或多种方法的组合 ① 空气净化。空气净化是通过空气过滤、除尘等方法,尽量降低空气中放射性气溶胶、放射性气体、放射性粉尘等在工作现场空气中的浓度。② 稀释。稀释是指不断地排出被污染的空气并换以清洁空气,换气次数视空气污染水平和工作条件(如噪声等对工作人员的影响程度等)而定,为防止环境放射性污染,被排出的污染空气一般应经过高效过滤器过滤。③ 密闭包容。密闭包容是把可能成为污染源的放射性物质存放在密闭的容器中或者在密闭的手套箱、热室中进行操作,使之与工作场所的空气隔绝。④ 个人防护。个人防护就是佩戴高效率的防护口罩、手套、防护衣、采用隔绝式或过滤式防护面具等,防止工作人员经食入、吸入或皮肤摄入放射性物质。

防止内照射发生的另一个重要技术措施是建立内照射监测系统,开展内照射剂量监测评价工作。内照射监测系统包括适合放射性工作实际的内照射监测计划、体内放射性核素测量方法和设备、个人内剂量剂量评价与档案管理等内容。如在核武器储存管理中,可以根据监测目的的不同制定常规监测、操作监测、特殊监测计划。对于氚的摄入和剂量评价,应以尿中氚的监测为主;而对于铀、钚等核素的内照射摄入和剂量评价,可以建立全身计数器或尿中铀、钚含量测量为主,辅助以工作场所空气放射性气溶胶浓度的监测。

6.5.2 内照射防护的医学措施

在内照射防护中,除了上述所讲的内照射防护基本措施外,一旦发生了放射性核素的摄入,则可对摄入放射性核素的人员采用医学措施。医学措施的主要作用是加速排除。下面简要介绍对铀、钚、氚等核素的加速排除措施。

对铀的加速排除措施:①碳酸氢钠的应用。由于重碳酸根对铀酰离子有较强的亲和力,因此,铀中毒时给机体补充大量碳酸氢钠不仅会增加血液中铀与重碳酸根结合,使通过肾小管的铀量增加,而且也可以减少肾小管对原尿中重碳酸根的重吸收,防止原尿中重碳酸铀酰分解,有利于体内铀的排除。因此,临床上应用碳酸氢钠治疗铀中毒病例获得良好效果。要想使碳酸氢钠达到良好的促排效果,必须在机体可能耐受的条件下,尽量加大用量,甚至达到碱轻度中毒水平。因为肾小管中的重碳酸铀酰只有碱性环境中才稳定,而且用药时间愈早愈好。机体中其他天然络合剂,如柠檬酸钠、乳酸钠等,对铀也有一定促排作用,但其疗效远远低于碳酸氢钠,然而这些天然络合剂如与碳酸氢钠使用,其疗效较佳。②氨羧型络合剂的应用。临床上虽然有 EDTA,DTPA 治疗铀中毒者,但与促排体内钚、钍和其他重金属相比,氨羧型络合剂对铀的促排疗效并不佳,同时由于这类络合剂对肾脏有损伤作用,因此,用它促排体内铀时,最好在铀中毒的早期使用。③喹胺酸和 Tiron 的应用。动物实验的促排研究表明,喹胺酸和 Tiron 对六价铀有较好的促排效果。用药后 24 h 尿铀排除量大约为对照组的 3 倍,疗效明显优于 DTPA。喹胺酸和 Tiron 都是邻苯二酚类化合物,它们促排铀的能力与其结构中的邻位羟基有关。临床经验证明,喹胺酸是一种促排谱较广的螯合剂,毒副作用小于 DTPA,因此,用于促排铀有一定价值。④氨烷基次膦酸型络合剂的应用。氨烷基次膦酸型络合剂对体内铀有良好的促排效果。无论急性或慢性铀中毒,这种络合剂都能有效地减少肾和骨中铀滞留量。其促排的效果,与其结构中的次膦酸基的数目有关,其中含有 2 个次膦酸基团的 EDDIP 降低骨铀滞留量的效果,比含有 5 个次膦酸基团的 EDIPP 差;EDDIP 降低肾铀滞留量的效果却优于 DTPP。EDDIP—Na 可用 10% 的溶液静脉内滴注。

对钚的加速排除措施:①应用络合剂。目前加速体内钚的排除,应用最多、效果最佳的是

DTPA 钙盐和锌盐。DTPA 的疗效与用药时间、用药剂量及用药途径有密切关系。临床实践表明,如果用药得当,体内钚的沉积量可减少 50％以上,尿钚排除量增加 10～100 倍。用药途径有静脉滴注、肌肉注射和雾化吸入等。吸入可溶性钚化合物气溶胶后,使用雾化吸入 DTPA 气溶胶的方法促排效果最好。另外为了提高 DTPA 的促排效果,可以与此 Glucan、DFOA、四环素等一起使用。②扩创处理。在伤口污染难溶性钚化合物或金属钚时,如去污处理未见明显效果,对处在深处的钚,手术扩创切除是有效的措施。在伤口部位允许的条件下,应采取一次性彻底切除。切除后,伤口部位残留的钚量应控制在 15 Bq 以下。在手术前后,应使用 DTPA,尽量将入血的钚排除体外,以防止或减少钚向骨骼和肝脏沉积。扩创处理中:一是要注意准确标记伤口污染的范围、深度和污染量;二是选择适宜的麻醉方式;三是防止再污染。

对氚的加速排除措施:①大量饮水。体内氚和水的生物转运规律相同,因此,对氚内污染的病例,在临床上大都采用大量饮水措施来加速体内氚的排除。初始一天饮水 1～2 L,以后每天饮水 5～10 L,连续 1～2 周,能使体内氚含量迅速减少,同时尿氚排除量可增加 10～20 倍。如一例病人的尿氚生物半排期,因饮水疗法由原来的 11.5 d 缩短为 2.4 d。②利尿剂。从实验观察到,受氚水内污染的大鼠服利尿剂双氢克脲塞和 2％茶水,尿氚排除量显著增加,为对照组的 9 倍。此种处理方法,简便易行,在临床上可以考虑使用。

复 习 题

1.影响内照射的因素和涉及的物理量有什么?

2.进行内照射剂量计算和测量的方法主要有什么?

3.放射性核素进入人体的途径及其代谢过程是什么?

4.解释下列术语:吸入、食入、皮肤渗透、皮肤伤口进入;参考人;物理半衰期、生物半排期、有效半减期;滞留分数方程、排出分数方程。源器官、靶器官、比有效能量、吸收分数。

5.解释下列术语:质量中值空气动力学直径(MMAD)、活性中值空气动力学直径(AMAD)或计数中值空气动力学直径(CMAD)。

6.放射性核素的摄入模式有长期均匀摄入模式、单次摄入模式、短期内多次摄入模式、一次摄入后在无限长时间内的递减性吸收模式等,其含义是什么?

7.吸收分数 AF(T←S)是如何确定的,其值的应用有什么意义?

8.由放射性摄入量估算内照射剂量的方法是什么?

9.区间模型是什么?

10.内照射防护的一般原则和基本措施是什么?

第 7 章　辐射剂量测量原理和方法

本章主要介绍各种辐射探测器测量注量、吸收剂量、当量剂量等的基本原理和方法。辐射剂量测量中也同样用到很多辐射探测器,如电离室、计数管、闪烁计数器、半导体探测器等,其工作原理和性能在《原子核物理实验方法》中已有详细的论述。

7.1　电离室测量照射量或吸收剂量的基本原理

7.1.1　布拉格-格雷空腔电离理论

在实际工作中,常用电离室、计数管、闪烁计数器、半导体探测器等测量 X 射线、γ 射线的照射量或吸收剂量。本小节以电离室为基础,介绍其测量照射量或吸收剂量的原理。对电离室而言,当把电离室引入到测量物质中进行测量时,它就在测量物质中构成一个气体空腔。在射线作用下,在空腔单位体积气体中所产生的电离量与单位体积的周围物质中所吸收的辐射能量是有关的,通过收集空腔中的电离电量就可知道空腔周围物质所吸收的能量。

布拉格-格雷通过电离室和测量过程的分析,在提出如下四项假设后提出了著名的空腔电离理论。设想在物质中有一个充有气体的小空腔,在 γ 射线照射下,γ 射线与物质相互作用产生次级电子。次级电子穿过空腔时便在空腔中产生电离。这电离可以是 γ 射线在空腔气体中打出的次级电子所产生的,也可以是在室壁材料中打出的次级电子所产生的。前者称气体作用产生的,后者称室壁作用产生的。现假定:① 空腔尺寸很小,远小于次级电子的最大射程;② γ 射线在空腔中所产生的次级电子的电离,即"气体作用",可以忽略;③ 空腔中次级电子的注量、能谱分布和周围室壁材料中的相同;④ 空腔周围邻近物质中,γ 射线的照射是均匀的,即在所考虑各点 γ 射线的注量率没有减弱,也意味着各点次级电子注量率和能谱相同;⑤ 次级电子在空腔中是以电离形式连续地损失能量。在以上假设条件下,布拉格-格雷空腔电离理论可以用下式表述:

$$E_M = S_\gamma J \overline{W} \quad \text{或} \quad E_{Mm} = S_{\gamma m} J_m \overline{W} \tag{7.1}$$

式中,J 是空腔单位体积气体中产生的离子对数;$\overline{W}$ 是空腔内气体的平均电离能;S_γ 是空腔室壁材料(用 M 表示)和空腔气体(用 A 表示)的线碰撞阻止本领之比;E_M 是单位体积的空腔室壁材料所吸收的能量。下标 m 则表示单位体积的量转换为单位质量的量,如 E_{Mm} 是单位质量的空腔室壁材料所吸收的能量,J_m 是空腔单位质量气体中产生的离子对数,$S_{\gamma m}$ 是空腔室壁材料和空腔气体的质量碰撞阻止本领之比。

上式(7.1)称为布拉格-格雷电离(Bragg-Gray)关系式,是照射量和剂量测量中的一个基本关系式。γ 射线照射量和吸收剂量主要是利用按照这一关系式建立的空腔电离室来进行测量的。这一关系在 β 射线和中子测量中也用到。然而,在利用上式(7.1)精确确定吸收能量和电离量的关系时,必须准确知道室壁材料和空腔气体对电子的阻止本领。它的数值与电子谱有关。由于电子谱的复杂性,阻止本领的计算也是复杂的,且不易得到准确数值。这又限制了空腔电离室在绝对测量方面的应用,要在事先标定后才能用来测量。　但是,在不少场合,它仍然是作为剂量绝对测量的一种基准仪器。

7.1.2　电离室测量照射量或吸收剂量的基本原理

1. 空腔电离室测量照射量的基本原理

(1)基本原理。测量照射量的电离室基本上有两种类型:自由空气标准电离室和空气等效壁材料的空腔电离室。前者一般只用在基准刻度的工作中,后者既可以用于基准刻度也可用于实际常规监测。本小节介绍空腔电离室。

从理论上讲,空腔电离室的室壁材料和工作气体要选用空气等效材料和空气,其室壁厚度的选择要满足电子平衡条件。因为测量照射量要求测到射线在单位质量的空气中转交给次级电子的能量,而按照空腔电离理论,空腔中的电离量反映了室壁材料所吸收的能量。当电子平衡时,它就反映 γ 射线转交给室壁材料的次级电子的能量。因此,若室壁材料为空气等效材料和空腔气体为空气时,所测到的空腔内单位质量空气中的电离量就正好反映了 γ 射线转交给室壁单位质量的空气等效材料的次级电子的能量,这正是所要测量的 γ 射线照射量。而所谓空气等效材料就是指这种材料除了密度以外,在元素组成上和空气相同。理想的空气等效材料是把空气压缩成固体。为了更好地了解室壁材料及其是否满足电子平衡对测量的影响,下面分别对室壁材料、空腔大小、室壁厚度等几个问题进行讨论。

(2)不同室壁材料对测量结果的影响。当没有使用空气等效材料而使用其他材料作为室壁物质时,空腔空气中的电离量有怎样的变化呢?可以设想结构上完全相同的两个电离室,它们只是室壁材料不同,一个为空气等效材料 M,另一为其他材料 Z;又假定它们处在完全相同的 γ 辐射场中,因此,根据按照布拉格 — 格雷电离关系式可以得到两个室壁材料不同的电离室产生的离子对数 J 之比为

$$\frac{J_Z}{J_M} = \frac{(\mu_{en}/\rho)_Z}{(\mu_{en}/\rho)_M} \frac{(S/\rho)_M}{(S/\rho)_Z} \tag{7.2}$$

式中,J_Z 和 J_M 分别是空腔室壁材料为 Z 和空腔室壁材料为 M(M 代表空气等效材料)时空腔内单位体积气体中产生的离子对数;$(\mu_{en}/\rho)_Z$ 和 $(\mu_{en}/\rho)_M$ 分别空腔室壁材料 Z 和空腔室壁材料 M 对 γ 射线的质能吸收系数;$(S/\rho)_Z$ 和 $(S/\rho)_M$ 分别空腔室壁材料 Z 和空腔室壁材料 M 对次级电子的质量碰撞阻止本领。

由此可以得出,从理论上分析一种材料与另一种材料在能量吸收上等效,其实质是它们的质能吸收系数和质量阻止本领相同。实际上,对不同能量的 X,γ 射线,用作电离室室壁的材料很难同时达到上述要求。目前,空腔电离室室壁材料常选用的是石墨、聚乙烯、铝等材料。选用这些材料除了其他性能因素的影响外,主要考虑不同室壁材料对测量结果的影响。表 7.1 给出了在选用铝作为室壁材料时,其相应的质能吸收系数、质量阻止本领以及电离量之比的值。根据数据可以分析,入射的 X,γ 射线能量在 0.2 ～ 3 MeV 范围内时,铝可近似看成是空气的等效材料。但在低能出现了 J_Z 和 J_M 比值较高的现象,这一现象是制约电离室壁材料选取、电离室设计与使用的一个主要因素。这是由于根据照射量的定义,对于同样的照射量值

其要求的电量值必须相同,由此得出照射量与γ射线的能量无关。而式(7.2)则表明电离室电量值与γ射线的能量相关,因而需要引入一个参数来描述电离室的这一特性。在辐射防护中,通常将每单位照射量所对应的仪表指示称为仪器的灵敏度;把仪器的灵敏度随光子能量的变化关系称为仪器的能量响应。当采用不是理想的空气等效材料时,电离室的能量响应是有变化的。一般在 0.1 MeV 附近的低能区,能量响应较大,这是由于在该能区,射线易和物质相互作用被室壁或气体显著吸收的缘故。通常,总是希望仪器的能量响应好,即要求它是平坦的。这是因为在实际测量中,很少知道射线的能谱。假若射线束由不同能量的光子组成,仪器的能量响应又很大,那么,仪器的指示就很难准确。这一点在设计或使用电离室测量低能γ射线剂量时需要注意。为了改善仪器的能量响应,根据理论分析可以采取两种途径:一是选择尽可能合适的空气等效材料作室壁,例如石墨就比铝好些;二是在室壁上再加一层壁套,对能量响应进行补偿。例如,一般为减小对低能光子有较大的能量响应,使用由铅、锡等重元素做成的壁套,它对低能光子有较强烈的吸收。

表 7.1 铝作为室壁材料时,质能吸收系数、质量阻止本领以及电离量之比值

E_γ/MeV	$(\mu_{en}/\rho)_Z/(\mu_{en}/\rho)_M$	$(S/\rho)_M/(S/\rho)_Z$	J_Z/J_M
0.1	1.62	1.18	1.91
0.2	1.03	1.16	1.19
0.5	0.985	1.14	1.12
1.0	0.980	1.13	1.11
2.0	0.963	1.12	1.08
3.0	0.972	1.12	1.09

(3)电离室空腔大小对测量结果的影响。空腔电离理论的一个前提是要空腔的线性尺寸足够小,以便可以忽略在空腔气体中形成的次级电子,从而可以认为空腔的存在不影响介质中次级电子的注量和能谱分布。若室壁材料和空腔气体是同一种材料,对空腔尺寸就没有什么特别的限制。这是因为,在这种情况下考虑到空腔中形成的次级电子的作用(气体作用),关系式(7.1)仍然是成立的。因此,实际空腔电离室的体积,可以很小,有的只有零点几立方厘米;也可以很大,如用于辐射防护监测的仪器当考虑到灵敏度的要求时空腔体积达几百立方厘米到数升的范围。

(4)室壁厚度的影响对测量结果的影响。空腔内的电离量与壁厚的变化关系如图7.1所示。电离量的开始增长是由于随壁厚的增加从室壁中有更多的次级电子产生和进入空腔。当壁厚增加到等于次级电子最大射程 R 时,空腔内电离量增至最大值。当壁厚继续增加时,γ射线的一部分在外层室壁中打出的次级电子并不能进入空腔,加之γ射线被室壁材料的吸收,空腔内的电离量就开始有下降趋势。相应于电离量最大值处的室壁厚度称作室壁平衡厚度。显然,平衡厚度与γ射线能量有关,并随能量增加而加大。在测照射量时,室壁厚度应选择等于平衡厚度。由于不同能量所要求的厚度不同,为适应于不同能量的测量,有的电离室只做成很薄的室壁,使它能测较低能量的射线。在测高能量射线时,则在室壁外面再加一个合适厚度的外套。对高能射线,有研究表明即使室壁厚度只有所需平衡厚度的一半,其测量误差也不会超过 10%。由此,从室壁厚度角度防止对低能射线的大幅度减弱更值得注意。

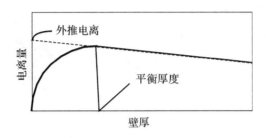

图 7.1　空腔内的电离量与壁厚的变化关系

（5）空腔电离室的照射量计算公式。从原理上讲,在电离室设计时,电离室壁应有足够厚度,且必须大于电子在介质中的最大射程;可以采用任何室壁材料和任何气体。在空腔内充有空气的条件下,根据照射量的计算公式和空腔电离室的原理,空腔电离室的照射量计算公式为

$$X = \frac{Q}{V\rho} \frac{(\mu_{en}/\rho)_Z}{(\mu_{en}/\rho)_M} \frac{(S/\rho)_M}{(S/\rho)_Z} \prod k_i \qquad (7.3)$$

式中,$(\mu_{en}/\rho)_Z$ 和 $(\mu_{en}/\rho)_M$ 分别为空腔室壁选用 Z 材料和空腔室壁为空气等效材料 M 对 γ 射线的质能吸收系数;$(S/\rho)_Z$ 和 $(S/\rho)_M$ 分别空腔室壁材料 Z 和空腔室壁材料为空气等效材料 M 对次级电子的质量碰撞阻止本领;V 为电离室体积;ρ 为空腔内气体的密度;Q 为测量到的电荷量。各量的单位采用 SI 单位。另外,k_i 是对实验条件下测得的电荷量加以修正的全部因子乘积,它包括空气湿度影响的修正、离子复合的电离损失修正、电离室支持杆的散射修正、壁厚的修正、考虑电子产生的平均中心位置的修正、辐射场的不均匀性、散射 γ 射线的修正、本底电流的波动修正等因素。

（6）空腔电离室结构。根据用途不同,电离室的输出可以有两种形式,一种是测量在一段时间内电离室输出的总电量,即测量总累积照射量;另一种是测量电离室输出的电流,即测量瞬时照射量率。下面介绍刻度电离室的结构。

空腔电离室是采用反应堆用的高纯度石墨制作的,其结构最好选择球体形状,如图 7.2 所示。球形空腔电离室的优点在于,允许建立一组均匀的、不同体积的电离室,以避免距离效应和用圆柱形电离室作为测量装置的复杂性,从而提供了一个对辐射源均匀对称的电离室。

目前国际上普遍使用石墨空腔电离室作为测量 ^{137}Cs(0.662 MeV)和 ^{60}Co(1.25 MeV)γ 射线的照射量标准。当光子能量大于几个 MeV 时,与光子的平均自由程相比,次级电子的射程会增加,这样很难建造满意的照射量标准。因为这时在室壁厚度能保证达到次级电子平衡时,光子束在壁中的减弱就太大了。一般来说,各个国家的标准石墨空腔电离室之间的一致性大约与自由空气电离室之间一致性相同;它们大部分在 0.5% 范围内符合。但是国家基准之间也偶尔有相差到 0.7% 的情形。用石墨空腔电离室作为 γ 射线照射量基准的各项不确定度如表 7.2 所示,合成标准不确定度约为 1.0%。

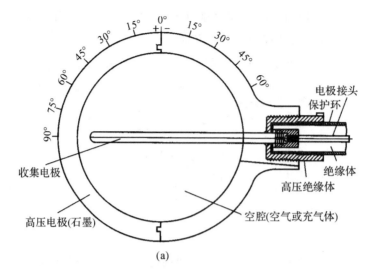

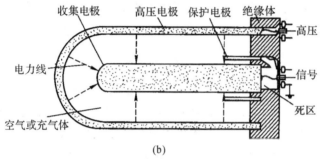

图 7.2 空腔电离室

(a)球形空腔;(b)圆柱形空腔

表 7.2 照射量基准(石墨空腔电离室)的不确定度

修正因子	不确定度
(1)几何体积	0.3%
(2)电荷的绝对测定	0.2%
(3)饱和修正	0
(4)空气密度修正	0.2%
(5)空气湿度修正	0.1%
(6)射束在室壁中的减弱	0.3%
(7)有效测量点	0.1%
(8)辐射场的不均匀性	0
(9)与空气等效的差异(阻止本领和质量能量吸收的校正)	0.8%
(10)对散射 γ 射线的校正	0.3%
(11)本底电流的波动(以等效的照射量率表示)	$2.58 \times 10^{-8} \mathrm{C} \cdot \mathrm{kg}^{-1}$
合成标准不确定度	1.0%

2. 自由空气电离室——X 照射量标准

（1）基本原理。自由空气标准电离室只用在基准刻度的工作中。为绝对测量照射量而设计的电离室被称为自由空气电离室。由于 X 射线束通过电离室时不会撞击到任何室壁，所以其有效收集体积仅由空气电离柱的直径和收集电场的电力线所限定。在大气压力下，自由空气电离室只限于测量能量低于 500 keV 的光子。这种限制主要是由于随着光子能量的增加，次级电子的最大射程也增加了。如对于 ^{60}Co 的光子，次级电子的最大射程大约增加到 5 m。因此用一个大气压下的自由空气电离室测量这种能量的光子时，它的尺寸就要很大。

根据照射量的定义，对自由空气电离室的基本要求是：收集沿着所有的次级电子的径迹形成的离子，这些次级电子是由光子束在围绕被研究点的小块空气体积中释放出来的，并需要测量它们的总电荷。但是直接测量这些电荷是不可能的，实际的做法是：让一个完全确定的待测量的 X 射线窄束，从电离室的两极板之间的中央通过，并收集和测量与 X 射线束的轴线相垂直的两个极板之间所产生的总电离。如果满足电子平衡条件，那么在这两个极板之间所产的电离量，就几乎等于在所有的次级电子（它们是初级 X 射线在通过两极板之间的空气中释放出来的）径迹上所产生的电离量。所需要作出的小量校正，可从理论和实验上加以研究。自由空气电离室按照照射量的定义进行绝对测量，其照射量计算为公式（7.4）所示，各符号含义和单位同前。

$$X = \frac{Q}{V_\rho} \prod k_i \tag{7.4}$$

（2）结构和电子学测量系统。平行板自由空气电离室的结构如图 7.3 和图 7.4 所示。为精密测量少量电荷或小电流，广泛使用汤逊平衡电路或其改进电路，图 7.5 是该电路的最简单的形式。零位指示仪表可以是有适当敏度和低电容的任何一种静电计，并且不需要知道它的电压刻度。在开始测量时，把电位计调到零点位置，然后打开接地开关 S。当电荷收集到电容上时，就需要增加电位计的电位，以保持静电计的指针继续指在零位。在照射结束时，用准确的电压表测出这个电压 V。因此，在时间 t 内所收集的总电荷为 CV，测量结果的准确度只依赖于可很容易测出的量的精密度。利用一个场效应管反馈式（MOSFET）静电计作为零指示器的这种类型的仪表，现已广泛地作为实验标准来使用。也有不少实验室直接记录反馈电容上的电位变化 ΔV，则 $C\Delta V$ 即为总电荷量。

（3）自由空气电离室应用概况。对于几 kV 到 300 kV 的 X 射线，在所有国家基准实验室都用自由空气电离室作为照射量的标准。目前，在这个能量范围内的光子照射量测量准确度比起用化学的、量热的、电离的方法测量吸收剂量的要高得多，而且各个国家的标准之间也进行过广泛的比对。此外，在这个能量范围内，从照射量换算到吸收剂量引入可忽略或者很小的对非平衡条件的校正。照射量在这个光子能量范围内很可能继续作为标准量来使用。照射量能够使用的能量由具体的使用情况来决定。例如，对于防护目的的测量，高到 8 MeV 的光子仍可能继续使用照射量来测量，而对于辐射治疗来说，能够使用照射量进行有效测量的最大光子能量，大概不会超过 2 MeV，这时应选择吸收剂量作为标准量。当然，低于这个能量时，使用吸收剂量也是有效的。目前国际上普遍使用自由空气电离室作为 X 射线照射量标准，由于这种类型的电离室尺寸和准确度的原因，只限制用于能量低于几百 keV 的光子束。例如，日

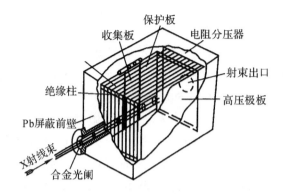

图 7.3 平行板自由空气电离室的剖视图

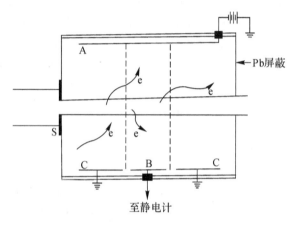

图 7.4 平行板自由空气电离室的示意图

(合金光阑 S 限定 X 射线束;极板 A 和 B 构成电离室;电场由保护电极 C 加以限制;
达到电子平衡条件;被散射出电离室体积的电子数由被散射入该体积的电子数来补偿)

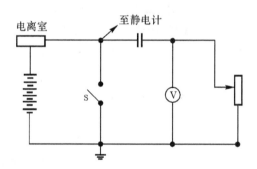

图 7.5 汤逊平衡电路

(起初,开关 S 闭合,使静电计处于零位。在开始测量打开 S,
来自电离室的电离电流使电容充电。改变电压 V,使静电计保持零位,
电容所收集的总电荷是 CV,这里 V 为电压的改变量)

本电子技术研究所(ETL)建造了两个平行板自由空气电离室,其能量范围分别为 10~50 keV 和 40~200 keV;照射量率范围分别为 $1.82 \times 10^{-5} \sim 7.74 \times 10^{-2}$ C·kg^{-1}·min^{-1} 和 $5.16 \times$

$10^{-6} \sim 4.46 \times 10^{-4}$ C·kg^{-1}·min^{-1}；测量不确定度约为 1.0%。这两种类型的自由空气电离室作为照射量基准的各项不确定度如表 7.3 所示。10~50 keV 自由空气电离室与国际计量局(BIPM)进行过比对,在 0.5% 的偏差范围内一致。40~200 keV 自由空气电离室电与美国国家标准与技术研究院(NIST)比对过,在 0.6% 内符合。

表 7.3　照射量基准(10~50 keV 和 40~200 keV 电离室)的不确定度

校正因子	10~50 keV 电离室	40~200 keV 电离室
(1)几何体积	0.2%	0.2%
(2)因电场畸变造成的对有效体积的修正	0.2%	0.1%
(3)入射口光阑	0	0
(4)杂散辐射的贡献	0	0
(5)因极板间距不够大引起的电离损失	0.3%	0.1%
(6)射束在光阑与测量体积之间的减弱	0.2%	0.2%
(7)电荷的绝对测定	0.2%	0.2%
(8)饱和修正	0.1%	0.1%
(9)空气密度修正	0.2%	0.2%
(10)空气湿度修正	0.1%	0.1%
(11)辐射场的不均匀性	0	0
(12)本底电流的波动(用等效的照射量率表示)	6.45×10^{-6} C·kg^{-1}·h^{-1}	3.61×10^{-6} C·kg^{-1}h^{-1}
平方和开方	0.6%	0.5%

7.1.3　用电离室测量 X,γ 吸收剂量的原理

使用空腔电离室测量 X,γ 吸收剂量和测量照射量的情况基本相同,但有两点需要注意:一是在测照射量时,在室壁中要满足一个重要条件,即达到电子平衡。在测量 X,γ 吸收剂量时,这就不再是必需的条件,这是因为按照空腔电离理论,空腔中产生的电离量只是和介质中实际吸收的能量有关。测量吸收剂量与测量照射量不同的是,它并不要求测量 γ 射线传递给在室壁材料中产生的次级电子的全部能量,而只要求测量室壁介质实际吸收的次级电子的能量。因此,当壁厚不满足电子平衡所要求的厚度时,空腔中的电离量不反映室壁中的照射量,而只反映了在这具体的壁厚条件下室壁材料中所实际吸收的能量。二是在测照射量时,如果室壁材料和空气成份一致,对空腔的大小则没有特别限制。然而,在测量吸收剂量时,正确的测量条件是,空腔必须足够小,要远小于次级电子的最大射程。例如,对空腔中的空气在 1 个标准大气压下,对 1 MeV 的光子,空腔尺寸应是 1 cm 或更小些。当然,空腔尺寸也不能过小,否则,次级电子在穿过空腔的路径上生成的 δ 电子有可能大量地跑出空腔而使空腔电离关系式失效。当室壁材料和空腔气体在成份上相近时,原则上空腔体积可以大一些。在测量某点

的吸收剂量时,最好不因空腔的存在而影响辐射场,这时仍然希望空腔体积足够小。

为了测量介质中的吸收剂量,必须在介质中引入由某种室壁材料围成的小空腔。因此,使用空腔电离室测量吸收剂量,通常的测量情况是由某种室壁材料和在空腔中充有空气的电离室放在组织介质中,即需要考虑测量介质、室壁、气体三者的材料情况。在上述情况下,在室壁材料中的吸收剂量可用式(7.5)表示;组织中的吸收剂量可用式(7.6)表示。

$$D_Z = J_m \overline{W} \frac{(S/\rho)_Z}{(S/\rho)_M} \tag{7.5}$$

$$D_T = \frac{(Z/A)_T}{(Z/A)_Z} \frac{(S/\rho)_Z}{(S/\rho)_M} J_m \overline{W} \tag{7.6}$$

式中各参量和单位含义同前。须要注意,上述公式基于电子平衡条件下成立,因而这里吸收剂量是考虑电子平衡情况下的吸收剂量。为了使测量反映这一情况,室壁要足够厚,以使所有穿过空腔空气的电子来源于室壁,而不能来自组织介质。若室壁厚度不够,所得到电离将不仅取决于这种室壁材料,而且还和组织材料有关。对于非常薄的室壁,所得到的电离就相当于以组织材料为室壁的情况。

以上介绍的电离室可用于绝对测量X,γ照射量和吸收剂量。对于其他的常用探测器如正比计数管、闪烁计数器、半导体探测器、G－M计数管等所测的量可能不是剂量而是其他的量(如射线的注量或能注量),这些探测器在经过相应标定,其读数在某种近似程度上反映γ射线的照射量。由于各有不同的特点,它们在剂量测量中也是有用的,特别是用在某些不作为基准和容许有一定误差的测量场合。关于其他探测器应用于X,γ照射量和吸收剂量的原理在此不进行专门叙述。

7.2 β射线和电子束吸收剂量的测量

在实际工作中,需要测量β放射性核素放出的β射线所产生的剂量。对一般β放射性同位素而言,β射线有一连续的能谱,即从0直到β粒子最大能量$E_{\beta max}$。对绝大多数核素,$E_{\beta max}$在2 MeV以下,很少有超过3 MeV的。β粒子平均能量在$E_{\beta max}$的1/3附近。高能电子束主要由几种加速器产生。高压倍加器、静电加速器产生的电子能量仅达几MeV。直线加速器在4～20 MeV之间。电子感应加速器和同步加速器在10～300 MeV之间。下面主要介绍用作β射线和电子束吸收剂量标准——外推电离室。

1. 基本原理

β射线在物质中造成的吸收剂量分布和γ射线的情况有很大的不同。对能量不太低的γ射线,由于它有很强的贯穿能力,可以认为在一个适当大小的探测器或空间范围内,γ射线照射是均匀的,各点的照射量或吸收剂量相同或接近相同;而对β射线,由于它在物质中容易被吸收和散射,因而即使在一个很小的空间内,如在线度约为1～2 mm的固体介质内,也不能认为β射线的剂量是均匀分布的。随着穿透深度的增加,β剂量迅速减小,变化率很大。这一情况导致了β射线剂量测量的困难和对其测量须有特殊要求。如果使用一个普通的电离室,即使它的窗很薄能使β粒子容易射入,但由于射线在空气中的显著减弱,它在电离室内不同深度处的剂量变化很大,电离室所给出的电离量实际上是反映了电离室整个体积内的平均剂量,此平均剂量远小于接近表面处的最大剂量。这就给出了一个偏于不安全的结果。目前比较广泛用来测量组织等效(或其他)材料的表面和深度 β 剂量的标准仪器是外推电离室,它的测量结果准确、可靠,使用也较为简便。

外推电离室是其电极之间距离可变的平行板电离室。当电离室的电极逐渐接近而电极间距离逐渐缩短,其体积和电离电流也将减小。在讨论把空腔电离室理论运用于 β 射线而设计的外推电离室时,必须假定这个趋于零的小空腔的存在,不会扭曲 β 射线的注量。为了测量 β 粒子源产生的辐射场中某处的组织吸收剂量率 $\dot{D}$,外推电离室及其 7 mg·cm^{-2} 的入射窗采用低原子序数的材料(如石墨涂层的塑料)制作。此外,电离室的其他体积部分应由足够厚的材料包围起来,相当于一个无限大的组织等效模体,也就是要求电离室后壁及侧壁足够厚,至少能够全部吸收所存在的最大能量的 β 粒子。均匀辐射束的面积应至少是上述的最小模体的面积。在这些条件下,利用布拉格-格雷电离(Bragg-Gray)关系式:

$$\dot{D}_{\mathrm{T}} = \dot{D}_{\mathrm{a}} S_{\mathrm{T,a}} \tag{7.7}$$

$$\dot{D}_{\mathrm{a}} = \frac{\overline{W}}{e} \frac{1}{b\rho_{\mathrm{a}}} \left(\frac{\mathrm{d}I}{\mathrm{d}x}\right)_{x \to 0} \tag{7.8}$$

式中,$\dot{D}_{\mathrm{T}}$ 为 7 mg·cm^2 深度处的组织吸收剂量率;$\dot{D}_{\mathrm{a}}$ 为满足布拉格—格雷电离关系式条件下深度为 7 mg·cm^{-2} 处的组织中空气的吸收剂量率;$S_{\mathrm{T,a}}$ 为组织对空气的平均质量碰撞阻止本领比值,对 ^{14}C,^{147}Pm,^{240}Tl,^{90}Sr+^{90}Y 和 ^{106}Ru+^{106}Rh 核素源其推荐值为 1.13;$\overline{W}/e=(33.97\pm 0.15)$ J/C,在干燥空气中形成每个离子对所消耗的平均能量与基本电荷 e 之商(表 7.4 还给出了不同射线在不同气体物质中产生每个离子对所需的平均能量);b 为电离室有效收集极的面积;ρ_{a} 为标准温度和气压条件下的空气密度;$(\mathrm{d}I/\mathrm{d}x)_{x \to 0}$ 为当电离室深度 x 趋于零时,电离室中产生的被修正过的平均电流 I 除以电离室深度所得的商的极限值,该值由函数 $I(x)$ 的斜率计算出;I 为用系数 k_{TP} 修正过的正负极化电压的电离电流的平均值,k_{TP} 为将测量时的环境条件下观测到的电离电流修正到标准温度和气压(通常为温度 20℃,气压为 101.325 kPa)条件下的修正系数,$k_{\mathrm{TP}} = (101.325 T_{\mathrm{a}})/(293.15 P_{\mathrm{a}})$,$T_{\mathrm{a}}$ 为测量时的空气温度(K),P_{a} 为测量时的空气压力(kPa)。

用上述公式计算 $\dot{D}_{\mathrm{T}}$,还必须加以其他方面的修正。这些修正因素有:①收集体积中离子收集的不完全(复合损失)。对于所用剂量率和所使用的电极间距来说,极化电压必须足够高,使得该效应小到可以忽略或修正很小。②β 粒子的直接收集(极化效应)。为了消除该效应,电离电流必须分别在正负极化电压下进行测量,并建议在上述公式中用这些电流的平均值。③电离室入射窗(箔)的静电吸引。在收集极和极化电极之间存在的静电场可使薄电极(入射窗)畸变,从而引起收集体积的变化。这个效应可以用调节极化电压的方法来避免,也是使电场强度在不同极间距离保持不变。④因收集体积周围的介质而引起 β 粒子辐射场的改变。β 粒子由于散射而进入或离开收集体积的效应取决于 β 粒子的能量以及电离室的形状与材料。⑤β 源本身的光子发射。⑥本底辐射。⑦在气压和温度与标准状态不同的条件下,在源和电离室之间的空气对 β 辐射吸收的变化。⑧在测量中入射窗(箔)在某一固定位置,则其平均电子注量率随着电离室深度的增加而减少。⑨空气的湿度。在大气中水蒸气的存在使得空气路程上的注量率比同样温度和气压下干燥空气情况时有所下降,也就是湿度对 $\overline{W}$ 的效应。这个效应对于较高能量的源(如 ^{90}Sr+^{90}Y)是可以忽略的。但是对于 ^{147}Pm 来说,湿度增加 25% 时可使剂量减少 1%。⑩布拉格—格雷电离(Bragg-Gray)关系式未被满足。

表 7.4　不同射线在不同气体物质中产生每个离子对所需要平均能量的典型值

气　体	$\overline{W}/eV$		
	电子($E_e > 10$ keV)	α 粒子($E_\alpha = 5.3$ MeV)	质子($E_p = 1$ MeV)
H_4	27.3	29.1	30.0
C_2H_2	25.8	27.4	
C_2H_4	25.8	27.9	
H_2	36.5	36.4	
N_2	34.8	36.4	36.5
O_2	30.8	32.2	
H_2O	29.6		
CO_2	33.0	34.2	34.5
Ar	26.4	26.3	26.5
Air	33.0	35.1	35.2
TE	29.2	31.0	30.5

2. 结构和电子学测量系统

对外推电离室的基本要求是,小的体积和厚度很薄的入射窗。这是因为 β 粒子的吸收效应很显著,其注量由一点到另一点有相当大的变化。因此,为了避免由于粗略地按体积平均电离以及由于 β 粒子射程小于电离室体积的情况下,电离实际上只在电离室的部分体积中产生,而在计算剂量时,电离室中收集的电荷应当除以整个电离室的体积,这样得到的结果比实际剂量值要小;此外,还会得出离 β 源的距离大于 β 粒子射程的区域也有剂量,而 β 粒子根本达不到这一区域。如图 7.6 所示是测量组织(或碳)中 β 吸收剂量的外推电离室。其有效收集体积是一个位于中心的 T 收集电极上部的小的圆盘形区域,收集电极的外面包围着宽的保护电极,极化电极是一块由硬环托住的很薄的箔,而极化电极与收集电极的间距可以利用螺旋测微计精确地加以改变。在电离室的设计上,最好能够做到收集区域的直径和收集电极的材料可以改变。电子学测量系统与自由空气电离室的相同。

3. 外推电离室作为 β 射线吸收剂量标准的情况

目前,国际上普遍使用外推电离室作为 β 射线吸收剂量标准,其涉及的 β 能量范围为 66 keV(指能够达到皮肤灵敏层的能量)到 3.6 MeV,而吸收剂量率范围约为 10 μGy·h^{-1} 到至少 10 Gy·h^{-1},这是防护水平的剂量率。该标准的测量合成不确定度约为 5%~10%。前苏联门德列夫计量研究院(IMM)的有机玻璃壁平面平行板外推电离室,其随机不确定度为 1.5%,系统不确定度为 3%(能量范围为 0.02~3 MeV,剂量率为 0.1~1 Gy·h^{-1})。英国国家物理实验室(NPL)用组织等效外推电离室测量 β 源的合成标准不确定度为对 ^{90}Sr+^{90}Y 源为 3.4%;对 ^{204}Tl 源为 3.8%;对 ^{147}Pm 源为 6.0%。上述两家实验室进行过防护水平 β 粒子吸收剂量的比对。结果的符合程度在所估计各自总不确定度 11%(^{90}Sr+^{90}Y),6%(^{204}Tl)和

12%(^{147}Pm)之内。这些测量是作为辐射防护目的使用的。用外推电离室作为 β 射线吸收剂量标准各项不确定度如表 7.5 所示。除表 7.5 中列出的修正项外,该基准还有如下的修正项:①β 源中轫致辐射的校正;②因入射窗引起 β 射线的散射和衰减的修正;③β 射线在 β 源和入射窗之间的减弱修正;④β 射线在收集体积内的减弱修正;⑤β 源的放射性衰变修正等。

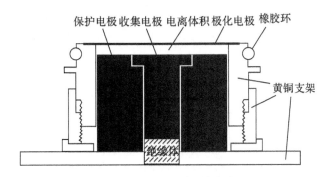

图 7.6　测量组织(或碳)中 β 吸收剂量的外推电离室

表 7.5　外推电离室作为 β 射线吸收剂量标准的不确定度

修正因子	不确定度/(%)
(1)复合损失	0.6
(2)薄电极的静电畸变	0.2
(3)辐射场的不均匀性	0.3
(4)空气密度修正	0.1
(5)空气湿度修正	0.1
(6)$\overline{W}/e$	0.5
(7)收集极的有效面积	0.3
(8)dI/dx(电离电流曲线斜率)	0.8
(9)收集极材料与组织之间的反散射的差别	1.5
(10)电离室窗材料与组织之间的穿透辐射的差别	1.0
(11)组织与空气的阻止本领比值	2.0
合成标准不确定度	3.0

4. 外推电离室测量电子的吸收剂量

外推电离室也用于测量电子的吸收剂量。由于其基本原理、结构和电测系统与上述测 β 射线的吸收剂量相同,校正项也是相类似的。关于用外推电离室作为电子吸收剂量标准,其各项不确定度的估计如表 7.6 所示。表中的一些校正因子说明如下:$k_{电位}$ 为由于收集电极电位偏离地电位而引入的修正;$k_{电场}$ 为由于电场的不均匀性而引入的修正;$k_{饱和}$ 为由于饱和电压不足而引入的修正;$k_{湿度}$ 是湿度为由于空气的湿度而引入的修正;$k_{散射}$ 为反散射的修正因子。

表 7.6　外推电离室作为电子吸收剂量标准的不确定度

修正因子	不确定度/(%)
(1)测量面积	0.1
(2)测量距离	0.1
(3)$k_{电位}$	0.01
(4)$k_{电场}$	0.01
(5)测量电荷用的电容	0.1
(6)测量电压	0.01
(7)$k_{饱和}$	0.1
(8)$k_{湿度}$	0.01
(9)$k_{散射}$	0.1
(10)$\overline{W}/e$	0.5
合成标准不确定度	0.6

上述介绍的外推电离室是一种标准装置,主要用于标定刻度仪器,并不适用于现场测量。因此,需要另外的现场测量 β 射线剂量或放射性污染的测量设备。目前现场用的 β 射线监测仪器主要是用来探测设备、地面、衣服和人体皮肤表面有无放射性污染的巡测仪器。它们常使用的探测器有电离室、正比计数管、G-M 计数管、闪烁探测器、金硅面垒型半导体探测器等。电离室常采用浅"电离室",其主要特点是灵敏体积在 β 射线入射方向做得很薄,以得到接近表面一薄层处的 β 剂量,这种电离室的优点是在很宽的 β 射线能量范围内仪器的读数可以和 β 射线的能量关系不大,但存在灵敏度不高的不足。正比计数管由于对 α 和 β 有不同的坪区,α 坪区在较低电压端,β 坪区在较高电压端,因此选择不同的电压可以区分 α 和 β 射线。G-M 计数管可以有较厚的窗,如窗厚为 30 mg·cm^{-2} 的 G-M 计数管,适宜探测 β 最大能量在 200 keV 以上的 β 射线;而采用几个 mg·cm^{-2} 的云母端窗 G-M 计数管,则可以探测^{14}C,^{35}S 等低能 β 射线。闪烁探测器也可选用薄的塑料闪烁体,它具有对 γ 射线不灵敏,本底低的优点;如采用 ZnS 和塑料双层闪烁体可以同时测量 α 和 β 射线。金硅面垒型半导体探测器具有体积小、功耗少、便于携带、能测量局部点的剂量和准确寻找污染点的优点而得到广泛应用,但测量 β 射线要求选用电阻率高的半导体探测器且探测器要在较高电压下工作。这些探测器的实际应用在此不一一叙述。

7.3　测量 γ 射线和电子吸收剂量的量热计法

1. 基本原理

当一小块隔热的质量为 dm 的物质受照射时,以热量形式出现的能量 dE_h 通常是和电离辐射给予该物质的能量 dE_d 不相等的,其两者之差或"热损"dE_s,可以是正值或负值。在辐射引起的化学反应中所生成的或吸收的能量,就是 dE_s 的一个例子。因此,这小块物质的吸收剂量为

$$D = \frac{\mathrm{d}E_{\mathrm{d}}}{\mathrm{d}m} = \frac{\mathrm{d}E_{\mathrm{h}}}{\mathrm{d}m} + \frac{\mathrm{d}E_{\mathrm{s}}}{\mathrm{d}m} \tag{7.9}$$

如果物态未发生变化,即 $\mathrm{d}E_{\mathrm{d}}$ 完全转变成热能 $\mathrm{d}E_{\mathrm{h}}$,则

$$D = \frac{\mathrm{d}E_{\mathrm{d}}}{\mathrm{d}m} = \frac{\mathrm{d}E_{\mathrm{h}}}{\mathrm{d}m} = C_P \mathrm{d}T \tag{7.10}$$

式中,C_P 为定压比热;$\mathrm{d}T$ 为温度的改变量。由上面分析看出,量热计是测量吸收剂量的最直接、最基本的方法,它不需要对吸收过程作任何假设,不需要各种转换因子,也不依赖于几何条件、剂量率、辐射能谱、原子序数、密度等诸多因素,因而普遍地作为一种国家基准。量热计在原理上比电离法要简单,但是在结构设计上比之要精细、复杂得多。对比一下它们的灵敏度,可以说明这一问题。3 Gy 的吸收剂量在石墨中产生的温升是 4 mK,而同一量级的空气比释动能在体积为 1 cm³ 的电离室空气中释放的电荷约为 10 nC。因此,如果以 0.1% 的精密度测量这个量级的辐射,对量热计来说,实际上必须能够测出 4 μK 的温差;而对电离室来说,要测出 100 pC 的电荷。根据实践经验知道,要测出这样大小的电荷并不太难,但要测出这样大小的温度就需要用复杂、灵敏而昂贵的装置以及特殊的技术、经验和耐心。具体温升可用下列计算说明。

对不同材料的吸热体,由于比热 C_P 的不同,对应单位剂量将有不同温升。例如,对 Al,Cu,Ag,其比热分别是 0.216,0.092,0.056(K/(g·℃))。若假设吸热体接近组织材料,取比热为水的数值,即 1 K/(g·℃),则有 $\mathrm{d}T/D = 2.39 \times 10^{-4}$(℃·Gy⁻¹)。吸收单位剂量对应温升小,说明了量热计方法一般只适用于大剂量的测量。量热计法是直接测量以能量单位表示吸收剂量的唯一方法。在它的测量范围内,它的测量结果有很高的精密度和准确度,现在已有多种不同形式的量热计。

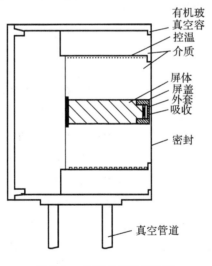

图 7.7　石墨量热计剖面图

2. 结构和测量系统

如图 7.7 所示是按损失补偿原理设计的测量吸收剂量的石墨量热计剖面图。它是由高纯反应堆级的石墨制作的,分为吸收体、外套、屏和介质等 4 层,层与层之间有微小的真空间隙。

在这种类型的量热计中,其许多热量在测量中可以自动地补偿到所积存的热量中去。具体情况是:对该量热计的吸收体包以热绝缘的外套,当热量加进吸收体时,测量系统可以把吸收体和外套的温升叠加起来。如果吸收体和外套两者有相同的热容,它们的温升之和就正比于各自积存热量之和。还需要对外套漏失掉的热量进行校正,但是其数值是很小的;由于对外套不是直接加热的,因此其温升比吸收体的小得多,而且外套的温度比吸收体的更为均匀。以上所述的就是热损失补偿原理。

图7.8是测量、加热和控温线路方块图。利用转换开关可将各核心部件上的测温热敏电阻分别接入等臂惠斯通电桥,通过测量系统可分别测量量热计各部分的温度。图中C,J,S和M分别为吸收体、外套、屏和介质的测温热敏电阻。

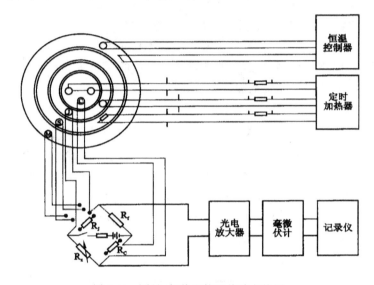

图7.8   测量、加热和控温线路方块图

3. 测量方法和步骤

为了便于分析和解释其测量原理、方法,绘出了测量与控制线路,如图7.9所示。该线路用于测量量热计的温度变化(当校准或照射测量时)以及恢复量热计的初始状态(在每次测量后)。它包括使用4个分别为C,J,S和M的热敏电阻(有相同电阻值)的等臂惠斯通电桥。为了连接电桥中4个热敏电阻的任何一个或使得C和J在相对的臂上,转换开关有五个位置(图中所示)可供选择。电桥中(0,0')两端的输出电压经放大后,利用电压表(这里用毫微伏计)和记录仪组成的测量系统来测量量热计各部分的温度。

该线路的校准工作在C+J方式下作出:这时C和J电桥中相对方向的臂上,而电阻R_1和可变电阻R_x在其他的两个臂上。照射测量在C方式下进行,热敏电阻J由一个具有相同电阻值的电阻R_1所代替,并有一个辅助线路使J处于其平衡温度状态下。在J,S和M各个测量方式时,热敏电阻C用电桥中的电阻R_c来取代。并有一个辅助线路使C处于其平衡温度状态下。在实验中发觉热敏电阻S和M比热敏电阻C和J稍小,当加上电阻R_S和R_M就可以补偿这种差别,因此当线路中开关由C,J或C+J方式转换到S或M方式时,就不会扰动线路的平衡状态。校准工作时加在吸收体上的加热器的电功率是用电位计在量热计的各点处测得的

（见图 7.8）。加热器的电流是通过测量与加热器串联在一起的固定电阻的两端电位差来确定的，这电阻的阻值是准确已知的。加热器及其导线的电位差也要进行测量，这样加热器上的电压值经对导线的电位降的修正后就可得出。

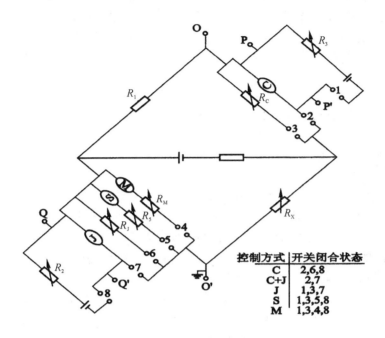

图 7.9　测量与控制线路

测量步骤：

（1）调平衡：如图 7.9 所示，首先使量热计的各个组成部分在 C＋J 方式下处于平衡温度状态，调整 R_x 使电桥输出为零，记作 R_x(o)。分别测量热敏电阻 C（在 P 和 P′两端）和 J（在 Q 和 Q′两端）的电压，记作平衡电压 V_C 和 V_J。当开关转向 C 方式时，调整 R_J 直至电桥输出为零，并调整 R_2 直至 Q 和 Q′两端的电压也等于 V_J。当开关转向 J 方式时，调整 R_C 使电桥输出为零，并调整 R_3 使 P 和 P′两端的电压为 V_C。当开关转向 S 方式时，调整 R_S 使电桥输出为零。当开关转向 M 方式时，调整 R_M 使电桥输出为零。在上述各步骤完成后，就可以把开关转向任何一种连接方式而不至于改变线路的平衡状态。接着，可以进行补偿校准或照射测量工作。

（2）补偿校准。在该量热计设计、制作时，吸收体热容 C_1 和外套热容 C_2 热容应满足下列关系：

$$\frac{C_1}{C_2}=\frac{\alpha_1}{\alpha_2} \tag{7.11}$$

式中，α_1 和 α_2 分别为吸收体和外套测温热敏电阻的温度系数。进行补偿校准时，把吸收体和外套的测温热敏电阻分别连接到电桥的相对两臂上，用定时加热器以适当大小的电功率 P 在时间 τ 内供给吸收体。设吸收体上积存的热量为 Q_1，漏失到外套上的热量为 Q_2，根据等臂惠斯通电桥输出信号正比于相对两臂阻值相对变化之和的性质，电桥输出信号 L_C 为

$$L_C=A\left(\alpha_1\,\frac{Q_1}{C_1}+\alpha_2\,\frac{Q_2}{C_2}\right) \tag{7.12}$$

$$L_C = A \frac{\alpha_1}{C_1}(Q_1 + Q_2) = A \frac{\alpha_1}{C_1} P\tau \tag{7.13}$$

式中，A 为比例系数。由式(7.13)可知，在设计、制作量热计时若满足式(7.11)条件，则不必严格挑选 $\alpha_1 = \alpha_2$ 的成对热敏电阻，也可使得校准时输出信号正比于吸收体和外套上积存的热量之和，从而进行通常的热损失补偿校准，避免了选择相同温度系数热敏电阻的困难。

(2) 照射测量：对射线束进行测量时，要以等值电阻代替连接在电桥上的外套测量热敏电阻。设吸收体接受的射线能量为 E，参照式(7.13)，此时电桥输出信号 L_r 为

$$L_r = A \frac{\alpha_1}{C_1} E \tag{7.14}$$

将本式与式(7.13)联立求得 E，并根据吸收剂量定义，可求得吸收体上的石墨吸收剂量率 $\dot{D}_C$ 为

$$\dot{D}_C = \frac{P\tau L_r}{M t L_C} \tag{7.15}$$

式中，M 为吸收体的质量；t 照射时的测量时间。

(4) 数据处理。要对补偿校准时从外套漏失到屏上的那部分热量以及照射时从吸收体漏失到外套上的那部分热量进行修正，在进行补偿校准或照射测量时，所得的每条温度记录曲线由三部分组成，即未输入能量时的初始漂移部分、输入能量时的温升部分和能量停止输入后的冷却部分。如图 7.10 所示，该曲线是改变电桥可调臂的阻值 R，用指零法进行测量得到的。由电桥可调臂阻值的改变值以及由漂移曲线和冷却曲线直线外推到 $t/2$ 处的垂直距离 d 所相当的 R_x 的改变值之和，则可求得 L_C 或 L_r。除上述测量方法外，还需进行一些辅助实验，例如，理论计算与测量的温度-时间曲线相比较，以验证理论计算的正确性，由此可分别计算出有无补偿校准时的校正因子。补偿校准与无补偿校准的比较，进一步证明上述理论校正的正确性。所谓无补偿校准是指电桥臂上只连有吸收体测温热敏电阻所进行的校准。

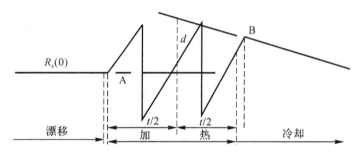

图 7.10 用电桥指零法测得的温度记录曲线示意图

4. 测量电子束和光子束的比较

在国际辐射单位与测量委员会(ICRU)第 14 号报告中对应用量热计测量光子束量问题作了充分的讨论。该报告中所阐述的原理也能直接应用于电子束。为了尽可能地减小热转变，最好是用聚苯乙烯和碳作为构成吸收体及其周围介质的材料。这一建议也适用于电子束。热绝缘和电校准的问题在这两种情况下都是相同的，结构的不均匀性的影响也是类似的。但是在电子束的情况下，重要的量是外来材料（这里指的是在量热计主要吸收材料中不可避免地引入的热敏电阻、加热电阻丝和引线等材料）的质量碰撞阻止本领，而不是质量能量吸收系数。

测量光子束的量热计与测量电子束的量热计在设计上有所差别的主要原因是,使用电子束时往往产生较高的吸收剂量率。为了使吸收体内部的吸收剂量均匀,理想的吸收体应该很薄。但是为了使外来材料的影响小,所需要的吸收体厚度通常约为 $1\ \mathrm{g \cdot cm^{-2}}$。要尽可能提高测量吸收剂量时的准确度,吸收体应当放在与深部吸收剂量曲线的最大值相应的位置上,因为这样做可使因定位而产生的误差最小。这一深度是随电子能量而改变的。对于 γ 射线和电子,表 7.7 分别给出了量热计测量石墨中的吸收剂量时所产生的不确定度。

1975 年 NIST 的上述轻便型石墨量热计与法国标准实验室(LMRI)的石墨量热计进行了比对,在 0.3% 以内符合。随后,NIST(热损失补偿式)、LMRI(准绝热式)、PTB(准绝热式)和荷兰国家公共卫生研究所(RIV)量热计作了比对,后一量热计是 NIST 量热计的复制品。这些量热计与 BIPM 在石墨模体内的电离测量吸收剂量标准比对,在 0.21%～0.37% 内符合。

表 7.7　γ 射线和电子,用量热计测量石墨中吸收剂量的不确定度

来　源	不确定度/(%)	
	γ 射线	电　子
(1)温度梯度	0.2	0.2
(2)电功率的耗散	0.2	0.2
(3)剂量的不均匀分布	0.1	0.3
(4)质量的不均匀性	0.1	0.1
(5)电校准时的换能器测量	0.2	0.2
(6)照射时的换能器测量	0.2	0.2
(7)平方和开方	0.4	0.4

注:对于 γ 射线,吸收剂量率约为 $0.5\ \mathrm{Gy \cdot min^{-1}}$;对于电子,吸收剂量率约为 $0.5\ \mathrm{Gy \cdot s^{-1}}$

7.4　热释光个人剂量计测量个人剂量原理

7.4.1　个人剂量计概述

在辐射防护监测中,对工作人员进行外照射个人剂量监测是一项重要的工作内容。而外照射个人剂量计是指佩带在工作人员身体某一部位处,用来定量测量工作人员所受外照射个人剂量的仪器。

外照射个人剂量计由于随身佩带,且涉及到大量工作人员需使用,因此,对外照射个人剂量计性能要求较多,一般包括准确度、量程、能量响应、角响应、区分不同种类的辐射等剂量测量的要求,还必须具有轻便、小型、结实、佩戴方便、易使用、价格低等特点。从个人剂量计的历史发展上,已经有三类个人剂量计得到应用。

(1)胶片襟章型剂量计。这是早期普遍应用的一种个人剂量计。其基本原理是根据电离辐射作用于胶片引起底片感光,测量胶片的黑度即可确定剂量的大小,其中胶片是将 $AgBr$ 等感光物质用明胶固定在透明基片上,感光材料受照后在胶片上产生潜像,再经过显影、定影处理,胶片变黑的程度与受照剂量大小有关。这类个人剂量计的优点是体积小、价格低、结实实用、能长期保存原始记录;但存在灵敏度低、线性差、标准化使用和处理差、需要专用实验室和专业人员等缺点。因此,这类剂量计随着其他类个人剂量计的发展已逐渐不再应用。

(2)电子型个人剂量计。这类个人剂量计是随着电离室等基本探测器发展而逐渐得到应用和发展。它的基本原理仍然是基于射线作用电离室等探测器内的灵敏体积的物质所产生的电离效应,通过收集作用后产生的电离量,即可以分析受作用的剂量。近年来,随着微电子技术的发展,电子型个人剂量计在实际工作中得到广泛的应用。电子型个人剂量计的优点是可测量累积剂量或瞬时剂量、使用较为方便、数据可直接显读和储存等;但也存在测量不够准确,环境条件对电离室绝缘性能有直接影响等不足。

(3)固体类个人剂量计。这类个人剂量计是利用某些固体探测物质具有吸收辐射能量后会发生某些物理变化,如引起颜色变化、加热发光、光致发光、电导系数变化等,通过这些变化确定辐射剂量。其中以热释光个人剂量计、荧光玻璃个人剂量计、固体径迹个人剂量计等应用广泛,适合于个人剂量监测。目前,由于热释光个人剂量计研究成熟,因而我国的法定个人剂量计定为热释光个人剂量计。下面主要介绍热释光个人剂量计的有关内容。

7.4.2 热释光个人剂量计

1. 热释光材料的加热发光机制

在热释光个人剂量计中,最重要的是能够探测辐射的热释光材料元件。因此,首先简要分析热释光材料的加热发光机制。

按照固体能带理论,晶体物质的电子能级分属于两种能带:处于基态的已被电子占满的容许能带,称为满带;没有电子填入或尚未填满的容许能带,称为导带。它们被一定宽度的禁带所隔开。在晶体中,由于存在杂质原子以及有原子或离子的缺位和结构位错等,这些缺陷破坏了电中性,形成了局部电荷中心,它们能吸引和束缚异性电荷粒子。在能带图上,也就是相当于在禁带中存在一些孤立的局部能级。在靠近导带下面的局部能级,能够吸附电子,又称为电子陷阱;在靠近满带上面的局部能级,能够吸附空穴,称为激活能级,如图 7.11 所示。在没有受到辐射照射前,电子陷阱是空着的,而激活能级是填满电子的。

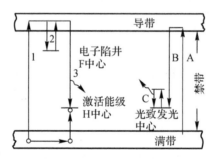

图 7.11 热释光材料的发光机制

当射线照射晶体时,在晶体原子上产生电离或激发,使满带或激活能级中的电子受激而进入导带,同时产生了一个空穴,如过程 1 所示。由于低能态较高能态稳定,进入导带的电子不久可能会落入电子陷阱;满带中的空穴也会移入激活能级,如过程 2 所示。这时,它们分别叫做 F 发光中心和 H 发光中心。这些中心的形成相当于将辐射能量储存起来。在常温条件下,这些中心可以保持几百年或更久。当加热晶体,并当温度达到一定值时,F 发光中心的电子会获得能量又进入导带,最终将与 H 发光中心的空穴复合,如过程 3 所示,在复合过程中发出光来,称为热释光。加热放出的总光子数与发光中心释放出来的总电子数成正比,也即正比于所吸收的辐射能量。所以测量在一定温度范围内释放出来的总发光量便可确定吸收剂量。

受辐射照射后的固体加热时,发光强度与加热固体的温度有关。通常将发光强度与热释光发光时的温度之间的曲线称为发光曲线。如对应用较为普遍的 LiF(Mg,Ti)热释光材料的发光曲线,在线性升温条件下测量得到发光曲线如图 7.12 所示的形状。从图中可以看出,热释光体发光曲线是比较复杂的,随温度变化有多个峰。热释光体发光曲线是研究热释光体材料内部能带结构、研究设计改进热释光材料组成、确定热释光元件发光量测量程序的重要依据。对上述 LiF(Mg,Ti)热释光材料的发光曲线可以认为,随着温度升高,电子首先由较浅的陷阱放出。在某一温度下,电子释放速率最大,相应的光强度也大;当这种陷阱中储存的电子放尽时,强度减小,这就完成了发光曲线上的第一个峰。随后是较深陷阱中的电子释放。对应于几种不同深度的陷阱,就有几种不同的发光峰。对同一种固体,发光曲线形状基本不变,但随加热速率稍有变化。加热越快,峰越窄越高,相应于峰值的加热温度也有变化。然而,对给定的剂量,发光总额(即相应于峰曲线下的面积)是不变的。测量时原则上可以用任何一个峰的积分强度确定剂量,但是低温峰一般不稳定,有严重的衰退现象,必须在测量程序中设置予热阶段消除;而很高温度的峰包含有红外辐射的贡献,不适宜作剂量测量。因此,在测量过程应选择合适的峰位进行测量。

针对发光曲线的特点,测量剂量时也有两种方法:第一种方法称为峰高法,通常选择发光主峰(大而高的峰)的峰高。这种方法具有速度快、衰退影响小、本底荧光和热辐射本底干扰小等,其不足是峰的高度是加热速度的函数,所以升温速度和加热过程的重复性对测量结果的影响可能较大。第二种称为光和法,通常选择发光主峰曲线下的面积。这一方法受升温速度和加热过程重复影响小,可以采用较高的升温速度,并可通过采用测量发光曲线中一部分面积的方法(也称窗口测量法)消除低温峰及噪声本底的影响。其不足主要是受"假荧光"热释光本底及残余剂量干扰较大,所以在测量时必须选择合适的"测量"程序和"退火"程序,合理选择各程序中的持续时间,以保证热释光体各个部分的温度达到均匀平衡,以利于充分释放所储存的辐射能量。

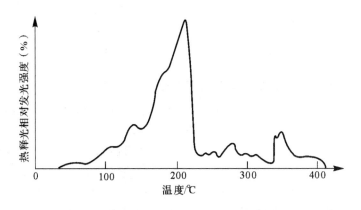

图 7.12 线性升温条件下 LiF(Mg,Ti)热释光材料的发光曲线

2. 热释光个人剂量计的系统组成和测量原理

(1)热释光个人剂量计的系统包括三个部分设备:一是可以佩带在工作人员身体某一部位处,用来测量工作人员所受外照射个人剂量的热释光个人剂量计;它是由热释光测量元件、特殊设计的用于封装放置热释光元件的卡片等组成;热释光材料根据需要可以做成方片、园片、粉末等形式。二是由对热释光测量元件进行加热和发光的测量装置、用于对热释光测量元件进行退火处理的高精度退火炉、用于照射热释光元件的提供剂量标准的 ^{60}Co 或 ^{137}Cs 标准辐照装置或标准辐射场等实验室设备及场地组成。三是用于个人剂量档案管理的计算机管理系统。下面主要以国产 FJ—427A 型微机热释光仪为例说明热释光的测量原理。

FJ—427A 型微机热释光仪的原理如图 7.13 所示。剂量仪由加热、光电转换、输出显示等部分组成。仪器的基本工作原理是:将经过照射后的待测剂量元件(26)放入加热盘(27)中,并随抽屉(28)一起被推入测量位置。仪器计算机给出信号,通过 P10(17)、固体继电器 SRR(20)及加热变压器(29)进行加热,电热盘反面焊有镍铬-镍铝热偶,其输出信号经冷端补偿(19)和直流放大器(5)放大后,由模拟数学变换器 ADC(6)转换成数字量,送入计算机,通过软件程序与设置的升温程序进行比较。根据加热盘的实际温度低于或高于给定值来控制固体继电器的导通或截止。加热变压器通过固体继电器接入交流电网,从而完成闭环反馈系统,使加热盘的温度变化规律与给定的程序一致。

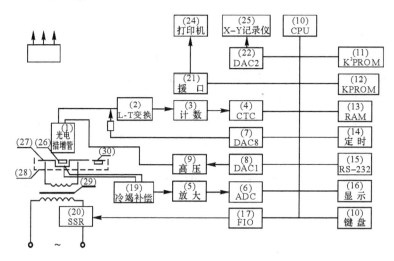

图 7.13　FJ—427A 型微机热释光仪的原理框图

在进行热释光元件测量时,需要给仪器预选设置加热程序。加热程序一般结合热释光元件的发光曲线和其他性能实验确定。实际的加热程序一般包括预热、测量、退火三个阶段,每个阶段均可包括线性升温及恒温两个部分,其升温速度、恒温温度及持续时间均可根据需要设置。三个阶段的设置不同会形成不同测量程序。如果选择退火时间等于零,则加热程序只包括预热及测量两个阶段,这个情况在用另外的专用退火炉对元件进行退火时可以采用;如预热时间、退火时间均等于零,则为不分阶段的线性升温程序,这种情况用于测量热释光体的发光曲线;升温曲线及相应的发光曲线例示于图 7.14,其中只有在测量阶段才有积分计数,而预热和退火阶段只用于消除低温峰和高温峰的影响。

在测量过程中,剂量元件在加热过程释放的光达到光电倍增管(1)的阴极,在剂量片与光电倍增管之间加有蓝色滤光和红光滤光片各一片,用于滤除与信号无关的干扰光,以改善仪器的信噪比。光电倍增管采用 GBD-20 型的锑钾双碱光阴极的小直径倍增管,它具有极小的暗电流和较好的温度稳定性,适宜测量微弱信号。光电倍增管将接收到的光信号变成电流信号,并进一步通过电流频率变换器(2)转变为脉冲频率,通过计数器(3)、CTC(4)送入计算机显示并记录,同时该频率信号又通过 DAC(22)转换成直流电压信号,从仪器后面板输出供打印机画出发光曲线及升温曲线等。

(2)测量程序。热释光元件测量由下列步骤组成:

1)加热程序确定和输入。升温程序应主要根据材料的性质、发光曲线的形状、剂量片的大小、厚度、导热性等因素,经反复实验确定。通常热释光元件生产厂都会提供相关的加热程序,如对于 JR1152 型氟化锂 LiF(Mg,Ti)方片建议的程序为预热温度 $T_1=140℃$,测量温度 $T_2=240℃$,退火温度 $T_3=300℃$;预热时间、测量时间和退火时间相等,即 $t_1=t_2=t_3=20\ s$;升温速率 HR 为 $20℃/s$。

2)退火。剂量片每次照射前需经过高温退火,以消除残留本底,并恢复其原有的灵敏度。退火也应有一定退火程序。例如,JR1152 型氟化锂 LiF(Mg,Ti)采用专用退火炉的退火程序是在 400℃下保持 1 h,然后立即倒在金属板上快速冷却;采用测量仪器退火的退火程序是在 400℃下保持 20 s,然后立即取出放在金属板上快速冷却,或者让片子在加热盘中自然冷却到 100℃后再取出。退火后的片子应避免强列阳光和日光灯的直射,并不得与任何其他物品磨擦。

3)筛选。剂量在使用前必须经过筛选。通常要求剂量元件按规定退火后,用大剂量 10 mGy 和小剂量 100 μGy 反复照射几次,每次照射后在同一台仪器上测量,一组片子的变异系数要求不大于 4%。

4)校准。仪器在正式使用前必须经过校准并定期开展这一工作。校准时采用剂量计的材料、形状、射线种类、能量、仪器升温程序必须保持与正式测量相同。由于热释光法是相对测量法,所以校准的目的是求出对特定热释光元件测量标定系数。通常是先用退火后未经照射的剂量片测量本底,求出本底平均值,输入仪器中自动扣除;然后在标准辐照装置上用 10~100 mGy 的剂量对一组剂量片进行辐照,求出标定系数。

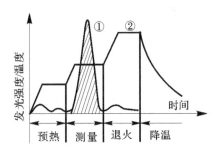

图 7.14 热释光测量仪器的加热程序示意图
①热释光;②温度

3. 热释光体的种类和特性

目前,研究和应用的热释光材料很多,它们大致可分为两类:一类是原子序数较低的材料,如 LiF,$Li_2B_4O_7$(Mn),BeO 等,其特点是组成接近组织等效材料、能量响应好。另一类是原子序数较高的材料,如 $CaF_2(Mn)$,$CaSO_4(Dy)$ 等,其特点是灵敏度高,但能量响应不好。表 7.8 列出了一些热释光材料的物理特性,对热释光材料研究和热释光元件性能评价主要包括如下指标。

(1)热释光元件的能量响应通常以对 30 keV 的最大灵敏度和对 ^{60}Co 的 γ 射线能量的灵敏度之比来说明。这里的灵敏度是指每单位吸收剂量所对应的热释光量。在 X,γ 照射量和吸收剂量测量时,通常要求能量响应要好,这是选择用于个人剂量计热释光元件的一个重要指标,特别是测量低能 X,γ 时。但需要指出,有些热释光材料本身的能量响应可能不好,但可以通过加金属滤片的方法加以改善。例如,对 $CaSO_4(Dy)$ 使用 1 mm 锡或铜的滤片包装后,它对能量 100 keV 以上的 γ 射线得到基本上平坦的能量响应曲线,于 40 keV 以上的 γ 射线,能量响应差别不大于 50%。

(2)热释光元件的线性和超线性。热释光元件的线性和超线性是指热释光体的响应与照射量之间的关系。实验发现,照射量在 $2.58×10^{-7}$~$2.58×10^{-1}$ Ckg^{-1} 范围内,热释光体的响应与照射量之间是线性关系;照射量在大于 $2.58×10^{-1}$ Ckg^{-1} 时,会出现超线性现象,即灵敏度高于线性关系的数据。对于超线性,可以用"深陷阱竞争模型"来解释。该模型的观点是,固体中各种深度的电子陷阱各按照一定的概率被电子填充,但因为深陷阱的数目少,填充电子的概率又大,所以先被电子填满。深陷阱填满后,就再没有和主峰陷阱竞争电子的能力了,因而使主峰陷阱的填充概率增加而出现响应增加的超线性现象;也有提出用"径迹相互干扰模型"来解释,这种分析认为,在高照射量时,带电粒子的径迹相互间会发生干扰,因而使电子和空穴之间的复合概率增加,出现超线性现象。对热释光元件的线性和超线性的研究对于确定热释光元件测量范围具有重要作用。

(3)热释光元件发光量的衰退。衰退现象是指,如果发光峰在较低温度出现,那么在常温下,就可能有电子从陷阱中放出,存放时间越长,放出的电子数越多。因而加热测量时,测到的热释光就弱。实验表明,发光主峰的温度位置越低或主峰前的小峰数目越多,衰退越严重。测量约在 200℃ 以上的发光峰时其衰退可大为减轻。研究热释光元件发光量的衰退现象可以指导正确确定热释光剂量计的使用周期,通常要求热释光个人剂量计的使用时间越长越好,但由于衰退现象和其他因素的影响,在放射性工作人员的常规监测中必须规定其使用周期。

(4)热释光元件的重复性。对热释光元件而言,其储存的辐射能量可以光的形式表现出来,但热释光个人剂量计不能读出测量的发光量,而且其所有热释光体只允许一次加热测量,因为加热后,储存的信息就被破坏了,因此,热释光元件不能进行数据的复查测量,这对剂量监测来说,是一个缺点。另外热释光元件在测量完成后,可以经过高温退火程序然后进行下次测量,关于热释光元件重复使用的次数没有统一的标准,主要通过对其主要性能指标的变化进行分析确定。对不同材料,可以通过分析热释光材料的发光曲线确定元件的退火程序。如研究表明,对 LiF 热释光元件,其退火程序是 400℃ 下保持 1 h。在该条件下,可使 400℃ 以下的所有发光峰陷阱中的电子全部释放出来,而陷阱能级并不破坏。在实际工作中,研究热释光元件的重复性对于提高测量精度、提高热释光元件的利用率具有重要作用。

(5)敏化现象:研究发现,在生产 LiF 元件的工艺过程中,当其受到 $2.58×10^{0}$~$2.58×10^{1}$ Ckg^{-1} 范围内高剂量的预辐照,如果在低于 350℃ 下退火,再辐照时会出现灵敏度(对主峰)增高和线性区延伸到预辐照剂量附近的现象,这称为敏化现象。在工艺中采用敏化处理,可改进热释光体的某些性能。对于敏化现象,深陷阱竞争模型是这样来解释的。因为热释光体中存在不同深度的陷阱——包括主峰陷阱和更高温度下释放电子的深陷阱。通过高剂量的预辐照后,深陷阱已全被电子填满,若又未在退火中释放掉,这样在下次再辐照时,深陷阱就不起作用了,它不再与主峰陷阱竞争电子,只是在主峰陷阱中有电子的俘获和释放。这样就会提高灵敏度和改善超线性。

(6)分散性。热释光元件的分散性是指同一批探测器在相同退火、照射和测量条件下,热释光灵敏度不尽相同。影响分散性的因素较多,但主要是材料特性和生产工艺所致,也包括了测量系统的涨落和操作的不重复性所产生的影响。因此,一般要求在使用前进行探测元件分散性的筛选,分组作出修正系数。在测量过程中应尽量保证测量系统的稳定性和操作技术的重复性。

(7)本底。通常将未经人为辐照的元件的测量值统称为本底(也可称为假荧光)。它包括元件表面与空气中水气或有机杂质接触产生的化学热释光和摩擦产生的摩擦热释光、天然环境辐射所致热释光以及测量过程中外界光源的影响等。这一特性与材料种类和使用条件有关,因此在使用过程中应保持探测元件和加热盘的清洁,要消除天然环境辐射和外界光源的影响。

表 7.8　一些热释光材料的物理特性

指　标	LiF	$Li_2B_4O_7$ (Mn)	LiF_2(天然)	CaF_2(Mn)	BeO	$CaSO_4$(Mn)	$CaSO_4$(Dy)
有效原子序数	8.14	7.15	16.5	16.5	7.58	15.5	15.0
最大发光峰波长/Å	4 000	6 050	3 800	5 000	4 100	5 000	4 800
发光主峰温度/℃	195	200	260	260	180	110	220
发光峰数目	11～12	11～12	1	1	1	1	1
对^{60}Co 射线灵敏度(相对于 LiF)	1	0.3	23	3	2	70	−40
测量有效范围/10^{-2} Sv	0.005～10^5	0.001～10^6	0.001～10^4	0.001～$3×10^4$	0.01～10^5	10^{-5}～10^4	10^{-4}～10^3
线性区/10^{-2} Sv	0.01～$5×10^2$	0.001～10^3	0.005～$5×10^3$	−10^4	0.01～50	10^{-5}～10^4	−$5×10^3$
能量响应(30 keV,^{60}Co)	1.25	0.9	13	13	1.26	10	10
衰退	第 1 小时 20%,以后每年 5%	第 1 月 10%	可忽略	三个月内 13%	三个月内 10%	8 小时 30% 8 天 65%	一个月内 1%～2%六个月内 5～8%
热中子响应	$4.8×10^2$	$2.4×10^2$	0.69	0.87～2.40	0.74～3.0		

注:热中子响应指单位剂量热中子($3.7×10^{10}$ 个热中子·cm^{-2})的发光量与单位剂量^{60}Co 的 γ 的发光量之比。

4. 热释光元件对射线的测量方法

在利用热释光个人剂量计进行测量时,往往还需要在了解测量对象辐射特性的基础上,要求能够区分不同射线的剂量;有时由于热释光的材料特性不能达到测量要求还需要对个人剂量计进行优化设计,因此,利用热释光个人剂量计进行测量时除所需要设备外还需要完成一些测量的相关工作。下面简要介绍有关内容。

(1)对 X 或 γ 射线剂量的测量。在实际应用中,有些热释光体和荧光玻璃的能量响应不是很好的。以荧光玻璃为例,如图 7.15 所示画出了 M_J 型玻璃的能量响应。可看出,1 mm 塑料盒包装的玻璃对 55 keV 左右的射线有最大响应(图中用 $\circ$ 表示的线),约相当于对 ^{60}Co 辐射响应的 5 倍。用 1 mm 厚的锡箔(Sn)过滤后,响应有了改善(图中用 $\bullet$ 表示的线),在 100 keV 以上,响应基本上和能量无关,但在低能端(小于 100 keV),对射线吸收太多了,能量响应仍不理想。实际测量 X 和 γ 射线的剂量计可用两块玻璃组成,一块包锡,另一块不包锡,它们共同装在一个塑料盒中。首先可由两块玻璃的读数比值来确定射线的有效能量(E_{eff})范围,然后再按以下方法求出剂量:

设用 D_{Sn} 和 D_{L} 分别表示包锡和不包锡的玻璃的响应。若 $D_{\text{L}}/D_{\text{Sn}} \leqslant 3$,则 $E_{\text{eff}} \geqslant 100$ keV。这时的 γ 剂量可直接由包锡的玻璃给出。若 $D_{\text{L}}/D_{\text{Sn}} > 3$,则 $E_{\text{eff}} < 100$ keV。根据 D_{Sn} 和 D_{L} 随能量变化的实验曲线,可拟合出下列公式:

$$D_{\gamma} = C_1(D_{\text{Sn}} + C_2 D_{\text{L}}) \tag{7.16}$$

式中,D_{γ} 为 γ 射线的剂量;C_1 和 C_2 是拟合常数。例如,$C_1 = 0.44$,$C_2 = 0.45$。图中用虚线画出的曲线就是按式(7.16)计算的结果,可以看出其能量响应有很大改善。

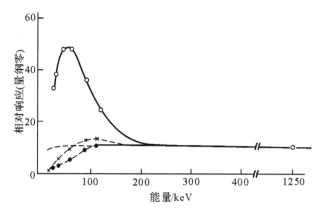

图 7.15　M_J 型玻璃的能量响应

(2)对中子剂量的测量。有些热释光体和荧光玻璃含有 ^{6}Li,^{10}B,^{109}Ag 等核素。这些材料对中子是灵敏的。改变 ^{6}Li 等成分的含量可以改变对中子的灵敏度。利用这些材料的特性就可以实现对中子的个人剂量监测。

在中子和 γ 射线的混合场中,通常可以采用如下方法区分中子和 γ 射线。若使用 LiF 热释光体,可使用一对由 ^{6}LiF 和 ^{7}LiF 组成的剂量计。它们对 γ 射线的响应是相同的,但对中子,^{6}LiF 是灵敏的而 ^{7}LiF 却不灵敏。因此,由 ^{7}LiF 的读数可给出 γ 射线剂量,而由它们的读数之差给出中子(包括热中子和中能中子)剂量。

为了分别测出热中子、中能中子和 γ 射线的剂量,原则上可以选用 A,B,C 三个元件:A 元件,由 ^{6}LiF 组成,它测到热中子、中能中子和 γ 射线三者的剂量之和;B 元件,由 ^{6}LiF 再包以镉片组成,热中子被镉吸收了,所以它测到的是中能中子和 γ 射线两者的剂量之和;C 元件,由 ^{7}LiF 再包以镉片组成,它测到的基本上就是 γ 射线的剂量。由 B,C 读数之差给出中能中子剂量,由 A,B 读数之差给出热中子剂量。

7.4.3　荧光玻璃个人剂量计简介

荧光玻璃剂量计是一种利用光致发光原理测量辐射剂量的固体个人剂量计。它的发光机制也可如图 7.11 所示,在辐射作用下,电离产生的电子进入导带(过程 A),它随后要被一些较深的陷阱俘获(过程 B),这种陷阱就是掺入玻璃的银离子。俘获电子后,银离子变成亚稳态的银原子,以至形成光致发光中心。在入射光照射下,俘获电子跃迁到某激发态(而不是进入导带),然后又很快地返回(过程 C),在这返回过程中放出荧光来。只要有入射光的不断照射,这个过程就可持续下去。通常是用波长小于 4 000Å 的紫外光照射,而放出波长大于5 000Å 的橙色荧光。由于激发用的紫外光和放出的荧光波长相差很大,因此容易选用适当的滤光片排除它们之间的干扰。荧光玻璃受辐照后,其荧光达到它的最大值要一定的建立时间。提高周围温度,可缩短这一时间。例如,有一种 M$_J$ 玻璃在停止辐照后,在 25℃ 左右,建立时间需要30 h;若急于得到测量结果,可在 100℃ 下加热 10 min,冷却到室温就可马上测量。荧光玻璃按原子序数可分为高 Z 玻璃和低 Z 玻璃,后者能量响应好些。荧光玻璃测量装置示意图如图7.16 所示。

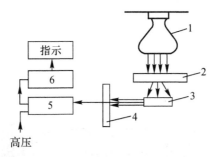

图 7.16　荧光光玻璃测量装置示意图

近年来,我国开始引进美国在 20 世纪未研制成功的基于光致发光(OSL)技术的 InLight 个人剂量监测系统。这种监测系统由以 AI_2O_3:C 为探测元件的 InLight 剂量计和 InLight 读数仪组成。剂量计的特点是:①探测下限低,灵敏度高,对能量为 5 keV～20 MeV 的 X,γ 射线剂量测量范围为 0.01 mSv～10 Sv,对能量为 150 keV～10 MeV 的 β 射线剂量测量范围为0.1 mSv～10 Sv。②无需退火,无需单个元件灵敏度测定,环境稳定好。③剂量计可复读,实现了高剂量核实和证据存档,佩戴者可持续佩戴同一剂量计,其剂量持续累积。④四元件组合InLight 剂量计可同时测量 $H_p(10)$,$H_p(3)$,$H_p(0.07)$ 等多个监测量,符合国际和国家标准。⑤剂量计的灵敏度以二维条码形式刻在剂量计上,读数仪可自动读取。⑥黄金刻度-剂量计可在世界上任何一台 InLight 读数仪读取准确数据。InLight 读数仪的特点是①光学分析系统无需加热。无需氮气供应。②无需分析发光曲线。③刻度过程简单,读取数据速度快。④维护简单,运行成本低。⑤系统随机配备计算机及剂量分析处理软件。

光致发光(OSL,Optically Stomulated Luminescence)技术的成功应用使得个人剂量监测

技术从胶片和热释光进化到一个全新的阶段。因此，光致发光技术可以是 21 世纪第三代个人剂量监测系统。如图 7.17、图 7.18 和图 7.19 分别给出所示 InLight 个人剂量监测系统 InLight 剂量计组成、稳定性曲线、读数仪的示意图。

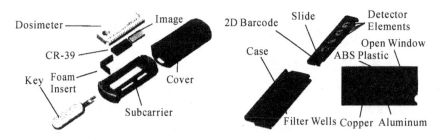

图 7.17　InLight 剂量计组成

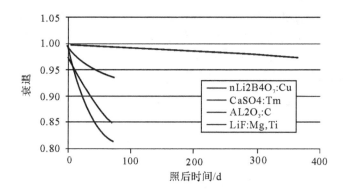

图 7.18　InLight 剂量计 $AI_2O_3:C$ 材料的稳定性曲线

图 7.19　InLight 个人剂量监测系统读数仪的示意图

7.5　剂量测量中的化学剂量计

　　某些化学物质在辐射照射下会发生化学变化,其化学上的变化量和吸收的剂量有关。因此,可以通过测量这种化学变化量来确定剂量的方法即为化学方法测量剂量的基本原理。为测量剂量所建立的化学量测量系统就是化学剂量计。化学剂量计的优点是方法准确度高,量程大,特别适合于大剂量或大剂量率的测量,在某些领域可用来建立传递剂量的基准;常用的水系统组织等效性好,便于模拟生物作用研究。下面以研究和使用较多的硫酸亚铁($FeSO_4$)为例介绍化学剂量计的特点,它广泛应用于 X,γ 和中子的剂量测量。

7.5.1　硫酸亚铁($FeSO_4$)化学剂量计的测量原理和方法

　　硫酸亚铁($FeSO_4$)化学剂量计是基于以下原理:$FeSO_4$ 水溶液在辐射作用下,溶液中的 2 价铁离子(Fe^{2+})会氧化转变为 3 价铁离子(Fe^{3+}),且所生成的 Fe^{3+} 离子数正比于溶液中吸收的辐射能量。通常把每吸收 100 eV 的辐射能量所生成的 Fe^{3+} 离子数称为反应产额,用 G 表示。$FeSO_4$ 水溶液在辐射作用下 Fe^{2+} 氧化转变为 Fe^{3+} 的机制比较复杂。大致可以认为是中性分子在辐射作用下会分解,有 H^+,OH^-,H_2O_2 等自由基生成,它们的化学性质较为活泼,可致 Fe^{2+} 氧化转变为 Fe^{3+}。

　　对 Fe^{3+} 离子数进行测量,一般采用分光光度计。分光光度计的原理是让波长为 3 040 Å 的光线分别通过受辐照的溶液和对比用的空白溶液,测量光线通过它们之后消光度,分别用 ε 和 $ε_0$ 表示。根据分析化学中的朗伯－比尔定律,可以利用下式求出溶液中 Fe^{3+} 离子的浓度($mol \cdot L^{-1}$):

$$C = \frac{ε - ε_0}{ε_m l} \tag{7.17}$$

式中,C 为溶液中 Fe^{3+} 离子的浓度($mol \cdot L^{-1}$);$ε_m$ 为溶液的摩尔消光系数(在 25℃ 的标准配方溶液中,对波长为 2040Å 的光线,其值为 2 205/($mol \cdot cm$);l 为分光光度计的光和长度,实际仪器为液槽厚度(cm)。

　　吸收剂量的计算为

$$D = \frac{N_A(ε - ε_0) \times 100}{10^3 ε_m l ρ G f} \tag{7.18}$$

式中,ρ 为溶液密度(对标准配方溶液,其值为 1.024 g·cm^{-3});N_A 为阿伏加德罗常数(其值为 6.023×10^{23});f 为每 Gy 所对应的每克介质中吸收的以 eV 为单位的能量(其值为 6.24×10^{15} eV/Gy);100 和 10^3 为单位换算系数;D 为吸收剂量(其单位为 10^{-2} Gy);G 为反应产额,对不同种类的辐射,它的数值如表 7.9 所示。

7.5.2　硫酸亚铁($FeSO_4$)化学剂量计的溶液组成及影响因素

　　硫酸亚铁($FeSO_4$)化学剂量计的溶液组成:0.001 mol $FeSO_4$ 或 $Fe(NH_4)_2(SO_4)_2$;0.4 mol H_2SO_4(空气饱和);0.001 mol NaCl。加入 NaCl 的目的是防止有机杂质受到氧化而影响测量结果。上述的 G 值是对这种标准配方溶液而言的。

　　影响测量结果准确度的主要因素有三个:

(1)温度。温度影响最明显,对波长为 3 040 Å 的光线,摩尔消光系数以每度 0.69% 的比例随温度而增加。

(2)试剂纯度。由于溶液中微量杂质的存在会影响 G 值,一般应采用高纯度的试剂。如 G.R.(保证试剂)级或 A.R.(分析试剂)级再三次重结晶提纯。

(3)照射容器。受辐射容器的材料、大小、清洁程度都会对 G 值有影响。容器选用内径为 4 mm 玻璃管,G 值增大 6%。当内径大于 8 mm 或用聚乙烯材料作容器时,才没有影响。为了除去容器壁上的有机杂质,可预先将装有 $FeSO_4$ 溶液的照射容器,用 γ 射线进行大剂量的辐照处理,或将玻璃容器进行高温处理。

表 7.9　硫酸亚铁($FeSO_4$)剂量计的反应产额

辐射种类	G 值	辐射种类	G 值
360 MeV 质子	16.6 ±1	^{3}H β 射线	12.9 ±0.3
1~30 MeV 电子	15.7 ±0.6	12 MeV 氘核	9.81
11~30 MeV X 射线	15.7 ±0.6	14.3 MeV 中子	9.6 ±0.6
5~10 MeV X 射线	15.6 ±0.4	1.99 MeV 质子	8.00
4 MeV X 射线	15.5 ±0.3	3.47 MeV 氘核	6.90
^{60}Co γ 射线	15.5 ±0.2	^{6}Li(n,α)^{3}H 反冲核	5.69 ±0.12
2 MeV X 射线	15.4 ±0.3	^{210}Po α 射线(内源)	5.10 ±0.10
^{137}Cs γ 射线	15.3 ±0.3	^{10}B(n,α)^{7}Li 反冲核	4.22 ±0.08
250 keV X 射线	14.3 ±0.3	^{235}U 裂片	3.0 ±0.9
50 keV X 射线	13.7 ±0.3		

7.6　电离辐射剂量仪器仪表的计量检定

7.6.1　放射性仪器仪表检定的基础知识

1. 检定和剂量分级

(1)剂量分级。放射性仪器仪表的检定/校准是实现仪器溯源的主要手段,是在特定的条件下所进行的一组操作,以建立测量仪器或系统所指示的量与被测量的量的约定真值之间的关系。可以归结为校准(给出校准因子)和确定响应。由于核技术应用领域和应用目的不同,剂量和剂量率水平也不相同。大体上可以分为四级剂量水平,表 7.10 给出了电离辐射外照射剂量率分级,相应的剂量仪器仪表也有此分级。

依目的和要求不同,检定/校准所包含的程序复杂程度也不同,一般包括型式检定(试验)、常规检定和约定检定等。型式检定(试验),在规定的条件下确定仪器或系统的全部性能特性,对可能的不确定度量化评估。一般应包括辐射特性、电气特性、机械特性和环境特性等方面的试验,以对仪器是否符合设计要求作评估。由于工作量大,对仪器可能是破坏性的,要求的频率也低,一般只在投产前或初次生产时进行一次。但在可能改变仪器的物理性能的修改设计后应重新进行型式检定。剂量仪器仪表的计量特性能量响应和角响应的确定属型式检定的内容的一部分。常规检定,是在型式试验的基础上,在相对简化的条件下,如一种辐射能量等,对仪器或系统相对较少项目的检定/校准,进行灵敏度验证和归一。要求频率相对较高,如每年进行一次。约定检定,按照厂家和用户间的协议进行的一些特殊项目的检定或测量。

需要说明的是,国家标准是在一定的剂量范围和能量上建立的,而实际测量和监测的量往往覆盖的剂量范围和能量范围要广得多。有些可以直接从国家标准传递;另一些则要求对标准做能量和剂量率范围的扩展,还有一些辐射量目前尚无法在标准实验室复现。对于后者,或借助于体模实现转换,如水吸收剂量;或借助于转换系数将现有的标准量转换为所需的辐射量。不同的测量、监测目的和对象包括辐射种类、能量及剂量率范围,对剂量仪器的要求也不相同。

表 7.10　电离辐射外照射剂量率分级

类　别	级　别	剂量率	参　数		
			基本量	校准量	现　场
光　子	环境级	$10\ nGy/h \sim 10\ mGy/h$	D_a	D_a	D_a
	防护级	$10\mu Sv/h \sim 10Sv/h$	K_a	$H^*(d), H'(d), H_p(d)$	$H^*(d), H'(d), H_p(d)$
	治疗级	$10\ mGy/h \sim 10\ kGy/h$	K_a	K_a, D_w	K_a, D_w
	加工级	$10\ Gy/h \sim 10^7\ mGy/h$	D_a	D_a	D_a
β 和电子	防护级	$10\mu Gy/h \sim 10\ Gy/h$	$D_R(0.07), D_T$	$H'(0.07), H_p(0.07), D_T$	$H'(0.07), D_T$
	治疗级	$10\ mGy/h \sim 10\ kGy/h$	D_w	D_w	D_w
	加工级	$10\ Gy/h \sim 10^7\ mGy/h$	D_w	D_w	D_w
中　子	环境级	只在外空间			
	防护级	$10\mu Sv/h \sim 10\ Sv/h$	$\Phi(E,\Omega)$	H	$H^*(10), H_p(10)$
	治疗级	$10\ Gy/h \sim 10\ kGy/h$	$\Phi(E,\Omega)$	D_T	D_T

(2)检定的一般要求。为正确进行仪器或系统的检定／校准,得到的结果可靠和具有溯源性,剂量校准实验室除具备合格的检定人员外,实验室条件也有一定要求。技术条件中包括根据标准和规范建立起的参考辐射;参考辐射检验点基本量准确测量,其不确定度应和校准实验室的等级相适应;与开展检定项目有关的检定规程或规范以及和实验室等级相适应的剂量标准仪器,用以定期或不定期的对检验点的基本量进行检验测量。除此之外,还应配备辐射监测仪器和表面污染仪等。环境条件包括剂量校准实验室内环境条件要满足标准检验条件,以便在允许不确定度范围内将检定／校准结果校正到参考检验条件;在原始记录中和出具的检定／

校准结果证书中要给出实际校准条件;配备合格的环境测量设备如温度计、气压计和湿度计等。

下面介绍一下在计量检定过程中可能涉及一些专业术语:① 参考点。仪器上的一点,在进行检定／校准时,将仪器该点置于辐射场中的检验点上。② 检验点。辐射场中一点,该点上的被测量约定真值应是已知的,在检定校准中将受检仪器的参考点置于该点上。③ 约定真值。被测量量值的最佳估计,被认为真值的替代值。由初级或次级标准测定的值,或由经初级或次级标准实验室校准过的参考仪器测定的值给出。④ 响应 R。仪器的响应是仪器的读数 M 与约定真值之比,响应的类型应予以证明。响应如果随被测量的值而变化,则仪表非线性;响应随入射辐射能量的函数变化称为能量响应 $R(E)$;响应随入射辐射方向的函数变化称为角响应 $R(\Omega)$;则 $R(E,\Omega)$ 为辐射响应,表征仪器的辐射特性。如果对组合辐射的测量结果不具有相加性,则由得到的响应不能完全表征仪器的所有辐射特性。响应可以是无量纲量也可以是有量纲量。⑤ 校准因子 N。仪表测量量的约定真值与剂量仪表修正到参考检验条件的读数之比,N 无量纲称为校准因子,否则称为校准系数。⑥ 辐射质和参考辐射。剂量标准实验室用于检定／校准剂量仪表所使用的辐射源规范,使用于治疗级仪器检定一般称为辐射质,用于防护级仪表的一般称为参考辐射。辐射质一般以半值层(HVL)、能量或平均能量以及分辨率表征。⑦ 影响量。对测量结果有影响的量,但不是被测量的量。⑧ 参考检验条件。校准因子不经过任何修正就有效的一组影响量的数值。⑨ 标准检验条件。一组影响量的范围值,标准实验室应在这个范围内进行检定／校准。⑩ 校准条件。在进行检定／校准时,在校准实验实际存在的标准检验条件范围的影响量的实际值。

2. 放射性仪器仪表检定的基本方法

放射性仪器仪表检定／校准的一般程序是,按照剂量率要求选择距源适当距离的检验点,并使垂直于射线束轴线平面上的辐射场大小足以照射整个探测器体积或模体的前表面,但辐射场也不宜过大,除非证明散射贡献可忽略。将标准仪器的参考点固定在检验点上测定被测量的量值(或用事先测定的核素放射源的被测量的值计算给出),然后将受检仪器的参考点固定在检验点上,并使它的参考方向与射线束平行。或按规定将受检仪器探头放置在体模内或体模的前表面上,它的参考点与检验点重合,并使体模的前表面与射线束垂直,再进行校准和响应确定。放射性仪器仪表检定／校准可以在自由空气中进行,也可以在模体中或模体上进行,依仪器的类型和校准量而定。检定／校准的一般方法介绍如下。

(1)替代法照射。这是最常用的方法,多用于自由空气中检定／校准。它是基于辐射场检验点的剂量率短时间内是不变的,这样将受检仪表的探测器紧随标准仪器之后放置在辐射场检验点上,照射相同时间,则受检仪表校准因了 N_B 为

$$N_B = \frac{N_A M_A}{M_B} \tag{7.19}$$

式中,N_A 为标准仪器校准因子;M_A 为标准仪器读数乘以将空气密度修正到参考试验条件的修正因子得到的测量值;M_B 为受检仪表读数乘以空气密度修正到参考检验条件的修正因子所得到的测量值。

能量和角响应计算为

$$R(E,\alpha)=\frac{M_B(E,\alpha)}{N_A M_A K_E K_\alpha} \tag{7.20}$$

式中,K_E 和 K_α 分别为考虑由于辐射能量和入射方向在上级实验标准检验条件和本实验室实际的校准条件的不同而引入的修正因子。

响应常常以相对响应给出,相对于参考检验条件的响应 r 为

$$r=\frac{R}{R_r} \tag{7.21}$$

式中,R_r 是参考检验条件下的响应。

(2) 有辐射源监测器的照射。仪器和受检仪表相继照射并对辐射场空气比释动能率随时间缓慢变化用监测器校定 / 校准。这个技术常应用 X 射线机产生的辐射,往往用一监督电离室监测 X 射线变化。将标准仪表和受检仪表相继地放入辐射场,并使它们的参考点与检验点重合。设对标准仪表和受检仪表照射时监测电离室的读数分别为 m_A 和 m_B,则校准因子 N_B 为

$$N_B=N_A\left(\frac{M_A}{m_A}\right)\left(\frac{m_B}{M_B}\right) \tag{7.21}$$

式中各量的含义同上。严格地说,m_A 和 m_B 都应进行空气密度由校准条件到参考检验条件的修正,但标准仪表和受检仪表相继照射时间间隔很短时,一般认为监测器周围环境条件保持不变,可不作修正,直接用读出值。另外,如果监测器有很好的长期稳定性,标准仪表校准后,也可以作为参考仪器用于常规校准。

能量和角响应计算为

$$R(E,\alpha)=\frac{m_A M_B(E,\alpha)}{N_A m_B K_E K_\alpha} \tag{7.22}$$

(3) 标准仪器和受检仪表同时照射。以上两种方法一般统称为替代法,有些情况下可以采用同时照射标准仪表和受检仪表。两仪表应放置在与辐射源相同距离且相对于辐射场轴对称的位置上,两仪器探测器之间的距离应足够大,使彼此对对方读数的影响足够少(如合成不确定度的 1/3);并且为消除辐射场不对称,将两仪表探测器位置调换后重复测量。利用它们重复读数的几何平均值计算校准因子:

$$N_B=N_A\sqrt{\left(\frac{M_A}{M_B}\right)_1\left(\frac{M_A}{M_B}\right)_2} \tag{7.23}$$

式中,角标 1 和 2 分别表示两次照射。这种方法的优点是可不关心辐射源随时间的缓慢变化,但一般仅使用于无体模条件下的校准,多用于加速器产生的辐射或非准直源情况下。这时的能量和角响应为

$$E(E,\alpha)=\frac{1}{N_A K_E K_\alpha}\sqrt{\left(\frac{M_B(E,\alpha)}{M_A}\right)_1\left(\frac{M_B(E,\alpha)}{M_A}\right)_2} \tag{7.24}$$

(4) 已知 γ 辐射场照射。这时检验点的空气比释动能率 $K_{a,s}$ 是已知的,或由上级计量技术部门测试,或用经计量技术部门校准过的标准仪表,按认可的程序测定。这时校准因子为

$$N_B=\frac{K_{a,s}}{M_B} \tag{7.25}$$

应定期测量检验点的空气比释动能率,在两次测量之间可以借助于辐射源的半衰期确定

空气比释动能率,测量周期与辐射源的纯度有关,所以应尽量使用高纯度源或生产时间较长的源,测量频率应不超过两年一次。另外,要测定距辐射源不同距离上检验点的空气比释动能率,距离间隔应尽量小,以在允许的不确定度范围内给出这些点之间的检验点空气比释动能率。这种内插方法一般只对辐射防护参考辐射,且射线束在5%以内满足反平方律的前提下进行。当然,即使如此,也应尽量使用经标准仪表测定过空气比释动能率的检验点。

3. 修正因子

在剂量仪检定/校准中应尽量保持所有的影响量在参考条件下。但是实际上不易做到(如气压)或没有必要这样做(如温度、湿度等),常常必须做修正得到相应于参考条件的响应。另有一些影响较小或很难计算影响量效应则计入结果的不确定度之中。其具体的修正因子包括:

(1)预热。对于电离室剂量仪,在测量之前要将电离室系统放在检验点停留足够时间,以使电离室达到热平衡,测量系统要预热足够长的时间。

(2)漏电。要测量漏电流,应保证它相对于测量电流是可以忽略的。还应注意观察,照射期间漏电流有可能变大。

(3)极化效应。改变电离室外加极化电压的极性,可能测得不同的电流值,特别是对平行板电离室。电离室两种极性的电压的电流平均值应是最接近真实电离电流的值,但实际测量时一般只加一种极性的电压,因此要求这个效应很小,否则要作修正。

(4)温度效应。当电离室为非密封式的,应做温度气压修正。实际上电离室内空气质量修正,修正因子为

$$K_{T,p} = \frac{p_0(273.15+T)}{p(273.15-T_0)} \qquad (7.26)$$

式中,T 和 p 分别是测量期间温度和气压;T_0 和 p_0 分别是参考温度和气压(分别是20℃和101.325 kPa)。

(5)湿度。湿度对电离室中电离影响很小,如果校准因子相对于50%相对湿度给出,则在20%～70%的相对湿度(温度范围在15℃～25℃),不必修正。在相同条件下,如果校准因子相对于干燥空气给出,对^{60}Co取修正因子k_h为0.997足够。

(6)复合效应。电离室内电离的正负离子结合为中性原子的效应,引起收集电荷减少。复合效应包括初始复合、体复合和扩散复合,它与电离室结构、极化电压及照射剂量率有关。可以理论计算复合修正因子,也可以用"双电压法"实测得到,这时复合修正因子k_s为

$$k_s = a_0 + a_1\frac{Q_1}{Q_2} + a_2\frac{Q_1}{Q_2} \qquad (7.27)$$

式中,Q_1 和 Q_2 分别是正常工作极化电压 V_1 和另一极化电压 V_2 的收集电荷;V_1/V_2 应大于或等于3。对于脉冲辐射,a_0,a_1 和 a_2 可查表得到;对于连续照射k_s可由相对于Q_1/Q_2的曲线和V_1/V_2值得到。

4. 防护剂量仪表校准基础

不同的仪表用于不同目的,有不同的性能要求或不确定度要求。对于治疗水平的仪表校准包括标准计量器具(次级标准)和工作计量器具(参考仪表),检定的终点是工作计量器具,用于治疗射线束空气中基本量或水模体中水吸收剂量及深度剂量分布测量。所有这些应用到

校准因子,而且无论在哪一级所使用的辐射质规范应是一致的。这样,检定的主要目的是在相同规范下确定其校准因子和严格的不确定度要求。

对于防护水平的仪表校准有两种要求:一是对下级计量技术机构,即二级站或三级站使用的次级标准进行检定。要求与前面所述相似,主要是给出相同参考辐射下仪表基本量的校准因子 N_k 或 N_x。这就需要对校准因子的不确定度加以评估,以便下级计量技术机构使用。一般情况下,次级标准机构校准因子的扩展不确定度应小于 $3.5\%(k=2)$,工作级标准的不确定度应小于 $5\%(k=2)$。二是对现场使用的防护仪表进行校准,即校准的终点是现场仪表,它们要面对的辐射其能量和方向都不能准确知道,其监测量因而也要求校准量为剂量当量。要求校准实验室给出的校准量约定真值的不确定度应小于 10%。

剂量实验室所涉及的是基本标准量的复现,从而给出实用量以及由监测量到实用量的过渡。这在辐射防护监测中也只是第一步,所引入的误差远小于实际监测中的误差;更小于由此而进行的限制量的估计。对于辐射防护仪器一般要求是剂量测量基本误差≤±15%,而剂量率测量为≤20%(不含约定真值不确定度),防护仪器在剂量实验室至少要满足这个要求。校准实验室所给出的约定真值不确定度,用于校准工作级仪表的应≤5%,直接校准现场仪表的应<10%。尽管防护仪器的基本误差要求并不高,但由于涉及到人员安全和对环境的影响,国际上对防护仪器的校准仍很重视,我国则把它列为计量强制检定项目。

目前,我国尚未给出防护仪器检定系统框图。一般是将防护级次级剂量标准仪器用灵敏度较低的测量系统在国家剂量实验室相对于基准校准,再用较灵敏的测量系统过渡到防护水平,这个过渡可在次级剂量实验室完成或在国家剂量实验室完成。防护仪器仪表的检定,所遵从的检定规程是 JJG478-88"辐射防护仪器"规程使用于携带式防护水平 X 射线空气吸收剂量率仪和监测仪(现有的照射量率仪和监测仪)的检定,X 辐射的平均能量范围为 $50\sim250\ keV$ 水平。对于测量防护水平 X 辐射空气吸收剂量(照射量)或具有这种功能的固定式仪器的检定可以参照这个规程进行。对于 γ 射线防护仪器可以使用 JJG 393-88,它适用于可携带式防护水平 γ 辐射照射量率和照射量率仪的检定。辐射能量范围为 $50\ keV\sim1.3\ MeV$。另外这些规程可能随着国际标准组织的修订而变化。

7.6.2　8 keV~1.3 MeV X 和 γ 射线防护仪器的校准

1. 参考辐射

目前,大多数的防护仪器是指空气比释动能(K_a)、照射量、空气吸收剂量(D_a),也有少量仪器指示的周围剂量当量($H^*(10)$)和定向剂量当量($H'(d)$)。次级剂量实验室(SSDL)的任务是按照国家标准建立参考辐射,测定检验点的基本标准量并利用转换系数或利用模体及转换系数将基本量转换为实用量,以及对防护仪器进行检定。

参考辐射则用于对辐射防护仪器进行校准和确定其能量响应和角响应的一组规定辐射质量,参考辐射检验点的基本量的约定真值应是足够准确地已知。目前,GB 12162-90 中对 $8\ keV\sim1.3\ MeV$ X 和 γ 射线参考辐射规定了三组六个系列的辐射。它们是过滤 X 辐射的 4 个系列包括:① 低空气比释动能率。② 窄谱。③ 宽谱。④ 高空气比释动能率;荧光 X 辐射和放射性核素 γ 辐射;反应堆和加速器产生的 $4\sim9\ MeV$ 的 γ 辐射。表 7.11 综述了这些辐射。

表 7.11　X 和 γ 参考辐射及其平均能量　　　　单位:keV

荧光 X 辐射/平均能量	过滤 X 辐射/平均能量				γ 辐射/平均能量
	低空气比释动能率系列	窄　谱	宽　谱	高空气比释动能率系列	
8.6	8.5	8		7.5	
9.9					
		12		12.9	
15.8		16			
17.5	17				
		20		19.7	
23.2		24			
25.3	26				
	30				
31.0					
		33			
37.4				37.3	
40.1			45		
	48	48			
49.1					
59.3	60		57	57.4	59.5(^{241}Am)
		65			
68.8					
75.0			79		
98.4	87	83			
		100	104	102	
	109				
		118		122	
	149		137	146	
				147	
		164	173		
	185	208	208		
	211	250			
					662(^{137}Cs)
					1 173(^{60}Co)
					1 333(^{60}Co)

续 表

荧光 X 辐射/平均能量	过滤 X 辐射/平均能量				γ 辐射/平均能量
	低空气比释动能率系列	窄 谱	宽 谱	高空气比释动能率系列	
					4 440(^{12}C)
					6 000(Ti)
					6 130(^{16}O)
					6 130(^{16}N)
					8 500(Ni)

(1)过滤 X 辐射。由于很少有低于 30 keV 的能谱简单稳定的放射性核素 γ 辐射源,作为一种替代方法,利用 X 射线机产生的 X 射线,经过不同程度的过滤得到适用于防护仪器校准的参考辐射。但这样产生的辐射是连续谱,只能以平均能量作为参考能量,过滤越重所产生的光子谱越窄,且剂量率也越低,从而可以调整过滤程度给出不同能量和分辨率的参考辐射。过滤材料,其纯度应在 99.9% 以上,排列顺序是在离开球管方向上按 Pb,Sn,Cu 和 AI 排列,以减弱前面材料产生的荧光辐射影响,最后的 AI 的 K 荧光为 1.6 keV,很短的空气距离就会吸收掉。如果有的荧光辐射(例如,Pb 的 75 keV)不能全部消除,应记入基本量的约定真值。如图 7.20 所示是过滤 X 辐射装置示意图。过滤 X 辐射四个系列基本要求列于表 7.12 中,其特性分别列于表 7.13、表 7.14、表 7.15 和表 7.16。

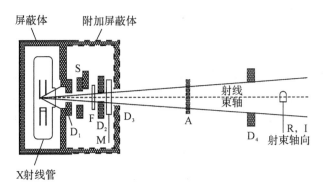

图 7.20 过滤 X 射线的校准装置

D_1—初级光阑;D_2—限束光阑;D_3 和 D_4—屏蔽光阑;S—快门;F—过滤器;
M—监督电离室;A—测半值层用的吸收体;R—标准电离室;I—待校准的电离室

合格性标准:对于低空气比释动能、窄谱以及宽谱系列,校准实验室应通过能谱研究证实辐射的平均能量与表 7.13、表 7.14、表 7.15 和表 7.16 列出的数据在±3% 以内符合,谱的分辨率与它们的表列值在±10% 以内符合。如果不具备测谱条件,可以测量半值层,如果第一半值层和第二半值层(低空气比释动能率只有第一半值层)在±5% 以内与列表值相符合,则认为该参考辐射符合标准。但对于高空气比释动能率,给定电压(kV 值)可调整附加过滤厚度,使第一半值层对于低于 30 keV 或等于辐射在±10% 以内,对于大于 30 keV 辐射在±5% 以内与列表值相符即可。

  其他要求:检验点场直径应足以完全均匀地照射受校准探测器,最近的检验点距焦斑应不少于 50 cm。场均匀性应保证在整个探测器灵敏体积上空气比释动能率变化不超过 5%。散射辐射,应保证在 5% 以内各检验点上空气比释动能率与距离源的距离平方反及束外剂量率不大于束中心剂量率 5%。这里束外剂量率是指垂直于射线束方向上离于束中心两倍半径加半影区距离上的空气比释动能率。

表 7.12   过滤 X 辐射四个系列基本要求

系列名称	分辨率 $R_E/(\%)$	同质系数 h(近似值)	典型空气比释动能率[①][②]
低空气比释动能率	18～22	1.0	3×10^{-4} *
窄谱	27～37	0.75～1.0	$10^{-3} \sim 10^{-2}$ *
宽谱	48～57	0.67～0.98	$10^{-2} \sim 10^{-1}$ *
高空气比释动能率	未规定	0.64～0.86	$10^{-2} \sim 0.5$

  注:①距离 X 射线管焦斑 1 m,管电压电流 1 mA。②在带电粒子平衡的条件下,空气比释动能率等于空气吸收剂量率。

  * 平均能量低于时,可以是其他值。

表 7.13   低空气比释动能率系列的特性

平均能量 keV	分辨率 R_E %	管电压[①] kV	附加过滤[②] mm				HVL[④] mm
			Pb	Sn	Cu	Al	
8.5		10				0.3[③]	0.058 Al
17	21	20				2.0[③]	0.42 Al
26	21	30			0.18	4.0[③]	1.46 Al
30	21	35			0.25		2.20 Al
48	21	55			1.2		0.25 Cu
60	21	70			2.5		0.49 Cu
87	21	100		2.0	0.5		1.24 Cu
109	21	125		4.0	1.0		2.04 Cu
149	18	170	1.5	3.0	1.0		3.47 Cu
185	18	210	3.5	2.0	0.5		4.54 Cu
211	18	240	5.5	2.0	0.5		5.26 Cu

  注:①管电压有负荷条件下测量。②对于三个最低能量,建议固有过滤为 1 mm 铍,对于其他能量,总过滤包括附加上调整到 4 mm 铝的固定过滤。③建议固有过滤为 1 mm 铍,但是只要平均能量在 ±5% 以内和分辨率在 ±15% 以内与表中所给的值一致,也可使用其他值的固有过滤。④HVL 在距离焦斑 1m 测量。HVL_2 不包括在这个系列中,因为它与第一半值层没有明显差别。

表 7.14　窄谱系列的特性

平均能量	分辨率 R_E	管电压①	附加过滤② mm				HVL$_1$	HVL$_2$
keV	%	kV	Pb	Sn	Cu	Al	mm	mm
8	28	10				0.1③	0.047 Al	0.052 Al
12	33	15				0.5③	0.14 Al	0.416 Al
16	34	20				1.0③	0.32 Al	0.37 Al
20	33	25				2.0③	0.66 Al	0.73 Al
24	32	30				4.0③	1.15 Al	1.30 Al
33	30	40			0.21		0.084 Cu	0.091 Cu
48	36	60			0.6		0.24 Cu	0.26 Cu
65	32	80			2.0		0.58 Cu	0.62 Cu
83	28	100			5.0		1.11 Cu	1.17 Cu
100	27	120		1.0	5.0		1.71 Cu	1.77 Cu
118	37	150		2.5			2.36 Cu	2.47 Cu
164	30	200	1.0	3.0	2.0		3.99 Cu	4.05 Cu
208	28	250	3.0	2.0			5.19 Cu	5.23 Cu
250	27	300	5.0	3.0			6.12 Cu	6.15 Cu

注：①管电压有负荷条件下测量。②对于五个最低能量,建议固有过滤为 1 mm 铍,对于其他能量,总过滤包括附加上调整到 4 mm 铝的固定过滤。③建议固有过滤为 1 mm 铍,但是只要平均能量在±5%以内和分辨率在±15%以内与表中所给的值一致,也可使用其他值的固有过滤。④HVL$_1$ 和 HVL$_2$ 在距离焦斑 1 m 测量。

表 7.15　宽谱系列的特性

平均能量	分辨率	管电压①	附加过滤② mm		HVL③	HVL②
keV	$R_E/(\%)$	kV	Sn	Cu	mm	mm
45	48	60		0.3	0.18	0.21
57	55	80		0.5	0.35	0.44
79	51	110		2.0	0.96	1.11
104	56	150	1.0		1.86	2.10
137	57	200	2.0		3.08	3.31
173	56	250	4.0		4.22	4.40
208	57	300	6.5		5.20	5.34

注：①管电压有负荷条件下测量。②对所有能量,总过滤包括附加上调整到 4 mm 铝的固定过滤。③HVL$_1$ 和 HVL$_2$ 在距离焦斑 1 m 测量。

表 7.16   高空气比释动能率系列的特性

管电压[①] kV	HVL₁[3)] mm	
	铝	铜
10	0.04	
20	0.11	
30	0.35	
60	2.4	0.077
100		0.29
200		1.7
250		2.5
280[③]		3.4
300		3.4

注:①管电压有负荷条件下测量。②HVL、在距离焦斑 1 m 测量。③这个参考辐射是作为 300 kV 产生的参考辐射的替代而引入的,在最大负荷进 X 射线机高压不能达到 300 kV 时使用。

(2)荧光 X 辐射。荧光参考辐射是利用 X 射线轰击某种材料(称为辐射体)使材料的原子激发,其退激发出的特征荧光射线。作为一级近似,它们的能量由 $K_{\alpha 1}$ 线给出,能量范围在 8.6 ~100 keV 之间。为了提高能谱纯度还可以在次级辐射(即荧光辐射)中加过滤器,其吸收缘在 K_{α} 和 K_{β} 线之间,以使 K_{β} 线的贡献可以忽略。表 7.17 给出了标准规定的辐射体和过滤及 $K_{\alpha 1}$ 能量。表 7.18 是 10 mA 初级辐射管电流在离辐射体 30 cm 处产生的荧光辐射和外部辐射空气比释动能率举例。

表 7.17   K 荧光参考辐射所用辐射体和过滤器

序号	理论能量 $K_{\alpha 1}$/keV	辐射体			管电压[①] kV	总初级过滤	次级过滤	
		元素	推荐的化学形态	面质量厚度 g·cm⁻²		最小面质量厚度 g·cm⁻²	化学形态	面质量厚度 g·cm⁻²
1	9.89	锗	GeO_2	0.180	60	Al 0.135	GdO	0.200[②]
2	15.8	锆	Zr	0.180	80	Al 0.27	$SrCO_3$	0.053
3	23.2	镉	Cd	0.150	100	Al 0.27	Ag	0.053
4	31.0	铯	Cs_2SO_4	0.190	100	Al 0.27	TeO_2	0.132
5	40.1	钐	Sm_2O_3	0.175	120	Al 0.27	CeO_2	0.195
6	49.1	铒	Er_2O_3	0.230	120	Al 0.27	Gd_2O_3	0.263
7	59.3	钨	W	0.600	170	Al 0.27	Yb_2O_3	0.358
8	68.8	金	Au	0.600	170	Al 0.27	W	0.433
9	75.0	铅	Pb	0.700	190	Al 0.27	Au	0.476
10	98.0	铀	U	0.800	210	Al 0.27	Th	0.776

续 表

| 序号 | 理论能量 K_{a1}/keV | 辐射体 | | | 管电压 kV | 总初级过滤 | 次级过滤 | |
		元素	推荐的化学形态	面质量厚度 g·cm⁻²		最小面质量厚度 g·cm⁻²	化学形态	面质量厚度 g·cm⁻²
11	8.64	锌	Zn	0.180	50	Al 0.135	Cu	0.020
12	17.5	钼	Mo	0.150	80	Al 0.27	Zr	0.035
13	25.3	锡	Sn	0.150	100	Al 0.27	Ag	0.071
14	37.4	钕③	Nd	0.150	110	Al 0.27	Ce②	0.132
15	49.1	铒	Er	0.200	12	Al 0.27	Gd	0.233
16	59.3	钨	W	0.600	170	Al 0.27	Yb	0.322

注:对于序号 1～10 的辐射,辐射体和过滤器或由金属箔组成的或由适当的化合物组成。也可使用覆盖相同能量范围但只由金属辐射体和过滤器的另一组辐射,它们是由 11～16 号辐射体和过滤器代替 1～7 号辐射体和其余 8～10 号辐射体组成。①产生最纯参考辐射的最佳管电压。这个管电压是相应辐射体 K 吸收缘能量的近似两倍。如果需要较高的空气比释动率,可以使用较高的管电压,但这会导致较低辐射纯度。②这些金箔应很好地密封以防止氧化。③数值只适用于钆。

表 7.18 10 mA 初级辐射管电流在离辐射体 30 cm 处产生的荧光辐射和外部辐射空气比释动能率

荧光能量 keV	离辐射体 30 cm 处空气比释动能率 mGy·h⁻¹	外部辐射空气比释动能率 (%)
10～25	60～130	≤10
25～98.4	26～60	≤10

注:外部辐射贡献=[(外部辐射空气比释动能率)/(K_a 辐射空气比释动能率＋外部辐射空气比释动能率)]×100%

荧光 X 射线装置如图 7.21 所示。主要考虑的是,为减少初级辐射的散射辐射的影响,使辐射体相对于初级辐射成 45°±5°,并在初级辐射的 90°方向上引出荧光辐射。还可以进一步在次级辐射上加光阑或 X 射线屏。检验点到辐射体的距离应与要求的空气比释动能率相适应,一般不大于 1 m;同时可通过控制初级束的管电流和光阑直径来改变剂量率。散射辐射应控制在荧光辐射空气比释动能率的 5% 以内。使用移出实验检验,即在离开束中心两个半径加上半影区距离上空气比释动能率应不超过束中心空气的比释动能率的确 5%。还应注意,最低能量的荧光辐射(Ge 和 Zn)不适宜深部剂量较准,这主要是初级辐射的散射影响可能很大的原因。

(3)放射性核素 γ 辐射。放射性核素 γ 辐射主要

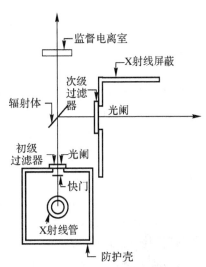

图 7.21 荧光 X 射线装置

有三种核素：^{60}Co，^{137}Cs 和 ^{241}Am。它们的特性列于表 7.19 中。对放射性核素 γ 辐射而言，可以采用非准直设计和准直设计。对于非准直设计，要求房间足够大，大于 $4 \times 4 \times 3$ m^3，放射源应以低原子序数物质支撑在房间一半高度上，检验点到源的距离一般为 $30 \sim 130$ cm，保证各检验点的剂量率偏离反平方率不超过 5%。国际化标准化组织推荐的准直器准直设计图如图 7.22 所示。在设计中应保证，容器的厚度足够大使泄漏辐射在检验点的剂量贡献小于检验点剂量率的 0.1%；源周围应有足够大散射腔，采用隔板式去散射光阑（材料为钨合金），并在输出口上加一个 5 mm 厚石墨或纯铝盲板，以尽量减少散射辐射对检验点的剂量率贡献。为了扩展剂量率范围，除使用多个不同强度的源外，允许在接近光阑位置上使用铅减弱器，但这种减弱最多不超过 6 个量级。同样，要求各检验点散射贡献不应超过总剂量率的 5%，可以通过在 5% 以内服从反平方律和移出实验检验。在整个探测器体积上的剂量率变化也不超过 5%。

表 7.19　放射性核素特性

放射性核素	辐射能量 keV	半衰期 d	空气比释动能率常数 $\mu Gy \cdot h^{-1} \cdot m^2 \cdot MBq^{-1}$
^{60}Co	1 173.3 1332.5	1 925.5	0.31
^{137}Cs	661.6	11 050	0.079
^{241}Am	59.54	157 788	0.003 1

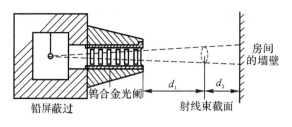

图 7.22　国际化标准化组织推荐的准直器准直设计实例

其中：射线束截面必须大于被照射的探测器；距离 d_1 必须大于或等于 30 cm；距离 d_2 必须足够大，使得在不同的实验距离下，与源包壳无关的散射贡献不超过总照射剂量率的确 5%。

2. 参考辐射剂量测量与剂量仪表校准

（1）参考辐射剂量测量。关于作为标准参考辐射的剂量测量，国际标准化组织（ISO）推荐了相关的标准仪器、测量方法和程序。

测量参考辐射用的仪器必须是次级标准仪器或其他合适的标准仪器，通常是由电离室和测量系统组成。校准时应满足所要求的具体内容。如标准仪器的使用、能量响应特性、稳定性检查、预热和响应时间、电离室倾斜、漏电测量、零点调整、标准电离室的方位、电离室支架和杆的散射、测量的修正等。必须在准备使用的量程和参考辐射的能量范围上进行校准。两次校准的时间间隔应遵守规定。

参考辐射剂量测量的不确定度有下述两个部分组成：①次级标准仪器校准不确定度，包括基准量测量的不确定度和将基准量传递到次级标准的不确定度；②标准仪器及其应用到参考辐射测量时的不确定度。

（2）场所仪表校准。场所仪表包括可携带式和固定式场所仪器，它们的校准应以剂量当量和定向剂量当量作为校准量在自由空气中进行。场所仪表校准按国定检定规程以及规定的校准程序进行。校准和响应的确定应在标准检验条件下进行，其结果应修正到参考条件。表7.20 和表7.21 分别给出了辐射量和非辐射量参考条件和标准检验条件。但在计算时应将被测量约定真值乘以相应的转换系数，即由 $N_A M_A$ 改为 $h_K^*(E,\alpha)N_A M_A$ 和定向剂量当量 $h_K{}'(E,\alpha)N_A M_A$。表7.22～表7.37 给出了 GB 12162 列出的空气比释动能到剂量当量的转换系数。

表 7.20　辐射学参量的参考条件和标准检验条件

影响量	参考条件	标准检验条件
光子能量	^{137}Cs	^{137}Cs
辐射入射角度	参考取向	参考取向±5°
放射性核素沾污	可忽略	可忽略
辐射本底	周围剂量当量率 $H^*(10) \leqslant 0.1\ \mu\text{Sv} \cdot \text{h}^{-1}$	周围剂量当量率 $H^*(10) < 0.25\ \mu\text{Sv} \cdot \text{h}^{-1}$

表 7.21　非辐射量的参考条件和标准检验条件

影响量	参考条件	标准检验条件
环境温度	20℃	18～22℃
相对湿度	65%	50%～75%
大气压强	101.3 kPa	86～106 Pa
稳定时间	15 min	＞15 min
供电电压	标称供电电压	标称供电电压±3%
频　率	标称频率	标称频率±1%
A.C.供电	正弦	正弦:总谐波失真小于5%
外部电磁场	可忽略	小于引起干扰的最小值
外部磁场感应	可忽略	小于地磁感应的两倍
装置控制	建立正常工作	建立正常工作

表 7.22　对单能平行辐射(扩展齐向场)ICRU 球
由空气比释动能 K_a 到周围剂量当量 $H^*(10)$ 的转换系数 $h_K^*(10)$

能量/keV	10	15	20	30	40	50	60	80
$h_K^*(10)/(\text{Sv} \cdot \text{Gy}^{-1})$	0.008	0.26	0.61	1.10	1.47	1.67	1.74	1.72
能量/keV	100	150	200	300	400	500	600	800
$h_K^*(10)/(\text{Sv} \cdot \text{Gy}^{-1})$	1.65	1.49	1.40	1.31	1.26	1.23	1.21	1.19
能量/keV	1 000	1 500	2 000	3 000	4 000	5 000	6 000	8 000
$h_K^*(10)/(\text{Sv} \cdot \text{Gy}^{-1})$	1.17	1.15	1.14	1.13	1.12	1.11	1.11	1.11

表 7.23　荧光辐射(扩展齐向场)和 ICRU 球

由空气比释动能 K_a 到周围剂量当量 $H^*(10)$ 的转换系数 $h_K^*(10,F)$ (参考照射距离 2m)

辐射质	照射距离/m	$h_K^*(10,F)$/Sv·Gy^{-1}
$F-Zr$	1.0~2.0	0.32
$F-Mo$	1.0~2.0	0.44
$F-Cd$	1.0~2.0	0.80
$F-Sn$	1.0~3.0	0.91
$F-Cs$	1.0~3.0	1.14
$F-Nd$	1.0~3.0	1.39
$F-Sm$	1.0~3.0	1.47
$F-Er$	1.0~3.0	1.65
$F-W$	1.0~3.0	1.74
$F-Au$	1.0~3.0	1.75
$F-Pb$	1.0~3.0	1.74
$F-U$	1.0~3.0	1.65

表 7.24　低空气比释动能率辐射(扩展齐向场)和 ICRU 球

由空气比释动能 K_a 到周围剂量当量 $H^*(10)$ 的转换系数 $h_K^*(10,L)$ (参考距离 2m)

辐射质	照射距离/m	$h_K^*(10,F)$/(Sv·Gy^{-1})
$L-20$	1.0~2.0	0.37
$L-30$	1.0~2.0	0.90
$L-35$	1.0~2.0	1.08
$L-55$	1.0~3.0	1.61
$L-70$	1.0~3.0	1.73
$L-100$	1.0~3.0	1.69
$L-125$	1.0~3.0	1.61
$L-170$	1.0~3.0	1.50
$L-210$	1.0~3.0	1.42
$L-240$	1.0~3.0	1.38

表 7.25　窄谱辐射(扩展齐向场)和 ICRU 球

由空气比释动能 K_a 到周围剂量当量 $H^*(10)$ 的转换系数 $h_K^*(10,N)$(参考照射距离 2m)

辐射质	照射距离/m	$h_K^*(10,F)/(Sv \cdot Gy^{-1})$
$N-25$	$1.0 \sim 2.0$	0.52
$N-30$	$1.0 \sim 2.0$	0.80
$N-40$	$1.0 \sim 3.0$	1.18
$N-60$	$1.0 \sim 3.0$	1.59
$N-80$	$1.0 \sim 3.0$	1.73
$N-100$	$1.0 \sim 3.0$	1.71
$N-120$	$1.0 \sim 3.0$	1.64
$N-150$	$1.0 \sim 3.0$	1.58
$N-200$	$1.0 \sim 3.0$	1.46
$N-250$	$1.0 \sim 3.0$	1.39
$N-300$	$1.0 \sim 3.0$	1.35

表 7.26　宽谱辐射(扩展齐向场)和 ICRU 球

由空气比释动能 K_a 到周围剂量当量 $H^*(10)$ 的转换系数 $h_K^*(10,W)$(参考照射距离 2 m)

辐射质	照射距离/m	$h_K^*(10,F)/(Sv \cdot Gy^{-1})$
$W-60$	$1.0 \sim 3.0$	1.49
$W-80$	$1.0 \sim 3.0$	1.66
$W-110$	$1.0 \sim 3.0$	1.71
$W-150$	$1.0 \sim 3.0$	1.62
$W-200$	$1.0 \sim 3.0$	1.52
$W-250$	$1.0 \sim 3.0$	1.44
$W-300$	$1.0 \sim 3.0$	1.39

表 7.27　高空气比释动能率辐射(扩展齐向场)和 ICRU 球

由空气比释动能 K_a 到周围剂量当量 $H^*(10)$ 的转换系数 $h_K^*(10,H)$(参考照射距离 2m)

辐射质	照射距离/m	$h_K^*(10,F)/(Sv \cdot Gy^{-1})$
$H-60$	$1.0 \sim 3.0$	1.15
$H-100$	$1.0 \sim 3.0$	1.57
$H-200$	$1.0 \sim 3.0$	1.61
$H-250$	$1.0 \sim 3.0$	1.54
$H-280$	$1.0 \sim 3.0$	1.49
$H-300$	$1.0 \sim 3.0$	1.48

表 7.28　γ 辐射(扩展齐向场)和 ICRU 球
由空气比释动能 K_a 到周围剂量当量 $H^*(10)$ 的转换系数
$h_K^*(10,S)$ 和 $h_K^*(10,R)$（参考照射距离 2 m）

辐射质	照射距离/m	建立层厚度/m	K_{PMMA}	$h_K^*(10,F)/(Sv \cdot Gy^{-1})$
S—Sm	1.0~2.0			1.74
S—Cs	1.0~3.0	2	1.00	1.20
S—Co	1.0~3.0	4	1.00	1.16
R—C	1.0~3.0	25	0.94	1.12
R—F	1.0~3.0	25	0.94	1.11
R—Ti	1.0~3.0	25	0.94	1.11
R—Ni	1.0~3.0	25	0.94	1.11
R—O	1.0~3.0	25	0.94	1.11

表 7.29　对单能平行光子辐射和板模球
由空气比释动能 K_a 到个人剂量当量 $H_p(10)$ 的转换系数
$h_{pK}(10,E,\alpha)$（参考照射距离 2 m）

光子能量 keV	$h_{pK}(10,E,\alpha)/(Sv \cdot Gy^{-1})$									
	0°	10°	20°	30°	40°	45°	50°	60°	70°	80°
10	0.01	0.01	0.01	0.00	0.00	0.00	0.00	0.00	0.00	0.00
12.5	0.10	0.09	0.09	0.07	0.05	0.04	0.03	0.01	0.00	0.00
15	0.26	0.26	0.25	0.22	0.18	0.15	0.12	0.07	0.02	0.00
20	0.61	0.61	0.59	0.56	0.50	0.47	0.42	0.32	0.17	0.04
30	1.11	1.10	1.09	1.06	1.00	0.96	0.92	0.80	0.60	0.28
40	1.49	1.48	1.46	1.43	1.37	1.33	1.28	1.13	0.91	0.50
50	1.77	1.75	1.74	1.70	1.63	1.57	1.52	1.38	1.13	0.67
60	1.89	1.88	1.86	1.83	1.77	1.72	1.66	1.50	1.25	0.79
80	1.90	1.90	1.88	1.85	1.78	1.75	1.69	1.54	1.32	0.86
100	1.81	1.80	1.79	1.76	1.72	1.68	1.64	1.51	1.28	0.87
125	1.70	1.69	1.69	1.66	1.62	1.59	1.56	1.45	1.26	0.86
150	1.61	1.60	1.60	1.58	1.54	1.52	1.49	1.40	1.24	0.86
200	1.49	1.49	1.49	1.48	1.45	1.43	1.41	1.34	1.21	0.87
300	1.37	1.37	1.37	1.36	1.36	1.35	1.33	1.27	1.17	0.87

续 表

光子能量 keV	$h_{pK}(10,E,\alpha)/(\text{Sv}\cdot\text{Gy}^{-1})$									
	0°	10°	20°	30°	40°	45°	50°	60°	70°	80°
400	1.30	1.30	1.30	1.30	1.29	1.29	1.28	1.24	1.16	0.89
500	1.26	1.26	1.26	1.26	1.26	1.26	1.25	1.22	1.15	0.90
600	1.23	1.23	1.23	1.23	1.23	1.23	1.23	1.20	1.14	0.92
800	1.19	1.19	1.19	1.19	1.20	1.20	1.20	1.17	1.13	0.93
1 000	1.17	1.17	1.17	1.16	1.17	1.18	1.17	1.15	1.12	0.95
1 250	1.15	1.15	1.15	1.15	1.16	1.16	1.16	1.14	1.12	0.96
1 500	1.14	1.14	1.14	1.14	1.14	1.15	1.15	1.14	1.12	0.97
3 000	1.12	1.12	1.13	1.13	1.12	1.12	1.12	1.12	1.10	1.00
6 000	1.11	1.11	1.11	1.11	1.10	1.10	1.10	1.11	1.12	1.06
10 000	1.11	1.11	1.11	1.11	1.10	1.10	1.10	1.10	1.09	1.05

表 7.30　荧光辐射和板模
由空气比释动能 K_a 到个人剂量当量 $H_p(10)$ 的转换系数
$h_{pK}(10,F,\alpha)$（参考照射距离 2 m）

辐射质	照射距离 m	d_F cm	$h_{pK}(10,E,\alpha)/(\text{Sv}\cdot\text{Gy}^{-1})$									
			0°	10°	20°	30°	40°	45°	50°	60°	70°	80°
$F-\text{Zr}$	1.0～2.0	25	0.32	0.32	0.30	0.27	0.23	0.20	0.16	0.10	0.04	0.00
$F-\text{Mo}$	1.0～2.0	25	0.44	0.44	0.42	0.39	0.34	0.31	0.27	0.19	0.08	0.01
$F-\text{Cd}$	1.0～2.0	20	0.79	0.78	0.77	0.74	0.68	0.65	0.60	0.48	0.31	0.11
$F-\text{Sn}$	1.0～3.0	20	0.89	0.88	0.87	0.84	0.78	0.75	0.70	0.58	0.40	0.16
$F-\text{Cs}$	1.0～3.0	16	1.15	1.14	1.13	1.10	1.04	1.00	0.96	0.84	0.64	0.30
$F-\text{Nd}$	1.0～3.0	13	1.40	1.39	1.37	1.34	1.29	1.25	1.20	1.06	0.84	0.45
$F-\text{Sm}$	1.0～3.0	12	1.49	1.48	1.46	1.43	1.37	1.33	1.28	1.13	0.91	0.50
$F-\text{Er}$	1.0～3.0	11	1.75	1.73	1.72	1.68	1.61	1.55	1.50	1.36	1.11	0.66
$F-\text{W}$	1.0～3.0	11	1.89	1.88	1.86	1.82	1.76	1.71	1.65	1.50	1.24	0.78
$F-\text{Au}$	1.0～3.0	11	1.90	1.89	1.88	1.86	1.78	1.74	1.68	1.53	1.29	0.83
$F-\text{Pb}$	1.0～3.0	11	1.90	1.90	1.88	1.86	1.78	1.75	1.69	1.54	1.31	0.85
$F-\text{U}$	1.0～3.0	11	1.82	1.81	1.80	1.77	1.72	1.69	1.65	1.51	1.29	0.87

表 7.31　低空气比释动能辐射和板模

由空气比释动能 K_a 到个人剂量当量 $H_p(10)$ 的转换系数

$h_{pK}(10,L,\alpha)$（参考照射距离 2m）

辐射质	照射距离	d_F	$h_{pK}(10,E,\alpha)/(\mathrm{Sv \cdot Gy^{-1}})$									
	m	cm	0°	10°	20°	30°	40°	45°	50°	60°	70°	80°
$L-20$	1.0~2.0	25	0.37	0.37	0.36	0.33	0.28	0.25	0.22	0.15	0.06	0.01
$L-30$	1.0~3.0	18	0.91	0.90	0.89	0.86	0.79	0.76	0.71	0.60	0.41	0.17
$L-35$	1.0~3.0	16	1.09	1.08	1.07	1.04	0.98	0.94	0.90	0.77	0.58	0.27
$L-55$	1.0~3.0	11	1.67	1.66	1.65	1.61	1.54	1.49	1.44	1.29	1.06	0.61
$L-70$	1.0~3.0	11	1.87	1.86	1.84	1.81	1.75	1.70	1.64	1.49	1.24	0.78
$L-100$	1.0~3.0	11	1.87	1.87	1.85	1.81	1.76	1.73	1.67	1.53	1.31	0.86
$L-125$	1.0~3.0	11	1.77	1.76	1.75	1.72	1.68	1.65	1.61	1.49	1.27	0.87
$L-170$	1.0~3.0	12	1.62	1.61	1.61	1.59	1.55	1.53	1.50	1.41	1.24	0.86
$L-210$	1.0~3.0	12	1.52	1.52	1.52	1.51	1.47	1.45	1.43	1.36	1.22	0.87
$L-240$	1.0~3.0	13	1.47	1.47	1.47	1.46	1.44	1.42	1.40	1.33	1.20	0.87

表 7.32　窄谱辐射和板模

由空气比释动能 K_a 到个人剂量当量 $H_p(10)$ 的转换系数

$h_{pK}(10,N,\alpha)$（参考照射距离 2m）

辐射质	照射距离	d_F	$h_{pK}(10,E,\alpha)/(\mathrm{Sv \cdot Gy^{-1}})$									
	m	cm	0°	10°	20°	30°	40°	45°	50°	60°	70°	80°
$N-15$	1.0~2.0	25	0.06	0.06	0.06	0.04	0.03	0.03	0.02	0.01	0.00	0.00
$N-20$	1.0~2.0	25	0.27	0.27	0.26	0.23	0.20	0.17	0.15	0.09	0.04	0.00
$N-25$	1.0~3.0	23	0.55	0.55	0.53	0.50	0.44	0.41	0.37	0.28	0.15	0.04
$N-30$	1.0~3.0	20	0.79	0.78	0.77	0.74	0.68	0.65	0.60	0.49	0.32	0.12
$N-40$	1.0~3.0	16	1.17	1.16	1.15	1.12	1.06	1.02	0.98	0.85	0.65	0.32
$N-60$	1.0~3.0	11	1.65	1.64	1.62	1.59	1.52	1.47	1.42	1.27	1.04	0.60
$N-80$	1.0~3.0	11	1.88	1.87	1.86	1.83	1.76	1.71	1.66	1.50	1.26	0.80
$N-100$	1.0~3.0	11	1.88	1.88	1.86	1.82	1.76	1.73	1.68	1.53	1.31	0.86
$N-120$	1.0~3.0	11	1.81	1.80	1.79	1.76	1.71	1.68	1.64	1.51	1.28	0.87
$N-150$	1.0~3.0	11	1.73	1.72	1.71	1.68	1.64	1.61	1.58	1.46	1.26	0.86
$N-200$	1.0~3.0	12	1.57	1.56	1.56	1.55	1.51	1.49	1.46	1.38	1.23	0.86
$N-250$	1.0~3.0	13	1.48	1.48	1.48	1.47	1.44	1.42	1.40	1.33	1.21	0.87
$N-300$	1.0~3.0	15	1.42	1.42	1.42	1.41	1.40	1.38	1.36	1.30	1.19	0.87

表 7.33　宽谱辐射和板模
由空气比释动能 K_a 到个人剂量当量 $H_p(10)$ 的转换系数
$h_{pK}(10,W,\alpha)$（参考照射距离 2 m）

辐射质	照射距离 m	d_F cm	$h_{pK}(10,E,\alpha)/(\mathrm{Sv\cdot Gy^{-1}})$									
			0°	10°	20°	30°	40°	45°	50°	60°	70°	80°
$W-60$	1.0～3.0	11	1.55	1.53	1.52	1.49	1.42	1.37	1.33	1.18	0.95	0.54
$W-80$	1.0～3.0	11	1.77	1.76	1.74	1.71	1.65	1.60	1.54	1.39	1.15	0.70
$W-110$	1.0～3.0	11	1.87	1.86	1.85	1.82	1.76	1.72	1.67	1.52	1.29	0.84
$W-150$	1.0～3.0	11	1.77	1.77	1.76	1.73	1.68	1.65	1.61	1.49	1.28	0.86
$W-200$	1.0～3.0	12	1.65	1.64	1.64	1.61	1.57	1.55	1.52	1.42	1.25	0.86
$W-250$	1.0～3.0	13	1.54	1.54	1.54	1.52	1.49	1.47	1.44	1.36	1.22	0.87
$W-300$	1.0～3.0	14	1.47	1.47	1.47	1.46	1.44	1.42	1.40	1.33	1.20	0.87

表 7.34　高空气比释动能率辐射和板模
由空气比释动能 K_a 到个人剂量当量 $H_p(10)$ 的转换系数
$h_{pK}(10,H,\alpha)$（参考照射距离 2m）

辐射质	照射距离 m	d_F cm	$h_{pK}(10,E,\alpha)/(\mathrm{Sv\cdot Gy^{-1}})$									
			0°	10°	20°	30°	40°	45°	50°	60°	70°	80°
$H-30$	1.0～3.0	20	0.39	0.39	0.38	0.36	0.32	0.29	0.26	0.20	0.11	0.03
$H-60$	1.0～3.0	12	1.19	1.18	1.17	1.13	1.07	1.03	0.99	0.86	0.66	0.33
$H-100$	1.0～3.0	12	1.68	1.67	1.65	1.62	1.56	1.51	1.46	1.31	1.08	0.65
$H-200$	1.0～3.0	12	1.75	1.74	1.73	1.71	1.66	1.62	1.58	1.46	1.26	0.85
$H-250$	1.0～3.0	14	1.67	1.66	1.66	1.64	1.59	1.57	1.53	1.43	1.25	0.86
$H-280$	1.0～3.0	14	1.60	1.59	1.59	1.57	1.54	1.51	1.48	1.39	1.23	0.86
$H-300$	1.0～3.0	15	1.59	1.59	1.58	1.57	1.53	1.51	1.48	1.39	1.23	0.86

表 7.35　γ 辐射和板模
由空气比释动能 K_a 到个人剂量当量 $H_p(10)$ 的转换系数
$h_{pK}(10,S,\alpha)$ 和 $h_{pK}(10,R,\alpha)$（参考照射距离 2m）

辐射质	照射距离 m	d_F cm	$h_{pK}(10,E,\alpha)/(\mathrm{Sv\cdot Gy^{-1}})$									
			0°	10°	20°	30°	40°	45°	50°	60°	70°	80°
$S-Sm$	2.0～3.0	11	1.89	1.88	1.86	1.83	1.77	1.72	1.66	1.50	1.25	0.79
$S-Cs$	1.5～4.0	15	1.21	1.22	1.22	1.22	1.22	1.22	1.22	1.19	1.14	0.92
$S-Co$	1.5～4.0	15	1.15	1.15	1.15	1.15	1.16	1.16	1.16	1.14	1.12	0.96
$R-C$	1.0～5.0	15	1.11	1.11	1.12	1.12	1.11	1.11	1.11	1.11	1.10	1.03
$R-F$	1.0～5.0	15	1.12	1.12	1.12	1.11	1.11	1.11	1.11	1.12	1.13	1.07
$R-Ti$	1.0～5.0	15	1.11	1.11	1.11	1.11	1.10	1.11	1.11	1.11	1.12	1.05
$R-Ni$	1.0～5.0	15	1.11	1.11	1.11	1.11	1.10	1.10	1.10	1.11	1.12	1.06
$R-O$	1.0～5.0	15	1.12	1.12	1.12	1.11	1.11	1.11	1.11	1.12	1.13	1.07

表 7.36　荧光辐射、^{241}Am 和板模

由空气比释动能 K_a 到个人剂量当量 $H_p(0.07)$ 的转换系数 $h_{pK}(0.07,F,\alpha)$ 和 $h_{pK}(10,S,\alpha)$（参考照射距离 2m）

辐射质	照射距离	d_F	$h_{pK}(10,E,\alpha)/(Sv\cdot Gy^{-1})$									
	m	cm	0°	10°	20°	30°	40°	45°	50°	60°	70°	80°
$F-Zr$	1.0~2.0	25	0.93	0.93	0.92	0.92	0.92	0.92	0.91	0.88	0.85	0.72
$F-Ge$	1.0~2.0	25	0.95	0.94	0.94	0.94	0.94	0.94	0.93	0.91	0.89	0.80
$F-Zr$	1.0~2.0	25	0.99	0.99	0.99	0.99	0.99	0.99	0.98	0.98	0.96	0.92
$F-Mo$	1.0~2.0	25	1.01	1.01	1.01	1.01	1.00	1.00	1.00	1.00	0.98	0.94
$F-Cd$	1.0~2.0	20	1.09	1.10	1.10	1.10	1.09	1.08	1.08	1.07	1.05	1.00
$F-Sn$	1.0~2.0	20	1.14	1.14	1.14	1.14	1.12	1.12	1.11	1.09	1.07	1.01
$F-Cs$	1.0~2.0	16	1.25	1.24	1.24	1.24	1.22	1.22	1.21	1.18	1.14	1.08
$F-Nd$	1.0~2.0	13	1.39	1.38	1.37	1.38	1.36	1.34	1.33	1.29	1.24	1.15
$F-Sm$	1.0~2.0	12	1.44	1.44	1.43	1.43	1.41	1.39	1.38	1.33	1.28	1.18
$F-Er$	1.0~2.0	11	1.62	1.62	1.61	1.59	1.56	1.55	1.53	1.47	1.39	1.27
$F-W$	1.0~2.0	11	1.72	1.71	1.70	1.69	1.66	1.65	1.63	1.57	1.49	1.36
$F-Au$	1.0~2.0	11	1.73	1.72	1.72	1.72	1.68	1.67	1.65	1.60	1.52	1.40
$F-Pb$	1.0~2.0	11	1.73	1.72	1.72	1.72	1.69	1.67	1.66	1.61	1.53	1.41
$F-U$	1.0~2.0	11	1.68	1.66	1.66	1.66	1.64	1.63	1.62	1.58	1.52	1.43
$F-Am$	1.0~2.0	11	1.72	1.71	1.70	1.69	1.66	1.65	1.63	1.57	1.49	1.36

表 7.37　窄谱辐射和板模

由空气比释动能 K_a 到个人剂量当量 $H_p(0.07)$ 的转换系数 $h_{pK}(0.07,N,\alpha)$（参考照射距离 2m）

辐射质	照射距离	d_F	$h_{pK}(10,E,\alpha)/(Sv\cdot Gy^{-1})$									
	m	cm	0°	10°	20°	30°	40°	45°	50°	60°	70°	80°
$N-10$	1.0~2.0	25	0.91	0.91	0.90	0.90	0.89	0.88	0.87	0.84	0.79	0.63
$N-15$	1.0~2.0	25	0.96	0.95	0.95	0.95	0.95	0.95	0.94	0.93	0.91	0.84
$N-20$	1.0~2.0	25	0.98	0.98	0.98	0.98	0.98	0.98	0.97	0.97	0.95	0.91
$N-25$	1.0~2.0	23	1.03	1.03	1.03	1.03	1.02	1.02	1.02	1.02	1.00	0.96
$N-30$	1.0~2.0	20	1.10	1.10	1.10	1.10	1.09	1.09	1.08	1.07	1.05	1.00
$N-40$	1.0~3.0	16	1.27	1.26	1.26	1.26	1.24	1.23	1.22	1.19	1.16	1.09
$N-60$	1.0~3.0	11	1.55	1.55	1.54	1.53	1.50	1.49	1.47	1.42	1.35	1.24
$N-80$	1.0~3.0	11	1.72	1.71	1.70	1.70	1.66	1.65	1.63	1.58	1.50	1.37
$N-100$	1.0~3.0	11	1.72	1.70	1.70	1.70	1.68	1.66	1.65	1.60	1.53	1.42
$N-120$	1.0~3.0	11	1.67	1.66	1.66	1.65	1.63	1.62	1.61	1.58	1.52	1.43
$N-150$	1.0~3.0	11	1.61	1.60	1.60	1.60	1.58	1.58	1.57	1.54	1.50	1.42
$N-200$	1.0~3.0	12	1.49	1.49	1.49	1.49	1.49	1.49	1.48	1.46	1.45	1.40
$N-250$	1.0~3.0	13	1.42	1.42	1.42	1.42	1.43	1.43	1.44	1.43	1.42	1.37
$N-300$	1.0~3.0	15	1.38	1.38	1.38	1.38	1.40	1.40	1.41	1.40	1.40	1.36

（3）个人剂量计校准。个人剂量计包括全身和肢端剂量计，它们的校准应以个人剂量当量 $H_P(10)$ 为 $H_P(0.07)$ 为校准量按正常佩带方式固定在体模上进行。如图 7.23 所示是个人剂量计校准布置的示意图。

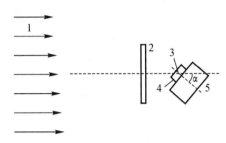

图 7.23　在 α 角度校准个人剂量计校准的示意图
1—窄平行束；　2—需要时的建立板；　3—参考点；　4—剂量计；　5—水板体模

体模应适合剂量计类型和测量深度。按通过的原则，0.07 mm 深度剂量只适用于肢端剂量计，对于指环剂量计应使用棒模，对于腕部和踝部使用的剂量计应使用柱模。它们分别是直径是 19 mm，长 300 mm 的有机玻璃（PMMA）棒和长为 300 mm 的内部充分的圆柱体，外径为 73 mm，壁厚 2.5 mm，端壁厚为 10 mm 由 PMMA 材料制成。对于佩带在身体上的个人剂量计使用正平行六边体充分体模，尺寸为 30 cm×30 cm×15 cm，壁材料为 PMMA，前壁为 2.5 mm，其他壁厚为 10 mm，称为 ISO 水板体模。但是，对于 ^{137}Cs 以上能量光子，可使用相同外形尺寸的 PMMA 板模代替。

校准时应按照剂量率要求选择距源合适距离上的检验点，并使辐射场足够大，能够照射整个体模的前表面。检验点的剂量率是经过标准仪器测量的，然后将剂量计的参考点置于检验点上，并使剂量计的参考方向与辐射入射方向平行。肢端剂量计以实际佩带方式敷在体模上。全身剂量计应放置在水板体模的前表面，其背面与体模接触。检验响应随辐射方向变化时（角响应）将体模与剂量计视为一个整体绕旋转轴旋转。计算时，检验点的基本量约定真值与转换系数 $h_{PK}(0.07)$ 和 $h_{PK}(10)$ 之积即为体模以下深度为 0.07 mm 和 10 mm 处的个人剂量当量约定真值；然后再与剂量计的读数相比较，确定剂量计的校准因子或响应。

7.6.3　β 射线防护仪器的校准

1. β 参考辐射

本小节介绍能量范围为 0.066～3.5 4 MeV 的 β 粒子发射核素辐射防护剂量学问题和其防护仪表校准。从辐射能量和剂量率考虑，国际标准和国家标准选择了适当稳定的 β 粒子发射核素作为 β 粒子辐射防护参考辐射。这些核素的特性如表 7.38 所示。

标准中规定了两个系列参考辐射。系列 I β 参考辐射由 ^{90}Sr＋^{90}Y，^{204}TI 和 ^{147}Pm 三种核素源产生，并另配有过滤展平器，使得在距离源规定距离上垂直于射线束轴线的一个较大面积范围内剂量率具有要求的均匀性，系列 I 产生的最大剂量率约为 5 mGy·h^{-1}。系列 II β 参考辐射由 ^{14}C，^{147}Pm，^{204}TI，^{90}Sr＋^{90}Y 和 ^{106}Ru＋^{106}Rh 五种核素源产生，不配过滤展平器。系列 II 辐射在距离源较近时，只在较小辐射场面积的剂量均匀，但它的优点是能量和剂量率范围都大于系列 I，最大剂量率可达 10 Gy·h^{-1}。系列 I 和系列 II 的 β 参考辐射规范分别列于表 7.39 和表 7.40。

表 7.38 β粒子发射核素特性

核素	半衰期	最大能量 keV	最大剩余能量 keV	平均能量 keV	光子辐射能量 keV
^{14}C	(5730 ± 40)a	156	90	40	
^{147}Pm	(958.2 ± 8)d	225	130	70	γ:121(0.01%) Sm X 射线:5.6~7.2;39.5~46.6
^{85}Kr	(3915 ± 3)d	687	475	270	γ:514(0.4%)
^{204}Tl	(1381 ± 8)d	763	530	270	Hg X 射线:9.96~17.8;68.9~82.5
$^{90}Sr+^{90}Y$	(10523 ± 35)d	2274	1800	800	
$^{106}Ru+^{106}Rh$	(373.6 ± 15)d	3541	2800	900	γ:(106Rh)—512(21%);616/622(11% 双线);873(0.4%);1050(1.5%);1130(0.4%);1560(0.15%)

注:①最大剩余能量是在校准距离上至少应达到最大能量。②^{204}Tl 由于半衰期短、生产困难、毒性较大,可用 ^{85}Kr 代替。

表 7.39 系列Ⅰβ参考辐射的参考源、校准距离和过滤器

核素	刻度距离 cm	源到过滤器距离 cm	过滤器材料和尺寸
^{147}Pm	20	10	外半径 5 cm,内半径 0.98 cm,厚度 14 mg·cm⁻² 的聚乙烯对苯二酸酯圆环
^{204}Tl	30	10	两个叠在一起的聚乙烯对苯二酸酯同心圆盘,一个圆盘半径 4 cm,厚度 7 mg·cm⁻²;另一个圆盘半径2.75 cm,厚度 25 mg·cm⁻²
$^{90}Sr+^{90}Y$	30	10	三个叠在一起的聚乙烯对苯二酸酯同心圆盘,厚度为 25 mg/cm⁻²,半径 2 cm,3 cm 和 5 cm

表 7.40 系列Ⅱβ参考辐射的参考源、活度和剂量率

核素	源特性		剂量率		
	标称活度 Bq	近似活性区面积 cm²	源表面的估计量 Gy·h⁻¹	在指定距离的典型值 距离 cm	剂量率 Gy·h⁻¹
^{14}C	10^6	9	0.06	5	0.006
^{147}Pm	10^8	25	3	20	0.003

续　表

核　素	源特性		剂量率		
	标称活度	近似活性区面积	源表面的估计量	在指定距离的典型值	
				距离	剂量率
	Bq	cm²	Gy·h⁻¹	cm	Gy·h⁻¹
²⁰⁴Tl	10⁸	14	10	50	0.003
⁹⁰Sr＋⁹⁰Y	10⁷	35	0.6	100	0.0001
¹⁰⁶Ru＋¹⁰⁶Rh	10⁸	1.5	6	100	0.001

2. β 参考辐射剂量测量与剂量仪表校准

(1)β 参考辐射剂量测量. β 参考辐射场的基本量是组织等效板模中定向吸收剂量(率),在参考辐射规定的能量范围内($0.066\sim3.54$ MeV)所涉及的是深度为 0.07 mm 的剂量学量.

β 参考辐射场的剂量测量使用外推电离室. 为保证辐射场检验点的吸收剂量能追溯到国家标准,必须使用传递标准,传递标准可以核素源或经检定的仪器.

(2)β 剂量仪表校准. 校准和响应的确定分三步:一是辐射场中检验点的组织等效板模中 0.07 mm 深度处组织吸收剂量的测定. 二是利用转换系数,将测得的组织吸收剂量导出所用照射几何条件下的适用量. 三是将受校准的仪表放置在适当的辐射场中检验点上确定其响应. 依剂量计的类型,可以是在自由空气中校准场所仪表,或在体模上校准个人剂量计.

源应从参考辐射中选择. 系列Ⅰ提供均匀的辐射场适用于面探测器校准或多个个人剂量计同时受照. 系列Ⅱ则提供更大范围的能量和剂量率、模体. ISO 规定的校准和确定个人剂量计响应的模体,即 ISO 水板体模、棒模和柱模,都可以使用. 但对 β 辐射 10 cm×10 cm× 5 cm 的 PMMA 板模可代替 ISO 水板体模. 表 7.41 给出了辐射量参考条件和标准检验条件. 在国家有关标准中,也给出了一些 β 源、板源由参考吸收剂量到个人剂量当量和定向剂量当量的转换系数,如表 7.42 所示.

表 7.41　辐射学参量的参考条件和标准检验条件

影响量	参考条件	标准检验条件
β 辐射场	⁹⁰Sr＋⁹⁰Y	⁹⁰Sr＋⁹⁰Y
体模(只对个人剂量计)	ICRU 组织制成的板模,30 cm×30 cm×15 cm(对全身剂量计)	ISO 板模:30 cm×30 cm×15 cm 充水模,其前壁(入射一边为 2.5 cm PMMA,其他壁为 10 cm PMMA)
辐射入射角	参考取向	参考取向±5°
放射性本底污染	可忽略	可忽略
辐射本底	$H*(10)<0.1\ \mu Sv\cdot h^{-1}$ $H'(0.07,\Omega)<0.1\ \mu Sv\cdot h^{-1}$	$H*(10)<0.25\ \mu Sv\cdot h^{-1}$ $H'(0.07,\Omega)<0.25\ \mu Sv\cdot h^{-1}$

表 7.42 一些 β 源和板模

由参考吸收剂量空气 D_a 到个人剂量当量 $H_p(0.07)$ 和

定向剂量当量 $H'(0.07)$ 的转换系数 $h_{pD}(0.07, 源, \alpha)$（参考照射距离 2m）

源	展平过滤器	距离 cm	$h_{pK}(10, E, \alpha)/(Sv \cdot Gy^{-1})$									
			0°	10°	20°	30°	40°	45°	50°	60°	70°	75°
$^{90}Sr + ^{90}Y$	有	30	1.00	1.01	1.02	1.06	1.10	1.12	1.14	1.14	1.01	0.86
$^{90}Sr + ^{90}Y$	无	20	1.00	1.01	1.03	1.06	1.11	1.14	1.17	1.21	1.12	
$^{90}Sr + ^{90}Y$	无	30	1.00	1.01	1.03	1.06	1.10	1.13	1.15	1.16	1.06	0.91
$^{90}Sr + ^{90}Y$	无	50	1.00	1.01	1.03	1.05	1.08	1.10	1.11	1.10	0.98	0.84
^{85}Kr	有	30	1.00	1.00	0.98	0.96	0.91	0.88	0.83	0.72	0.57	0.49
^{147}Pm	有	20	1.00	0.98	0.94	0.87	0.77	0.72	0.66	0.53		

7.6.4 中子测量仪表的检定

1. 中子 β 参考辐射

中子测量仪表的校准首先要有适当的中子源。表 7.43 给出了用于校准中子测量仪表的放射性核素中子参考辐射源。表中的 ^{252}Cf，其优点是能谱已知，几何尺寸小，可以近似点源，密封外壳所用材料少，可认为是各向同性的，γ 射线成分少，且可以获得足够大的源强，但不足是半衰期短，最多可用 10 年左右。$^{241}Am-Be$ 源优点是半期长，但不能做很强的源。目前，最强的 $^{241}Am-Be$ 中子源也只有 $5 \times 10^7 s^{-1}$。校准中子个人剂量计最好用重水慢化的 ^{252}Cf 中子源，尤其是校准反照率个人中子剂量计。表 7.44 给出了用于测定中子测量仪表能量响应的主要能量点及其产生方法。中子测量仪表校准用的中子源，其强度应可追溯到国家标准或国际标准，也就是要由经过认可的计量技术机构检定，各测量仪表的校准技术要根据国家的有关检定规程进行。如 GB/T 17437—1998 规定，对中子周围剂量当量测量仪主要用中子源强度已知的中子源来检定，所以该类仪表检定也使用中子源强度的检定系统（编号 JJG 2079—90），中子周围剂量当量测量仪属于工作计量器具，其测量不确定度规定为 10%。规程中也推荐了中子剂量-周围剂量当量转换系数。

表 7.43 用于校准中子测量仪表的放射性核素中子参考辐射源

源	半衰期 a	剂量当量平均能量 MeV	比源强 $s^{-1} \cdot kg^{-1}$	1 m 处的比中子剂量当量率[3] $Sv \cdot s^{-1} \cdot kg^{-1}$	1 m 处的比光子剂量当量率 $Sv \cdot s^{-1} \cdot kg^{-1}$
^{252}Cf[1]	2.65	2.4	2.4×10^{15}	6.5	0.314[5]
$^{252}Cf(\phi 30cm$ 重水慢化)[2]	2.65	2.2	2.1×10^{15}	1.5	0.25
	a	MeV	$s^{-1} \cdot Bq^{-1}$	$Sv \cdot s^{-1} \cdot Bq^{-1}$	$Sv \cdot s^{-1} \cdot Bq^{-1}$
$^{241}Am-Be$	432	4.4	6.6×10^{-5}	5×10^{-19}	1.9×10^{-19}
$^{241}Am-B$	432	2.8	1.6×10^{-5}	5×10^{-20}	1.9×10^{-19}

注：①源的不锈钢封壳约为 2.5 mm。②直径为 30 cm 的重水球，外包厚度为 1 mm 镉壳。③对于 ^{252}Cf 采用以源中锎的质量来表示，而对 ^{241}Am，则用其活度值表示。

表 7.44　用于测定中子测量仪表能量响应的主要能量点及其产生方法

中子能量/MeV	产生方法
2×10^{-8}	经充分慢化的反应堆或加速器产生的中子
0.0005	经水慢化的 Sb—Be(γ—n)放射性核素中子源
0.002	钪过滤的堆中子束或加速器通过^{45}Sc(p,n)^{45}Ti 反应产生的中子
0.021	Sb—Be(γ—n)放射性核素中子源
0.024	铁/铝过滤的堆中子束或加速器通过^{45}Sc(p,n)^{45}Ti 反应产生的中子
0.144	硅过滤的堆中子束或加速器用^{7}Li(p,n)^{7}Be 或^{3}H(p,n)^{3}He 反应产生的中子
0.25，0.565	用加速器通过^{7}Li(p,n)^{7}Be 或 T(p,n)^{3}He 反应产生的中子
1.2，2.5	用加速器通过 T(p,n)^{3}He 反应产生的中子
2.8，5.0	用加速器通过 D(d,n)^{3}He 反应产生的中子
14.8，19.0	用加速器通过 T(d,n)^{4}He 反应产生的中子

2. 中子剂量仪表校准设备及设施

(1)校准设备及设施。

中子源:放射性核素中子源的强度应追溯到国家标准或国际标准,即必须经过认可的计量技术机构的检定。为了减少中子发射的各向异性,源最好做成球形,若是贺柱形则最好是直径和高度近似相同。校准是源要尽量位于房间的中心,周围不应放无关物品,更不能用屏蔽包围中子源。对测量仪器响应的线性范围检验,剂量当量率的变化应超过三个量级。

照射装置:源与探测器的支架,主要用于定位,便于准确测定源与仪器中心的距离。支架应刚性好,材料尽量少,不要含氢材料,便于调整距离。

照射实验室:室散射中子对仪表读数的影响随房间大小、形状、结构和材料而变化,实验室应使散射尽可能低。但任何情况下,散射本底的贡献使校准仪表在该点处的读数增加值不得大于 40%。一般实验室内墙之间尺寸应大于 6 m。

影锥:应根据源和探测器的大小以及两者间距离选择合适的影锥大小。影锥对直接中了的透过率必须可以忽略。锥的锥度应使张角大于被检仪表的立体角,但不大于这个立体角的两倍。锥的设计和使用应达到总散射中子的测量不确定度小 3%。

(2)校准方法。中子测量仪表从用途分有辐射场的监测和个人剂量监测。场所监测现在常给出周围剂量当量,这类仪表应在自由空气中进行;个人剂量计的校准则要用适当的体模进行。根据 GB/T117437—1998 规定,常规校准用的体模尺寸至少为 30 cm×30 cm×15 cm 的有机玻璃水箱,30 cm×30 cm 的平面垂直于中子束的轴线,有机玻璃厚度除前壁为 2.5 mm,其他壁厚为 10 mm,体模表面到源中心的距离(l)推荐为 75 cm。如果几个剂量计同时照射,则应做距离反方修正,且剂量计对中子灵敏部分离体模边缘不得小于 10 cm。

校准具体过程是,将中子源尽量放置于检定房间中心。将受检仪器置于固定支架上,被检仪表的参考点置于实验点处,且保证被检仪表的取向与入射中子束方向相一致。读出仪表的批示值,一般在每个位置上读数不少于 5 次,每次时间间隔至少应大于仪器响应时间常数的 3 倍,计算读出数据的平均值。根据散射中子修正方法,扣除散射中子对仪表读数的贡献,求出中子源直接发出的中子引起的仪表的读数。根据已知中子源强度求出试验点处中子注量或剂量当量的约定真值,即可确定仪表的校准因子。对中子剂量仪表的常规检定包括线仪器与剂量当量的线性检查、校准因子的确定、相对基本误差的确定、重复性测定。这些内容在此一一叙述。

在实际工作中,通常是根据注量来确定中子周围剂量当量和个人剂量当量。表 7.45～表 7.48 分别表示了中子注量到周围剂量当量和个人剂量当量的转换系数。这种方法也可以是计算中子剂量的一种实用方法。

表 7.45　中子对单能平行中子辐射(齐向扩展场)中子注量对周围剂量当量的转换系数

$\dfrac{\text{中子能量}}{\text{keV}}$	热中子	2	25	144	250	565	1 200
$\dfrac{h_\phi{}^*(10,E)}{\text{pSv}\cdot\text{cm}^{-2}}$	10.6	7.7	19.3	127	203	343	425
$\dfrac{\text{中子能量}}{\text{keV}}$	2 500	2 800	3 200	5 000	14 800	19 000	
$\dfrac{h_\phi{}^*(10,E)}{\text{pSv}\cdot\text{cm}^{-2}}$	416	413	411	405	536	584	

表 7.46　几种常用放射源中子注量对周围剂量当量的转换系数

中子源	$\dfrac{h_\phi{}^*(10)}{\text{pSv}\cdot\text{cm}^{-2}}$
^{252}Cf(重水慢化)	105
^{252}Cf	385
^{241}Am—B(α,n)	408
^{241}Am—Be(α,n)	391

表 7.47　中子注量对个人剂量当量的转换系数

中子能量	$h_{P\phi}(10,E,\alpha)/(\text{pSv}\cdot\text{cm}^{-2})$($\alpha$ 相对入射束角度)					
keV	0°	15°	30°	45°	60°	75°
热中子	11.4	10.6	9.11	6.61	4.04	1.73
2	8.72	8.22	7.27	5.43	3.46	1.67
24	20.2	19.9	17.2	13.6	7.85	2.38
144	134	131	121	102	69.9	22.0
250	215	214	201	173	125	47.9

续 表

中子能量 keV	$h_{P\phi}(10,E,\alpha)/(pSv \cdot cm^{-2})$（$\alpha$ 相对入射束角度）					
	0°	15°	30°	45°	60°	75°
565	355	349	347	313	245	115
1 200	433	427	440	412	355	210
2 500	437	434	454	441	410	294
2 800	433	431	451	441	412	302
3 200	429	427	447	439	412	309
5 000	420	418	437	435	409	331
14 800	561	563	581	572	576	517
19 000	600	596	621	614	620	568

表 7.48　几种常用放射源中子注量对当量剂量的转换系数

中子源	$h_{P\phi}(10,\alpha)/(pSv \cdot cm^{-2})$（$\alpha$ 相对入射束角度）					
	0°	15°	30°	45°	60°	75°
^{252}Cf（重水慢化）	110	109	109	102	87.4	56.1
^{252}Cf	400	397	409	389	346	230
$^{241}Am-B(\alpha,n)$	426	424	443	431	399	289
$^{241}Am-Be(\alpha,n)$	411	409	424	415	383	293

7.7　中子剂量的测量

中子剂量的测量与 γ 射线剂量测量相比，要考虑的因素多，一是中子与物质相互作用后引起的次级辐射是多样性的，中子的能量可转化为质子、α 粒子、重反冲核、γ 光子等的能量；中子与物质相互作用的截面与中子能量也有比较复杂的关系。二是不同能量的中子辐射权重因子不同，即使有相同的吸收剂量，以 Sv 为单位的辐射防护量的值也不同。三是在实际测量中子剂量时，往往存在 γ 射线干扰。关于中子探测原理、探测器以及中子注量和能谱的测量等在《原子核物理实验方法》一书中有专题阐述，可以参考。这里简要介绍中子吸收剂量和当量剂量的测量。

7.7.1　中子吸收剂量的测量

中子按能量可分为四类：即慢中子（包括热中子）、中能中子、快中子和高能中子。中子剂量及其测量一般是按中子能量分类分别进行讨论，而一般情况下快中子对中子总剂量贡献是主要的,下面主要说明快中子吸收剂量的测量方法。

中子在介质中产生的吸收剂量可以利用电离室、正比计数管等探测器来测定。要求室壁材料选用含氢物质,以使快中子在壁上可打出反冲质子。当空腔足够小,反冲质子穿过它仅有一小部分能量损失在其中时,那么在室壁材料中的中子吸收剂量和空腔气体内的电离量仍满足布拉格—格雷电离关系式。若室壁材料选用组织等效材料,则可以测量机体组织的吸收剂量,聚乙烯、聚苯乙烯等是机体组织较好的等效材料。因此,为测量组织中的吸收剂量,室壁材料常选用聚乙烯材料,而室内充乙烯气体。

当使用电离室测量中子吸收剂量时,由于它对γ射线也有响应,这时所测得的将是中子和γ射线两者的总吸收剂量。要区分中子吸收剂量和γ吸收剂量,一般可以使用两个电离室,其中一个要选用不含氢的材料作为室壁使它对中子是不灵敏的,利用它们的读数之差得出中子的吸收剂量。当使用正比计数管来测量时,可以把仪器做得对γ射线很不灵敏,从而把中子、γ射线区分开来。这是根据,γ射线在室壁中打出的次级电子所引起的脉冲,远小于由中子打出的反冲质子所引起的脉冲,因而前者很容易用电子学线路甄别掉。除非γ射线很强时有数个次级电子的脉冲同时发生,以致叠加的合成脉冲可以和反冲质子的脉冲相比拟,才需要考虑γ射线的干扰。因此,正比计数管在快中子剂量测量方面比电离室更经常使用。

下面介绍一个使用正比计数管测量快中子剂量的方法。正比计数管的结构如图7.24所示。室壁聚乙烯材料厚度为3 mm,室内充有(或流通)乙烯气体。为了保证一定的机械性能和真空密封性,其外部还有一个铜或不锈钢做的金属外壳。中心钨丝电极直径0.05 mm,其两端装有场管,用以保证电场的均匀和准确确定灵敏体积。场管材料也是聚乙烯,表面涂有$0.1 \text{ mg} \cdot \text{cm}^{-2}$左右的导电层。工作电压2 000 V,场管电压约为它的1/3。

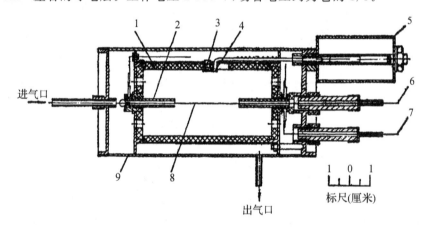

进气口

出气口

1 0 1 1
标尺(厘米)

图7.24 聚乙烯壁—乙烯气体正比计数管的结构示意图
1—聚乙烯内壁;2—场管;3—α源;4—源控制挡板;5—电磁开关;
6—中心丝电压引线;7—场管电压引线;8—中心丝;9—不锈钢外壳

在灵敏体积正中装有一个^{239}Pu α源,用来刻度计数管吸收反冲质子的能量。在α源的前面有一多孔的准直器和挡板。刻度时,控制装在管外的电磁开关把挡板移开,经过准直器的α粒子便射入管内,并消耗其全部能量。由于正比管输出的脉冲幅度正比于入射粒子在管内气体中所损失的能量,因此,对应于所有反冲质子的脉冲幅度之和就正比于这些反冲质子在气体中所损失的能量之和。实际测量时,能量刻度是这样进行的:

分别测量 α 粒子和反冲质子引起的脉冲幅度分布的积分曲线。设脉冲幅度大于 V 的脉冲数目用 $N(V)$ 表示，它们的典型曲线如图 7.25 所示。由于 α 粒子或反冲质子所引起的所有脉冲幅度之和将等于对应于它们积分曲线下的面积 S_a 或 S_p。对 α 粒子，这是因为，每个 α 粒子的脉冲幅度是接近一样，用 V_a 表示，脉冲数用 N_a 表示，则所有 α 粒子脉冲幅度之和等于 $V_a \times N_a$，显然它就是面积 S_a。对反冲质子，也可以一样处理。因为，根据积分曲线定义可知，脉冲幅度处在 V 到 $V+dV$ 之间的反冲质子的脉冲数是 $dN(V)$，这些脉冲的幅度之和等于 $V \times dN(V)$，如图上标有阴影的部分。对各种幅度的脉冲求它们的脉冲幅度之和，显然就是面积 S_p。这样，就可以得出结论，由反冲质子和 α 粒子在灵敏体积内所引起的吸收能量，分别用 $\sum E_p$ 和 $\sum E_a$ 表示，则它们正比于对应的积分曲线下的面积 S_a 或 S_p，即有如下关系式：

$$\frac{\sum E_p}{\sum E_a} = \frac{S_p}{S_a} \tag{7.28}$$

对组织等效材料的室壁和气体，利用布拉格 — 格雷电离关系式可以得到快中子在室壁材料中的吸收剂量为

$$D = \frac{S_p}{S_a} \cdot \frac{\sum E_a}{M} \tag{7.29}$$

式中，M 是灵敏体积内气体的质量。将式（7.29）除以探测器处的中子注量，并注意到 $\sum E_a = N_a \times E_a$。可以得到单位中子注量所对应的吸收剂量

$$d = \frac{D}{\Phi_n} = \frac{S_p}{S_a} \frac{E_a}{M} \tag{7.30}$$

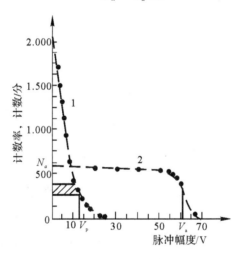

图 7.25　对反冲质子和 α 粒子的脉冲分布的积分曲线

1— 由 Po－Be 源中子产生；　2— 由 ^{239}Pu α 源产生

需要指出，也有一些原因会造成这种探测器的测量误差。一个主要原因是，为了剔除 γ 射线的计数脉冲，仪器需要设置一定的甄别阈，这也就剔除掉一部分反冲质子脉冲，它们对应于反冲质子在穿过空腔气体时损失能量小于甄别阈的那一部分，这就会低估中子的吸收剂量。对 Po－Be 之类的能量较高的中子源，剂量低估量约 10%。而对高度慢化的裂变谱，低估量约

50%。所以,这种探测器只适宜测量快中子吸收剂量,它对应的能量下限大致是 200 keV。

7.7.2　中子当量剂量的测量

在中子辐射危害评价中,由于不同能量的中子其辐射权重因子差异较大,因此,ICRP 在 1990 年第 60 号出版物中提出了当量剂量的概念。为了便于测量和评估工作,ICRU 在 1985 年第 39 号报告中提出在辐射防护中采用实用量,对于场所剂量监测,采用周围剂量当量 $H^*(10)$;对个人剂量监测,采用个人剂量当量 $H_p(10)$。因此,测量具有不同能量的中子剂量或中子和 γ 射线混合场的中子剂量,根据基本概念原则上可以采用几种不同的方法:① 采用不同的探测器,分别测量辐射场各种成份吸收剂量,然后各自乘以辐射权重因子并求出这些乘积的总和,就得到混合辐射的当量剂量;② 设计一种探测器,使得它对各种成份辐射的响应与它们所贡献的当量剂量成正比;③ 测出在各传能线密度区间内的吸收剂量并乘以所对应的辐射权重因子,然后将这些乘积相加起来得到当量剂量;④ 测量各种成份辐射的注量和能谱,计算吸收剂量,乘以适当的辐射权重因子也可得到当量剂量;⑤ 通过测量注量,利用中子注量到周围剂量当量和个人剂量当量的转换系数求出相应的剂量,如上一节所述。

下面介绍一种利用第二种方法所建立的探测器工作原理。考虑不同能量中子与组织物质发生作用所产生的次级辐射被吸收的情况和相应权重因子,计算出对不同能量 E 的中子每单位中子注量(1 中子·cm^{-2})所相应的当量剂量 $d(E)$,如图 7.26 所示,这一值也称为当量剂量换算因子。对不同能量中子,若已知中子注量能谱 $\phi(E)$,则可计算当量剂量:

$$H = \int_{E_1}^{E_2} d(E)\varphi(E)\mathrm{d}E \tag{7.31}$$

式中,$\varphi(E)d(E)$ 表示能量从 E 到 $E + \mathrm{d}E$ 间隔内的中子注量。E_1 和 E_2 分别对应于辐射场中中子能量的最小值和最大值。

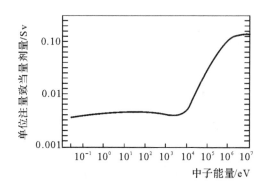

图 7.26　不同能量中子每单位中子注量率所相应的当量剂量 $d(E)$ 示意图

在实际工作中,中子注量能谱 $\phi(E)$ 通常是不知道的,因此,如果能够设计一个中子探测器,对不同能量中子的探测效率 $\varepsilon(E)$ 与当量剂量换算因子 $d(E)$ 随中子能量 E 的变化规律相同,即如果满足

$$\varepsilon(E) = kd(E) \tag{7.32}$$

式中,k 是一个比例系数。由此可以得出此探测器测得的计数 N 就正比于中子的当量剂量 H,即

$$N = \int_{E}^{E_2} \varepsilon(E)\varphi(E)\mathrm{d}E = k\int_{E_1}^{E_2} \mathrm{d}(E)\varphi(E)\mathrm{d}E = kH \tag{7.33}$$

利用这一原理设计的探测器有两类。一类是利用对反冲质子响应的正比计数管,它做得比较小而轻,一般对 150 keV 到 15 MeV 的中子适用;另一类是利用围有适当设计的慢化剂的热中子探测器。国产 FJ 342 G 型携带式中子剂量测量仪属于后一类仪器。如图 7.27 所示给出该仪器的整机方块图。它的探测器由慢化体、吸收体、中子屏、光电倍增管等部分组成。慢化体采用聚乙烯物质,为一个直径约 20 cm 的球体,对中子起慢化作用。吸收体为一个多孔的 1 mm 厚的金属镉球壳。中子屏使用 ZnS(Ag) 和掺有如 B,LiF 的井形闪烁体(ST—21b 型)。慢化后的中子与 ^{10}B,^{6}Li 作用放出 α 粒子,使 ZnS(Ag) 产生闪光而被记录。选择聚乙烯的合适厚度和镉球壳上的开孔面积可调节对各种能量中子的响应。进行这种调节可以使得仪器的探测效率随能量的关系,尽可能相似于当量剂量换算因子随能量的变化关系。例如,使用较厚的慢化体,可相对提高对较高能量中子的探测效率,缩小镉壳上的孔径会增加对低能中子的吸收从而减小对低能中子的探测效率。ZnS 屏对 γ 射线是不大灵敏的。为了进一步克服 γ 射线的干扰,线路可使用非线性放大器,正确选择光电倍增管,提高中子对 γ 射线脉冲幅度之比。按同样原理做成类似的仪器还很多,在探测器方面,有的用 ZnS(Ag) 加 B,Li 的闪烁体;有的用 BF$_3$ 正比计数管。作为慢化体可以选用各种含氢量大的含氢物质,如聚乙烯、石蜡、塑料等。作为吸收体可以选用硼或镉,或两者都用。在结构形式上,慢化体有用两层的,也有用单层的,外形可以是圆柱体的或球体的。

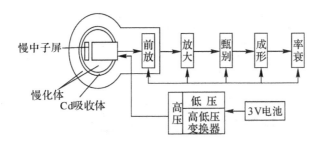

图 7.27　国产 FJ 342 G 型中子剂量测量仪整机方块图

7.7.3　测量中子吸收剂量的量热计法

量热法已有 200 多年的历史,它被广泛用来研究物理学、化学和生物学过程的热过程,测量各种热力学参数。用来测量放射性的量热计可分为 α 量热计、β 量热计、γ 量热计和中子量热计;也可以分为测活度的量热计和测剂量的量热计。早在 1903 年,量热计已第一次用于测量镭的放射性,而中子量热计则是近年来才得到应用。

量热计就是直接测量电离辐射在量热物质中的能量损失而引起温度的升高。它的响应与入射粒子的能量无关,它直接测量能量损失,而不像电离室法、化学剂量计法要有第二个过程,还要准确知道产生一对离子对所需要的平均能量和化学剂量计的辐射化学产额,这两个参数与入射的中子能量有关,测量的准确度还不够高。同时量热计内,量热物质与周围物质成分相同,可以避免电离室中的空腔大小、密度、次级带电粒子谱和阻止本领等参数的不准确而引起的误差。但量热计制造比较复杂,灵敏度低,使用比较麻烦,而且只能给出辐射场的总能量损失。所以它的应用受到很大的限制。

量热计的结构一般由核、外壳和屏蔽体三部分组成。对于中子吸收剂量测量的量热计选择吸收体(核)的材料是关键,理想的物质是与组织中的原子成分一致,但实际上很难。目前主要用水或组织等效塑料(即 A150 塑料),但成分与软组织还有很大差别,会引入一定的测量误差。为了防止热传导和扩散,量热计三部分之间要保持真空状态。其结构示意图如图 7.28 所示。中子量热计测量系统方框图如 9.29 所示。中子量热计测量系统的中子吸收剂量计算公式为

$$D = \frac{\Delta E}{m} = \frac{\Delta Q}{m} \frac{1}{r_{cal}} = \frac{(\Delta R/R)F}{m} \frac{1}{r_{cal}} K_v K_i K_g \tag{7.34}$$

式中,ΔE 为射线在物质中沉积能量;ΔQ 为沉积总能量中转换为的热量;r_{cal} 为用于描述因部分沉积能量转换为化学变化的内能或引起晶格缺损等形式存在热亏损的热产额因子,它可以电电校准方法确定;$\Delta R/R$ 为电离辐射在核上的能量沉积转变为核的热量时而使之相连的热敏电阻的变化量;K_v 为真空层的修正因子;K_i 为核杂质(热敏电阻、胶、连线等)修正因子;K_g 为核内剂量分布梯度修正因子。通过中子量热计测量系统中电桥测量热敏电阻的阻值变化,再通过电校准定出校准因子 F,就可计算中子吸收剂量。根据 ICRP 第 26 号报告估计,若测量 10^{-2} Gy·s^{-1} 剂量率的情况下对中子吸收剂量测量的合成不确定度大约为 4.5%,它主要是由于组织中比释动能值与量热计材料比释动能值之间的比值(3%),γ 射线吸收剂量(2%),热亏损(2%),在量热计内吸收剂量不均匀性(1%),测量读数统计不确定度(1%)等引起的。

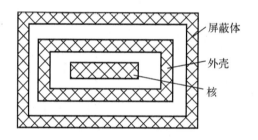

图 7.28　量热计结构示意图

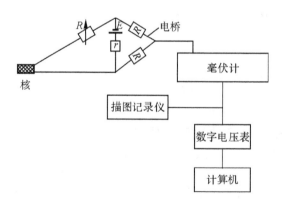

图 7.29　中子量热计测量系统方框

复　习　题

1. 试说明自由空气电离室测量照射量的基本原理,自由空气的含义是什么? 这种电离室何以达到电子平衡? 导出空腔电离室测量照射量的公式,并说明各符号的意义。

2. 自由空气电离室收集体积由何限定? 如何实际计算? 自由空气电离室是否可用于测量 ^{137}Cs 和 ^{60}Co? 为什么?

3. 简述外推电离室的原理,说明外推的意义何在? 外推电离室测量的量是什么? 为何不是照射量?

4. 说明 γ 射线和电子吸收剂量量热计的基本原理。量热计的优点和缺点是什么?

5. 什么是剂量仪器的能量响应? 希望有怎样的能量响应? 为什么?

6. 说明在测 γ 射线照射量时,电离室室壁材料及其厚度对电离量的影响。

7. 设计一个计数管式的剂量率仪,设光子能量 1 MeV,探测效率 1%,计数管截面积 10 cm²,要求测量量程为 $2.58 \times 10^{-8} C \cdot kg^{-1} \cdot h^{-1} \sim 2.58 \times 10^{-6} C \cdot kg^{-1} \cdot h^{-1}$,试估算相应的计数率范围是多少?

第8章　辐射监测要求与辐射安全管理

8.1　辐射防护监测分类、目的和方法

在辐射防护管理工作中,为了判断和评估电离辐射及放射性物质的存在水平及它们对人体可能造成的危害,以便采取必要的措施,防止工作人员超剂量照射或对公众造成的有害影响,要求对电离辐射或放射性物质进行测量和评价,这种测量称之为辐射防护监测。辐射防护监测包括辐射测量及对测量结果的分析评价。辐射防护监测一般按监测对象分为个人剂量监测、工作场所监测和环境监测。由于辐射防护监测涉及的内容十分广泛,下面仅对个人剂量监测、工作场所监测和环境监测的目的、方法及对结果评价的原则予以扼要介绍。

8.1.1　个人剂量监测

在辐射防护监测中,较为重要的一项工作是通过个人剂量监测,评价个人的有效剂量、约定当量剂量或摄入量。个人剂量监测在实际工作中有两种分类方法:第一类是按个人受照的方式,分为外照射个人剂量监测和体内污染个人剂量监测两种。当个人受到一定水平的外照射时,定期地测量个人所受的剂量,对测量结果进行评价,称为外照射个人剂量监测。当可能发生一定水平的体内污染时,对个人的排泄物、体液进行监测或用全身计数器直接测量体内的放射性,对测量结果进行评价,称为体内污染个人剂量监测。第二类是按实际监测情况,个人剂量监测分为常规监测、特殊监测和事故监测。常规监测是正常作业或正常操作中的监测;特殊监测是指按实际存在或估计可能发生大剂量率的外照射,或可能发生体内污染时的监测;事故监测是发生事故情况下的监测。

1. 外照射个人剂量监测

(1)施行个人剂量监测的工作条件。为便于实际工作,ICRP 曾按照职业性工作人员的受照条件将工作场所分为甲种工作场所和乙种工作场所。甲种工作场所,是指一年内工作人员的受照水平有可能超过年剂量限值的 3/10 的场所。乙种工作场所,是指一年内工作人员的受照水平很少可能超过年剂量限值的 3/10 的场所。通常建议在甲种工作条件下才需要进行个人剂量监测。在乙种工作场所,一般不需要进行个人剂量监测。为了判断确实属于乙种工作场所,有时需要进行检验性的监测。

(2)监测的目的和方法。监测的目的:外照射个人剂量的常规监测或特殊监测的目的,就是测量个人在一段时间内,或一次操作过程中的受照剂量,借以评定和限制工作人员的剂量,并根据所测量的数据评价工作场所安全情况。

监测方法:外照射个人剂量的监测方法,通常是选用合适的个人剂量计,佩戴在身体有代表性的部位上,如胸部、头部、腹部或手与前臂,用以记录辐射在相应体表处的剂量。佩戴个人剂量计的周期视具体情况而定。常规监测时,一般测量在一段时间内的累积剂量。佩戴的周

期可定为一周、两周或一个月。特殊监测或事故情况下的监测,通常是针对某一次特定的操作或某一次事故情况下所进行的测量。

监测仪器要求:为了使监测的结果可靠,作为外照射个人剂量监测用的剂量计应满足的要求是:①有足够的灵敏度和尽可能低的能量探测阈,使得个人所受的不同种类、不同能量的辐射的照射剂量都能记录下来;②有合适的量程,一般要求测量的累积剂量在 0.1～10 mGy 之间;③体积小、重量轻、机械性能好,有良好的能量响应,方向依赖性小;④仪器读数稳定,有一定的准确度,测量的误差在 20% 以下等。

个人剂量计的种类很多,应根据辐射的种类、能量、剂量的大小选取合适的一种或两种剂量计。例如,对 β 辐射,可选用热释光剂量计;对 X 或 γ 辐射,可选用合适量程的电子剂量计、热释光剂量计;对于中子的常规监测,可选用"反照率"中子个人剂量计、核乳胶片、反冲径迹探测器和 α 径迹探测器、热释光剂量计等。对于特殊监测下使用的个人剂量计,应选用具有高度可靠性、超过某一剂量阈能自动报警的剂量计。事故情况下适用的个人剂量计,对于 X 或 γ 辐射,仍可选用具有宽量程的热释光剂量计;对于中子,可采用阀活化探测器和反冲径迹中子探测器组成的个人剂量计,用全身计数器测量体内感生放射性。这种联合监测系统,可以较为精确而快速地确定受照者的中子剂量。

(3)监测结果的评价。评价的剂量标准:除事故个人剂量监测以外,无论个人常规剂量监测还是特殊监测,基本的目的是控制个人接受的有效剂量在年有效剂量限值以下。实际上,外照射个人监测是在比一年短得多的时间内进行的。为了保证工作人员的安全,进行评价时可用调查水平的概念。由于调查水平是针对单次的测量结果,而不是针对一年的累积剂量而言。如用年剂量限值的 3/10 的某一分数来制订。这个分数等于一次个人剂量监测所覆盖的时间与全年额定工作时间之比。

监测结果的评价方法:用个人剂量监测的数据正确地评价个人所受的有效剂量,通常很复杂也难于做到。这是由于一般情况下个人剂量计所记录的剂量,只表示体表的剂量,并不能真正反映出器官和组织的受照剂量。实际上,人体的器官或组织的受照剂量与辐射源之间有着复杂的关系。它不仅与辐射的种类、能量有关,而且与人的受照部位、面积、人对辐射源的朝向、个人剂量计的佩戴方式有关。在常规监测中,ICRP 建议用一种简化的方法来评价器官剂量的上限。如果采用的个人剂量计能分别记录贯穿本领低的辐射(如 β 射线)的剂量和贯穿辐射(如 γ 和中子)的剂量。在辐射场均匀的条件下,剂量计的位置被看成是整个体表的代表。在辐射场不均匀的条件下,佩戴多个剂量计,每个剂量计的累积剂量,表示佩戴处的体表剂量。把剂量计记录的总剂量看成是皮肤的受照剂量,而把记录的贯穿辐射的剂量作为衬盖组织(即皮下组织或器官)的剂量。用上述评价方法估计个人所受的剂量上限,足以满足个人常规监测的需要。对一般事故剂量监测进行评价时,为了估算人体内组织和器官剂量,除知道体表剂量外,还应知道辐射的能谱和受照者对辐射的朝向。对于大事故剂量进行评价时,除了个人剂量计的资料及进一步了解器官的受照射剂量外,必要时要求重建辐射现场,通过模拟实验确定器官的剂量。

2. **体内污染的个人监测**

(1)监测计划和方法。由于体内污染监测方法繁琐,需要消耗大量人力和时间,故必须仔细地确定需要监测的对象。从事:①天然铀、钍矿的开采、粉碎和精炼;②经常从事天然铀、浓缩铀的加工及燃料元件的制造;③操作钚和其他超铀元素的后处理车间;④操作大量气态或挥发性放射性物质的场所等工作的人员,一般应该进行体内污染的个人常规监测。除上述工作外,一般毋须进个人常规监测。即使从事上述的有关工作,如防护条件好,空气监测的年平均值小于容许浓度的1/30;根据经验,可判断工作人员在此条件下所接受的内照射剂量,不大可能超过年有效剂量限值的3/10,也毋须进行体内污染的个人常规监测。当空气监测的结果表明有可能超过年有效剂量限值的3/10时,也必须根据过去期间空气取样和个人监测的数据经仔细研究,才能正确地判断是否需要进行体内污染的常规监测。若监测的结果表明,已经摄入了过量放射性物质,或被牵涉到可能摄入过量放射性物质时,则应进行个人体内污染的常规监测。

常规监测的频率取决于工作条件,原则上在监测的时间间隔内,应使重要的摄入量(如高于记录水平的量)都能探测出来。这和放射性核素的有效半减期及探测方法的灵敏度有关。对于有效半减期长的放射性核素,两次测量结果的时间间隔,由对体内放射性核素的长期累积作周期性检查之后而定。如果经常发生污染,则检查周期应短些,如每月、三个月或半年一次,如果控制条件较好,每隔一年左右监测一次就够了。对于有效半减期短的物质,一旦发生污染事故,应在24 h内取样测量。有些核素如铀一次摄入后,24 h内排出量占摄入量的一半。因此,收集第一个24 h的尿样进行测量,对于确定体内积存量或内照射剂量具有重要意义。内照射剂量的测量方法有三种方法,一是通过体外测量(如用全身计数器测量)估算体内或器官内的放射性积存量,二是通过环境介质的监测,估算内照射剂量,三是分析排泄物(如尿液、粪便)或体液样品估算内照射剂量。方法的选择取决于污染物质的性质。例如,对β和γ辐射,可分别测量β射线产生的轫致辐射或直接测量γ辐射的强度;对于其他辐射,因为直接测量有困难,一般采用样品分析法。

(2)测量结果的评价。由内照射剂量的测量方法得到的测量结果,都可用来估算体内放射性核素的积存量及约定剂量。在只有内照射情况下,建议用年摄入量限值来限制人员的摄入量。不管任何核素,只要在一年内摄入的量,相当于该核素的年摄入量限值,则此摄入量产生的危害就和年有效剂量限值产生的危害相当。

年摄入量限值是指一年内摄入量的最大限度。实际上,工作人员除了内照射外,可能还受到外照射的危害。因此,与外照射个人剂量监测一样,可选取一个调查水平来评价体内污染常规监测的结果。在此调查水平以下,毋须对监测结果作评价。所选定的调查水平定义为摄入、吸收或器官内沉积的放射性活度,它产生的约定当量剂量为该器官最大容许年剂量的1/20。

对于单次大量摄入的特殊监测,其分析方法和常规监测基本相同。计算体内污染和器官剂量时,应根据可以得到的关于摄入时间、摄入途径、核素的物理和化学状态、个人代谢的一些数据等综合起来考虑。

8.1.2 工作场所监测

工作场所的监测包括外照射监测、表面污染监测和空气污染监测。

1. 工作场所的外照射监测

(1)监测的目的和任务。工作场所外照射监测的目的和任务,是测定工作人员所在处或其他位置的辐射水平,判断工作人员所在处的安全程度,检查屏蔽防护的效能,发现屏蔽防护及操作过程中问题。因此,工作场所的辐射监测,并非测量工作人员的受照剂量,而是一种安全防护措施。可以预告在工作场所某处工作一定的时间,大约将会受到多大剂量,或预告在某一控制的受照剂量下,容许工作多长时间,从而防止工作人员超剂量照射。当已知在某一点的工作时间时,亦可用来估计过去的受照剂量。

(2)监测方法及对监测结果的评价。外照射监测所用的仪器分为携带式和固定式两类。携带式剂量仪,体积小,重量轻,能测量一种或两种辐射的剂量,具有合适的量程,便于个人携带使用。固定式监测装置,一般由安装在操作室的主机和通过电缆安装在监测场所的探头两部分组成,通常采用带有声响,或灯光讯号的报警装置。

为了使测量的值能反映环境的实际辐射水平,应根据辐射的种类、能量、强度选取合适的监测仪器。例如测量低能 X 射线的照射量率时,由于 X 射线的能量低,故应选择能量响应好、前窗薄、能测量低能光子、以空气等效电离室作探头的 X 射线剂量仪。如果测量快中子剂量,可以选取组织等效剂量仪等。为了评价设备的安全性能,当有些设备如各类辐射源(γ、中子)、X 射线机、中子发生器等交付使用时,或进行维修后,应检查周围的辐射剂量分布情况,如操作室、操作台、走廊及邻近工作场所的剂量率等是否符合标准。对于环境辐射场不易变化的场所,如 γ 源、同位素中子源的操纵室等,只是当设备交付使用时,需进行鉴定性的测量,一般不需进行常规监测。对于环境辐射场容易发生变化的场所,如反应堆附近的工作房间、核燃料元件处理车间等,除安装固定式的监测仪外,为保证工作人员的安全,应该佩带具有报警装置的个人剂量计。一般很容易用监测的数据来评价设备及辐射源的屏蔽性能,但难于用来评价工作人员实际所受的剂量大小。在工作人员处于某一固定位置及在此位置上的停留时间已知的情况下,由于工作人员所处的辐射场并不是均匀的,使得接受的剂量率、受照部位随行动的空间和时间而改变,所以很难根据环境辐射场的情况来严格地区分和确定工作人员某组织或器官所受的剂量。

为了安全和方便,可假定工作人员整段时间都处于工作场所中剂量率最高的那一点工作,而不需要考虑工作人员的实际行动情况。只要控制用这种方法估算的累积剂量低于预定的控制剂量,则工作人员实际的受照剂量必定低于控制剂量。

2. 工作场所表面污染的监测

(1)监测的目的和任务。表面污染监测的目的和任务,就是用各类表面污染监测仪对各种物体表面的放射性活度进行测量,以便了解它们是否被放射性物质所污染以及被污染的程度和范围,从而及时采取去污措施,找出引起污染的原因,保证工作人员免受内照射与外照射的危害。

(2)监测方法及对测量结果的评价。表面污染是在操作放射性物质过程中,包装容器失效、或发生事故等情况下出现的。对于使用、操作高毒性、高水平放射性物质、或从事粉尘作业的工作人员,应在每次工作以后,对手、皮肤暴露部分,及所穿的工作服、鞋等进行放射性污染检查。人多的单位可设立手、足污染检查仪或门岗监测仪。普通实验室可用一般污染监测仪。除此外,还应对地板、墙壁、实验桌面、设备表面、门的把手等处进行表面污染检查。

表面污染监测仪多用盖革－弥勒计数管或闪烁探测器作为探头,一般仪器不能用于低能 β 核素的测量。如需要测量低能 β 的表面污染,可用薄窗(大约为 2 mg · cm^{-2})计数管、闪烁探测器、流气式正比计数管或空气正比计数管等。对于 ^{3}H 的测量,因其能量太弱,一般采用间接测量法。

表面污染的测量有直接测量法和间接测量法。直接测量法是用仪器直接测量被污染的表面。间接测量法就是对被污染的表面进行擦拭取样测量。当工作场所存在着辐射干扰、物体表面的几何条件不便于直接测量、或要确定表面污染是否固定时,可采用间接测量法。由于擦拭后,从表面转移到擦拭用纸(或脱脂棉团)上的放射性物质的量与转移的百分数及擦拭面积有关。而实际转移的百分数是不知道的。故间接测量法仅是一种判断有无污染的定性方法。特别值得指出的是仪器选择和测量方法对评价表面污染的影响,如果仪器选择不当或使用不当,可能得出完全错误的结论,并招致危险的后果。为了使测量结果可靠,进行表面污染监测时,最好用与被监测核素同种的标准源将仪器校准后,在同样的几何条件下测量。

3. 空气污染的监测

(1)监测的目的和任务。进行空气监测的目的和任务,在于评价工作人员可能吸入放射性物质的上限,发现意料不到的空气污染,使工作人员及时采取补救措施进行防护,为设计内照射个人监测计划提供资料。

对大量操作开放型放射性物质的车间、实验室(如铀的采矿、粉碎和精炼;钚和超铀元素的操作;能产生气态和挥发性放射性物质的操作等)应施行空气污染监测。而对操作量少的丙级放化实验室通常不需要进行空气污染监测。

(2)监测方法及对结果的评价。测量空气中放射性物质的方法,通常采用各种类型的空气取样器(可携带式或固定式)进行空气采样、测量,然后推算放射性核素的浓度。为了测定工作人员吸入放射性核素的平均浓度,应使个人呼吸取样器的取样头尽量接近工作人员的呼吸带。通常是在工作人员停留机会多、能代表工作人员呼吸带的地方进行取样,再根据这些样品测量的结果来估算每个工作日或工作周内吸入放射性核素的量。为了探测预料不到的空气污染,可采用带报警器的连续空气自动采样和测量装置。

对于监测结果可直接得出两方面的数据:一方面是放射性核素在空气中的浓度,是否超过最大容许浓度。如果已经超过,应查明原因,采取防护措施,包括工作人员所能停留的时间。另一方面是估算在一段工作时间内,因吸入而造成的体内积存量或内照射剂量。为此,需要全面了解致污染物质的物理化学性质,如气溶胶或微尘的粒子大小分布及化合物的状态、空气污染是否有规律性变化、测量样品代表工作人员呼吸空气的程度及佩带口罩的情况,其中应特别注意的是粒子大小的分布和取样的代表性。

8.1.3 环境监测

为了保护环境,控制放射性污染,必须对可能遭受放射性物质污染的环境进行监测。核设施周围环境的监测,分为运行前的本底调查、运行中的常规监测及事故发生时的事故监测。

1. 放射性核素在环境介质中的转移

排放到环境介质中的放射性核素,在环境中的迁徙到进入人体的转移过程是非常复杂的,排放到大气和水中的放射性物质,在环境中的转移及进入人体的途径示于图 8.1 和图 8.2 中。

2. 关键途径、关键物质、关键核素及关键居民组

在辐射本底调查和常规监测计划的制定及对常规监测结果的评价中,往往涉及到关键途径、关键物质、关键核素及关键居民组的概念。排放到环境介质中的放射性核素最终进入人体的各种途径中,总有一个或几个途径是关键的,其中引起放射性物质对人的照射最关键的途径叫关键途径。在关键途径中造成对人照射的主要一两种环境物质叫关键物质。关键物质对放射性核素往往有很高的浓集系数,浓集于关键物质中并对人危害最大的放射性核素称为关键核素。例如,[131]I 经牧草而在牛奶中浓集,因此关键核素[131]I 经由的关键途径是牧草→牛→牛

奶→人,其关键物质是牛奶。关键物质能较好地预示环境污染的发展趋势,故在常规监测中常作为生物指示剂使用。排放到环境中的放射性核素对每一居民造成的危害是不同的。即使是关键途径中的关键核素,由于个人的嗜好、饮食习惯、居住条件、年龄、性别等的不同,对不同的居民造成的危害也不同,其中有一组或两组居民接受的剂量高于其他居民组,接受剂量最高的这组居民,称为关键居民组。在进行环境监测中,若通过关键途径中的关键物质和关键核素的监测结果推断关键居民组的受照剂量当量,既可节省人力和物力,又可提高对测量结果进行评价的准确性。

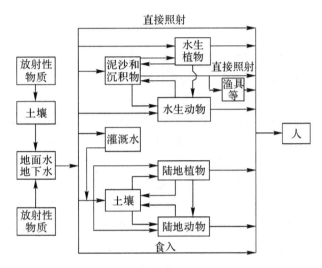

图 8.1　环境中的转移及进入人体的途径(1)

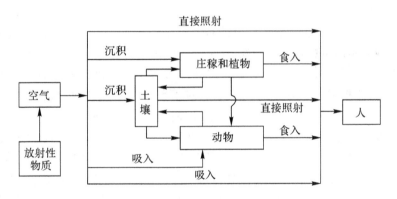

图 8.2　环境中的转移及进入人体的途径(2)

3. 环境辐射本底调查

天然辐射本底主要指宇宙射线、自然界中的天然放射性核素及核爆炸产生的全球性沉降落下灰所引起的辐射。核设施为了制订常规监测计划,或对监测结果进行评价,必需以工作前的天然辐射本底资料为依据。因此,辐射本底调查的主要目的是,获得本地区环境辐射和放射性水平的本底资料,为制订常规监测计划评价监测结果提供充分的依据,为环境常规监测人员训练技术人员。

辐射本底调查的内容非常广泛,主要包括:①空气、土壤、地面水和地下水、植物及有代表性的农牧产品中、放射性核素的成分、含量及随季节的涨落等;②了解周围的居民分布及生活、饮食习惯,调查造成居民个人体内照射的关键核素、关键途径及关键居民组的材料和数据;③调查放射性核素在周围环境中的转移进程及有关的自然因素(如气候、地形、土壤、地质、水文)和人为因素(如水利工程等)的影响。一般要求获得核设施地区一年以上的辐射本底资料。为了减少因气象因素造成的误差,辐射本底调查的时期最好能包括作物的两个生长期。辐射本底调查的内容、范围比常规监测更广,取样频率更频繁。为了便于和常规监测的结果进行比较,要求辐射本底调查所包括的监测项目、监测点的布署和选择、采样、分析测量方法等与常规监测相同。

4. 环境常规监测

常规监测的目的是了解周围环境的污染情况,估计周围附近居民或关键居民组的集体剂量或剂量负担,评价由于污染可能带来的危害与深远影响。检验核设施三废处理系统的效能,控制放射性物质的排放量。同时,进行有关项目的科学研究,如放射生态学,核素在环境中的迁移,环境污染的趋势等。核设施的环境常规监测,通常是以核设施为中心,对周围环境所作的监测。监测的对象应根据核设施排放核素的种类、性质、排放量、排放方式以及核素在环境中的转移途径,在辐射本底调查的基础上确定。

原则上,凡被排放到环境中能对附近居民造成内照射危害的核素都应该监测。但实际上,并不需要这样做。为了最有效地进行监测工作,重点应监测构成居民体内照射的那些核素和环境介质。常规监测的环境介质和辐射本底调查相同,如空气、水(地表水和地下水)、有代表性的农牧产品(如附近居民主要食用的粮食作物、蔬菜、牛奶等)及土壤的γ辐射等。可选用关键物质或关键核素作为主要监测对象。例如选取某些对放射性具有高度浓集作用的环境介质(如茶叶、水藻、淤泥等)作为生物指示剂使用时,即使放射性物质排放量少,也能从对这些物质的监测中,发现环境污染的趋势。

环境常规监测的方法,包括①取样点的布置和选择。取样点和样品种类的选择较为重要,总的原则是要使收集的资料具有代表性,能反映周围污染情况,为评价一定时间内环境是否发生污染、群体中各个不同组,特别是关键居民组的集体剂量提供代表性的可靠资料。对于空气,取样点的选择应根据主风向、风频来考虑。对于水的监测,应根据排放废水的流向来考虑。一般来说,取样点应设在最可能发生污染的地区,而对照点应避开污染源的影响,设置在不可能发生污染的地区。对于由烟囱排放的被放射性物质污染的空气的监测,采样点应设在排放口长年主风向的下风向地区内,放射性浓度最大的位置。具体可由有关大气扩散的理论公式来确定。但应注意到,在山区,由于地形复杂,扩散理论一般不适用,最好通过扩散实验确定。对于水样监测点,应设置在废水排出口下游靠近饮水点及农业灌溉入口处。对于地下水,应在地下水流下游设置专用监测井。②取样周期。取样周期取决于废物的排放率、放射性核素的半衰期、放射性核素在环境介质中的转移、积累特点、环境介质的稳定程度及剂量评价的期限等。合理地确定取样周期,对减少工作量,不失时机地获取有代表性的样品,从而测得准确数据具有重要意义。周期太短,工作量大。周期太长,又会漏掉有代表性的样品,得不到准确数据。一般在排放率稳定、半衰期长,环境介质较稳定的情况下,取样周期长一些,如对水生生物,淤泥、河底沉积物,可以一月取一次或一季度取一次;对粮食作物和蔬菜可在收获期取样。对于短半衰期的核素,取样周期不应大于该核素的2~3个半衰期。对于废气和废水,由于排放率及其在环境介质中的浓度很不稳定,故在总排放口进行连续监测。在下风向最大污染点、下游近饮水点、大的居民点，一般也应该进行连续监测，或进行长时间累积取样，发现异常后应重复取样。③取样、分析及测量仪器。为了获得准确的测量数据，必须正确取样，正确进行样品处理和测量。为了便于和辐射本底调查的数据进行比较并进行正确的评价，对于同一个监测项目，应采用统一的取样、样品处理和测量方法。并经常地用同一标准源检查仪器的稳定性和可靠性。

8.2　表面放射性污染与去污

8.2.1　概述

1. 放射性去污的目的

从广义讲，放射性污染去污就是把放射性核素从不希望存在的部位全部或部分除去。在核技术应用过程，特别是开放型放射性操作，可能引起工作场所放射性污染。放射性表面污染，特别是严重污染，使工作人员遭受外照射与内照射危害，增加环境辐射本底，因此，应对放射性污染进行控制和去污。

放射性去污的目的根据工作性质的不同有多个目的：①降低放射性水平，减少操作人员受照剂量；②屏蔽和远距离操作的要求，方便设备检修；③方便事故处理；便于退役；④使废弃物和污染场地可以再利用；⑤减少放射怀废物的重量和体积，降低废物储存、运输和处置的费用和场地负担。

在进行放射性去污工作时，应制定去污方案。方案中应该考虑：①辐射防护三原则，即正当化、最优化和剂量限值。②去污目的，根据要求达到的去污程度和物体去污之后重新使用还是废物处理，选择非破坏性弱去污或破坏去污方法。③被污染材料包括基体材料、表面光洁度、孔隙率、涂层、形状和大小的影响。④污染核素、水平、分布及污染机制。⑤产生的二次废物量及其形式。⑥可采用的技术和设备，工作条件和情况。⑦操作安全性及操作人员受照剂量。⑧操作人员是否需要专门培训。⑨工作量和工程费用等。⑩现场去污还是专用去污场地去污。专用去污场地应设有专用工作台、去污工具和设备、监测仪表和机械手、废水排放系统、通风系统、屏蔽措施和防护衣具等。

2. 放射性污染的种类

放射性污染的种类可以有不同的分类，①按作用性质分类可分机械吸附污染、物理吸附污染和化学作用污染。机械吸附污染，是由于设备的表面粗糙有裂缝、微孔等缺陷，放射性物质机械地嵌入或附着而引起的。物理吸附污染是由于物体表面有一定的电性质，载有相反电荷的放射性尘埃易于吸附在表面上。化学作用污染，是以不同离子状态存在的放射性物质，与设备表面发生化学反应，离子交换和同位素交换等化学过程。②按附着强度可分附着性污染、弱固定性污染和强固定性污染。附着性污染是污染核素与物质表面以分子力作用相结合，其特点是易去污。弱固定性是污染核素在分子或离子形式通过物理吸附或化学附着、离子交换结合在物体表面，较难去污。强固定性污染是污染核素通过扩散若其他过程渗入基体材料内，很难去污。

用各种手段把放射性物质从被污染的表面上清除的过程，称为"放射性污染的去除"。对于机械吸附和物理吸附而引起的污染，较容易清除。对于因化学作用而引进的污染，一般不易清除,或必须借助化学的方法(如使用去污剂)才能清除。放射性物质对表面的污染,有时是一个复杂的物理化学过程。去污的难易与放射性物质的物理、化学状态、物体表面的物化状态及接触时间有关。例如,多孔性的材料(如水泥、木材等)极易被污染,而表面光滑的不锈钢板、有机玻璃、塑料、上釉瓷砖等,即使严重污染,也容易去污。又如油漆表面,若被放射性粉尘、气溶胶等污染,很易去除,但它被放射性的有机溶液污染,由于与油漆发生溶解作用,放射性物质牢固地渗入油漆表面,因而用一般冲洗法,很难去除,需要把油漆剥去才能清除。无论是物理过程还是化学过程,一般来说,污染的时间愈久,吸附愈牢,去污就愈困难,故污染应及时处理。总之,在分析具体的污染对象时,要从放射性物质和物体表面的特性综合起来考虑。要抓住主要问题,选择一种或两种互相配合的有效方法,以达到高度去污的目的。

3. 放射性污染去污效率的表达

对放射性去污,若用 I_0 表示去污前的放射性活度,I 表示去污后放射性活度,则常用如下几种参数表示去污效率。

去污系数:$DF = I_0/I$

去污指数:$DI = \lg DF$

去污率:$DE = (I_0 - I)/I_0 \times 100\%$

8.2.2 去污方法

在实际工作中,去污方法有很多,可以分为机械物理法、化学法、电化学法、熔融法等。这些方法可以相互交叉和渗透。下面主要介绍机械物理法和化学法。

1. 机械物理法

(1)吸尘法:用真空吸尘器吸除降落在物体表面上的污染物。该方法简单易行,操作方便,但去除固定性污染效果差。

(2)机械擦拭法:简单易行,适于去除不复杂的物体表面结合疏松的污染物。但可能会产生气溶胶,需要有排气净化系统;人工操作劳动强度大,受照剂量大,已逐步改为远距离或机械手操作。一种特殊设备的旋转转刷可以伸入管道内擦刷放射性污染物。

(3)高压水蒸汽喷射法:利用流体冲击作用去除污染物。水压范围 2～60 MPa,喷水量0.5～4 L/s,喷射距离 1～5 m,喷射水与去污表面交角为 30～45°时去污效果最好。提高水压或添加化学试剂去污效果更好,但二次废物量大。若喷射去污产生的废水若能净化再用可大大减少二次废物量。

(4)磨料喷射法:利用离心力或高速流体(如压缩空气和水)的喷射力,使磨料冲刷物件的表面以达到去污目的。去污效果与喷射压力、距离、角度、喷嘴形式、磨料种类和颗粒大小等因素有关。本法优点是去污效果好,磨料可重复使用。但废物量多,物件表面变粗糙,磨料可能进入缝隙,可能产生气溶胶污染。

(5)超声波去污法:利用高频(18～100 kHz)机械振动(比功率 1～5 W/cm²)在固液交界产生空化作用达到去污目的。此法可用于复杂结构部件的去污,操作人员受照剂量低,二次废物量比较少。但受清洗槽尺寸限制,不能用于大物件的去污。

2. 化学去污法

化学去污就是用化学清洗剂溶解带有放射性核素的污腻物,达到去污目的。去污剂组成包括氧化、还原、螯合、缓蚀、表面活性等组分。用这种去污剂直接进行清洗浸泡,或配制成发泡剂、乳胶或膏糊涂在待去污物体表面。良好的化学去污剂应具备:良好的表面湿润作用,溶解力强,对基体无显著腐蚀;良好的热稳定性和辐照稳定性,不易产生沉淀物;去污废液容易处理回收再用;价廉,容易买到。常用的化学去污剂如表 8.1 所示。

按照被去污对象,选用三类去污剂:①非腐蚀性化学去污剂,1％洗涤剂(表面活性剂),pH＝3～5 或 pH＝9～10。②低腐蚀性化学去污剂。分弱酸性、弱碱性和机有溶剂。弱酸性(pH<1),如 0.5％～5％柠檬酸,5％～20％磷酸;弱碱性(pH>10),如 5％ Na_2CO_3＋1％ H_2O_2;有机溶剂,如丙酮、二氯化烷等。③强腐蚀性化学去污剂,也分强酸性和强碱性。强酸性,如 20％ HNO_3＋3％HF,25％HCI;强碱性,如 10％ NaOH＋$KMnO_4$ 等。去污效果与去污剂种类、浓度、作用时间、温度、搅拌情况等因素有关。一般多种清洗剂交替使用比单一清洗剂连续重复使用效果好。更换去污剂时,漂洗是不可少的一个环节,可以防止试剂相互干扰。

化学去污从工艺上讲有浸泡法、循环冲洗法、喷涂、剥离法等。①浸泡法、循环冲洗法。将污染物件浸泡在装有去污剂的槽中,辅助以搅拌和加热。定期更换去污剂或者将去污剂循环流过去污物件。②可剥离模去污法。将带有多官能团的高分子化合物(如乙烯基乙酸酯－氯乙烯共聚物、聚乙烯乙缩醛树脂等)喷涂或滚压在待去污物表面(约 1 mm 厚),干燥成膜。成膜过程中高分子链上的官能团以及其中的络合物、螯合剂与污染核素发生物理化学作用,剥离涂膜即可达到去污目的。这种涂层也可以用作保护膜,防止新的污染,或者用来封闭污染核素,防止放射性核素扩散。对于防止 α 放射性核素的扩散有特别重要的意义。用过的可剥离膜可焚烧处理,二次废物量只是一般去污的 1/3,节约费用 1/3,去污系数可达 100％。但对于多孔性粗糙物件、复杂结构部件以及放射性核素渗入内层的情况其去污效果差。中国原子能科学院和清华大学研究开发了可剥离去污膜。

表 8.1　常用的化学去污剂

试　剂	举　例	备　注
无机酸及其盐类	HNO_3 用的多,H_2SO_4,H_3PO_4 用的少	去污效果好,腐蚀性大
有机酸及其盐类	草酸、柠檬酸、洒石酸、甲酸等及其盐类	弱还原、有络合螯合能力、腐蚀小
氧化剂还原剂	高锰酸钾、过氧化氢、过硫酸钾、肼、连二硫酸钠	
螯合剂	EDTA,NAT,DTPA,HEDP	防止生成沉淀物
碱类	NaOH	
表面活性剂	阴离子型(肥皂、烷基磺酸盐)	
	阳离子型(胺盐、烷基吡啶)	
	两性型(氨基酸)	
	非离子交换型(烷基苯衍生物)	
缓蚀剂	有机极性化合物(极性基如 NH^{2-},SO_3^{2-},CO^{2-}),如苯硫脲	在金属基底表面形成纯化膜
氟里昂	常用 F－113(三氟三氯乙烷)	特别适用于电器设备去污
专用去污剂	如 CAN－DECON,NS－1 等	对不锈钢、碳钢有很好增污效果

8.2.3　各种表面的去污

(1)皮肤的去污。去污方法和去污剂:皮肤污染往往伴随着复杂的物理化学过程。污染时间愈久,愈难去污。去污方法视具体情况而定,如果手上或其他皮肤裸露部分发生较轻污染,可用肥皂(或 EDTA－Na$_2$肥皂)、软毛刷、温水反复洗刷,直降至污染控制水平以下为止,最后用油脂涂润皮肤。如果效果不好,应采用其他方法。如果皮肤严重污染,应立即在就近水槽处,用肥皂、软毛刷清洗。初步去污后,根据核素的性质再选用合适的皮肤去污剂去污。除普通肥皂外,常用的皮肤去污剂有 EDTA－Na$_2$肥皂,去污皂,复合剂等。

(2)个人防护用品的去污:

乳胶手套去污:乳胶手套一般污染时,在脱下之前,用肥皂或去污粉清洗。严重污染而又难于清洗时,不应继续使用。

工作服:对于大量工作服的污染,应由专人负责进行,包括接收、分类、清洗、烘干和污染检查等步骤。接收时,工作服按污染程度分组,以免交叉污染。对污染不严重的,可直接用洗衣机清洗。对局部污染严重的,在清洗之前,应将严重污染部分剪去。否则,可能造成其他工作服的再污染。为提高去污效果,洗涤时最好用软水。在专用洗衣房应附设软化水装置。

(3)工作场所、仪器设备表面的去污。有关工作场所、仪器设备表面的污染情况十分复杂。下面仅简要介绍一般的处理法。当表面被干的放射性粉尘污染时,可用吸尘器或湿抹布收集,并注意不要使污染扩展到清洁部分。对实验室里经常遇到的低水平液态放射性物质污染,先用干吸水纸、或棉花球擦拭,再用湿抹布或湿拖布擦到容许水平以下。若是大量放射性液体外溢,可用手提式真空吸引器收集,再用干锯末吸干,然后用拖布、去污剂、水擦到容许水平以下。在上述去污过程中,同样应注意防止污染蔓延。对于水泥地板、墙壁、木质工作台等多孔性表面的污染,用一般的清洗是无效的,常用其他的方法处理,例如,对水泥地板,将污染部分打掉。对木质表面,将污染部分刨去,然后喷刷油漆等。玻璃器具、金属制品等的表面去污方法列于表 8.2 中。

表 8.2　玻璃器具、金属制品等的表面去污方法

表　　面	去污剂	去污方法
玻璃器具和瓷制品	铬酸混合液 盐酸 柠檬酸	将器皿放入盛有 3% 的盐酸和 10% 的柠檬酸溶液中浸 1 h 后,取出放到盛水的容器中洗涤,再在洗液中浸泡 15 min。最后夹出用水冲洗
金属器具	肥皂洗涤剂 柠檬酸钠 EDTA 氢氧化铵	使用这些去污剂对金属器具进行一般清洗。或者将金属器具放在超声清洗机中清洗,用超声波清洗有缝隙、多孔性、光洁度要求高的被污染表面,尤其有效
	柠檬酸 稀硝酸	对于不锈钢器具,先置于 10% 的柠檬酸液中浸 1 h,再用水冲洗。然后再在 10% 硝酸中浸 2 h,再用水洗涤
瓷　砖	柠檬酸铵	用 3% 的柠檬酸铵清洗
	盐酸	用 10% 稀盐酸清洗
	EDTA 磷酸钠	用 10% 的水溶液清洗
	柠檬酸铵加 EDTA	用煤油等有机溶剂稀释柠檬酸铵处理

8.3　核武器辐射防护的具体要求

放射性工作根据操作源的情况可以分为封闭型和开放型两类。放射性核素处于密封状态,不会逸出来造成环境污染的放射性操作称为封闭型放射性操作;凡放射性核素能向工作环境扩散,并可能造成环境污染危险的一切操作,皆称为开放型放射性操作。在核武器储存管理中,根据核武器的状态可能既有封闭型放射性操作,又有开放型放射性操作。因此,根据国家对放射性工作场所的要求,对核武器辐射防护应有下具体的要求。

8.3.1　对放射工作场所的要求

凡新建、改建、扩建的放射工作场所,必须根据国家和军队的有关规定,结合具体条件,在选址、防护设施及放射性废物处理等方面应符合放射防护和环境保护的要求。应做到放射性废物治理设施与主体工程同时设计、同时施工、同时使用,以及防止对大气、水源、土壤等造成污染。新工程的设计、验收及环境影响评价,必须有卫生、环保及辐射监测部门参加审批。

新建、改建、扩建的放射工作场所,应根据放射性特材的性质、操作量、工作程序等研究确定按三区原则布置,并设卫生通过间和沐浴设备。在开放条件下操作房间的地面、墙面应以易去污染的材料装修;无条件时也应该用易除污染的材料局部覆盖。

放射工作场所必须具有良好的通风,并应根据操作性质和特点将通风系统合理组合,使气流方向由清洁区向污染区流动,严防污染空气倒流。排风机应设在靠近排风口的一端。排风口须超过周围(50 m 范围内)最高屋脊 3 m 以上。通风设施的进风口应避免受到排出气体的污染。室内每小时换气次数一般可采取:开放条件下操作放射性的房间 5~10 次,其他房间 4~6 次,非放射工作房间 3~4 次。通风管道应上送下排。

放射工作场所应备有灭火器材,如干砂、灭火粉等。但不得使用水和含水的普通灭火材料(如四氯化碳、苏打、碳酸氢钠、二氧化碳等)。应设排放放射性废水的下水道及储存、处理放射性废水的设施。在放射性废水向环境的排放处应设采样孔。

8.3.2　个人防护和防护管理的要求

对从事放射防护工作的辐射监测、环保、卫生和管理人员应进行放射防护专业知识的培训。新参加放射工作的人员要经过专门学习后才可从事放射工作。

进入放射性工作现场前,必须在卫生通过间或指定地点穿戴好个人的防护用具(如内外工作服、工作鞋、工作帽、手套及口罩)。在开放条件下直接操作铀材料部件时,应穿戴专用的防护服(如外层防护衣、防护鞋、防护帽及手套)。必要时可穿戴附加防护用具(如围裙、套袖、鞋套等)。防护衣具应存放在专用柜内,其清洁面与污染面不得接触,并禁止和一般工作服混放,以免交叉污染。操作核部件时间较长、距离较近时,应戴防 β 粒子的眼镜。

放射工作场所内不准吸烟、饮水、进食。外伤未愈者,不得从事可能受到放射性物质污染的工作。从事放射工作,应集中精力,提高效率。在不影响工作质量的前提下,要合理地缩短操作时间,增加人体与放射源的距离,利用屏蔽设施。尽量减少在放射工作场所内的停留时问,避免一切不必要的照射。临时进入放射工作场所参观的人员,可在入口处穿白大衣、戴工作帽、换工作鞋。如果不需用手接触可能有放射性物质污染的物品,或不参观开放条件下的操作,就不需戴手套和口罩。参观用的衣帽和鞋应统一存放,用后收回,重复使用。用后的工作衣、帽、鞋、袜及手套等,应定期进行放射性污染检查。有污染者应进行清洗,反复洗涤仍超过规定的控制水平者应予以更换。清洗时应将内衣和外衣分开,有放射性污染者与无污染者分开,污染严重者与轻度污染者分开,以防交叉污染。

凡在放射工作场所使用过的衣具,在进行放射性污染检查并经放射防护部门同意前,不准带出或在非放射工作场所使用,更不得带往生活区。从事放射性物质操作的人员,工作结束后应进行体表放射性污染检查,并在卫生通过间淋浴、更衣后再返回生活区。放射性工作场所内可能受放射性污染的一切工具、器械、设备等不准带出。必须带出时,要经过测量和清除污染,并由放射防护人员确认合格后方可拿到非放射工作区使用。工作结束或告一阶段,应对工作台、手套箱、用具、地面等进行全面放射性污染检查,对有污染的表面,应去除污染。

8.3.3 放射性废物的管理

放射性废物的管理是放射防护的重要内容,放射性废物管理应遵守的基本原则:①产生放射性废物的单位,在选址、设计及施工时就应考虑并落实好废物处理设施,工作期间应严格按标准要求执行。②按照放射性废物比活度及其他特性,将放射性废物与非放射性废物明确区分开来,在工作过程中应尽量减少放射性废物的产生量。在处理和处置放射性废物的各个环节应加强监测,做好记录和放射警告标志。

放射性固体废物的管理:①凡固体废物中放射性物质的含量达到或超过 $7 \times 10^4 \mathrm{Bq/kg}$,均应当做放射性废物管理;比活度低于此水平者,可当非放射性废物处理。②应将可燃与不可燃的废物分开;将不同放射性材料的废物分开,分别放入废物袋和专用的废物容器内。容器装满后要封口,并标明废物名称、活度、表面剂量率、时间及负责人等信息。③有条件的单位,应将可燃烧的放射性废物在专用焚烧炉内焚烧。所排尾气须经过滤净化达到标准后才可向环境排放。燃烧后的灰渣,适当固化后,装入容器,作为固体放射性废物处理。④装入容器的废物可在设置的专用房间内暂存,应注意防漏、防水、防火,并保持良好通风和温湿度等条件。放射性物质比活度低于 $7 \times 10^4 \mathrm{Bq/kg}$ 的废物,可在废物井(坑)内掩埋。但废物井(坑)应符合有关的规定,离开生活区及饮用水源,并防止污染地下水及农田、鱼塘、牧场等,井满后将井封闭。应严防投入井内的物品被人拿走,带入生活区。比活度等于或超过上述水平者,应运往专门的放射性废物处理场处置,不得随意处置。

放射性液体废物的管理。工作中产生的放射性废水应流入专门的废水池或专用的废水桶内。放射性废水的比活度低于放射性核素的导出食入浓度限值时可直接排入环境。废水的比活度高于导出食入浓度限值时,应采取不同措施(如混凝土沉淀、过滤、离子交换、蒸发浓缩等)净化,达到排放标准的放射性废水排入环境。放射性废水在排放前必须进行监测,并应取得环境保护部门的同意。对排放废水的比活度、总排放量、排放时间及负责人等应作记录。排放口应设在集中取水区的下游,避开水产养殖场、游泳场及游乐场。禁止向封闭式湖泊、池塘等排放。

放射性气体废物的管理。凡放射工作场所排除的废气,均要经过高效过滤器过滤。过滤器要求定期检查,适时更换。放射性废气排放口要进行常规监测,总排放口的浓度不得超过标准限值。

运输放射性废物应按有关规定办理申报批准手续。放射性废物的包装和货包表面的放射性污染水平及辐射水平应符合国家的有关规定。严防丢失或发生事故。放射性废物的最终处置,可送往国家有关部门建立的放射性废物库。

8.4 核武器易裂变材料核临界安全要求

8.4.1 核武器易裂变材料核临界安全控制方式

裂变物质系统在何种条件下达到临界状况是一个非常复杂的问题。这主要是因为影响裂变物质系统达到临界状况的因素较多,并且各种因素的影响程度也是非常复杂的。为此,随着反应堆和核武器发展的需要,国内外对各种裂变物质系统的核临界进行了大量的研究,目前已积累了大量的作为核安全基础的临界数据、次临界限值和安全操作限值。下面主要对影响核临界的因素和临界控制的方式作一简要分析。

易裂变物质系统的临界性与系统内全部易裂变材料的质量、密度、分布、核特性、裂变物质系统的稀释、裂变物质系统的慢化、裂变物质几何形状、周围反射物质、中子毒物等有关。因此,可以讲许多因素可能影响系统的临界性,而每个因素对裂变物质系统的临界性影响机制也各不相同,各因素之间可能有一定的联系。如带无限厚水反射层的高富集(^{235}U)铀金属球的临界质量为 22.8 kg;而同样无限厚水反射层的高富集(^{235}U)铀水系统的临界质量只有 820 kg。在核临界安全管理工作中,就是要研究易裂变物质系统在储存、运输、检查、装配各个环节中正常工作条件下的核临界安全影响因素和非正常条件下(如火灾、水淹)的核临界安全影响因素。

根据不同的易裂变物质系统所具有的性质,临界控制的方式可以分为三个方面:科学或技术方面、工程方面和行政管理方面。科学或技术方面的内容是确定裂变物质的临界安全条件,工程方面的内容是通过工程技术设计或设备设计保证安全条件,行政管理方面的内容是通过行政管理或规程保证安全条件。各个方面所包括的主要内容如表 8.3 所示。

8.4.2 核武器易裂变材料部件的核临界安全特殊问题

1. 我国核临界安全标准

为了加强我国核临界安全管理工作,我国已发布了多个核临界安全标准,其中重要的标准有 GB15246.1—94(反应堆外易裂变材料的临界安全——核临界安全行政管理规定)、GB15246.2—94(反应堆外易裂变材料的临界安全——易裂变材料操作、加工、处理的基本技术准则与次临界限值)、GB15246.3—94(反应堆外易裂变材料的临界安全——易裂变材料储存的核临界安全要求)、GB15246.9—94(反应堆外易裂变材料的临界安全——核临界事故探测与报警系统的性能及检验要求)。这些标准应当是进行核武器易裂变材料部件的核临界安全的技术基础。做为一个例子,表 8.4 给出了 GB15246.3—94 推荐的储存技术准则和储存安全限值。

表 8.3　临界控制的方式

科学或技术方面	工程方面	行政管理方面
形状	设备设计	制定规程
体积	设备布置	审批程序
质量	设备的可靠性	人员培训
浓度	联锁	限制使用
浓缩度	仪表	上锁
慢化	报警	责任制
中子吸收剂的影响	过滤器	操作指令
反射	防水措施	签字
相互作用	机械隔离	目视检查
	流线监测	取样分析

2. 正常工作条件下的核武器易裂变材料部件的核临界管理

所谓正常工作条件下的核武器易裂变材料部件的核临界管理是指在核武器储存、运输、检查、装配过程中处于正常工作条件下(即按照一定的环境条件如温度、湿度、通风和工作要求如对易裂变材料部件进行的各种操作)的核临界管理。正常工作条件下的核武器易裂变材料部件的核临界管理通过在科学或技术方面、工程方面和行政管理方面的不同措施加以落实。

技术科学或技术方面的措施是应在对核武器易裂变材料部件操作和储运的实际条件进行详细安全分析的基础上,选择适当的控制方式并确定相应受控参数的限值。核武器易裂变材料部件均为金属部件,经常要进行的操作包括对核裂变材料金属部件进行储存、运输、从特定容器中取出部件进行检查组装。由于这类操作涉及到的易裂变金属的总质量,一般都不超过全水反射金属球体的次临界质量限值,或不超过在设计的特定条件下肯定处于次临界状态的质量,因而对其进行的检查、装配等操作大都采用质量控制。对于包容在容器中的多体易裂变金属部件储存和运输,通过容器间距与容器数目进行控制。

表 8.4　GB15246.3—94 推荐的易裂变材料储存技术准则和储存安全限值

单元类型	物材类型	限值		
		限值类型	^{235}U 单元限值	^{239}Pu 单元限值
Ⅰ类单元	金属、化合物或混合物(H/X≤0.5)[①]	质量限值/kg	18.8	4.5[②]
	金属、化合物或混合物(0.5＜H/X≤2.0)	质量限值/kg	16.0	4.5
	含氢化合物或混合物(2＜H/X≤20)	质量限值/kg	3.6	2.4
	溶液或含氢化合物(H/X＞20)	体积限值/cm³	3.6	2.4

续 表

单元类型	物材类型	限值类型	^{235}U 单元限值	^{239}Pu 单元限值
Ⅱ类单元	金属、化合物或混合物（H/X≤2）	质量限值/kg	9.5	3.4③
	金属、化合物或混合物（2＜H/X≤20）	质量限值/kg	2.0	1.3
	溶液或含氢混合物（20＜H/X≤800）	体积限值/kg	2.0	1.3
	溶液或含氢化合物（H/X＞800）	体积限值/kg	4.0	3.0

注：①H/X 表示物料本身的 H/^{235}U 或 H/^{239}Pu 的原子比；②对密度为 15.8 g/cm³ 的与δ相钚合金单元，限值为 6.0 kg；③对密度为 15.8 g/cm³ 的与δ相钚合金单元，限值为 4.5 kg。

工程方面的措施是采取一些有效可行的工程技术措施，以确保所选用的控制方式及其相应参数的限值持续保持有效。主要包括：①储存、运输核裂变材料的容器应具有良好的水密性能、储存单元应固定牢固，容器应具有要求的抗撞击、坠落及火灾等性能，多体储存应有良好的间距控制能力。应用外形尺寸足够大的"鸟笼"式运输小车搬运单个储存单元容器等。②易裂变物质储存库房应具有足够抗震能力、库内不安装水管以杜绝库房进水，储存空间设计应满足易裂变物质储存安全的次临界要求。③建立对操作核裂变材料的设备（如手套箱），对设备布局、设备性能要求进行等良好设计。④对涉及易裂变材料任何场所，建立可靠的临界报警装置和安全保卫联锁装置。报警装置性能应达到国家标准要求。⑤在涉及易裂变材料场所，放置必要的灭火器材，灭火器材的数量、品种应适应核材料灭火特殊性能的要求。

行政管理方面的措施包括：①制定涉及核武器易裂变材料部件储存、运输、检查、装配过程中的操作规程。②建立涉及核武器易裂变材料部件的操作规程制定和操作签字、审批程序，并定期对审批程序进行评估。③对涉及核武器易裂变材料部件储存、运输、检查、装配过程中的易裂变材料操作人员及有关管理人员，必须进行培训、教育和考核。④建立、健全核临界安全责任制，遵循安全第一、预防为主的方针。⑤涉及易裂变材料的任何操作，必须按书面的操作规程进行，对这些规程的执行情况必须经常检查，并须定期评审修订。⑥进行必要的目视检查，建立可靠的安全保卫制度，加强易裂变材料的管理，控制掌握材料的数量、分析和转移状况。⑦对涉及易裂变材料任何场所，制定相应的应急响应规程。任何违反操作规程的事件，都要作详细书面记录，以作为经验反馈，防止再次发生。⑧在开始进行一项新操作或改变现有操作前，必须进行核临界安全分析与评价，确证全部操作过程在正常及可信的异常条件下，均处于次临界状态，确定核临界安全所依赖的手控参数及其限值。

3. 核武器储存管理中的几个特殊问题

易裂变金属氧化物（^{235}U，^{239}Pu）的收集与处理：由于无保护涂层的铀金属部件经长时间存放后，在其表面不可避免地产生氧化，并以粉末形式脱落下来；或有保护层的钚金属部件由于保护层破裂等原因导致钚氧化形成氧化钚粉尘。为防止放射性污染、燃烧及减少这些贵重材料的损失，一般在操作过程中使用棉纱将这些粉末状氧化物擦净或用吸尘器将其收集起来。在实际管理中，如果核材料储存不当或发生火灾，则可能产生大量粉末状氧化物。这些氧化物粉末由于可以吸收空气水分或沾在棉纱上的水分，水份的慢化效应将使其临界质量可能会大大低于无慢化的金属材料,如带无限厚水反射层的高富集铀水系统,其最小临界质量只有820 g。由于在实际中所产生的氧化物成份和质量也难以准确确定,因此,这些粉末或沾有粉末的棉纱一般应收集在容积不大的(例如小于 4 L)几何安全容器中,并应即时回收处理。

非正常条件的核武器易裂变材料部件的核临界管理问题:非正常条件指在核武器储存、运输、检查、装配过程中发生火灾、撞击、水掩、地震等特殊情况。易裂变金属部件在正常工作条件下的核武器易裂变材料部件的核临界安全只要做到所规定的管理要求即可达到目标。但是,因为发生涉及核武器易裂变材料部件的撞车、翻车、火灾等事故,可能会损坏部件容器的密封性,使容器容易进水;火灾还可使易裂变金属部件氧化或熔化;在运输多个易裂变部件的情况下,运输事故还可能破坏单元间的间距;特殊情况发生时存在其他的不可控制或预测的可能导致增加临界性的不利条件(如发生化学反应等),这些都可能严重影响临界安全。因此,应对核武器储存、运输、检查过程中发生火灾、撞击、水掩、地震等特殊情况进行充分的研究,分析发生特殊情况的概率和严重后果。再根据发生特殊情况的概率和严重后果程度采取有效的技术和管理措施。在放射性物质运输中,为保证运输货包在事故条件下的辐射安全和临界安全,首要的是采用高安全性能的运输容器,要求此类容器具有要求的抗撞击、坠落及火灾等性能,符合国家标准《放射性物质安全运输规定》(GB11085—89)所规定的要求。若因客观条件限制,无法采用符合有关国家标准要求的高安全性能运输容器,则应事先分析可能发生的运输事故对所要运输部件的临界安全和辐射安全的影响,并按军事运输要求采取经特殊安排的安全与保安措施,将运输过程中发生事故的概率和严重程度减小到可以接受的程度。目前,对核武器储存、运输、检查、装配过程中发生火灾、撞击、水掩、地震等特殊情况的发生概率和严重后果的研究不多,可供借鉴的经验和数据非常有限,因此,今后应加强这一方面的研究工作。

8.5　放射工作人员的健康管理

(1)健康检查要求:每一放射工作人员必须进行就业前或操作前的医学检查及就业后工作过程中的定期医学检查。未经就业前医学检查者,不得从事放射工作。就业前医学检查是放射工作人员健康管理的重要部分,是全部医学检查的基础资料,必须全面、系统、仔细、准确地询问和检查并详细记录,为就业后定期或意外事故等检查作对比和参考。

检查记录要求:从事放射工作后的情况,应记录从事放射性荛的岗位、工龄及剂量;对放射工作的适应情况;从事放射工作后,患过何种疾病及治疗情况;有无受过医疗照射、过量照射、应急照射、事故照射等情况;就业后至本次检查累积受照剂量当量。

(2)健康标准:放射工作人员健康标准的基本要求包括病史和体格检查两部分。放射工作人员必须具备在正常、异常和紧急情况下,都能准确无误地、安全地覆行其职责的健康条件。其具体健康标准如下:

1)一般健康要求:明确的个人和家庭成员的既往史、放射线及其他理化有害物质接触史、婚姻和生育史、子女健康情况等,均应予以记录;目前健康状况良好;正常的呼吸、循环、消化、内分泌、免疫、泌尿生殖系统以及正常的皮肤黏膜毛发、物质代谢功能等。正常的造血功能,如红细胞系、粒细胞系、巨核细胞系等,均在正常范围内。男性:血红蛋白为 120~160g/L,红细胞数为$(4.0\sim5.5)\times10^{12}$/L;女性:血红蛋白为 110~150g/L,红细胞数为$(3.5\sim5.0)\times10^{12}$/L;就业前:白细胞总数为$(4.5\sim10)\times10^{9}$/L,血小板数为$(110\sim300)\times10^{9}$/L;就业后:白细胞总数为$(4.0\sim11.0)\times10^9/L$，血小板数为$(90\sim300)\times10^9/L$。高原地区应参照当地正常范围处理。正常的神经系统功能、精神状态和稳定的情绪。正常的视觉、听觉、嗅觉和触觉，以及正常的语言表达和书写能力。外周血淋巴细胞染色体畸变率和微核率正常。尿液和精液常规检查正常。

2)放射工作人员健康标准的特殊要求：核电厂放射工作人员特殊健康要求——头颈部及人体外形适于穿着和有效使用个人防护用具；能觉察燃烧物和异常气味；视觉：未矫正视力大于0.5，周围视野120，或更大，有立体视觉和足够的深度感；能分辨红、绿、桔黄等颜色，能分辨安全操作的符号、代语等；触觉：通过触摸能分辨各种形状的控制按钮和手柄等。

(3)检查频度：就业后定期医学检查的目的是判断放射工作人员对其工作的适应性和发现就业后可能出现的某些辐射效应和其他疾病。就业后定期检查的频度包括甲种工作条件者(工作人员在此条件下连续工作一年所受的照射有可能超过年剂量当量限值的3/10)，每年进行全面医学检查一次；乙种工作条件者(工作人员在此条件下连续工作一年所受的照射很少有可能超过年剂量当量限值的3/10；但有可能超过1/10)，每2～3年进行全面医学检查一次。检查要求同就业前，检查结果应与就业前进行对照、比较，以便判定是否适应继续放射工作，或需调整做其他工作。如发现异常，应根据具体情况，增加检查频度及检查项目。胸部X线照片检查(不作透视)是否需要每年一次应根据具体情况决定。对铀矿井下工作人员每半年至一年一次；对其他工种，负责医学检查医师可根据具体情况确定，但间隔时间不宜过长(不长于2～3年)。对于放射工龄长，年龄大的工作人员，应每年拍胸片一次，并进行早期发现癌症的各项检查。

(4)不应(或不宜)从事放射工作的健康和其他条件：就业前后凡存在以下条件(或情况)之一者，不应(或不宜)从事放射工作，严重的呼吸系统疾病(例如，活动性肺结核、严重而频繁发作的气管炎和哮喘等)；循环系统疾病(例如，各种失代偿的心脏病、严重高血压、动脉瘤等)；消化系统疾病(例如，严重的消化道出血、反复发作的胃肠功能紊乱、肝脾疾病和溃疡病等)；造血系统疾病(例如，白血病、白细胞减少症、血小板减少症、真性红细胞增多症、再生障碍性贫血等)；神经和精神系统疾病(例如，器质性脑血管病、脑瘤、意识障碍、癫痫、癔病、精神分裂症、精神病、严重的神经衰弱等)；泌尿生殖系统疾病(例如，严重肾功能异常、精子异常、梅毒及其他性病)；内分泌系统疾病(例如，未能控制的糖尿病、甲亢、甲低等)；免疫系统疾病(例如，明显的免疫功能低下及艾滋病等)；皮肤疾病(例如，传染性的、反复发作的、严重的、大范围的皮肤疾病等)；严重的视听障碍(例如，高度近视、严重的白内障、青光眼、视网膜病变、色盲、立体感消失、视野缩小等)；恶性肿瘤，有碍于工作的巨大的、复发性良性肿瘤。严重的、有碍于工作的残疾，先天畸形和遗传性疾病；手术后不能恢复正常功能者；未完全恢复的放射性疾病(指就业后)或其他职业病等；其他器质性或功能性疾病、未能控制的细菌性或病毒性感染等(授权的医疗机构和医师应根据发现疾病的程度、性质，结合其拟从事的放射工作的具体情况，综合衡量确定)；有吸毒、酗酒或其他恶习而不能改正者。未满18岁，不宜在甲种工作条件下工作；16～17岁允许接受为培训而安排的乙种工作条件下的照射。已从事放射工作的孕妇、授乳妇不应在甲种工作条件下工作，妊娠六个月内不应接触射线。以前已经接受过5倍于年剂量限值照射的放射工作人员，不应再接受事先计划的特殊照射。对放射工龄长、受过专业训练、具有专门技术、经验丰富的放射学专家或技术人员，其健康情况有不符合健康标准者，授权的医疗机构和医师，应慎重、仔细地权衡对社会和个人的利弊来决定是否继续某些限制的放射工作，或停止其放射工作。

(5)放射工作人员的保健:放射工作人员的保健待遇按照国家有关规定执行。放射工作人员的保健休假,应根据照射剂量的大小与工龄长短,每年除其他休假外,可享受保健休假 2～4 周。从事放射工作 25 年以上的在职者,每年由所在单位安排利用休假时间享受 2～4 周的疗养待遇。放射工作人员健康体检、休假、住院检查或患病治疗期间照常享受保健津贴,医疗费用分别由公费医疗、劳保医疗所在单位支付,在生活方面所在单位应给予适当照顾。长期从事放射工作的人员,因患病不能胜任现职工作的经规定的组织或机构诊断确认后,可根据国家有关规定提前退休。放射工作人员因职业放射损伤致残者,其退休后工资和医疗卫生津贴照发。因患放射疾病治疗无效死亡者,按因公牺牲处理。

8.6 辐射防护技术人员基本要求

8.6.1 辐射防护技术人员分类与分级

辐射防护技术人员的分类:辐射防护技术人员,按所从事的实际工作领域分为下列八类:①放射性地质矿冶系统辐射防护技术人员;②核燃料元件加工制造和铀富集系统辐射防护技术人员;③核动力厂及反应堆辐射防护技术人员;④乏燃料处理系统辐射防护技术人员;⑤加速器辐射防护技术人员;⑥放射性同位素生产和应用及其他射线装置辐射防护技术人员;⑦放射性废物储存和处置辐射防护技术人员;⑧其他。

各类辐射防护技术人员的分级:根据工作人员具有的所从事实际工作方面的知识范围和技术水平,以及技术的训练程度和处理问题的能力,将上述各类辐射防护技术人员分为三级,①初级辐射防护技术人员;②中级辐射防护技术人员;③高级辐射防护技术人员。

8.6.2 对各类各级辐射防护技术人员的基本要求

凡身体健康、工作认真负责、具有一定文化素质和专业技术水平,并在辐射防护岗位上工作的技术人员,均可授予相应类别和级别的辐射防护技术人员资格。

初级辐射防护技术人员资格的基本要求:①初级辐射防护技术人员必须具有中等专科学校毕业以上的学历或同等文化程度。②初级辐射防护技术人员每年必须有 4/5 以上的工作时间从事辐射防护技术方面的实践活动。③根据文化程度和所学专业,各类辐射防护岗位上的技术人员授予初级辐射防护技术人员资格之前,必须有表 8.5 所列的辐射防护职业工作时间。④各类辐射防护岗位上的技术人员在授予初级辐射防护技术人员资格时,必须严格进行辐射防护考试,并成绩合格。大学本科以上辐射防护专业毕业生可以免除考试。

中级辐射防护技术人员资格的基本要求:①中级辐射防护技术人员每年必须有 2/3 以上的工作时间从事辐射防护技术方面的实践活动。②除硕士研究生以上毕业的人员以外,申请者获取中级辐射防护技术人员资格,必须首先具有初级辐射防护技术人员的资格,并受聘后获得一定时间的辐射防护职业工作经验。③根据文化程度和所学专业,最短职业工作时间如表 8.5～表 8.6 所列。④各类初级辐射防护技术人员申请获取中级辐射防护技术人员资格时,必须参加辐射防护知识水平的考试,并成绩合格。获得辐射防护专业研究生毕业资格的人员可以免除考试。

表 8.5　初级辐射防护技术人员必须具有的最短职业工作时间

文化程度	所学专业	最短职业工作时间/a
中等专科学校毕业	辐射防护专业 其他专业	5 6
大学专科毕业	辐射防护专业 其他专业	3 4
大学本科毕业	辐射防护专业 其他专业	1 2

表 8.6　初级辐射防护技术人员晋升为中级辐射防护技术人员的最短职业工作时间

文化程度	所学专业	任初级辐射防护技术人员 最短职业工作时间/a
中等专科学校毕业	各种专业	7
大学专科毕业	各种专业	5
大学本科毕业	各种专业	4
硕士研究生毕业	辐射防护等专业	2
博士研究生毕业	辐射防护等专业	

高级辐射防护技术人员资格的基础要求：①高级辐射防护技术人员应具备大学本科毕业以上的文化程度。②申请者要获取高级辐射防护技术人员资格，必须有 1/2 以上的工作时间从事辐射防护技术方面的实践活动。③申请者要获取高级辐射防护技术人员资格，必须先具备中级辐射防护技术人员的资格，并获得一定的辐射防护职业工作经验。根据文化程度和所学专业，受聘为中级辐射防护技术人员时间一般至少 5 年。博士研究生毕业的人员可酌情减少。④持续在辐射防护技术岗位上工作的中级辐射防护技术人员，在要求获取高级技术人员资格时，可以免除辐射防护知识水平的考试。如果获得中级技术人员资格后调离辐射防护技术工作岗位 2 年以上，且返回辐射防护岗位的时间又不足 2 年时，应进行辐射防护知识水平的考试。

8.6.3　各级辐射防护技术人员主要职责

初级辐射防护技术人员主要职责包括进行现场操作监督，按规定程序实施现场辐射防护和各项监测等。

中级辐射防护技术人员的主要职责包括按照规定的辐射防护对策和运行辐射防护大纲，指导和监督辐射工作人员的操作，参与组织贯彻实施辐射防护大纲，制订辐射防护程序、措施和方法，并评价实用效果等。

高级辐射防护技术人员的主要职责包括对大型核设施或综合性射线装置与同位素应用单位的运行提出总体的辐射防护对策，制定运行辐射防护大纲，承担总体辐射防护对策及运行辐射防护大纲的实施管理与评价等。

8.6.4 辐射防护技术人员辐射防护基础知识主要内容

初级辐射防护技术人员辐射防护基础知识：①辐射的特点及其生物学效应，包括放射性及其度量单位；射线与物质的相互作用；辐射对人体的影响；日常生活中遇到的辐射照射。②辐射防护法规和标准，包括常用法规的主要内容；国家基础标准；有关专业标准；豁免和最小可忽略量概念。③内外照射防护的一般方法，包括辐射防护三原则；辐射场强度的简单计算；时间、距离、屏蔽防护简易计算；外照射源操作注意事项；射线装置的辐射源及其特点；开放型放射性工作场所选址、分级及其要求；废物处理；个人防护措施。④辐射防护监测，包括工作场所和环境监测的一般内容与要求；常规仪表使用知识的注意事项；个人剂量监测及评价的一般方法。⑤事故管理，包括事故分类和分级；事故处理的一般原则。

中级辐射防护技术人员辐射防护基础理论知识：①辐射防护法规和标准，包括确定基本标准中几项限值的主要依据，相对危险度范围；计算导出限值的方法梗概；有关限值之间的主要关系；放射性物质和放射源的管理办法，射线装置管理办法，放射性"三废"管理办法等；工作人员的健康管理；辐射危害与可接受性概念。②剂量学，包括外照射剂量的估算、有效剂量当量的计算；放射性物质摄入量的估算及体内滞留量的确定方法；由摄入量计算有效剂量当量的一般方法。③辐射防护方法，包括各种形状 β、γ、中子辐射源辐射场强度的计算；屏蔽材料的选择和屏蔽厚度的计算；开放型放射性物质操作中工作场所设计建造要求；开放型放射性物质操作中的辐射防护措施，污染控制技术；设备和人体的一般去污试剂与原则。④辐射防护监测，包括操作密封源和开放型放射性物质场所辐射防护监测方案的设计；个人剂量监测方案的设计；环境监测的介质与取样一般要求；各项监测结果可靠性的初步判断。⑤辐射防护评价，包括工作场所辐射安全初步评价；环境影响初步评价；辐射防护最优化分析和判断；风险分析概念。⑥辐射事故管理，包括辐射事故分类分级及报告程序；辐射事故处理的一般原则；辐射事故的应急计划与准备。⑦其他专业知识，包括本人未专门从事的其他实际工作中的主要辐射危害因素与方式；对主要危害因素的防护原则。

复 习 题

1. 综述辐射防护监测的分类、目的和方法。
2. 综述表面放射性污染与去污方法。
3. 放射工作人员的健康管理的主要内容有什么？
4. 对辐射防护技术人员的基本要求是什么？

第9章 放射性三废处理与处置概述

9.1 放射性三废概述

在核科学技术研究和应用过程产生的放射性废水、废气、固体废物统称为放射性三废。放射性气载废物是指含有放射性气体和气溶胶,其放射性浓度超过国家审管部门规定的排放限值的气态废弃物;放射性液体废物是指含有放射性核素,其放射性浓度超过国家审管部门规定的排放限值的液态废弃物;放射性固体废物是指含有放射性核素,其放射性比活度或污染水平超过国家审管部门规定的清洁解控水平的固态废弃物;放射性废物是指为审管的目的,含有放射性核素或被放射性核素污染,其浓度或活度大于国家审管部门规定的清洁解控水平,并且预计不再利用的物质。在放射性三废处理中最重要的是放射性废水的处理,其来源包括天然铀、钍开采、冶炼过程中产生的废水;反应堆运行中产生的废水;后处理工厂中产生的废水;放射化学实验室、加速器实验室及放射性核素应用方面产生的放射性废水。

根据 GB 9133—1995(放射性废物的分类)的规定,放射性废物按其放射性活度水平分为豁免废物、低水平放射性废物、中水平放射性废物或高水平放射性废物;放射性废物按其物理性状分为气载废物、液体废物和固体废物三类。

放射性气载废物按其放射性浓度水平分为不同的等级,放射性浓度以 $Bq \cdot m^{-3}$ 表示。第 I 级(低放废气)浓度小于或等于 $4 \times 10^7 Bq \cdot m^{-3}$。第 II 级(中放废气)浓度大于 4×10^7 $Bq \cdot m^{-3}$。

放射性液体废物按其放射性浓度水平分为不同的等级。放射性浓度以 $Bq \cdot L^{-1}$ 表示。第 I 级(低放废液)浓度小于或等于 $4 \times 10^6 Bq \cdot L^{-1}$。第 II 级(中放废液):浓度大于 $4 \times 10^6 Bq \cdot L^{-1}$,小于或等于 $4 \times 10^{10} Bq \cdot L^{-1}$。第 III 级(高放废液)浓度大于 $4 \times 10^{10} Bq \cdot L^{-1}$。

放射性固体废物首先按其所含核素的半衰期长短和发射类型分为五种,然后按其放射性比活度水平分为不同的等级,放射性比活度以 $Bq \cdot kg^{-1}$ 表示。

放射性固体废物中半衰期大于 30 a 的发射 α 核素的放射性比活度在单个包装中大于 $4 \times 10^4 Bq \cdot kg^{-1}$(对近地表处置设施,多个包装的平均 α 比活度大于 $4 \times 10^5 Bq \cdot kg^{-1}$的)为 α 废物。除 α 废物外,放射性固体废物按其所含寿命最长的放射性核素的半衰期长短分为 4 种:

(1)含有半衰期小于或等于 60 d(包含核素碘—125)的放射性核素的废物,按其放射性比活度水平分为二级。第 I 级(低放废物)比活度小于或等于 $4 \times 10^6 Bq \cdot kg^{-1}$。第 II 级(中放废物)比活度大于 $4 \times 10^6 Bq \cdot kg^{-1}$。

(2)含有半衰期大于 60 d,小于或等于 5 a(包括核素钴—60)的放射性核素的废物,按其放射性比活度水平分为二级。第 I 级(低放废物)比活度小于或等于 $4 \times 10^6 Bq \cdot kg^{-1}$。第 II 级(中放废物)比活度大于 $4 \times 10^6 Bq \cdot kg^{-1}$。

(3)含有半衰期大于 5 a,小于或等于 30 a(包括核素铯—137)的放射性核素的废物,按其放射性比活度水平分为三级。第Ⅰ级(低放废物)比活度小于或等于 4×10^6 Bq·kg^{-1}。第Ⅱ级(中放废物)比活度大于 4×10^6 Bq·kg^{-1},小于或等于 4×10^{11} Bq·kg^{-1}。第Ⅲ级(高低废物):释热率大于 2 kW·m^{-3},或比活度大于 4×10^{11} Bq·kg^{-1}。

(4)含有半衰期大于 30 a 的放射性核素的废物(不包括 α 废物),按其放射性比活度水平分为三级。第Ⅰ级(低放废物)比活度小于或等于 4×10^6 Bq·kg^{-1}。第Ⅱ级(中放废物)比活度大于 4×10^6 Bq·kg^{-1},且释热率小于或等于 2 kW·m^{-3}。第Ⅲ级(高放废物)比活度大于 4×10^6 Bq·kg^{-1},且释热率大于 2 kW·m^{-3}。

9.2 放射性废水的处理

9.2.1 低放放射性废水的处理

低放废水的处理有静置法、稀释法、混凝沉淀法、蒸发浓缩法、离子交换法等。

(1)静置法。对于半衰期小于 15 d 左右的短寿命放射性核素如 ^{32}P,^{99}Mo,^{122}Sb,^{141}Nd,$^{198-199}$Au 等,一般用静置法处理。即放置 7~10 个半衰期让其自然衰变,测量合格后就能排放。加速器制备的放射性核素,一般半衰期短,也可采用静置法处理。

(2)稀释法。只要有足够的稀释条件,可将低放废水直接排放到下水道或露天水源。采用稀释法时,应遵守我国有关规定:"低放废水向城市下水道的排放:不具备专用下水道和处理放射性废水设备的单位,排入本单位下水道的放射性废水浓度,不得超过露天水源中限制浓度的100 倍,并必须保证在本单位总排出口水中的放射性物质含量低于露天水源中的限制浓度。""对设有放射性废水专用下水道和处理放射性废水设备的单位,在本单位总排出口水中放射性物质含量,应低于露天水源中的限制浓度"。"低放废水向江河排放:应避开经济鱼类产卵区和水生物养殖场,根据江河的有效稀释能力,控制放射性废水的排放量和排放浓度,以保证在不利的条件下,距离排放口下游最近取水区(城镇、工业企业集中给水取水区,或农村生活饮水取水区以及城镇停泊船只的码头)水中的放射性物质含量,低于露天水源中的限制浓度。在设计和控制排放量时,应取 10 倍的安全系数。排出的放射性废水浓度不得超过露天水源限制浓度的 100 倍"。

(3)混凝沉淀法。混凝沉淀法是根据共沉淀理论,如同晶共沉淀、反常混结晶、表面吸附及内吸附等理论而发展起来的化学沉淀法。在放射性废水处理中占很重要的地位。

在实际的废水处理中,混凝沉淀法是在加速澄清槽中进行的。混凝沉淀法的基本原理如下:在快速搅拌下,往调至一定 pH 值的放射性废水中,加入凝聚剂,如 $FeSO_4$,$FeCl_3$,$CaCl_2$,$Al_2(SO_4)_3$ 及 Na_3PO_4 等。凝聚剂通过复杂的化学反应,形成细小分散状态的胶体颗粒(如 $Fe(OH)_3$ 及 $Ca_3(PO_4)_2$ 等胶体)。随后在缓慢搅拌下,各细小的胶体颗粒逐渐凝聚成大的絮团。这些絮团在沉降过程中,通过物理或化学吸附、或者生成同晶或混晶共沉淀,把废水中处于胶粒状态或离子状态的放射性核素载带下来,从而使废水达到净化的目的。为了改善胶体颗粒的凝聚条件,减少污泥体积,提高去污系数,往往加入一些助凝剂,如活性二氧化硅、高分子电解质、粘土等。此法的优点是成本低,设备简单,方法较为成熟,能处理含盐量大、组成复杂的废水,对大多数核素有较好的去污效率,净化系数一般可达 8~10,特殊处理法可达 10^2 以上。因此,混凝沉淀法广泛地应用于中、低放废水的处理。此法的缺点是形成的污泥呈絮状胶体,过滤困难,影响废水处理工艺进行及净化系数的提高。为了改善过滤特性,除加入助凝剂外,较为有效的方法是把泥浆进行"冻-融"处理,即用把污泥进行冷冻的办法来破坏生成的胶体。常用的混凝沉淀法,有石灰-苏打法、氢氧化铁-磷酸盐沉淀法及一些特殊沉淀法等。

(4)蒸发浓缩法。蒸发浓缩法常用于化学沉淀预处理后的低放、中放或高放废水的处理。放射性废水的蒸发浓缩是在特殊设计的蒸发器中进行的。进入蒸发器的废水,通过工作蒸汽或电热器加热至沸腾。废水中的水份便逐渐蒸发成水蒸气,经冷却凝结成水。废水中的放射性核素,特别是不挥发性的核素则遗留在残液中,结果冷却液中的放射性浓度大大低于原来废水中的浓度。这就是蒸发浓缩法处理放射性废水的基本原理。如果冷却液中的放射性浓度达到了容许排放标准,即可直接排放。如果高于容许排放标准,往往需附加离子交换法进一步处理,待达到容许排放标准时才能排放。常用净化系数和浓缩倍数两个指数来衡量蒸发器的工作效果。

1)净化系数:蒸发浓缩法的净化系数,是进入蒸发器的原始废水的放射性浓度与冷凝水的放射性浓度的比值。用单效蒸发器处理含有非挥发性核素的废水时,净化系数一般可达 10^4 以上(在多数情况下可大于 10^5)。若使用高效蒸发器及带有除雾沫装置的蒸发器,净化系数可达 $10^6 \sim 10^8$。雾沫是细小的放射性废水滴,在蒸发过程中可被蒸气挟带于冷凝水中。此外由于蒸发过程中产生的泡沫能加剧雾沫的产生和逸出。这样可能降低净化系数。为了提高净化系数,常常在蒸发器中设置除雾沫装置,并在废水中加入消泡剂。常用的消泡剂有辛醇、磺化油、蓖麻油、硅油、花生油、润滑油、聚氧丙烯甘油醚等。国产的聚氧丙烯甘油醚是一种良好的消泡剂,消泡效果显著,在碱性介质中也很稳定。

2)浓缩倍数:浓缩倍数是指蒸发器进水的体积与浓缩液的体积比。浓缩倍数大,意味着浓缩液体积小,可以减小浓缩物储存的体积,降低整个废水处理的费用。从经济角度考虑,希望浓缩倍数尽量提高。但实际上,浓缩倍数不能无限提高,它与废水中的化学成份、固体的总含量有关。一般地说,废水中的含盐量愈大,所能达到的浓缩倍数就愈小。在运行操作中,应注意废液中的化学成份对蒸发器本身以及对蒸发过程的影响。例如处理含硝酸的废液时,为了减少酸对蒸发器的腐蚀,一般将废液的 pH 值调到 $10 \sim 11$,然后再进行蒸发。若废液中含有氧化剂或还原剂时(如硝酸根和有机物),应注意控制温度(不超过 125℃)和液面不要干涸。否则,废水中的有机物与浓硝酸在高温下发生剧烈反应,可能产生爆炸危险。

(5)离子交换法。离子交换树脂分为阳离子交换树脂和阴离子交换树脂两种,它们分别能与水中的阳离子和阴离子进行离子交换。当离子交换树脂与废水接触时,废水中的放射性离子(阳离子或阴离子)与离子交换剂上的可交换离子进行交换而转移到离子交换树脂上,从而使废水达到净化的目的。在废水处理中,离子交换操作分间歇操作和固定柱式操作两种。间歇操作,是把一定量的放射性废水引入混合接触池中,加入一定量的离子交换剂,不断搅拌使它们充分接触后,再用过滤等法使两相分离。固定柱式操作,是将离子交换剂装在离子交换柱中,让废水以一定流速通过交换柱,使之发生离子交换。当交换失效时,用再生液对离子交换剂进行再生处理。实际应用最多的是固定柱式操作。按装柱的方式分为阳离子交换柱、阴离子交换柱及混合柱三种。分别单独装以阳离子或阴离子交换树脂的交换柱称为阳离子或阴离子交换柱。同时装有阴、阳离子交换树脂的交换柱称为混合交换柱。一般废水中含有常量的非放射性元素的阳离子和阴离子,当进行离子交换时,它们能以常量对微量放射性离子的优势竞争,而占据离子交换树脂的可交换位置,很快使离子交换柱达到饱和而失效。为了充分发挥离子交换柱的作用,常把它用于工艺流程的尾段。它的前段往往通过混凝沉淀法或电渗析法等去掉大部分的杂质和竞争离子的干扰。

净化系数和浓缩因子:离子交换法与蒸发浓缩法相似,用净化系数和浓缩因子两个指数来评价离子交换法处理放射性废水的效能。净化系数,是指原废水的放射性浓度与经离子交换处理后的水中放射性浓度之比。一般可达 $10^2 \sim 10^4$。浓缩因子,对于间歇操作,是指交换剂使用一次即行废弃时被有效处理的废水体积与失效的离子交换剂的体积之比;对于柱式操作,是被有效处理的废水体积与再生液的最后浓缩物的体积之比。上述的离子交换树脂是属于有机离子交换剂。此外,实际使用的还有无机离子交换剂,如天然蛭石、沸石、人造沸石、磺化煤、硅酸铁凝胶、硅酸铝凝胶、磷酸锆等。它们大都具有耐辐照、价格低廉的优点。其中有的如蛭石还具有来源广、交换容量大,对主要裂变产物 ^{137}Cs 和 ^{90}Sr 等具有较高的交换选择性,在水中溶胀小,在较大的 pH 值范围内稳定等优点,在废水处理中,有着特殊用途。

(6)其他方法。除上述废水处理法以外,还有电渗析法、反渗透法等。由于电渗析法和反渗透法具有除盐率高、设备简单、操作方便、成本低的优点,不但广泛地应用于海水淡化、铀酰电解还原及工业废水处理等方面,而且已实际应用于放射性废水处理。

9.2.2 中放、高放废水的处理

(1)中放废水。中放废液相当于 IAEA 划分的第四类废水,主要来源于蒸发浓缩液、离子交换剂的再生液及燃料元件脱壳废液等。如它含盐量较低,则可用化学沉淀法或离子交换法进一步浓缩处理。对于固体物质含量大或含盐量大(30%~40%以上)的废液,一般可用水泥固化、沥青固化等法进行处理。

(2)高放废水。高放废液的处理方法有储存法和固化法两种。储存法就是把废液储存罐及防止辐射放热所致"沸腾"现象而附设的冷却、通风、空气净化等设备,安置于地下长期储存。由于储存罐腐蚀而可能产生废液泄漏,此法已逐渐被固化法取代。固化法就是将高放废液变为某种形式的固体,这就可以避免泄漏危险,并大大缩小废物的储存体积。近年来,各国大力进行了对高放废液的固化研究,并取得了很大进展。现用的方法有罐烧法、喷雾固化法、玻璃固化法等。前两种方法,操作过程简单,可适用于组分变化很大的进料,但是需要不锈钢罐包装,废物易在水中浸出。玻璃固化法(特别是磷酸盐玻璃固化法)弥补了上述不足,放射性物质被牢固地固着于玻璃中,浸出率很低,适于储存,现简介如下。

罐烧法:将废液装入不锈钢罐中,用电热器在罐外加热使废液蒸发,并随时补充废液,保持液面恒定。随着蒸发的进行,在罐壁开始生成一层灰饼。饼层从罐壁向内生长,从罐底向上生长,直至满罐。最后将罐中的废物煅烧到850℃~900℃,除去一切挥发性物质,冷却后,密封、储存。

喷雾固化法:废液(含有助熔填加剂)从三段加热一压缩空气喷雾嘴喷入加热的圆筒形塔内,雾化的废液经蒸发、干燥、煅烧为粉末而落入下面的铂熔融器中,于800℃~1200℃下熔融。煅烧产生的气体挟带着许多煅烧物的粉末通过上面的过滤器,粉末被过滤器阻止而沉积在过滤器上,高压压缩空气通过反吹喷嘴周期性地把过滤器上的粉末吹下,又落入熔融器中。熔融物的粉末从溢出口(或冷凝阀)流入下面的接收罐。罐装满后,经冷却、密封、送去储存。

玻璃固化法:玻璃固化法是将放射性废液和玻璃固化剂的混合物,注入用不锈钢制的玻璃固化罐内,同时在罐外加热(例如用 10 000 Hz 的中频感应加热),使废液一边注入一边蒸发。

当罐内装满煅烧物时,不断升温到 1 100℃～1 150℃,使里面的煅烧物变为玻璃熔融体。然后转入专用的容器中,逐渐冷却成为玻璃,连同容器送去储存。高放废液的固化,大都是在专门设计的热室中进行的。在固化过程中产生的废气和冷凝水中,挟带着大量其他放射性核素。因此,应附加废气、冷凝废水的处理设备。

9.3　放射性废气的处理

9.3.1　放射性废气处理概述

放射性气体废物包括放射性气体、放射性气溶胶和放射性粉尘。它们在空气中的扩散,是造成环境污染和人员内照射的重要根源。由于放射性气体废物的来源和性质不同,具体处理方法也不同。通常使用过滤器过滤、吸附,使空气净化后再经烟囱排放,或者直接由烟囱排放。

9.3.2　放射性气体废物的处理方法

(1)放射性粉尘的处理。对于产生放射性粉尘的工作场所,排出的放射性粉尘,一般可采用工业上常用的干式或湿式除尘器捕集。干式除尘器有旋风分离器、离心式除尘器、布袋式过滤除尘器、静电除尘器等。湿式除尘器有喷雾塔、冲击式水浴除尘器、泡沫除尘器、喷射式洗涤器等。例如,气体扩散厂产生的气体在排入大气前,先用静电除尘器或者先用旋风分离、玻璃丝填充过滤器等除去废气中的含铀微尘。

(2)放射性气溶胶的处理。对于放射性气溶胶,常用各种过滤器捕集。为了提高捕集放射性气溶胶的效率,在过滤器中填充各种有效的过滤材料,如玻璃纤维、石棉纤维、聚氯乙烯纤维、陶瓷纤维、特种滤布等,此外各种干式除尘器、沙滤器等亦具有捕集放射性气溶胶的效能。例如,美国汉福特厂,使用 2 m 厚的大型沙滤器,在 18 cm 水柱压力降条件下,颗粒状气溶胶的去除效率可达 99.5%。

(3)放射性气体的处理。由于放射性气体的来源和性质不同,处理方法也不同。一般采用大气扩散法和吸附法处理。

铀矿山的氡及其子体:在采掘铀矿的矿井中产生大量氡及其子体,对矿井作业工人危害严重。现在尚无根本的解决办法。目前常用的方法是强制通风换气法,即用强力的通风设备排出井下的污染气体,同时注入新鲜空气。也有的采用不透气的涂料喷涂在井巷的岩壁上,或者采用封闭、隔断采空区和废巷道、堵塞岩缝和钻眼的办法,减少氡及其子体产物的逸出。采用上述措施虽然可以降低巷道中的氡及其子体的浓度,但排出的气体仍然会造成对矿山周围环境空气的污染。因此,需要对排出气体进行净化。有人研究采用液体卤素氟化物及其与锑氟物的固态络合物作为氡及氡子体的吸附剂,对于排出气体的净化具有较好的效果。

气体扩散厂的废气:气体扩散厂的废气主要是铀的氟化物(UF_4,UF_6等)及氟与氟化物的气体。氟与氟化物的化学毒性往往比铀的放射性毒性大。这些气体废物常用综合方法处理。例如在排入大气前,用除尘器先除去废气的含铀微尘,再通过各种固体吸附剂或淋洗剂进一步对废气中的铀氟化物、氟、氟化氢等进行净化。如活性炭吸附、活性氧化铝吸附、木炭吸附、硫酸钙吸收、四氟化铀吸收等。

反应堆和核燃料后处理厂的排出气体:反应堆和核燃料后处理厂释放出来的放射性气体

废物,除以气溶胶形式存在外,还以放射性气体状态存在。主要的气体放射性核素有^{131}I,^{85}Kr,^{3}H 和^{14}C 等。其中危害性较大的是^{131}I 和^{85}Kr,在排放到大气前,一般需通过过滤器进行捕集。对^{131}I 可用活性炭过滤器过滤,或用被硝酸银浸渍过的陶瓷材料为填充剂的填充塔来吸收。由于碘和硝酸银能生成碘化银沉淀,故后一种方法除碘效率很高,其效率一年中会保持在99.99% 以上。对^{85}Kr 可用室温活性炭或分子筛吸附,此外,还有用低温活性炭或硅胶吸附法、氟利昂吸收法及四氯化碳吸收法等,除^{85}Kr 的效率均达 98% 以上。实际使用的过滤器,在设计时,应考虑其除尘、除气溶胶、清除放射性气体的综合效能。

(4)烟囱排放。烟囱排放是借助于大气稀释作用处理气体废物的一种方法,实际应用很广。烟囱高度对废气扩散具有重要作用,必须根据本单位的排放方式(连续排放或断续放)、排放量、地形和气象条件来设计,并选择在最有利的气象条件下排放。逆温层的存在不利于废气的扩散。经常发生逆温层的地区一般不宜选作核企业的地址。为了利于气体扩散,逆温层应在 300 m 以上,如逆温屋不太高,则要求烟囱高出逆温层。研究大气扩散规律,对于放射性气体废物的排放具有重要意义。例如,若已知本单住放射性核素或有害污染物的排放率、排放方式及平均风速、风频等气象资料,要求近地面空气污染在最大容许浓度以下时,那么烟囱的最小高度应是多少? 若已知烟囱高度、排放率及排放方式,在核企业所处的气象条件下,研究烟囱下风侧空气中污染物的分布规律等都是实际中必须解决的重要问题。

9.4　放射性固体废物的处理

9.4.1　放射性固体废物处理概述

放射性固体废物的种类和来源十分复杂,主要来源如下:①各类放射性实验室或放射性车间产生的固体废物,如污染的手套、纸、工作服、各种用具零件和设备、废渣、污泥、废离子交换剂等。②各类废水处理站的污泥、废离子交换剂、含盐量高的浓缩物及其他污染物。③被放射性物质污染的工作服、塑料制品、手套、口罩、吸水纸、木制用具等,在专门设计的焚烧炉中燃烧后产生的灰烬。④矿山开采和水冶过程中产生的废矿石和矿泥等。

各种来源和各种形式的放射性废物,较妥的处理办法是将它们固化,再进行最终处置,使之与生物圈完全隔绝。然而有些固体废物量很大,比放射性低,至今尚无妥善的处理办法,如废的铀、钍矿石、矿泥等。目前一般的处理是将它运到荒无人烟的山谷中堆积,或埋藏在原来的矿井中。此种处理法终究避免不了放射性物质逐渐进入生物圈而对人们造成危害。近年来,由于人们对环境污染的重视,各国都以一定的人力、物力投入各种固化技术和最终处置方面的研究,并取得了一些进展,如玻璃固化等,但还处在不断研究改进中。下面仅对一般固化处理和处置方法予以简单介绍。

9.4.2　放射性固体固化处理方法

固体废物的处理可分储存和固化法两类。储存法就是把放射性固体废物送入专门设计的固体废物库,或者送入与地下水隔绝的地质岩层内或盐矿中,进行永久储存。固化法常用的有水泥固化、沥青固化、玻璃固化、陶瓷固化、塑料固化、石膏-蛭石及石膏-水玻璃固化等。

(1)水泥固化法。水泥固化法既可用来处理中放废液甚至高放废液,亦可用来处理各类固体废物,此法应用甚广。水泥固化法是选用合适的水泥(如波特兰水泥、高铝水泥等)和固体废物(或液体废物)掺合搅拌均匀后,装入处置桶或凝固成一定形状的水泥块进行储存。为了改善产品的质量,常在水泥中加入蛭石、沸石、砂、石等添加剂。

具体的固化方法有桶外混合法、桶内混合法、注入法、滚动法及添加法等。①桶外混合法是把水泥、废物、水加到混合器中,用搅拌器搅拌均匀后装入容器固化。②桶内混合法是把废物、水、水泥装入作为处置用的圆桶内,用可升降的搅拌桨进行混合,而后凝固送去储存。③注入法又分水泥注入法和废液注入法。水泥注入法是先将固体废物、添加剂加入桶内,然后注入水泥。废液注入法是先在桶内加入水泥、添加剂,然后注入废液。④滚动法是将侧面开口的圆桶置于滚轮上,加入废物、水泥、水,加盖后滚轮以 $3\sim30\ r\cdot min^{-1}$ 的速度转动,待混合均匀后取下,固化后送去储存。⑤添加法是先在桶内加废液或泥浆,然后加入水泥、添加剂,无需搅拌,待凝固后进行处理。

水泥固化法具有成本低、操作简单、自屏蔽性好,便于搬运和储存的优点。主要缺点是固化后的体积增大,放射性浸出率较高。当用于处理废液时,产品质量与废液的化学组成、pH 值、含盐量及水泥的类型有关。

(2)沥青固化法。沥青固化刚好弥补了水泥固化法的缺点。其产品的放射性浸出率低、减容比大,可用于各类废物的处理。有关沥青固化的原理、有关影响因素、工艺过程及设备,可参考有关专著。下面仅简要介绍一般的处理方法,归纳起来有 3 种:

1)完全蒸发法:在 150℃～ 230℃ 将半固体状废物或废液与熔化的沥青混合,使水分及挥发性物质蒸发后,将混合物转入储存或处置容器中。例如化学泥浆的沥青固化,便是根据此法在称为双螺旋挤压机中进行的。

2)盐析法:此法是将含有 50%～80% 的半固体状泥浆、沥青、乳化剂在 90℃ 左右搅拌混合,形成的不稳定的沥青-泥浆乳浊液很快破坏,原有水的 85%～90% 呈清液析出,剩下的水分在 130℃ 左右的温度下蒸发。

3)将干燥固体分散于沥青中的方法:已经干燥的固体如灰、无机离子交换剂等,在 100℃～ 120℃ 的温度下与沥青直接混合。

在沥青固化时,不但应附加专用的过滤设备,用以去掉蒸气中的放射性物质,而且应注意废物或废液中化学成分对产品的影响。例如,当产品中含有 35% 的 $NaNO_3$,4% 的 MnO_2,0.4% 重金属及 0.2% 的 $NaOH$ 时,产品会自行着火。若除去其中的锰以后,即使硝酸盐的含量达 61%,产品的闪点(产品闪火时的最低温度)仍可保持在 300℃ 以上。

9.4.3　固体废物的储存和最终处置

固体废物的储存和最终处置,在含义上是不同的,固体废物的储存,一般是指暂时性的存放或置于专用固体废物库中作长期储存,这种储存必须有专人保管。对于固体废物库的建筑和地址选择亦有特殊要求。所谓最终处置,就是将固体废物永远地和生物圈隔绝。现在处置的方法主要有:①投入深海;②存入盐矿井中;③储存在 2 000 m 深的与地下水隔绝的岩层内;④用火箭将高放固体废物送入太空。其中较普遍地采用的是前两种方法。由于海水的浸蚀作用,已处置的放射性废物又可能返回到生物圈范围内,故现在趋向于陆地储存。

复　习　题

1. 放射性气载废物按其放射性浓度水平分为不同等级,具体分类是什么?
2. 放射性液体废物按其放射性浓度水平分为不同等级,具体分类是什么?
3. 放射性固体废物按其放射性浓度水平分为不同等级,具体分类是什么?
4. 放射性废水的处理方法有什么?
5. 放射性废气的处理方法有什么?
6. 放射性固体废物的处理方法有什么?

附录 ICRP 出版物目录

Publication	Title
ICRP Publication 126	Radiological Protection against Radon Exposure
ICRP Publication 125	Radiological Protection in Security Screening
ICRP Publication 124	Protection of the Environment under Different Exposure Situations
ICRP Publication 123	Assessment of Radiation Exposure of Astronauts in Space
ICRP Publication 122	Radiological Protection in Geological Disposal of Long-lived Solid Radioactive Waste
ICRP Publication 121	Radiological Protection in Paediatric Diagnostic and Interventional Radiology
ICRP Publication 120	Radiological Protection in Cardiology
ICRP 2011 Proceedings	Proceedings of the First ICRP Symposium on the International System of Radiological Protection
ICRP Publication 119	Compendium of Dose Coefficients based on ICRP Publication 60
ICRP Publication 118	ICRP Statement on Tissue Reactions / Early and Late Effects of Radiation in Normal Tissues and Organs □ Threshold Doses for Tissue Reactions in a Radiation Protection Context
ICRP Publication 117	Radiological Protection in Fluoroscopically Guided Procedures outside the Imaging Department
ICRP Publication 116	Conversion Coefficients for Radiological Protection Quantities for External Radiation Exposures
ICRP Publication 115	Lung Cancer Risk from Radon and Progeny and Statement on Radon
ICRP Publication 114	Environmental Protection: Transfer Parameters for Reference Animals and Plants
ICRP Publication 113	Education and Training in Radiological Protection for Diagnostic and Interventional Procedures
ICRU Report 84 (prepared jointly with ICRP)	Reference Data for the Validation of Doses from Cosmic-Radiation Exposure of Aircraft Crew
ICRP Publication 112	Preventing Accidental Exposures from New External Beam Radiation Therapy Technologies
ICRP Publication 111	Application of the Commission's Recommendations to the Protection of People Living in Long-term Contaminated Areas after a Nuclear Accident or a Radiation Emergency

续 表

Publication	Title
ICRP Publication 110	Adult Reference Computational Phantoms
ICRP Publication 109	Application of the Commission's Recommendations for the Protection of People in Emergency Exposure Situations
ICRP Publication 108	Environmental Protection - the Concept and Use of Reference Animals and Plants
ICRP Publication 107	Nuclear Decay Data for Dosimetric Calculations
ICRP Publication 106	Radiation Dose to Patients from Radiopharmaceuticals - Addendum 3 to ICRP Publication 53
ICRP Publication 105	Radiological Protection in Medicine
ICRP Publication 104	Scope of Radiological Protection Control Measures
ICRP Publication 103 (Users Edition)	2007 Recommendations of the International Commission on Radiological Protection (Users Edition)
ICRP Publication 103	The 2007 Recommendations of the International Commission on Radiological Protection
ICRP Publication 102	Managing Patient Dose in Multi-Detector Computed Tomography (MDCT)
ICRP Supporting Guidance 5	Analysis of the Criteria Used by the ICRP to Justify the Setting of Numerical Protection Level Values
ICRP Publication 101b	The Optimisation of Radiological Protection - Broadening the Process
ICRP Publication101a	Assessing Dose of the Representative Person for the Purpose of the Radiation Protection of the Public
ICRP Publication 100	Human Alimentary Tract Model for Radiological Protection
ICRP Publication 99	Low-dose Extrapolation of Radiation-related Cancer Risk
ICRP Publication 98	Radiation Safety Aspects of Brachytherapy for Prostate Cancer using Permanently Implanted Sources
ICRP Publication 97	Prevention of High-dose-rate Brachytherapy Accidents
ICRP Publication 96	Protecting People against Radiation Exposure in the Event of a Radiological Attack
ICRP Supporting Guidance 4	Development of the Draft 2005 Recommendations of the ICRP - A Collection of Papers
ICRP CD3	Database for Dose Coefficients: Doses to Infants from Mothers' Milk
ICRP Publication 95	Doses to Infants from Ingestion of Radionuclides in Mothers' Milk
ICRP Publication 94	Release of Patients after Therapy with Unsealed Radionuclides
ICRP Publication 93	Managing Patient Dose in Digital Radiology
ICRP Publication 92	Relative Biological Effectiveness, Radiation Weighting and Quality Factor"

续 表

Publication	Title
ICRP Publication 91	A Framework for Assessing the Impact of Ionising Radiation on Non-human Species
ICRP Publication 90	Biological Effects after Prenatal Irradiation (Embryo and Fetus)
ICRP Publication 89	Basic Anatomical and Physiological Data for Use in Radiological Protection Reference Values
ICRP Supporting Guidance 3	Guide for the Practical Application of the ICRP Human Respiratory Tract Model
ICRP Supporting Guidance 2	Radiation and your patient - A Guide for Medical Practitioners
ICRP CD2	Database of Dose Coefficients: Embryo and Fetus
ICRP Publication 88	Doses to the Embryo and Fetus from Intakes of Radionuclides by the Mother
ICRP Publication 87	Managing Patient Dose in Computed Tomography
ICRP Publication 86	Prevention of Accidents to Patients Undergoing Radiation Therapy
ICRP Publication 85	Avoidance of Radiation Injuries from Medical Interventional Procedures
ICRP Publication 84	Pregnancy and Medical Radiation
ICRP Publication 83	Risk Estimation for Multifactorial Diseases
ICRP Publication 82	Protection of the Public in Situations of Prolonged Radiation Exposure
ICRP Publication 81	Radiation protection recommendations as applied to the disposal of long-lived solid radioactive waste
ICRP Publication 80	Radiation Dose to Patients from Radiopharmaceuticals (Addendum to ICRP Publication 53)
ICRP Publication 79	Genetic Susceptibility to Cancer
ICRP Publication 78	Individual Monitoring for Internal Exposure of Workers (preface and glossary missing)
ICRP Publication 77	Radiological Protection Policy for the Disposal of Radioactive Waste
ICRP Publication 76	Protection from Potential Exposures - Application to Selected Radiation Sources
ICRP Publication 75	General Principles for the Radiation Protection of Workers
ICRP Publication 74	Conversion Coefficients for use in Radiological Protection against External Radiation
ICRP Publication 73	Radiological Protection and Safety in Medicine
ICRP CD1	Database of Dose Coefficients: Workers and Members of the Public
ICRP Publication 72	Age-dependent Doses to the Members of the Public from Intake of Radionuclides - Part 5 Compilation of Ingestion and Inhalation Coefficients

续 表

Publication	Title
ICRP Publication 71	Age-dependent Doses to Members of the Public from Intake of Radionuclides - Part 4 Inhalation Dose Coefficients
ICRP Publication 70	Basic Anatomical & Physiological Data for use in Radiological Protection - The Skeleton
ICRP Publication 69	Age-dependent Doses to Members of the Public from Intake of Radionuclides - Part 3 Ingestion Dose Coefficients
ICRP Publication 68	Dose Coefficients for Intakes of Radionuclides by Workers
ICRP Publication 67	Age-dependent Doses to Members of the Public from Intake of Radionuclides - Part 2 Ingestion Dose Coefficients
ICRP Publication 66	Human Respiratory Tract Model for Radiological Protection
ICRP Publication 65	Protection Against Radon-222 at Home and at Work
ICRP Publication 64	Protection from Potential Exposure - A Conceptual Framework
ICRP Publication 63	Principles for Intervention for Protection of the Public in a Radiological Emergency
ICRP Publication 62	Radiological Protection in Biomedical Research
ICRP Supporting Guidance 1	Risks Associated with Ionising Radiations
ICRP Publication 61	Annuals Limits on Intake of Radionuclides by Workers Based on the 1990 Recommendations
ICRP Publication 60 (Users Edition)	1990 Recommendations of the International Commission on Radiological Protection
ICRP Publication 60	1990 Recommendations of the International Commission on Radiological Protection
ICRP Publication 59	The Biological Basis for Dose Limitation in the Skin
ICRP Publication 58	RBE for Deterministic Effects
ICRP Publication 57	Radiological Protection of the Worker in Medicine and Dentistry
ICRP Publication 56	Age-dependent Doses to Members of the Public from Intake of Radionuclides - Part 1
ICRP Publication 55	Optimization and Decision Making in Radiological Protection
ICRP Publication 54	Individual Monitoring for Intakes of Radionuclides by Workers
ICRP Publication 53	Radiation Dose to Patients from Radiopharmaceuticals
ICRP Publication 52	Protection of the Patient in Nuclear Medicine (and Statement from the 1987 Como Meeting of ICRP)
ICRP Publication 51	Data for Use in Protection against External Radiation
ICRP Publication 50	Lung Cancer Risk from Exposures to Radon Daughters

续 表

Publication	Title
ICRP Publication 49	Developmental Effects of Irradiation on the Brain of the Embryo and Fetus
ICRP Publication 48	The Metabolism of Plutonium and Related Elements
ICRP Publication 47	Radiation Protection of Workers in Mines
ICRP Publication 46	Principles for the Disposal of Solid Radioactive Waste
ICRP Publication 45	Developing a Unified Index of Harm
ICRP Publication 44	Protection of the Patient in Radiation Therapy
ICRP Publication 43	Principles of Monitoring for the Radiation Protection of the Population
ICRP Publication 42	A Compilation of the Major Concepts and Quantities in Use by ICRP
ICRP Publication 41	Nonstochastic Effects of Ionizing Radiation
ICRP Publication 40	Protection of the Public in the Event of Major Radiation Accidents - Principles for Planning
ICRP Publication 39	Principles for Limiting Exposure of the Public to Natural Sources of Radiation
ICRP Publication 38	Radionuclide Transformations - Energy and Intensity of Emissions
ICRP Publication 37	Cost-Benefit Analysis in the Optimization of Radiation Protection
ICRP Publication 36	Protection against Ionizing Radiation in the Teaching of Science
ICRP Publication 35	General Principles of Monitoring for Radiation Protection of Workers
ICRP Publication 34	Protection of the Patient in Diagnostic Radiology
ICRP Publication 33	Protection against Ionizing Radiation from External Sources Used in Medicine
ICRP Publication 32	Limits for Inhalation of Radon Daughters by Workers
ICRP Publication 31	Biological Effects of Inhaled Radionuclides
ICRP Publication 30 (Supplement B to Part 3)	Limits for Intakes of Radionuclides by Workers
ICRP Publication 30 (Supplement A to Part 3)	Limits for Intakes of Radionuclides by Workers
ICRP Publication 30 (Supplement to Part 2)	Limits for Intakes of Radionuclides by Workers
ICRP Publication 30 (Supplement to Part 1)	Limits for Intakes of Radionuclides by Workers
ICRP Publication 30 (Part 4)	Limits for Intakes of Radionuclides by Workers: An Addendum
ICRP Publication 30 (Part 3)	Limits for Intakes of Radionuclides by Workers
ICRP Publication 30 (Part 2)	Limits for Intakes of Radionuclides by Workers

续 表

Publication	Title
ICRP Publication 30 (Part 1)	Limits for Intakes of Radionuclides by Workers
ICRP Publication 30 (Index)	Limits for Intakes of Radionuclides by Workers
ICRP Publication 29	Radionuclide Release into the Environment - Assessment of Doses to Man
ICRP Publication 28	Principles for Handling Emergency and Accidental Exposures of Workers
ICRP Publication 27	Problems Involved in Developing an Index of Harm
ICRP Publication 26	Recommendations of the ICRP
ICRP Publication 25	The Handling, Storage, Use and Disposal of Unsealed Radionuclides in Hospitals and Medical Research Establishments
ICRP Publication 24	Radiation Protection in Uranium and Other Mines
ICRP Publication 23	Report on the Task Group on Reference Man
ICRP Publication 22	Implications of Commission Recommendations that Doses be Kept as Low as Readily Achievable
ICRP Publication 21	Data for Protection Against Ionizing from External Sources - Supplement to ICRP Publication 15
ICRP Publication 20	Alkaline Earth Metabolism in Adult Man
ICRP Publication 19	The Metabolism of Compounds of Plutonium and other Actinides
ICRP Publication 18	The RBE for High-LET Radiations with Respect to Mutagenesis
ICRP Publication 17	Protection of the Patient in Radionuclide Investigations
ICRP Publication 16	Protection of the Patient in X-ray Diagnosis
ICRP Publication 15	Protection against Ionizing Radiation from External Sources
ICRP Publication 14	Radiosensitivity and Spatial Distribution of Dose
ICRP Publication 13	Radiation Protection in Schools for Pupils up to the Age of 18 Years
ICRP Publication 12	General Principles of Monitoring for Radiation Protection of Workers
ICRP Publication 11	A Review of the Radiosensitivity of the Tissues in Bone
ICRP Publication10A	The Assessment of Internal Contamination Resulting from Recurrent Prolonged Uptakes
ICRP Publication 10	Evaluation of Radiation Doses to Body Tissues from Internal Contamination due to Occupational Exposure
ICRP Publication 9	Recommendations of the ICRP
ICRP Publication 8	The Evaluation of Risks from Radiation
ICRP Publication 7	Principles of Environmental Monitoring related to the Handling of Radioactive Materials
ICRP Publication 6	Recommendations of the ICRP

续 表

Publication	Title
ICRP Publication 5	Handling and Disposal of Radioactive Materials in Hospitals and Medical Research Establishments
ICRP Publication 4	Protection Against Electromagnetic Radiation above 3 MeV and Electrons, Neutrons and Protons
ICRP Publication 3	Protection Against X-Rays up to 3 MeV and Beta- and Gamma Rays from Sealed Sources
ICRP Publication 2	Permissible dose for internal radiation
ICRP Publication 1	Recommendations of the International Commission on Radiological Protection
1959 Decisions	1959 Decisions
1958 Recommendations	1958 Recommendations of the International Commission on Radiological Protection
1956 Recommendations	1956 Report on Amendments during 1956 to the 1954 Recommendations of the International Commission on Radiological Protection
1954 Recommendations	1954 Recommendations of the International Commission on Radiological Protection
1950 Recommendations	1950 International Recommendations on Radiological Protection
1937 Recommendations	1937 International Recommendations for X-ray and Radium Protection
1934 Recommendations	1934 International Recommendations for X-ray and Radium Protection
1928 Recommendations	1928 International Recommendations for X-ray and Radium Protection

参考文献

[1] 杜祥琬. 核军备控制的科学技术基础[M]. 北京:国防工业出版社,1996.

[2] 郭力生. 核武器的辐射安全与防护[M]. 北京:军事医学科学出版社,1999.

[3] 杨福家,王炎森,陆福全. 原子核物理[M]. 上海:复旦大学出版社,2002.

[4] 《核武器损伤及其防护》编写组. 核武器损伤及其防护[M]. 2版. 北京:中国人民解放军战士出版社,1980.

[5] 中国人民解放军总参谋部军训部. 军事高技术知识教材:下册[M]. 北京:解放军出版社,1999.

[6] 卢天贶. 核世纪大揭秘[M]. 北京:原子能出版社,2001.

[7] 复旦大学,清华大学,北京大学. 原子核物理实验方法[M]. 3版. 北京:原子能出版社,1997.

[8] 丁大钊,叶春堂,赵志祥. 中子物理学——原理、方法与应用:上、下册[M]. 北京:原子能出版社,2001.

[9] 刘洪涛. 人类生存发展与核科学[M]. 北京:北京大学出版社,2001.

[10] 卢玉楷. 简明放射性同位素应用手册[M]. 上海:上海科学普及出版社,2004.

[11] 容超凡. 电离辐射计量[M]. 北京:北京大学出版社,2002.

[12] 卢希庭,江栋兴,叶沿林. 原子核物理[M]. 北京:原子能出版社,2000.

[13] 高钧成,译. 国际辐射单位与测量委员会第33号报告——辐射量和单位[M]. 北京:计量出版社,1982.

[14] 中国计量测试学会电离辐射专业委员会. 电离辐射量和单位[M]. 北京:计量出版社,1981.

[15] 李士骏. 电离辐射剂量学[M]. 北京:原子能出版社,1981.

[16] 李星洪. 辐射防护基础[M]. 北京:原子能出版社,1982.

[17] 国际放射防护委员会. 国际放射防护委员会第60号出版物—国际放射防护委员会1990年建议书[M]. 李德平,译. 北京:原子能出版社,1993.

[18] 国际放射防护委员会.国际放射防护委员会第74号出版物——外照射放射防护中使用的换算系数[M]. 陈丽姝,柴政文,译. 北京:原子能出版社,1998.

[19] 国家质量监督检验疫总局. 电离辐射防护与辐射源安全基本标准(GB 18871—2002)[M]. 北京:中国标准出版社,2003.

[20] 郭力生,葛忠良. 核辐射事故的医学处理[M]. 北京:原子能出版社,1992.

[21] 郭力生,耿秀生. 核辐射事故的医学应急[M]. 北京:原子能出版社,2004.

[22] 郭力生. 核事故应急响应教程[M]. 北京:军事医学科学能出版社,1999.

[23] 国际放射防护委员会. 国际放射防护委员会第30号出版物(第一部分)——工作人员的放射性核素摄入量限值[M]. 方军,董柳灿,译. 北京:原子能出版社,1993.

[24] 国际放射防护委员会. 国际放射防护委员会第30号出版物(第三部分)——工作人员的放射性核素摄入量限值[M]. 方军,董柳灿,译. 北京:原子能出版社,1993.

[25] 国际放射防护委员会. 国际放射防护委员会第30号出版物(第四部分)——工作人员

的放射性核素摄入量限值[M]. 方军,董柳灿,译. 北京:原子能出版社,1993.

[26] 方杰. 辐射防护导论[M]. 北京:原子能出版社,1991.

[27] 许淑艳. 蒙特卡罗方法在实验核物理中的应用[M]. 北京:原子能出版社,1995.

[28] 罗上庚. 放射性废物概论[M]. 北京:原子能出版社,2003.

[29] 杨怀元. 氚的安全与防护[M]. 北京:原子能出版社,1997.

[30] 潘自强,刘森林,等. 中国辐射水平[M]. 北京:中国原子能出版社,2010.

[31] 《注册核安全工程师岗位培训丛书》编委会. 核安全综合知识. 修订版[M]. 北京:中国环境科学出版社,2012.

[32] 《注册核安全工程师岗位培训丛书》编委会. 核安全专业实务. 修订版[M]. 北京:中国环境科学出版社,2012.

[33] 《注册核安全工程师岗位培训丛书》编委会. 核安全相关法律法规. 修订版[M]. 北京:中国环境科学出版社,2012.

[34] 《注册核安全工程师岗位培训丛书》编委会. 核安全案例分析. 修订版[M]. 北京:中国环境科学出版社,2012.

[35] 潘自强,程建平,等. 电离辐射防护和辐射源安全:上下册[M]. 北京:中国原子能出版社,2007.

[36] 王建龙,何仕均,等. 辐射防护基础教程:上下册[M]. 北京:清华大学出版社,2012.

[37] 汲长松. 中子探测[M]. 北京:中国原子能出版社,2014.

[38] 苏旭,等. 中国放射卫生进展报告[M]. 北京:中国原子能出版社,2011.

[39] ICRP(1987). Data for use in radiological protection against external radiation. ICRP Publication 51. Annals of the ICRP 17(2/3). Pergamon Press, Oxford.

[40] ICRP(1991a). Recommendations of the International commission on Radiological Protection. ICRP Publication 60. Annals of the ICRP 21(1−3). Pergamon Press, Oxford.

[41] ICRP(1991b). Annual limits on Intake of radionuclides by worders based on the 1990 recommendations. ICRP Publication 61. Annals of the ICRP 21(1−4). Pergamon Press, Oxford.